国家能源集团
CHN ENERGY

火力发电厂化学技术监督

工作手册

米树华　主编

U0261373

中国电力出版社
CHINA ELECTRIC POWER PRESS

内 容 提 要

为进一步加强火电产业技术监督管理工作，保障发供电设备安全、可靠、经济、环保运行，国家能源集团组织编写了《火力发电厂化学技术监督工作手册》。本书根据国家及行业现行标准，结合电力生产实际，着重介绍了化学技术监督的基本要求和重点内容，涵盖化学技术监督管理、专业基础知识、水处理和水汽监督、在线水质分析仪器、电力用油（气）等内容。

本书既可供火力发电企业各级化学技术监督人员学习、培训使用，也可供相关专业运行、维护、检修等技术人员学习、培训使用，并可作为各级生产管理人员工作参考书。

图书在版编目（CIP）数据

火力发电厂化学技术监督工作手册 / 米树华主编． —北京：中国电力出版社，2019.8
ISBN 978-7-5198-3492-0

Ⅰ．①火… Ⅱ．①米… Ⅲ．①火电厂–电厂化学–监督管理–手册 Ⅳ．①TM621.8-62

中国版本图书馆 CIP 数据核字（2019）第 168985 号

出版发行：中国电力出版社
地　　址：北京市东城区北京站西街 19 号（邮政编码 100005）
网　　址：http://www.cepp.sgcc.com.cn
责任编辑：娄雪芳
责任校对：黄　蓓　郝军燕
装帧设计：赵姗姗
责任印制：吴　迪

印　　刷：北京瑞禾彩色印刷有限公司
版　　次：2019 年 8 月第一版
印　　次：2019 年 8 月北京第一次印刷
开　　本：787 毫米×1092 毫米　16 开本
印　　张：21
字　　数：504 千字
印　　数：0001—7000 册
定　　价：118.00 元

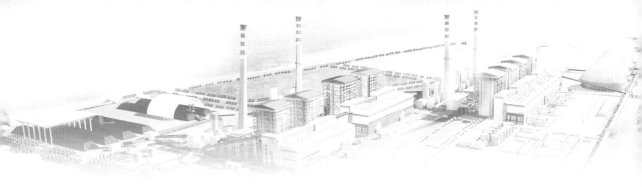

本书编委会

主　编　米树华

副主编　肖创英　李宏远　王文飚

编　委（排名不分先后，按照姓氏笔画排列）

王融慧　田　芳　宁国睿　刘建明　刘雁宾　孙秋燕

李永生　李洪峰　杨希刚　杨　胜　杨　娟　陈东平

陈　钢　陈玉虎　余志祥　张积轩　张敏德　张　强

郑　辉　郝丹宇　胡爱辉　姚纪伟　郭莉莉　聂新辉

倪　斌　常金旺　尉院春　韩　松　蔡　培　潘彦霖

薛庆堂

前　言

在我国电力事业几十年的发展历程中，技术监督在保障电力安全生产方面发挥了至关重要的作用，而其中作为最初"五项监督"之一的化学监督一直占据着重要的位置，受到各级生产管理人员及广大电力职工的高度重视。特别是随着火电机组向高效、节能、环保的超临界、超超临界方向发展，这些大容量、高参数机组对水汽品质、油（气）质量提出了更加严格的要求，各种标准、规程、规范和技术管理制度不断更新和完善；化学技术监督发挥作用的形式也从最初的通过抓技术管理发现水汽品质问题、解决问题，到深入参与金属部件失效分析、研发和推广诊断技术、进而开展风险评估预控等，是电力生产"安全第一，预防为主，综合治理"的有效抓手；化学技术监督工作的范围也逐步从水汽品质监督，逐步发展到涵盖油、气、燃料质量监督以及机组检修化学检查、机组停（备）用保护、热力设备化学清洗等内容，监督对象几乎涵盖了发电企业全部机、炉、电专业系统和设备，电力生产"内科医生"的角色日渐凸显。

同时，我们也应该看到发展过程遇到的新问题。随着电力生产自动化程度的提高，生产一线员工逐步减少，传统化学专业生产岗位人员配备更是越来越少，给人以化学监督被削弱的表象，这就需要技术进步的支撑和科学的体制机制来解决；技术监督管理体系经过近几年由省网电科院向由各发电集团自有电科院的过渡，有的企业化学技术监督的管理机制还没有完全适应这种变化，比如最新重组的国家能源集团系统，经过最新的体制机制变化，技术监督网络和职责需重新构建。

为深入贯彻落实国家能源集团安全生产标准化指导意见，加强集团各级化学技术监督管理，助力解决企业发展中遇到的新问题，解决技术监督工作的新矛盾，适应技术进步提出的新要求，国家能源集团组织编写了这本《火力发电厂化学技术监督工作手册》（以下简称"手册"），从管理和技术的角度解读化学技术监督的相关知识，指导相关人员在火电机组基建、在役运行、大修技改工程中的设计、制造、安装、调试、试运行、运行、停用、检修、技术改造各个环节开展化学技术监督工作。

《手册》编写过程中引用了化学监督相关的最新标准、规程及国家能源集团有关规章制度，同时也引用了国内外专家的一些资料、观点和数据，在此，向有关专家、作者表示衷心感谢！

限于编者水平，《手册》中错漏之处难免，敬请广大读者批评指正，便于在以后的版本中修订完善。

目　录

第三篇　火力发电厂水汽监督技术

第四篇　火力发电厂油气监督技术

第五篇　化 学 分 析 基 础

第一篇　火力发电厂化学监督概述

第一章　火力发电厂化学系统简介

化学技术监督是保证发电设备安全、经济、稳定运行的重要环节之一。化学技术监督工作包括水、汽、油、气（氢气、氢气置换气体、SF_6、仪用压缩空气等）、燃料质量监督，影响化学指标的设备、影响监测指标的仪表的质量监督；设备腐蚀、结垢、积集沉积物及油、气质量劣化监督；涵盖设计、制造、监造、施工、调试、试运、运行、检修、技改、停（备）用等全过程的化学监督工作。为了了解各项化学监督工作内容，首先对火力发电厂化学专业各系统进行介绍。

第一节　热力系统及水汽循环系统

一、热力系统

在火电厂，锅炉、汽轮机及其附属设备、管道组成热力系统。热力系统中的各种热交换部件或水汽流经的设备，如省煤器、水冷壁（简称炉管）、过热器、汽轮机、高压加热器、低压加热器、除氧器和凝汽器等，通称为热力设备。为了保证它们正常运行，对锅炉用水的质量有很严的要求，而且机组中蒸汽的参数越高，对其要求也越严。依锅炉压力的不同，可将火电机组分为 7 个等级，即中压、次高压、高压、超高压、亚临界、超临界和超超临界压力机组，各压力级别机组的蒸汽参数及容量见表 1-1。

表 1-1　　　　　　　　　　　　　　　火电厂机组主要参数

锅炉压力级别		中压	次高压	高压	超高压	亚临界压力	超临界压力	超超临界压力
过热蒸汽	压力（MPa）	3.5	7.4	9.0	13.7	16.5	≥23.0	25.0～35.0 及以上
	温度（℃）	450	480	510～540	510～540	530～550	530～550	580 及以上
锅炉蒸发量（t/h）		65～130	120～250	220～430	410～670	850～2050	1050～3000	>3000
机组容量（MW）		12～25	25～30	50～100	125～200	250～600	300～1000	400～1000

二、水汽循环系统

火力发电厂一般分为凝汽式电厂和供热式电厂两种，它们的水汽循环系统如图 1-1 和图 1-2 所示。锅炉给水系统是指凝汽器出口至省煤器入口的水系统，包括凝结水泵、低压加热器、除氧器、给水泵和高压加热器及相连的管道。有时为了叙述方便，将凝汽器出口至除氧器出口称为凝结水系统或低压给水系统，将除氧器出口至省煤器入口称为给水系统或高压给水系统。

在锅炉用水的循环使用过程中，总是有些水和汽的损失，补给水就是为了补偿此种损失而补加的水。在现代大型机组中，化学补给水一般是补入凝汽器，与凝结水混合并在凝汽器内经除氧后进入给水系统。在小型机组中，通常是使化学补给水补入除氧器后再与主凝水和各种疏水混合后进入给水系统。

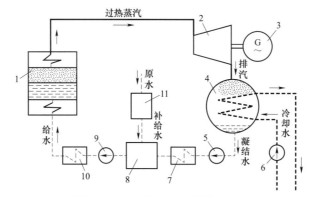

图 1-1　凝汽式电厂水汽循环系统

1—锅炉；2—汽轮机；3—发电机；4—凝汽器；5—凝结水泵；6—冷却水泵；

7—低压加热器；8—除氧器；9—给水泵；10—高压加热器；11—水处理设备

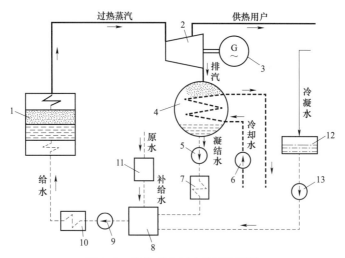

图 1-2　供热式电厂水汽循环系统

1—锅炉；2—汽轮机；3—发电机；4—凝汽器；5—凝结水泵；6—循环水泵；7—低压加热器；

8—除氧器；9—给水泵；10—高压加热器；11—水处理设备；12—返回凝结水箱；13—返回水泵

由于水在水汽循环系统中所经历的过程不同，水质常有较大差别。因此，根据实用的需要，我们给予这些水不同的名称，简述如下：

（1）原水。原水是指未经任何处理的天然水（如江河、湖、地下水，等），它是热力发电厂中各种用水的来源。

（2）锅炉补给水。原水经过各种方法净化处理后，用来补充热力发电厂汽水损失的水，称为锅炉补给水。锅炉补给水按其净化处理方法的不同，又可分为软化水、蒸馏水和除盐水等。

（3）凝结水。在汽轮机中做功后的蒸汽经冷凝成的水，称为凝结水。

（4）疏水。各种蒸汽管道和用汽设备中的蒸汽冷凝水，经疏水器汇集到疏水箱或并入凝结水系统中，这部分水称为疏水。

（5）返回水。热电厂向热用户供热后，回收的蒸汽凝结水称为返回水。返回水又有热网加热器冷凝水和生产返回冷凝水之分。

（6）给水。送进锅炉的水称为给水。凝汽式发电厂的给水，主要由凝结水、补给水和各种疏水组成。热电厂的给水组成中，还包括返回水。

（7）锅炉水。在锅炉本体的蒸发系统中流动着的水，称为锅炉水，习惯上简称炉水。

（8）冷却水。用作冷却介质的水称为冷却水。在电厂中，它主要是指通过换热设备用以冷却汽轮机排汽的水。

第二节 冷 却 水 系 统

关于冷却水，它是与锅炉用水不同的另一系统。在工业生产中有各种用水来冷却工艺介质的过程，将用水来冷却工艺介质的系统称作冷却水系统。冷却工艺过程是通过换热设备来完成的，在火电厂中主要有凝汽器、冷油器和其他辅机冷却设备。冷却水系统可分为直流冷却水系统和循环冷却水系统，循环冷却水系统又分为封闭式循环冷却水系统和敞开式循环冷却水系统两种。水源丰富地区（如大流量江河或大容量湖泊水库）的火电厂，可以采取直流冷却方式，排水水质无变化，经掺混后水温升高有限；海滨电厂可用海水直接冷却；高寒地区可用空气直接或间接冷却。在缺水地区火电厂通常采取敞开循环冷却方式。

一、直流冷却水系统

在直流冷却水系统中，冷却水只一次通过换热设备，然后就被排出系统。因此，相对用水量大，而排出水的温升很小，水质基本保持不变。直流冷却水系统除输水管道、阀门、输送泵外一般不需其他冷却水构筑物，因此投资少、操作简便。但不符合节约使用水资源的要求，且长期使用直流冷却水，会造成其水源（一般为江、河、湖、泊）水温升高，对环境保护造成不利影响。在火电厂中，除海滨电厂使用海水直流冷却外，早期建设的一些使用直流冷却水系统的机组已得到了改造，不利于节水和环保的直流冷却水工艺逐渐被淘汰。

二、循环冷却水系统

冷却水在经过换热设备使用后不是立即排掉，而是重复循环使用，将这样的系统称作循环冷却水系统。循环冷却水系统又分为闭式和敞开式两种。

1. 闭式循环冷却水系统

在闭式循环冷却水系统中，冷却水在循环使用过程中，不直接暴露在大气中，其水的再冷却是通过另一台换热设备来完成的，如图1-3所示。在闭式循环冷却水系统中，水量损失很小，水质一般不发生变化。在火电厂中，它一般仅适用于冷却水量较小的发电机内冷水、大型水泵的轴承冷却或特殊要求的场合。

2. 敞开式循环冷却水系统

敞开式循环冷却水系统，如图1-4所示，是指冷却水由循环泵送入凝汽器内进行热交换，升温后的冷却水经冷却塔降温后，再由循环水泵送入凝汽器循环利用，这种循环利用的冷却水叫循环冷却水。这种系统的特点是由于有CO_2散失和盐类浓缩现象，在凝汽器内或冷却塔的填料上有结垢问题；由于温度适宜、阳光充足、营养丰富，有微生物的滋长问题；由于冷却水在塔内对空气洗涤，有生成污垢的问题；由于循环冷却水与空气接触，水中溶解氧是饱和的，所以还有凝汽器材料的腐蚀问题。所谓循环冷却水处理，主要就是研究这种冷却水系统的结垢、微生物生长和腐蚀等方面的原理和防治方法。

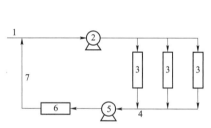

图1-3　闭式循环冷却水系统

1—冷却水；2—冷却水泵；3—冷却工艺介质的换热器；
4—热水；5—热水泵；6—冷却热水的换热器；7—冷水

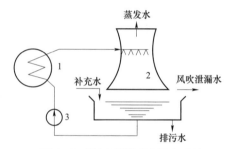

图1-4　敞开式循环冷却水系统

1—凝汽器；2—冷却塔；3—循环水泵

第三节　电力用油系统概述

电力用油（气）包括绝缘油、透平油、抗燃油、SF_6气体等，涉及的设备有变压器、断路器、组合电器、汽轮机等多种发、供电设备。这些介质品质的好坏直接关系到电力设备的安全经济运行，因此做好电力用油（气）的检测、监督和维护管理是十分必要的。下面对电力用油系统进行简述。

一、变压器的结构及主要部件

矿物绝缘油主要是指适用于变压器、电抗器、互感器、套管、油断路器等充油电气设备，起绝缘、冷却和灭弧作用的二类绝缘介质。按矿物绝缘油的使用场合主要分为变压器与电容器油、断路器油、电缆油等。电力系统习惯上将其称为变压器油。

变压器是由两个或多个相互耦合的绕组所组成的没有运动功能部件的电气设备。它是发输电、变电、配电系统中的重要设备之一。变压器结构的主要部件是铁芯、绕组和绝缘系统。

（1）铁芯。铁芯材料主要是加有3%硅的冷轧定向结晶硅钢片，其厚度一般为0.3mm。

为减少铁芯材料的涡流损失，往往在每片铁芯叠片上涂刷一层绝缘涂料。

（2）绕组。绕组由导体材料和绝缘材料组成。导体材料普遍采用铜和铝，绝缘材料一般采用牛皮纸和纸板，还有绝缘漆。

（3）变压器的绝缘系统。变压器的绝缘系统是将变压器各绕组之间及各绕组对地隔离开来，也就是说将导电部分与铁芯和钢结构部件互相绝缘隔绝开来。变压器的绝缘系统广泛采用两类基本绝缘材料，即液体绝缘材料（矿物变压器油、合成绝缘液）和固体绝缘材料（牛皮纸、层压纸板等纤维制品及油漆涂料等）。随着现代技术的发展，目前已生产以气体（六氟化硫及混合气体）作为绝缘介质的电气设备。

一般情况下，变压器绝缘系统的部件可分为三类：

（1）主绝缘。它是变压器绝缘系统的中心部分。主绝缘包括同相高、低压绕组之间的和绕组对地的绝缘，一般用牛皮纸圆筒和纸板或用合成树脂黏结的高密度有机绝缘条。相互之间的绝缘用层压纸板和角环。

（2）匝间绝缘。同一绕组中相邻匝间和不同绕组段之间的绝缘。

（3）相间绝缘。不同相绕组之间的绝缘。

另外，变压器附件还有油箱、套管、分接开关装置及变压器铭牌等。

二、汽轮机油系统简介

汽轮机的油系统主要由调速系统和润滑系统（密封系统与润滑系统合二为一）组成。汽轮机油系统如图 1-5 所示。

（1）调速系统。汽轮机油的调速系统主要由调速汽门、高压和中压油动机、离心调速器及滑阀、微分器等组成。通过主油泵带来的压力油来调整调速汽门的开度，在负荷变化时调节主蒸汽的进汽量，使汽轮机的负荷和转速稳定。

（2）润滑系统。润滑系统的作用是向汽轮机-发电机组各轴承和轴封提供连续不断的合格润滑油。正常运行时由主油泵对系统进行供油，在机组启、停过程中需要启动辅助油泵（高压油泵、直流、交流润滑油泵）来确保机组的安全。

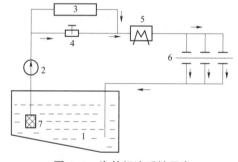

图 1-5 汽轮机油系统示意

1—油箱；2—油泵；3—调速系统；4—减压阀；
5—冷油箱；6—机组轴承；7—滤油网

（3）汽轮机油系统的主要部件。

1）油泵。油泵是用来使油从油箱到各轴承、轴封及调速控制装置进行强制循环。油系统的油泵主要有主油泵、高压油泵（调速油泵）、润滑油泵（交、直流油泵）、密封油泵及顶轴油泵等。正常运行时，油由主油泵供给，在机组启停及盘车时，辅助油泵运行，以确保机组的安全。

2）主油箱。主油箱主要是为机组储存和提供足够的润滑油。它一般设在机组运转层以下，以便使油能够靠重力及时回到主油箱。油箱的设计应使油的滞留时间至少为 8min，以便使油中的气体、水分和杂质沉降下来。

3）冷油器。冷油器主要是用来散发油在循环中获得的热量。冷油器至少 2 台，串联或并联运行，异常时间互为备用。运行中应始终保持油压大于水压，防止冷却水漏入油中。

第四节　发电机的冷却方式及氢气系统

发电机在运转过程中，各种损耗的能量均转变成热量，使各部件的温度升高。同时，为了能使机组长期安全运转，必须利用冷却介质进行强制冷却。

汽轮发电机的冷却介质主要有氢气和纯水两种，而其冷却方式又分为外冷式和内冷式两种。

一、外冷式汽轮发电机

外冷式又称表面冷却式，其冷却介质为气体（空气或氢气），气体在绕组导线和铁芯的表面流过时与发热体接触，吸收发热体表面的热量后随流动的气流带走。所以，表面冷却只有发热体产生的热量全部导致物体表面时才能被气体冷却，为提高冷却效果，应尽量增大接触面积。

外冷式发电机的冷却气体是由安装在转子轴上的风扇压入（称压入式）或抽出（称抽出式）后，通过各部位的冷通道，对发电机进行冷却。被加热了的气流又经过热通道进入水冷却器，热量由水带出，冷却后的气体再经过冷通道被风扇压入或抽出，在发电机内部形成一个密闭式的循环通风系统。其中抽出式冷却系统常用于定子，转子线圈均采用水内冷而铁芯采用氢外冷的发电机组。

如果按气流沿定子流动的主要方向分，氢外冷又分为轴向通风、径向通风和周向分区径向通风三种。

二、内冷式汽轮发电机

100MW 以上的汽轮发电机组多采用氢内冷或水内冷。

内冷式又称直接冷却式，其冷却介质为气体（空气或氢气）或液体（水或油）。它将定子和转子的绕组导线做成中空式，让氢气或水通入导线内部直接将热量带出。而定子和转子的铁芯内冷则是利用开孔或开沟槽，将冷却气体用风扇压入各个被冷却部位，以提高冷却效果。因为单机容量提高以后会伴随着电压等级提高和绝缘层厚度增加，从而使绝缘层上的温降上升，绕组温升增大，影响机组的长期安全运转。

内冷式不仅能提高冷却效果，而且扩大了冷却介质的种类，如氢气和纯水，也可两者同时应用。目前有以下四种类型的发电机组：

（1）定子氢外冷，转子氢内冷式的发电机组；

（2）定子和转子都是氢内冷式的发电机组；

（3）定子水内冷、转子氢内冷式的发电机组；

（4）定子和转子都采用水内冷式（双水内冷式）的发电机组。

三、氢冷发电机的氢气系统

发电机氢气系统的功能是用于冷却发电机的定子铁芯和转子。发电机氢冷系统采用闭式氢气循环系统，热氢通过发电机的氢气冷却器由冷却水冷却。氢冷发电机的氢气系统主要由气体分配系统，气体净化系统，测量、控制和信号系统及安全消防系统组成，如图 1－6 所示。该系统应具备以下功能：给发电机充以氢气和空气，补漏气自动监视和保持氢的额定压力和纯度。

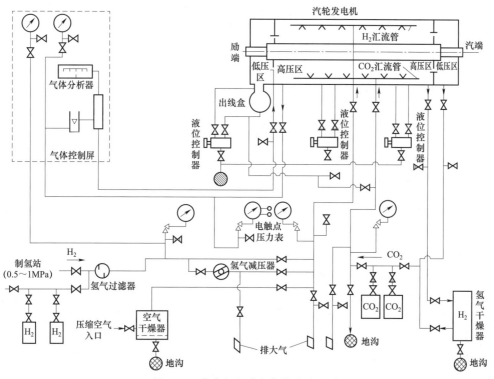

图 1-6　发电机氢冷却气体分配系统

氢气分配系统主要由制氢系统、储氢系统、阀门和管路组成。氢冷发电机的氢气来自厂内制氢站。氢冷发电机正常时不允许空气作为冷却介质，但在气体置换或风压试验时可用空气为冷却介质。发电机内空气和氢气不允许直接置换，以免形成具有爆炸浓度的混合气体。应采用 CO_2 或 N_2 气体作为中间介质实现机内空气和氢气的置换。因此，分配系统中还应安装二氧化碳控制站、压缩空气系统。

气体净化系统中的主要设备有氢气干燥器和空气干燥器。

第二章 火电厂重要介质—水

火电厂用水水源主要有地表水、地下水、再生水和海水。

第一节 水 的 特 性

一、水分子的结构

水的基本化学式为 H_2O，它不仅是地球上分布最广、贮量最多的物质，也是一切生命体的基本成分，人体的含水量达 60%～70%。

在水分子的结构中，O—H 的键长为 0.096nm，H—H 键长为 0.154nm，H—O—H 的键夹角为 104.4°，两个氢原子核排列成以氧原子核为顶的等腰三角形，从而使氧的一端带负电荷，氢的一端带正电荷。因此水分子是一个极性很强的分子，即氧的一端为负极，氢的一端为正极。由于水分子在正极一方有两个裸露的氢核，在负极一方有氧的两对孤对电子，这样就使每一个水分子都可以把自己的两个氢核交出与其他两个水分子共有，而同时氧的两对孤对电子又可以接受第三个、第四个氢核，使这五个水分子之间形成四个氢键，其中每一个外围分子又再与另外的分子继续生成氢键，这种现象称为水分子的缔合现象，如图 2-1 所示。因此，水是单个分子 H_2O 和（H_2O）$_n$ 的混合物，（H_2O）$_n$ 称为水分子的集聚体或聚合物。

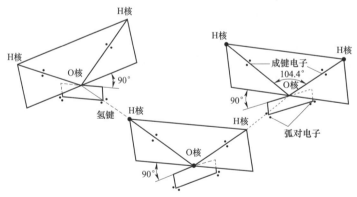

图 2-1 水分子结构及缔合现象

二、水的主要特性

由于水分子的上述结构特点，呈现以下几种特性：

（1）水的状态。水在常温下有三态。水的熔点为 0℃，沸点为 100℃，在自然环境中可以固体存在，也可以液体存在，并有相当部分变为水蒸气。图 2-2 是水的物态图（或称三相图），图中表明了冰–水–汽、冰–汽、水–汽和冰–水共存的温度、压力条件。火力发电厂的生产工艺就是利用水的这种三态变化来转换能量的。

（2）水的密度。水的密度与温度关系和一般物质有些不同，一般物质的密度均随温度上升而减小，而水的密度是 3.98℃时最大，为 1g/cm³，高于或低于此温度时，其密度都小于 1g/cm³。这通常由水分子之间的缔合现象来解释，即在 3.98℃时，水分子缔合后的聚合物结构最密实，高于或低于 3.98℃时，水的聚合物结构比较疏松。

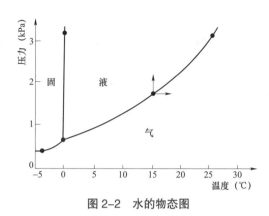

图 2-2　水的物态图

（3）水的比热容。几乎在所有的液体和固体物质中，水的比热容最大，同时有很大的蒸发热和溶解热。这是因为水加热时，热量不仅消耗于水温升高，还消耗于水分子聚合物的解离。所以，在火力发电厂和其他工业中，常以水作为传送热量的介质。

（4）水的溶解能力。水有很大的介电常数，溶解能力极强，是一种很好的溶剂。溶解于水中的物质可以进行许多化学反应，而且能与许多金属的氧化物、非金属的氧化物及活泼金属产生化合作用。

（5）水的电导率。因为水是一种很弱的两性电解质，能电离出少量的 H^+ 和 OH^-，所以即使是理想的纯水，也有一定的导电能力，这种导电能力常用电导率来表示。

电导率是电阻率的倒数。电阻率是对断面为 1cm×1cm、长为 1cm 的体积的水所测得的电阻，单位是欧姆·厘米（Ω·cm），电导率的单位是西门子/厘米（S/cm 或 μS/cm）。25℃时，纯水的电阻率为 $1.83 \times 10^7 \Omega \cdot cm$，电导率为 0.055μS/cm。

（6）水的沸点与蒸汽压。水的沸点与蒸汽压力有关。如将水放在一个密闭容器中，水面上就有一部分动能较大的水分子能克服其他水分子的引力逸出水面，进入容器上部空间成为蒸汽，这一过程称为蒸发。进入容器空间的水分子不断运动，其中一部分水蒸气分子碰到水面，被水体中的水分子所吸引，又返回到水中，这一过程称为凝结。当水的蒸发速度与水蒸气的凝结速度相等时，水面上的水分子数量不再改变，即达到动态平衡。

在温度一定的情况下，达到动态平衡时的蒸汽称为该温度下的饱和蒸汽，这时的蒸汽压力称为饱和蒸汽压，简称蒸汽压。

当水的温度升高到一定值，其蒸汽压力等于外界压力时，水就开始沸腾，这时的温度称为该压力下的沸点。不同压力下水的沸点见表 2-1。水中的蒸汽压与温度之间的关系见表 2-2。

表 2-1　　　　　　　　　不 同 压 力 水 的 沸 点

压力（MPa）	0.196	0.392	0.588	0.98	1.96	22
沸点（℃）	120	143	158	179	211	374

表 2-2　　　　　　　　水中的蒸汽压与温度之间的关系

沸点（℃）	0	40	80	100	120	140	180	374
蒸汽压力（Pa）	6.1×10^2	7.4×10^3	4.7×10^4	1.0×10^5	2.0×10^5	3.6×10^5	1.0×10^6	2.2×10^7

当气体高于某一温度时，不管加多大压力都不能将气体液化，这一温度称为气体的临界温度。在临界温度下，使气体液化的压力称为临界压力。水的临界温度为 374℃，临界压力为 22.0MPa。

（7）水的化学性质。水能与金属和非金属作用放出氢

$$2Na + 2H_2O \xrightarrow{\Delta} 2NaOH + H_2 \uparrow$$

$$Mg + 2H_2O \xrightarrow{\Delta} Mg(OH)_2 \downarrow + H_2 \uparrow$$

$$3Fe + 4H_2O \xrightarrow{>300℃} Fe_3O_4 + 4H_2 \uparrow$$

$$C + H_2O \longrightarrow CO \uparrow + H_2 \uparrow$$

水还能与许多金属和非金属的氧化物反应，生成碱和酸

$$CaO + H_2O \Longrightarrow Ca(OH)_2$$

$$SO_3 + H_2O \Longrightarrow H_2SO_4$$

第二节 天 然 水 体

一、天然水体的物质组成

天然水体是海洋、河流、湖泊、沼泽、水库、冰川、地下水等地表与地下贮水体的总称，包括水和水中各种物质、水生生物及底质。从自然地理的角度看，水体是指地表水覆盖的自然综合体。

天然水体分为海洋水体和陆地水体，陆地水体又可分为地表水体和地下水体。这些天然水体在自然循环运动中，无时不与大气、土壤、岩石、各种矿物质、动植物等接触。由于水是一种很强的溶剂，极易与各种物质混杂，所以天然水体是在一定的自然条件下形成的，是含有许多溶解性的和非溶解性的物质、组成成分又非常复杂的一种综合体。化学概念上那种理想的纯水在自然界中是不存在的。

天然水中混杂的物质，有的呈固态，有的呈液态或气态，它们大多以分子态、离子态或胶体颗粒存在于水中。这些几乎包含了地壳中的大部分元素，表 2-3 是天然水中含量较多、比较常见的物质组成。

表 2-3　　　　　　　　　　　　　天然水的物质组成

主要离子		微量元素	溶解气体		生物生成物	胶体		悬浮物质
阴离子	阳离子		主要气体	微量气体		无机	有机	
Cl^-	Na^+	Br、F	O_2	N_2	NH_3、NO_3^-	$SiO_2 \cdot nH_2O$	腐殖质	硅铝酸
SO_4^{2-}	K^+	I、Fe	CO_2	H_2S	NO_2^-、PO_4^{3-}	$Fe(OH)_3 \cdot nH_2O$		盐颗粒
HCO_3^-	Ca^{2+}	Cu、Ni		CH_4	HPO_4^{2-}	$Al_2O_3 \cdot nH_2O$		砂粒
CO_3^{2-}	Mg^{2+}	Co、Ra			$H_2PO_4^-$			黏土

天然水体的物质组成不仅与它的形成环境有关，也与和水相接触的物质组成及物理化学

作用所进行的条件有关。其中，包括溶解—沉淀、氧化—还原、水相—气相间离子平衡、固—液两相之间离子交换、有机物的矿质化、生物化学作用等，从而使天然水体的物质组成相差非常悬殊。

影响天然水体物质组成的直接因素主要有岩石、土壤和生物有机体，这些因素可使水增加或减少某些离子和分子。例如：流经石灰岩地区的天然水中富含 Ca^{2+} 和 HCO_3^-；当水透过土壤时，溶解氧的含量减少，而 CO_2 的含量增多；生物排泄物和残体增加了水中的某些组分含量，生物呼吸作用影响着水中气体的含量。间接因素主要有气候和水文特征，气候是一切水化学作用进行的背景，同时对地表水和地下水化学组成起着总控制作用；天然水体的水文特征使水的组成有很大差异。例如：河水流速快、与河床接触时间短、河水中离子含量一般较低；地下水流速缓慢，与周围岩石接触时间长，水中溶解物的含量比地表水高，但气体组成相对减少；而湖水的化学组成比河水与地下水更为复杂。

二、天然水中物质的特征与来源

从水的净化和处理的需要，假定水中的物质均呈球形，并按其直径大小分成悬浮物、胶体和溶解物质三大类，如图 2-3 所示。但是水中的各种物质并非全部为球形，各种物质的尺寸界限也不能截然分开，特别是悬浮物和胶体之间的尺寸界限，常因形状和密度的不同而有所变化，所以图 2-3 中的数字只能表示一个大体的尺寸概念。

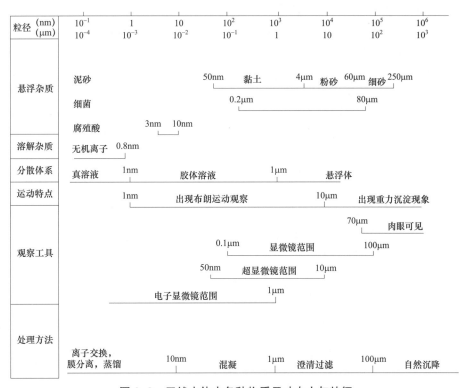

图 2-3 天然水体中各种物质尺寸大小与特征

（一）悬浮物

悬浮物是指颗粒直径为 100nm～1μm 以上的物质微粒，按其微粒大小和相对密度的不同，可分为漂浮的、悬浮的和可沉降的。如一些植物及腐烂体的相对密度小于1，一般漂浮于水面，称为漂浮物；一些动植物的微小碎片、纤维或死亡后的腐烂产物的相对密度近似等于 1，一般悬浮于水中，称为悬浮物；一些黏土、砂粒之类的无机物的相对密度大于 1，当水静止时沉于水底，称为可沉物。因此，悬浮物在水中很不稳定，分布也很不均匀，是一种比较容易除去的物质。

（二）胶体

胶体是指颗粒直径为 $1 \sim 100nm$ 之间的微粒，主要是铁、铝、硅的化合物以及动植物有机体的分解产物、蛋白质、脂肪、腐殖质等，它们往往是许多分子或离子的集合体。由于这种颗粒比表面积大，有明显的表面活性，表面上常常带有某些正电荷或负电荷离子，而呈现带电性。天然水体中的胶体颗粒一般都带负电荷，而一些金属离子的氢氧化物则带正电荷。因为带相同电荷的胶体颗粒互相排斥，不能聚集，所以胶体颗粒在水中是比较稳定的，分布也比较均匀，难以用自然沉降的方法除去。

腐殖质是分子量在 $300 \sim 3000$ 以上的有机高分子化合物，按其在酸、碱溶液中的溶解特性分为三类：富里酸，是指既溶于酸也溶于碱的部分，分子量从几百到数千；腐殖酸，是指只溶于稀碱溶液不溶于酸的部分，分子量从数千到数万；腐里物，是指在酸、碱溶液中都不溶的部分。在腐殖质的分子结构中，除含有苯环以外，还含有大量的—OH 基团和—COOH 基团，它们在水中进行解离，形成带有负电荷的长链阴离子。由于活性基团相互排斥，分子结构伸展，亲水性增强，具有稳定性，故在水处理中也划为胶体范畴。

天然水体中的悬浮物和胶体颗粒，由于对光线有散射效应，是造成水体浑浊的主要原因，所以它们是各种用水处理首先清除的对象。

（三）溶解物质

溶解物质是指颗粒直径小于 1nm 的微粒，它们往往以离子、分子或气体的状态存在于水中，成为均匀的分散体系，称为真溶液。这类物质不能用混凝、沉降、过滤的方法除去，必须用蒸馏、膜分离或离子交换的方法才能除去。

1. 呈离子状态的物质

如表 2-3 所示，天然水体中含有的主要离子有 Cl^-、SO_4^{2-}、HCO_3^-、CO_3^{2-}、Na^+、K^+、Ca^{2+}、Mg^{2+} 等八种离子，它们几乎占水中溶解固体总量的 95% 以上。另外，水中还有一定的生物生成物、微量元素及有机物。生物生成物主要是一些氮的化合物（如 NH_4^+、NO_2^-、NO_3^-），磷的化合物（HPO_4^{2-}、$H_2PO_4^-$、PO_4^{3-}），铁的化合物和硅的化合物。微量元素是指含量小于 10mg/L 的元素，主要有 Br^-、I^-、F^-、Cu^{2+}、Co^{2+}、Ni^{2+}、Fe^{2+}、Ra^{2+} 等。

下面着重介绍天然水中主要离子的来源。

（1）钙离子（Ca^{2+}）。钙离子是大多数天然淡水的主要阳离子，是火成岩（链状硅酸盐—辉石、钙长石）、变质岩和沉积岩（方解石、文石、石膏等）的基本组分。当水与这些矿物接触时，这些矿物会缓慢溶解，使水中含有钙离子，如

$$CaAl_2Si_2O_8 + H_2O + 2H^+ \rightleftharpoons Al_2Si_2O_5(OH)_4 + Ca^{2+} \qquad (2-1)$$

$$CaCO_3(s) + CO_2 + H_2O \rightleftharpoons Ca^{2+} + 2HCO_3^-$$

$$CaSO_4 \cdot 2H_2O \rightleftharpoons Ca^{2+} + 2H_2O + SO_4^{2-}$$

$$CaCO_3 \cdot MgCO_3 + 2CO_2 + 2H_2O \rightleftharpoons Ca^{2+} + Mg^{2+} + 4HCO_3^- \qquad (2-2)$$

式（2-1）和式（2-2）说明，当天然水溶解方解石和白云石时，水中 Ca^{2+}、Mg^{2+} 的含

量随大气中 CO_2 含量的增加而增加。在土壤或岩层中，由于植物根系的呼吸作用或微生物对死亡植物体的分解作用，使 CO_2 的分压比地面大气中 CO_2 的分压高 $10\sim100$ 倍，所以一般地下水中 Ca^{2+} 的浓度比地表水高。

当天然水中含有较多的 H^+ 时，可使 $CaCO_3$、$CaSO_4 \cdot 2H_2O$、$CaSO_4$ 同时溶解，使水中 Ca^{2+} 浓度大大超过 HCO_3^- 的浓度。

水中 Ca^{2+} 不仅能与有机阴离子形成络合物，而且能与 HCO_3^- 生成 $CaHCO_3^+$ 离子对。当水中 SO_4^{2-} 的含量超过 $1000mg/L$ 时，可有 50% 以上的 Ca^{2+} 与 SO_4^{2-} 生成 $CaSO_4$ 离子对。在碱性条件下，OH^-、CO_3^{2-}、PO_4^{2-} 也可与 Ca^{2+} 生成 $CaOH^+$、$CaCO_3$、$CaPO_4^-$ 离子对，在一般天然水体中没有这种情况。

不同的天然水中钙离子的含量相差很大。一般在潮湿地区的河水中，水中 Ca^{2+} 的含量比其他任何阳离子都高（在 $20mg/L$ 左右）。在干旱地区的河水中，水中 Ca^{2+} 含量较高。在封闭式的湖泊中，由于蒸发浓缩作用，可能会出现 $CaCO_3$ 沉淀或 $CaSO_4$ 沉淀，从而使水的类型由碳酸盐型演变为硫酸盐型或氯化物型。

（2）镁离子（Mg^{2+}）。镁离子几乎存在于所有的天然水中，是火成岩镁矿石（橄榄石、辉石、黑云母）和次生矿（绿泥石、蒙脱石、蛇纹石）及沉积岩（菱镁石、水镁石）的典型组分。当水遇到这些矿物时，镁离子进入水中。

由于镁离子的离子半径比 Ca^{2+}、Na^+ 都小，所以有较强的电荷密度，对水分子有较大的吸引力。在水溶液中，每一个 Mg^{2+} 周围有 6 个水分子，形成一层较厚的水膜，水化后 Mg^{2+} 表示为 $Mg(H_2O)_6^{2+}$。Mg^{2+} 可与 SO_4^{2-}、OH^- 生成 $MgSO_4$、$Mg(OH)^+$ 离子对，其中 $Mg(OH)^+$ 称为经基络合物。当水中 SO_4^{2-}、HCO_3^- 的含量大于 $1000mg/L$ 时，Mg^{2+} 与 SO_4^{2-}、HCO_3^- 形成络合物。

因为菱镁石（$MgCO_3$）的溶解度比方解石（$CaCO_3$）约大两倍，而水化菱镁石（$MgCO_3 \cdot 3H_2O$、$MgCO_3 \cdot 5H_2O$）的溶解度又明显地大于菱镁石，所以在与白云石接触的天然水中，Ca^{2+} 与 Mg^{2+} 的含量几乎相等，但在过饱和的水溶液中，由于 $CaCO_3$ 析出，使水中 Mg^{2+} 的含量高于 Ca^{2+}。

镁离子在天然水中的含量仅次于 Na^+，很少见到以 Mg^{2+} 为主要阳离子的天然水体。在淡水中 Ca^{2+} 是主要阳离子，在咸水中 Na^+ 是主要阳离子。在大多数的天然水体中，Mg^{2+} 含量一般在 $1\sim40mg/L$。当水中溶解固体的含量低于 $500mg/L$ 时，Ca^{2+} 与 Mg^{2+} 的摩尔比为 $4:1\sim2:1$。当水中溶解固体的含量高于 $1000mg/L$ 时，Ca^{2+} 与 Mg^{2+} 的摩尔比降至 $2:1\sim1:1$。当水中溶解固体含量进一步增大时，Mg^{2+} 的含量可能高出 Ca^{2+} 许多倍。

（3）钠离子（Na^+）。钠主要存在于火成岩的风化产物和蒸发岩中，钠几乎占地壳矿物组分的 25%，其中以钠长石中的含量最高。这些矿物在风化过程中易于分解，释放出 Na^+，所以在与火成岩相接触的地表水和地下水中普遍含有 Na^+。在干旱地区，岩盐是天然水中 Na^+ 的重要来源，被岩盐饱和的水中 Na^+ 的含量可达 $150g/L$。

因为大部分钠盐的溶解度很高，所以在自然环境中一般不存在 Na^+ 的沉淀反应，也就不存在使水中 Na^+ 含量降低的情况。Na^+ 在水中的含量在不同条件下相差非常悬殊，在咸水中 Na^+ 含量可高达 $100\,000mg/L$ 以上，在大多数河水中只有几毫克/升至几十毫克/升，在赤道带的河水中可低至 $1mg/L$ 左右。所以，在高含盐量的水中，Na^+ 是主要阳离子，如海水中 Na^+ 含量（按重量计）占全部阳离子的 81%。

当 Na^+ 的含量低于 1000mg/L 时，水中的 Na^+ 主要以游离状态存在。在高含盐量的水中，Na^+ 可与 CO_3^{2-}、HCO_3^-、SO_4^{2-} 形成 $NaCO_3^-$、$NaHCO_3$、$NaSO_4^-$ 离子对。在海水中，几乎所有的阴离子都可与 Na^+ 生成离子对。

在天然淡水中，Na^+ 主要来源于铝硅酸盐矿物的溶解，Na^+ 与 Cl^- 之间的摩尔关系为 $[Na^+] > [Cl^-]$。在天然咸水中，Na^+ 与 Cl^- 之间的摩尔量几乎相等，即 $[Na^+] = [Cl^-]$，说明天然咸水中 Na^+ 的主要来源是由于 NaCl 的溶解。

（4）钾离子（K^+）。在天然水中，K^+ 的含量远远低于 Na^+，一般为 Na^+ 含量的 4%～10%。由于含钾的矿物比含钠的矿物抗风化能力大，所以 Na^+ 容易转移到天然水中，而 K^+ 则不易从硅酸盐矿物中释放出来，即使释放出来也会迅速结合于黏土矿物中，特别是伊利石中。另外，K^+ 是植物的基本营养元素，在风化过程中释放出来的 K^+ 容易被植物吸收、固定，从而使大部分天然水中 Na^+ 含量比 K^+ 高。在某些咸水中。K^+ 的含量可达到十几到几十毫克/升，在苦咸水中可达几十到几百毫克/升。

由于在一般天然水中 K^+ 的含量不高，而且化学性质与 Na^+ 相似，因此在水质分析中，常以（$Na^+ + K^+$）之和表示它们的含量，并取其加权平均值 25 作为两者的摩尔质量。

（5）铁离子（Fe^{2+}）。在天然水中除以上四种阳离子之外，在一部分地下水中还含有 Fe^{2+}。当含有 CO_2 的水与菱铁矿 $FeSO_4$ 或 FeO 的地层接触时，发生以下反应

$$FeSO_4 = Fe^{2+} + SO_4^{2-}$$

$$FeO + 2CO_2 + H_2O = Fe^{2+} + 2HCO_3^-$$

在含有机质的地下水中，由于微生物的厌氧分解，常含有一定量的 H_2S 气体，可将地层中的 Fe_2O_3 还原，并在 CO_2 的作用下溶于水中

$$Fe_2O_3 + 3H_2S = 2FeS + 3H_2O + S$$

$$FeS + 2CO_2 + 2H_2O = Fe^{2+} + 2HCO_3^- + S$$

从而使地下水中含有一定数量的二价铁离子。Fe^{2+} 在地表水中含量很小，因为地下水暴露大气后 Fe^{2+} 很快被水中氧氧化成 Fe^{3+}，进而形成难溶于水的 $Fe(OH)_3$ 胶体沉淀出来。

（6）碳酸氢根（HCO_3^-）和碳酸根（CO_3^{2-}）。HCO_3^- 是淡水的主要成分，它主要来源于碳酸盐矿物的溶解，如反应式（2-1）和式（2-2），HCO_3^- 在水中的含量也与水中 CO_2 的含量有关。

水中的 HCO_3^-、CO_3^{2-} 与 CO_2 共同组成了一个碳酸化合物的平衡体系。水中 HCO_3^- 的含量与氢离子浓度 $[H^+]$ 成反比，计算表明，当水的 pH<4.0 时，HCO_3^- 的含量已很少了，即在酸性条件下不存在 HCO_3^-。在一般的地表水中，HCO_3^- 的含量一般在 50～400mg/L 之间，在少数水中达到 800mg/L。

水中 CO_3^{2-} 含量也与 $[H^+]$ 成反比，计算表明，当水的 pH<8.3 时，CO_3^{2-} 的含量也很少了，即在中性和酸性条件下不存在 CO_3^{2-}。

（7）硫酸根（SO_4^{2-}）。硫不是地壳矿物的主要成分，但它常以还原态金属硫化物的形式广泛分布在火成岩中。当硫化物与含氧的天然水接触时，硫元素被氧化成 SO_4^{2-}。火山喷出的 SO_2 和地下泉水中的 H_2S 也可被水中氧氧化成 SO_4^{2-}。另外，沉积岩中的无水石膏 $CaSO_4$ 和有水石膏（$CaSO_4 \cdot 3H_2O$）及（$CaSO_4 \cdot 5H_2O$）都是天然水中 SO_4^{2-} 的主要来源。含有硫的动植物残体分解也会增加水中 SO_4^{2-} 的含量。

硫酸根是在天然水中的含量居中的阴离子，在一般的淡水中，$[HCO_3^-] > [SO_4^{2-}] > [Cl^-]$，

在咸水中也是 $[HCO_3^-] > [SO_4^{2-}] > [Cl^-]$。在含有 Na_2SO_4、$MgSO_4$ 的天然咸水中 SO_4^{2-} 的含量除了与各种硫酸盐的溶解度有关以外，还与水中是否存在氧化还原条件有关。在还原条件下，SO_4^{2-} 是不稳定的，可被水中的硫酸盐还原菌还原为自然硫 S 和硫化氢 H_2S。

水中的 SO_4^{2-} 易与某些金属阳离子生成络合物和离子对，如 $NaSO_4^-$ 和 $CaSO_4$，从而使水中 SO_4^{2-} 的含量增加。

（8）氯离子（Cl^-）。氯离子也不是地壳矿物中的主要成分，火成岩中的含氯矿物主要是方钠石 $[Na_8(AlSiO_4)_6Cl_2]$ 和氯灰石 $[Ca_6(PO_4)_3Cl]$，所以火成岩不会使正常循环的天然水体中含有很高的 Cl^-。天然水中的 Cl^- 比较重要的来源与蒸发岩有关，氯化物主要存在于古海洋沉积物和干旱地区内陆湖的沉积物中，另外，还存在于曾经遭受海水侵蚀过的岩石孔原中以及海洋泥质岩中。在所有这些岩石和沉积物中，几乎都是 Na^+ 与 Cl^- 伴随在一起。

氯离子几乎存在于所有的天然水中，但其含量相差很大，在某些河水中只有几个毫克/升，在海水中却高达几十克/升。由于氯化物的溶解度大，又不参与水中任何氧化还原反应，也不与其他阳离子生成络合物及不被矿物表面大量吸附，所以 Cl^- 在水中的化学行为最为简单。

（9）硅（Si）。硅的氧化物（SiO_2）是火成岩和变质岩中大部分矿物的基本结构单元，也是天然水中硅化合物的基本结构单元。在锅炉水处理中，水中的 Si 均以 SiO_2 表示。由于硅化物在锅炉的金属表面上或者在汽轮机的叶片上形成沉积物后非常难以清除，所以成为锅炉水处理中的重点清除对象。

天然水中的硅主要来源于硅酸盐、铝硅酸盐的水解，如

$$4KAlSi_3O_8(s) + 22H_2O \longrightarrow Al_4Si_4O_{10}(s) + 4K^+ + 4OH^- + 8H_4SiO_4$$

当水中含有 CO_2 时，反应为

$$4AKAlSiO(s) + 4H_2CO_3 + 18H_2O \longrightarrow Al_4Si_4O_{10}(OH)_8(s) + 4K^+ + 4OH^- + 8H_4SiO_4 + 4CO_2$$

所以，硅酸盐矿物的水解，不仅是天然水中碱金属和碱土金属阳离子的主要来源，也是水中硅酸化合物的主要来源。

硅酸是一种复杂的化合物，在水中可呈离子态、分子态和胶态，它的通式常表示成 $xSiO_2 \cdot yH_2O$。当 $x=1$，$y=1$ 时，分子式写成 H_2SiO_3，称为偏硅酸；当 $x=1$，$y=2$ 时，分子式写成 H_4SiO_4，称为正硅酸；当 $x>1$ 时，硅酸呈聚合态，称为多硅酸。当硅酸的聚合度较大时，由溶解态变为胶态；当浓度和聚合度更大时，会呈凝胶状从水中析出

$$H_4SiO_4 \Longleftrightarrow SiO_2(s) + 2H_2O$$

天然水中硅化合物的含量一般在 $1\sim20mg/L\ SiO_2$ 的范围内，地下水有时高达 $60mg/L$ 以上。这与 SiO_2 和水之间的溶解平衡有关

$$SiO_2（s，石英）+ 2H_2O \Longleftrightarrow SiO_2(s) + 2H_2O，\ \lg K = -3.7（25℃）$$

$$SiO_2（s，无定形）+ 2H_2O \Longleftrightarrow Si(OH)_4 \text{ 或 } H_4SiO_4，\ \lg K = -2.7（25℃）$$

$$Si(OH)_4 \Longleftrightarrow SiO(OH)_3^- + H^+，\ \lg K = -9.46 \tag{2-3}$$

$$SiO(OH)_3 \Longleftrightarrow SiO_2(OH)_4^{2-} + H^+，\ \lg K = -12.56 \tag{2-4}$$

莫尼（Money）与福尼尔（Fouinier，1962）曾测定了石英的溶解度；25℃时为 $6.0mg/L$，84℃时为 $26mg/L$；无定形 SiO_2 的溶解度在 25℃时为 $15mg/L$、100℃时为 $370mg/L$。说明温

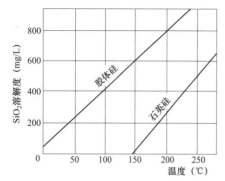

图 2-4　温度对 SiO_2 溶解度的影响（pH=7）

度对 SiO_2 的溶解度有明显影响。所以在有些温度高的泉水中，SiO_2 的含量可达到 760～800mg/L，但在表层海水中，SiO_2 的含量可低于 1mg/L，这可能与生物的吸附作用有关，如图 2-4 所示。

根据式（2-3）和式（2-4），水中硅化合物的含量与水的 pH 值有关。根据计算，当 pH=8.41～8.91 时，$SiO(OH)_3^-$ 的含量占总溶解硅的 10%；当 pH=9.41～9.91 时，$SiO(OH)_3^-$ 可占总溶解硅的 50%，图 2-5 所示为 pH 值对 SiO_2 溶解度的影响。另外，$SiO(OH)_3^-$ 也可生成多核络合物

$$4Si(OH)_4 \rightleftharpoons Si_4O_6(OH)_6^{2-} + 2H^+ + 4H_2O, \quad lgK = -12.57$$

$$4Si(OH)_4 \rightleftharpoons Si_4O_4(OH)_2^{4-} + 4H^+$$

由于硅酸化合物有多种存在形态（见图 2-6），所以它的测定方法与其他化合物有些不同。通常采用的钼蓝比色法只能测得水中分子量较低的硅酸化合物，分子量较大的硅酸，有的不与酸反应，有的反应缓慢。所以根据反应能力不同，将水中硅酸化合物分成两种：凡是能够直接用比色法测得的称为活性二氧化硅（简称活性硅），凡是不能直接用比色法测得的称为非活性二氧化硅（简称非活性硅）。

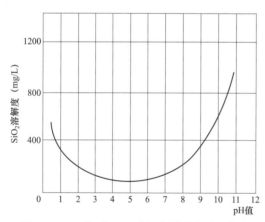

图 2-5　pH 值对 SiO_2 溶解度的影响（25℃）

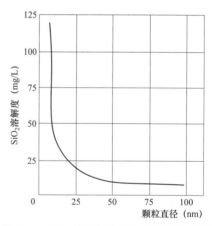

图 2-6　SiO_2 的颗粒直径与溶解度的关系

2. 呈分子状态的气体

天然水中常见的溶解气体有氧（O_2）、二氧化碳（CO_2）和氮（N_2），有时还有硫化氢（H_2S）、二氧化硫（SO_2）和氨（NH_3）等。

大气中的任何一种气体分子 $[G_{(g)}]$ 与水溶液中相应的同一种气体分子 $[G_{(aq)}]$ 之间存在以下平衡

$$G_{(g)} \rightleftharpoons G_{(aq)}$$

按亨利定律，气体在水溶液中的溶解度 $[G_{(aq)}]$ 与水溶液相接触的那种气体的分压 P_G 成正比，这一关系可表示为

$$[G_{(aq)}] = KP_G$$

式中　K——某种气体的亨利常数，$mol/（L·MPa）$；

　　　P_G——同一种气体的分压，MPa。

由于亨利定律没有考虑某些气体可能在水溶液中进行某些化学反应，如

$$CO_2 + H_2O \Longleftrightarrow H^+ + HCO_3^-$$

$$SO_2 + H_2O \Longleftrightarrow H^+ + HSO_3^-$$

所以，有的气体在水溶液中的实际量比亨利定律的计算值高得多，也有的气体在水溶液中的实际量又比亨利定律的计算值低得多。

气体在水溶液中的溶解度随温度升高而降低，这种关系克劳修斯－克拉柏龙方程式（Clausius-Clapeyron equation）表示

$$\lg \frac{c_2}{c_1} = \frac{\Delta H}{2.303R} \left(\frac{1}{T_1} - \frac{1}{T_2} \right)$$

式中　c_1，c_2——在热力学温度 T_1，T_2 时水中气体的浓度；

　　　ΔH——溶解热，J/mol；

　　　R——气体常数。

天然水体中 O_2 的主要来源是大气中氧的溶解，因为干空气中含有 20.95% 的氧，水体与大气接触使水体具有再充氧的能力。另外，水中藻类的光合作用也产生一部分氧，$CO_2 \longrightarrow O_2 + C$，C 元素被吸收并放出氧气，消耗的 CO_2 以 $HCO_3^- \longrightarrow CO_2 + OH^-$ 的方式不断地补充。但这种光合作用并不是水体中氧的主要来源，因为在白天靠这种光合作用产生的氧，又在夜间的新陈代谢过程中消耗了。

氧在水中的溶解量除与氧的分压和水温有关以外，还与水的紊流特性、空气泡的大小等因素有关。另外，水中有机质的降解也消耗氧，可表示为

$$\underset{\text{有机质}}{\{CH_2O\}} + O_2 \rightarrow CO_2 + H_2O$$

由于水中微生物的呼吸、有机质的降解以及矿物质的化学反应都消耗氧，如水中氧不能从大气中得到及时补充，水中氧的含量可以降得很低。所以，一般情况下，地下水中的氧含量总是比地表水低，地表水中氧的含量一般在 $0 \sim 14mg/L$ 之间。

天然水中的 CO_2 主要来自水中或泥土中有机质的分解和氧化。因为大气中 CO_2 的分压很小，按体积比只有 0.083%～0.04%，所以 25℃ 时大气中 CO_2 在水中的溶解浓度只有 0.5～1.0mg/L，但其饱和浓度可以达到 1450mg/L。在实际的天然水中，CO_2 的含量一般为 20～30mg/L，地下水有时达到几百毫克升，说明水中有机质降解时，一方面消耗了氧气，另一方面也产生了 CO_2，使水中 CO_2 含量远远超过了与大气接触时的平衡 CO_2 量。

第三节　影响陆地水化学组成的因素

陆地水包括江河水、湖泊水、水库水、地下水等，是人类生活、生产的主要水资源，它的化学组分与很多因素有关。

一、陆地原始矿物的风化作用

1. 风化作用

地壳中火成岩的原始矿物是在地壳深处的高温、高压和缺少 O_2、CO_2、H_2O 的条件下形成的，当这些原始矿物在地壳变迁中露出地面时，周围环境的热力学条件发生了根本变化，即低温、低压和具有丰富的 O_2、CO_2、H_2O，从而使这些原始矿物处于一种不稳定状态。原始矿物为适应地球表面的热力学条件，在物理形态和化学性质方面必然发生一系列变化，这一过程称为风化作用。

风化作用分为物理风化作用和化学风化作用两种。前者是指岩石和矿物所发生机械破碎的解体过程，虽然只是物理形态发生了变化，但为水和气体参与化学风化作用准备了条件。后者是指岩石和矿物的物理化学性质发生了变化，其中有新矿物的形成和释放易溶于水的化学元素。

2. 化学风化作用

有人将岩石和矿物的化学风化作用分为生成均相产物的溶解作用、生成非均相产物的溶解作用和氧化还原作用三种类型。

（1）生成均相产物的溶解作用。这种溶解作用是指原始矿物与纯水或含有 CO_2 的微酸性水接触溶解后，全部生成溶于水的分子或离子，如

$$SiO_2 + 2H_2O \Longrightarrow H_4SiO_4$$

$$CaCO_3(s) + H_2O \Longrightarrow Ca^{2+} + HCO_3^- + OH^-$$

$$Mg_2SiO_4(s) + 4H_2CO_3 \Longrightarrow 2Mg^{2+} + 4HCO_3^- + H_4SiO_4$$

$$Al_2O_3 \cdot 3H_2O(s) + 2H_2O \Longrightarrow 2Al(OH)_4^- + 2H^+$$

许多原始矿物的溶解不仅与水的 pH 值有关，也与原始矿物的晶格能和离子化能有关。这两种能量的大小又是离子电荷与离子半径的函数，即离子电荷小和离子半径大的离子具有最大的溶解度，因为它们的电场强度小，水化离子半径小。原始矿物在含有 CO_2 的微酸性水中的溶解作用比纯水强，而且与空气中 CO_2 的分压有关，分压高溶解作用强。

（2）生成非均相产物的溶解作用。这种溶解作用是指原始矿物与纯水或含有 CO_2 的微酸性水接触溶解后，其产物既有溶解态的产物，也有新生成的固态产物，如

$$MgCO_3(s) + 2H_2O \Longrightarrow HCO_3^- + Mg(OH)_2(s) + H^+$$

在生成非均相产物的溶解过程中，还包括金属离子与 O 之间化学键的断裂

$$\underset{\text{矿物}}{O-M} + \underset{H}{\overset{H}{O}} \longrightarrow \underset{\text{键的断裂}}{O \cdots M \cdots O} \overset{H}{\underset{H}{}}$$

在硅酸盐的这些溶解作用和化学键的断裂过程中，会释放出碱金属、碱土金属的阳离子和硅酸。

（3）氧化还原作用。在天然矿物的氧化还原过程中，由于有 H^+ 释放出来，可使天然水呈酸性，pH 值降至 2 以下，如黄铁矿的风化反应

$$4FeS + 7O_2 + 2H_2O \longrightarrow 4Fe^{2+} + 4SO_4^{2-} + 4H^+$$

$$4Fe^{2+} + O_2 + 4H^+ \longrightarrow 4Fe^{3+} + 2H_2O$$

$$Fe^{3+} + 3H_2O \longrightarrow Fe(OH)_3 + 3H^+$$

天然矿物在上述几种化学风化作用下，大部分组分都受到不同程度的淋失，这些淋失的组分便是陆地地表水和地下水各种组分的来源。

二、影响陆地水化学组分的物理化学因素

1. 水的蒸发浓缩作用

水蒸发时，水中盐分的浓度相对增加，这称为蒸发浓缩作用。它对浅层地下水及内陆湖水的化学组分有明显影响。

地下水的蒸发作用对水中化学组分的影响与埋藏深度有关。不同学者提出了不同的极限深度，即地下水埋深超过这一极限深度时，蒸发作用就不存在了。地下水蒸发的极限深度一般在 2.25～3.0m 之间，这与地理位置相地层结构有关。

在干旱地区的内陆湖中，由于长期的的蒸发作用，使由内陆河流带来的盐分不断浓缩，几乎使所有盐类都接近饱和状态，有些溶解度小的盐类，如 $CaCO_3$、$CaSO_4$ 达到过饱和而从水中析出，使这些地区的浅层地下水和内陆湖的盐分，逐渐转变成以氯化物为主。

2. 天然水中化学组分的相作用

在早期的陆地水中，其主要成分为 Na_2SiO_3，当在风化过程中有其他组分进入水中时，将会发生以下反应

$$Na_2SiO_3 + Ca(HCO_3)_2 = CaSiO_3 \downarrow + 2NaHCO_3$$
$$Na_2SiO_3 + MgSO_4 = MgSiO_3 \downarrow + Na_2SiO_4$$
$$CaSiO_3 + 2CO_2 + 2H_2O = SiO_2 \cdot 2H_2O \downarrow + Ca(HCO_3)_2$$
$$MgSiO_3 + 2CO_2 + 2H_2O = SiO_2 \cdot 2H_2O \downarrow + Mg(HCO_3)_2$$

从而使以 Na_2SiO_3 为主要组分的水变为以 $Ca(HCO_3)_2$、$Mg(HCO_3)_2$ 为主要组分的水。

天然水中的 Na_2CO_3 也可与 $CaSO_4$、$MgCl_2$ 反应

$$Na_2CO_3 + CaSO_4 = CaCO_3 \downarrow + Na_2SO_4$$
$$Na_2CO_3 + MgCl_4 = MgCO_3 \downarrow + 2NaCl$$

从而使天然水转变为以 Na_2SO_4 或氯化物为主要组分的水。

天然水中的 $MgSO_4$、$MgCl_2$ 与 $CaCO_3$ 反应

$$MgSO_4 + 2CaCO_3 = CaCO_3 \cdot MgCO_3 \downarrow + CaSO_4$$
$$MgCl_2 + 2CaCO_3 = CaCO_3 \cdot MgCO_3 \downarrow + CaCl_2$$

从而使天然水中 $CaSO_4$、$CaCl_2$ 比 $MgSO_4$、$MgCl_2$ 的含量多。

天然水中的 K^+，一方面 K^+ 被有机体吸收作为营养元素，另一方面 K^+ 容易析出参与次生矿物的形成，从而使天然水中 K^+ 含量总是比 Na^+ 少得多。

3. 天然水中阳离子与矿物、土壤中吸附性阳离子之间的交换反应

一般情况下

$$Na_2SiO_3 + Ca^{2+}(矿物或土壤) = 2Na^+(矿物或土壤) + CaSiO_3 \downarrow$$
$$2NaHCO_3 + Ca^{2+}(矿物或土壤) = 2Na^+(矿物或土壤) + Ca(HCO_3)_2$$

交换反应的结果，使 $CaSiO_3$ 沉淀，Ca^{2+} 或 HCO_3^- 成为水中主要组分。

当天然水中 Mg^{2+} 含量较高时，可发生以下交换反应

$$Mg^{2+} + Ca^{2+}(矿物或土壤) \Longrightarrow Mg^{2+}(矿物或土壤) + Ca^{2+}$$

$$Mg^{2+} + 2Na^{+}(矿物或土壤) \Longrightarrow Mg^{2+}(矿物或土壤) + 2Na^{+}$$

从而使天然水中 Ca^{2+}、Na^+ 含量增加。

当天然水中盐类浓度很高，特别是 Na^+ 含量很高时，可发生以下交换反应

$$2NaCl + Ca^{+}（矿物）\Longrightarrow CaCl_2 + 2Na^{+}（矿物）$$

$$2NaCl + Mg^{2+}（矿物）\Longrightarrow MgCl_2 + 2Na^{+}（矿物）$$

$$Na_2SO_4 + Ca^{2+}（矿物）\Longrightarrow CaSO_4 + + 2Na^{+}（矿物）$$

$$Na_2SO_4 + Mg^{2+}（矿物）\Longrightarrow MgSO_4 + 2Na^{+}（矿物）$$

从而使天然水中 $CaCl_2$，$MgCl_2$ 和 $MgSO_4$ 的含量增加，形成天然的卤水。

4. 天然水体之间的混合作用

含有不同组分的天然水体混合时，由于产生某些化学反应，也可改变其化学成分。如含有 $CaCl_2$ 较多的水与含有 $NaHCO_3$ 或 $NaSO_4$ 较多的水混合时，可发生以下反应

$$CaCl_2 + 2NaHCO_3 \Longrightarrow 2NaCl + CaCO_3 \downarrow + H_2O + CO_2 \uparrow$$

$$CaCl_2 + Na_2SO_4 + 2H_2O \Longrightarrow 2NaCl + CaSO_4 \cdot 2H_2O \downarrow$$

从而使原来的组分 $CaCl_2$ 转变为 $NaCl$。

三、影响陆地水化学组分的地质、地理因素

陆地水在渗透、径流、蒸发浓缩过程中，无时不与岩石矿物、土壤、生物有机体接触，同时还受气候条件，水文条件的影响，这些地质、地理因素也对陆地水的化学成分起着重要作用。

1. 岩石矿物

由于岩石矿物在水中的溶解特性不同，使水体流经岩石矿物时溶解了不同的化学组分。方解石、白云石、石膏、无水石膏、硫化物等易溶于水，当水体与这些岩石矿物接触时，便从中获得大量的 Ca^{2+}、Mg^{2+}、HCO_3^{-}、Na^+、Cl^-、SO_4^{2-} 等离子。相反，石英、长石、辉石、黏土等硅酸盐矿物和磷铁矿、赤铁矿等氧化物矿物，由于难溶于水，当水体与这些岩石矿物接触时，从中只能获得很少量的组分含量。

岩石矿物的化学组成及溶解特性对地下水化学组分的影响更为重要。如在蛇纹石地区，地下水的化学组分以 Mg^{2+} 为主；在花岗岩地区，以 Ca^{2+} 为主；在钠长石地，则以 Na^+ 为主。

2. 土壤

当水渗过土壤时，可使水中的离子含量和有机物含量增加，土壤的组成不同，会影响水的化学组分，如水滤过红土壤、砖红土壤时，从中获得很少量离子，并使水酸性，因为这种土壤已被强烈淋洗过，可溶性组分已很少。如水渗过栗钙土，棕钙土、荒漠土或盐渍土时，从中获得大量离子，水呈碱性。如水渗过含有机质的土壤时，由于微生物的生化反应，水中氧气减少，二氧化碳增加。

3. 生物有机体

水中生物有机体的新陈代谢过程可使水中含有一定数量的有机质，也可改变水中气体的组成。如在夏季，水中藻类可利用阳光进行光合作用，使水中氧气处于过饱和状态。进入水中的有机质，可在好氧微生物的作用下进行分解消耗氧，甚至造成缺氧环境。

4. 气候条件

气候条件能间接地影响天然水的化学组分。气候条件不同时，地壳所进行的化学风化作用不同，所以，当水与其接触时，从中获得的化学组分和数量也就不同，另外，气候条件不同时，其降水量、径流量、蒸发量等都不同，也会使水的化学组分不同。如在潮湿地区，降水量大，径流量也大，但蒸发量小，使水中化学组分减少。在干旱地区，降水量小，径流量也小，但蒸发量大，陆地水蒸发浓缩，水中化学组分含量增加。

5. 水文条件

由于江河水更替迅速，与河床中岩石矿物及土壤的接触时间短，所以一般河水中化学组分含量比地下水低。另外，江河水的径流量随季节变化，使江河水中的化学组分也随季节变化而变化。

湖泊水与江河水相比，水的更替速度慢，与岩石矿物的接触时间长，所以一般湖泊水中的化学组分含量比江河水高。湖泊水中的化学组分还与流入水量、流出水量及蒸发量有关。在潮湿地区，湖泊的流入远大于蒸发量，并有大量水排出，这时由河流带入的溶解组分不断被流水带走，这种湖多为淡水湖，化学组分总量不高。在干旱地区，蒸发量大于流入量，而排水量很小，这时由河流带入的溶解组分不断积累，形成咸水湖或盐湖，如我国青海省的青海湖。

第三章　火力发电厂化学监督的内容

火力发电厂燃煤机组化学监督贯穿于设计、基建、运行、停用及检修阶段，具体内容包括水、汽、油、气（氢气、六氟化硫、仪用压缩空气）等的质量监督，机组停（备）用防腐蚀保护，热力设备检修腐蚀、结垢的检查和评价，化学清洗，化学仪表检定或校准，水处理主要设备、材料和化学药品检验，以及化学监督管理、评价与考核，以上方面不仅是火力发电厂燃煤机组化学监督工作的基础内容，同时也构成了化学技术监督体系。传统化学技术监督还包括火电厂燃料监督，但近年随着火电厂生产经营管理模式的变化，以及燃料智能化管理的推进，燃料监督越来越自成体系，这也是发展使然，因此，本书不介绍燃料监督的相关内容。这样，火力发电厂化学监督工作可分为水汽监督、油气监督两个大的方面。

化学监督的目的，概况来讲就是防止和减缓热力系统腐蚀、结垢、积集沉积物；发现油（气）质量劣化，判定充油（气）设备潜伏性故障，提供防范措施、指导解决问题的办法。

第一节　水　汽　监　督

水汽监督涉及面广，对生产影响大，技术性强，故它在化学监督中占有特殊重要的地位。电厂从水源地取水作为补给水开始，一步步地经处理而成为给水、炉水，蒸汽做完功后，又成为凝结水以及作为冷却用的循环水、发电机内冷水等都必须通过相应的处理方法控制好一定的监督指标，然后进入下一生产环节。一般来说，水汽监督的内容包括补给水、给水、炉水、蒸汽、凝结水、循环冷却水、发电机内冷水、水处理药剂及在线水质分析仪器监督。水汽监督的质量直接关系到电厂锅炉及汽轮机的安全运行，因而通过对发电厂热力设备及其系统进行水汽质量监测，以及调整试验工作，对凝结水、给水、炉水和锅炉补给水的处理，及时反映炉内外水质情况，监督蒸汽品质，确保水汽质量合格。防止热力设备和水汽系统的腐蚀、结垢和积盐，从而保证机组的安全经济运行。

火力发电厂生产过程中的水汽循环系统为化学补给水进入凝汽器，经凝结水泵、凝结水精处理装置（300MW及以上机组）、低压加热器、热力除氧器、给水泵、高压加热器、省煤器进入锅炉汽包（汽包炉），在锅炉内受热蒸发为饱和蒸汽，又经汽水分离器、低温过热器、减温器、高温过热器送入汽轮机高压缸，经高压缸做功的蒸汽再回到锅炉再热器进行再热，再热后的蒸汽进入汽轮机中低压缸带动发电机发电；蒸汽在汽轮机内的做功过程中，因扩容而减温减压后进入凝汽器；在循环冷却水的作用下凝结成水，凝结水又经凝结水泵等炉前系统设备返回锅炉，如此循环做功称作热力循环，也称水汽循环。

锅炉的给水、热力设备管路凝结水的汇集，叫疏水。疏水进入疏水箱，用疏水泵送入热力除氧器重复利用，称作疏水系统。

对外供热时的返回水，经处理后进入锅炉，这部分水被称作热用户返回水。

在凝汽式电厂，水汽在循环过程中会有各种汽水损失，但损失量较少，一般是锅炉蒸发量的 1.0%~3%，化学补给水量也相对较少。

但在供热机组的热力系统中，应根据对外供热量和返回水量进行补充化学除盐水，其补充水量为锅炉蒸发量的 10%～50%。因此，应根据不同参数的锅炉给水标准，采用不同的水处理方法，制备出符合要求的补给水。作为化学专业工作人员必须了解和掌握上述内容，才能有针对性地判断和处理在生产中出现的异常和故障，做好化学水质处理工作和水汽监督工作。

根据火电厂生产实际，水汽监督至少应包含以下内容：

（1）水源的水质监督；

（2）锅炉补给水处理系统各环节的水质监督；

（3）热力系统水汽品质的监督；

（4）凝结水精处理系统运行情况的监督；

（5）循环冷却水处理方式及水质控制的监督；

（6）涉及水汽系统所用化学品的质量监督；

（7）机组检修化学检查；

（8）机组停备用保护；

（9）热力系统化学清洗。

详细要求在本书第六章予以介绍。

第二节 油 气 监 督

油气监督主要包括汽轮机油、抗燃油、变压器油及 SF_6 绝缘气体介质的监督以及氢气和仪用压缩空气等监督。它们与电厂充油设备、发电机氢气系统等设备的安全运行密切相关，如：对于新机组所用汽轮机油、变压器油也须进行必要的过滤及加药保护等，新油及油处理药剂均须加以检测监督。油气的运行监督也构成了火力发电厂化学监督的一个重要组成部分。

油务监督，传统上特指电力系统使用的汽轮机油和变压器油的监督，但是，随着电力事业的发展，高参数、大容量设备的日益增加，尤其是百万机组的建设投产，500kV 及以上输变电工程的投运，对发、供电用油提出了更高的要求，从而使油务监督有了更新的内容。

对发电机组而言，由原来润滑、调速液压系统采用单一的汽轮机油介质，转变为润滑、调速液压介质的分离，即润滑介质仍使用矿物汽轮机油，而调速液压介质则采用人工合成的抗燃油。部分辅机设备如磨煤机、空压机、送风机、一次风机、引风机、石磨机等设备所用的油品主要包括汽轮机油，齿轮油，液压油及空气压缩机油。这些用油油质要求有所提高，需要增加对这些设备用油的油质进行监督。

对输变电设备来说，虽然变压器仍以使用变压器油为主，但也有以六氟化硫气体作为绝缘介质的变压器投入运行。为了克服变压器油易燃、易爆的缺点，原来使用变压器做介质的断路器、互感器、套管等充油电气设备，基本上被六氟化硫绝缘气体所取代，GIS（六氟化硫组合电器）变电站也越来越多。

由此可见，油务监督的内容不仅在原来汽轮机油和变压器油的范畴里加强，还涵盖了抗燃油、辅机设备用油和六氟化硫绝缘气体介质的监督。

电力用油的取样应按照 GB/T 7597 的规定执行。

变压器油的验收、运行监督及维护管理按照 GB 2536、GB/T 7595、GB/T 14542、DL/T 596、DL/T 1094 和 DL/T 1096 的规定执行。

汽轮机油的验收、运行监督及维护管理按照 GB 11120、GB/T 7596 和 GB/T 14541 的规定执行。

抗燃油的验收、运行监督及维护管理按照 DL/T 571 的规定执行。

电厂辅机用油验收、运行监督及维护管理按照 DL/T 290 的规定执行。

机组检修时，应对油系统进行清理并对油脂进行滤油处理，颗粒度不合格时，机组不能启动。

变压器油中的溶解气体分析和内部故障判断应按照 DL/T 722、GB/T 17623、DL/T 249 和 DL/T 596 的规定执行。

运行中用油设备的补油和换油应按照 GB/T 14541、GB/T 14542、GB/T 571 和 DL/T 290 的规定执行。

充六氟化硫电气设备中气体质量的检验应按照 GB/T 8905、DL/T 595、DL/T 941 和 DL/T 596 等规定执行。

随着高参数、大容量机组的日益增多，目前 300MW 级以上机组普遍使用氢气作为发电机转子和铁芯的冷却介质。氢冷的优势是导热好、成本低。虽然氢易燃易爆，但其实在工业环境里并不算危险，只要采取合适的措施，是完全可以安全运行的，所以，这就要求我们对发电厂氢气进行监督和控制。通过对制氢装置和发电机氢气纯度、湿度的监督和控制，以达到氢冷机组安全运行的目的。

氢气在使用、置换、储存、压缩与充装、排放过程以及消费与紧急情况处理、安全防护方面的安全技术要求应按照 GB 4962 执行。制氢系统的设计及技术要求应按照 GB/T 19774 的规定执行。

水电解制氢系统气密性试验满足 GB 50177 的要求。

配制电解液的电解质质量符合 GB/T 2306 和 GB/T 629 的规定，溶剂应使用除盐水。

第二篇 化学监督管理要求

第四章 总体要求与组织机构

第一节 化学监督的总体要求

化学监督是保证发配电、输电设备安全、经济、稳定、环保运行的重要环节之一，它必须采取能够适应电力生产发展的先进检测手段，贯彻执行国家及电力行业相关标准，制定科学的化学监督管理细则。化学技术监督贯穿于电力生产、建设的全过程，涉及面广、技术性强，要在设计审查、设备选型、监造与验收、安装、调试、运行、检修、停用等各阶段加强领导和监督，电厂各部门、各有关人员应密切配合，真正做到监督到位，确保监督质量，及时发现和消除与化学技术监督有关的发配电、输电设备隐患，防止事故发生。

为了做好化学监督工作，提出如下要求：

化学监督是保证火力发电厂设备安全、经济、稳定、环保运行的重要基础工作，应坚持"安全第一、预防为主、综合治理"的方针，实行全过程监督。按照原部颁化学监督制度及其他有关规定的要求，根据各厂情况制定化学监督制度实施细则，建立、健全各项规章制度与管理制度，明确职责与分工，做到监督到位，层层把关，把设备事故隐患消除在萌芽状态。

化学监督涉及的专业面广，技术性强，责任重大。各电厂总工程师负责领导化学监督工作，统筹安排、协调好有关部门的工作，电厂化学监督专责人落实电厂化学监督中的各项具体工作。建立并培养一支能够胜任化学监督工作，掌握化学监督技术的职工队伍。

电厂应配备与化学监督要求相适应的在线水质分析仪器、试验室和采制样所需仪器设备。对大型火力发电厂来说，一般在化验室中应配备离子色谱仪、原子吸收分光光度计、气相色谱仪、油颗粒度仪等精密仪器。

尽管对各厂来说，化学监督的总要求是一致的，但由于各厂机组容量及参数不同，各厂的机组状况及运行条件也有所差异。因而就必须结合本厂的实际情况，制定适用于本厂的化学监督实施细则，不断提高化学监督的质量与水平。

机组运行状态和大修检查结果是检验与评价监督质量的主要依据。因此，在电厂生产过程中，不可放松任何一个环节的监督工作，加强对水、汽、油、气等的质量监督，严格控制监督指标，保证水、汽、油、气均能达到下列目的的要求：

（1）防止和减缓热力设备腐蚀、结垢、积集沉积物。

（2）及时发现油（气）质量劣化，判断充油（气）设备潜伏性故障。

（3）防止发电机内氢气纯度和湿度超标，以提高设备的安全经济性，延长其使用寿命。

第二节　组织机构及职责分工

化学技术监督实行三级管理，第一级为集团公司，第二级为集团公司所属子分公司，第三级为集团公司所属火电企业。集团公司的三级体系，火电中心和子分公司执行管理职能，集团公司内部和外部电科院（研究院）执行监督指导职能，火电企业是执行主体。子分公司的三级体系。子分公司生产技术部门和工程管理部门执行管理职能，集团公司内部和外部电科院（研究院）执行监督指导职能，火电企业是执行主体。火电企业的三级体系。生产总工程师（或基建副总经理）是第一管理责任人（技术监督领导小组组长），技术监督主管负责全厂的监督管理工作，专业主管承担本专业监督职责，班组是执行主体。

一、火电中心职责

认真贯彻执行国家、行业和集团公司的有关化学专业技术监督标准、规程、制度、导则和技术措施等。组织制定、修编集团公司有关化学专业技术监督的标准、规程、制度、导则和技术措施等。

组织建立集团公司化学技术监督管理体系，落实技术监督管理岗位责任制，协调解决技术监督管理工作各方关系。

组织编制集团公司化学专业技术监督年度工作计划和集团公司化学专业技术监督定期报告。

组织对子分公司及火电企业技术监督工作进行检查评价，组织督办化学专业技术监督重大问题的闭环整改，提出对子分公司及火电企业技术监督工作的考核奖惩意见。

参与重大、特大设备事故的分析调查工作，组织制订重大技术措施，解决重大技术问题；组织对集团公司所属产业参数达到高压及以上的蒸汽锅炉相关技术监督问题，提供必要的技术支持。

组织召开集团公司化学专业技术监督工作会议。

二、电科院职责

电科院是集团公司技术监督工作的监督主体。在集团公司指导下全面做好技术监督和技术服务，监督指导子分公司、火电企业开展技术监督工作。

认真贯彻执行国家、行业和集团公司的有关化学专业技术监督标准、规程、制度、导则和技术措施等。负责制定、修编集团公司有关化学专业技术监督的标准、规程、制度、导则和技术措施等。

负责集团公司技术监督管理平台的维护和开发，督导子分公司完成集团公司技术监督管理平台各项业务。

协助编制集团公司技术监督年度工作计划和集团公司技术监督定期报告。

根据集团公司安排，对子分公司及火电企业的化学专业技术监督开展检查评价；对技术监督重大问题签发告警通知单，协助技术监督重大问题的闭环整改与复核验收；协助集团公司技术监督考评工作。

参与重大隐患、缺陷或事故的分析调查工作；协助集团公司开展重点技术问题研究和分析，制订重大技术措施，解决共性和难点问题。对集团公司所属产业参数达到高压及以上的蒸汽锅炉相关技术监督问题，提供必要的技术支持。

承办集团公司技术监督工作会议和专业会议，开展技术交流和培训，推广先进管理经验和新技术、新设备、新材料、新工艺。

由电科院承担技术监督检查分析评价和日常技术服务的火电企业，电科院按照与火电企业签订的合同开展工作，确保技术监督工作不漏项、不甩项。由属地电科院承担监督工作的火电企业，电科院组织对其技术监督管理工作进行抽查。

三、子分公司职责

子分公司是技术监督工作的管理主体。按照"管理—监督—执行"的层次建立三级技术监督网络，健全技术监督组织机构，落实技术监督岗位责任制，指导所属火电企业开展技术监督工作。

贯彻执行国家、行业和集团公司的有关化学专业技术监督标准、规程、制度、导则和技术措施等，制定、修编本公司技术监督制度。

组织所属火电企业完成集团公司技术监督管理平台各项业务，负责相关数据和有关业务的审核，确保平台业务按时高质量完成。

组织所属火电企业编报本公司技术监督年度工作计划和本公司技术监督定期报告。

负责对所属火电企业开展技术监督检查评价，参与集团公司组织开展的技术监督检查评价工作；组织对技术监督重大问题签发告警通知单，督促所属火电企业技术监督重大问题的闭环整改；负责对所属火电企业开展技术监督考评工作。

组织并参与所属火电企业重大隐患、缺陷或事故的分析调查工作，开展重点技术问题研究和分析，制定重大技术措施。

组织召开本公司技术监督年会和专业会议，开展专业技术交流和培训，推广先进管理经验和新技术、新设备、新材料、新工艺。

负责协调技术监督承包单位与所属火电企业之间的关系，组织做好监督与服务合同的签订工作，保证技术监督工作正常开展。

四、火电企业职责及基层监督单位职责

1. 火电企业职责

（1）火电企业是技术监督工作的责任主体。按照"管理—监督—执行"的层次建立三级技术监督网络，健全技术监督组织机构，落实技术监督岗位责任制，确保监督网络有效运转。

（2）贯彻执行国家、行业、电网公司和集团公司的有关技术监督标准、规程、制度、导则、技术措施等。制定符合本企业实际情况的技术监督制度及实施细则。按期收集、归档技术标准，保证技术标准可查可用。

（3）按时高质量完成集团公司技术监督管理平台各项业务。

（4）制定落实本企业技术监督年度目标和工作计划，按时编报技术监督有关报表和定期报告。

（5）掌握本企业设备的运行、检修和缺陷情况，对技术监督重大问题，要及时上报，分

析原因，制定防范措施，及时消除隐患。

（6）配合所在电网对涉及电网安全、调度、检修、技术管理的"两个细则"要求开展技术监督工作。

（7）建立必要的试验室和计量标准室，配齐检验和计量设备，做好量值传递工作。

（8）建立健全火电建设生产全过程技术档案。

（9）开展技术监督自查自评，配合上级单位做好检查评价工作，抓好本企业技术监督检查评价问题的闭环整改。

（10）开展各级设备隐患、缺陷或事故的技术分析和调查工作，制定技术措施并严格落实。

（11）定期组织召开本企业技术监督工作会议，开展专业技术培训，推广和采用先进管理经验和新技术、新设备、新材料、新工艺。

（12）做好与技术监督服务单位的合同签订和落实工作。

2. 基层单位职责

（1）基层监督单位指相关子分公司所属电科院（研究院），是相关子分公司技术监督工作的监督主体。在集团公司指导和子分公司管理下，全面做好技术监督和技术服务，监督指导火电企业开展技术监督工作。

（2）基层监督单位的具体职责，由子分公司根据本办法有关要求并结合本公司管理实际制订。

第五章 水汽监督要点和要求

第一节 水汽监督与分析测定方法

一、水汽质量监督执行标准

发电企业的水汽质量应根据机组形式、参数等级、控制方式、水源水质、水处理系统及化学仪表配置执行《火力发电机组及蒸汽动力设备水汽质量》（GB/T 12145），并参照执行《火力发电厂水汽化学监督导则》（DL/T 561）、《火电厂汽水化学导则　第 1 部分：锅炉给水加氧处理导则》（DL/T 805.1）、《火电厂汽水化学导则　第 2 部分：锅炉炉水磷酸盐处理》（DL/T 805.2）、《火电厂汽水化学导则　第 3 部分：汽包锅炉炉水氢氧化钠处理》（DL/T 805.3）、《火电厂汽水化学导则　第 4 部分：锅炉给水处理》（DL/T 805.4）、《火电厂汽水化学导则　第 5 部分：汽包锅炉炉水全挥发处理》（DL/T 805.5）。引进机组应按制造厂的有关规定执行，但不能低于同类型、同参数国家行业标准的规定。所有机组的运行中水汽监督指标应设定期望值。对循环冷却水系统，应根据水质及相应的处理方式，确定控制指标，达到防腐、防垢、防菌藻和节水的目的。

二、水汽监督项目和检测周期

正常运行时主要水汽监督项目和检测周期应执行表 5−1。机组运行过程中应依靠设有超限报警装置的在线水质分析仪器连续监督水汽质量，数据记录频率每 2h 不应少于 1 次。原水、循环水的全分析每季度不少于 1 次。当水源变化、水处理设施扩建时，适当增加全分析或重点项目的测试频度，以积累水质资料。机组启动及运行中如发现异常，应增加分析测定次数及监督项目。机组正常运行时主要水汽监督项目和检测周期见表 5−1。

表 5−1　　　　　　机组正常运行时主要水汽监督项目和检测周期

取样点	pH (25℃)	氢电导率 (25℃)	电导率 (25℃)	溶解氧[1]	二氧化硅[2]	全铁	铜[3]	钠离子[4]	硬度	氯离子
凝结水泵出口	—	C	—	C	—	T	T	C	T	T
精除盐设备出口	—	C	C	—	C	W	W	C	—	—
除氧器入口	—	—	C	C	—	T	T	—	—	—
除氧器出口	—	—	—	C	—	T	T	—	—	—
省煤器入口	C	C	—	C	T	W	W	T	T	T
汽包炉水	C	C	—	—	C	W	—	W	—	—
下降管炉水	—	C[5]	—	C	—	—	—	—	—	—
饱和蒸汽	—	C	—	—	—	T	—	T	—	—
过热蒸汽	—	C	—	—	C	W	W	C	—	T

取样点	pH (25℃)	氢电导率 (25℃)	电导率 (25℃)	溶解氧[1]	二氧化硅[2]	全铁	铜[3]	钠离子[4]	硬度	氯离子
再热蒸汽	—	C	—	—	T	W	W	T	—	—
热网疏水	—	C	—	—	—	—	W	—	T	—
发电机内冷水	C	—	C	—	—	—	W	—	T	—

注 C—连续监测，W—至少每周一次，T—根据实际需要定时取样监测；

① 给水采用加氧处理时，除氧器入口、下降管炉水安装在线溶解氧测定仪，此时除氧器出口不必安装溶解氧测定仪；

② 直流锅炉给水应安装硅酸根分析仪连续监督，可以与蒸汽共用；炉水硅酸根分析仪不能与蒸汽或给水共用，可与另外一台锅炉共用；

③ 凝汽器、加热器无铜时，只需检测发电机内冷水中铜；

④ 海水和高含盐量水冷却时，凝结水宜安装在线钠离子计，空冷机组不需要安装凝结水在线钠离子计；

⑤ 汽包锅炉采用加氧处理时宜连续监督下降管炉水的氢电导率。

三、水汽监督分析测定方法

水汽监督过程中采用的分析测定方法，应执行有关标准。垢和腐蚀产物的化学成分分析应按照《火力发电厂垢和腐蚀产物分析方法》（DL/T 1151）。水汽中氯离子的测定宜按照《火力发电厂水、汽试验方法》（DL/T 954）。水汽中铜、铁含量宜按照《火力发电厂水、汽试验方法铜、铁的测定原子吸收分光光度法》（DL/T 955）。对于所用分析药品应符合质量标准，所用仪器、仪表应按国家计量要求定期检定或校准。

四、仪器仪表配置

化验室及生产现场所用仪器、仪表的配备应满足测试要求，并保证分析测定数据准确可靠。化验室所配备的仪表应达到《发电厂化学设计规范》（DL/T 5068）的要求（参见表 5-2），其仪表级别应等于或高于在线水质分析仪器，必要时同在线水质分析仪器的测量结果进行比对验证。

表 5-2   水分析试验室应配备的主要仪器设备

序号	设备名称	规 范	单位	数量			
				中压及次高压	高压	超高压及亚临界	超（超）临界
1	电子精密天平	称量 200g，感量 0.1mg	台		1	1	2
2	电光分析天平	电动，最大称量 200g，感量 0.1m	台	2	2	2	2
3	分析天平	称量 200g，感量 1mg	台	1	1	1	1
4	箱形高温炉	最高炉温：1000℃	台	1	1	1	1
		325mm × 200mm × 125mm					
5	电热干燥箱	额定温度：250℃	台	2	2	2	2
		350mm × 450mm × 450mm					
6	钠离子计	测量范围：pNa0—7，符合 JJG 757《实验室离子计检定规程》0.01 级的技术要求。稳定性（pNa）：应不大于 0.01	台	2	2	2	2

续表

序号	设备名称	规范	单位	数量			
				中压及次高压	高压	超高压及亚临界	超（超）临界
7	电导率仪	测量范围：0～10^5μS/cm	台	2	2	2	2
		符合 JJG 376《电导率仪检定规程》中 0.2 级的技术要求					
8	便携式数字电导率仪	测量范围：0～10^5μS/cm	台		1	1	2
		符合 JJG 376《电导率仪检定规程》中 0.2 级的技术要求					
9	便携式数字纯水电导率仪（带自动温度补偿、流动电极杯）	测量范围：0～100μS/cm	台			1	1
		符合 JJG 376 《电导率仪检定规程》中 0.2 级的技术要求					
10	便携式纯水酸度计	测量范围：pH 值 0.000～14.000	台			1	2
		符合 JJG 376《电导率仪检定规程》0.001 级的技术要求。最小显示值（pH）：0.001					
11	便携式溶解氧测定仪	测量范围：（0～100）μg/L	台			2	2
		符合 JJG 1060《微量溶解氧测定测定仪检定规程》中的 A 级的技术要求					
12	便携式氧化还原电位测定仪		台				1
13	酸度计	测量范围：pH0.00～14.00，符合 JJG 119《实验室 pH（酸度）计检定规程》0.01 级的技术要求。最小显示值（pH）：0.01	台	2	2	1	2
14	实验室酸度计	测量范围：pH0.00～14.00	台			1	1
		符合 JJG 119《实验室 pH（酸度）计检定规程》0.01 级的技术要求。最小显示值（pH）：0.01					
15	分光光度计	波长范围：300～900mm	台	1	2	2	2
		波长精度：±2nm（参考）					
16	微量硅酸根分析仪	测量范围：0～50μg/L	台	1	1	2	3
17	白金蒸发皿和坩埚		g	60	80	100	100
18	实体显微镜	100～200 倍	台		1	1	1
19	生物显微镜		台			1	1
20	便携式酸度计	测量范围：pH 值 0.00～14.00	台	1	1	1	1
		符合 JJG 119《实验室 pH（酸度）计检定规程》0.01 级的技术要求。最小显示值（pH）：0.01					
21	玛瑙研钵		台	1	1	1	1
22	电冰箱	180L	台		1	1	1
23	微型机计算机		台	1	1	1	
24	数码照相机		台				

续表

序号	设备名称	规 范	单位	数量			
				中压及次高压	高压	超高压及亚临界	超（超）临界
25	原子吸收分光光度计	带石墨炉，自动进样器，检出限：Cd：0.15pg；Cu：1pg；Fe：1.5pg	台				1
26	离子色谱仪	一次 1mL 进样量时，对阴离子最低检测限为：F^-：0.02μg/L；CH_3COO^-：0.4μg/L；$HCOO^-$：0.2μg/L；Cl^-：0.1μg/；SO_4^{2-}：0.2μg/L	台				1
27	紫外–可见分光光度计	波长范围：190～900nm，波长精度±0.3nm，基线稳定性 0.004Abs/h，平坦度 0.001Abs	台			1	1
28	总有机碳测定仪	灵敏度可测定小于 50μg/L TOC	台				1

五、人员要求

监督测试人员都必须通过相应的专业培训，实现经培训合格、达到相应的专业水准和操作技能后方可上岗。

六、制度要求

应建立必要的抽查或复核监督数据的制度，以确保化学技术监督数据的准确性。

第二节 设计及安装阶段的化学监督

新建或扩建机组时，发电企业应参加从设备监造、检验、验收直至安装、调试和试运行的全过程化学技术监督工作，做好记录。当发现缺陷和问题时，应及时向有关部门汇报并督促处理。

热力设备到达现场后，施工单位应设专职人员负责对设备和部件防锈蚀涂层以及管端、孔口密封等状况进行验收。如发现缺陷，应分析原因查清责任并及时处理。应做好设备保管期间的防锈蚀工作。热力设备进入安装现场的保管工作，应按《电力基本建设火电设备维护保管规程》（DL/T 855）的规定进行，设备和部件防锈蚀层损伤脱落时应及时补涂。安装、水压试验、化学清洗等各阶段的工作应执行《电力建设施工技术规范 第6部分：水处理及制氢设备和系统》（DL 5190.6）。

凝汽器管的选择必须执行《发电厂凝汽器及辅机冷却器管选材导则》（DL/T 712）。新管进入现场后，必须全部开箱检查其外观及受潮情况，并妥善存放在通风良好、干燥的库房架上。应按《发电厂凝汽器及辅机冷却器管选材导则》（DL/T 712）的标准或订货合同的技术要求进行质量验收。凡不符合质量标准的，均不得使用。

拆箱搬运凝汽器管时应轻拿轻放，安装时不得用力锤击，避免增加凝汽器管内应力。凝汽器铜管安装前应进行 100%涡流探伤和 0.1%残余应力检验。残余应力抽查第一次出现不合格时应进行 2 倍数量的第二次抽查，如果仍有不合格铜管时，该批号的铜管应全部进行退火处理。应抽取凝汽器管总数的 0.05%～0.1%进行胀管工艺性能试验，如试验不合格时，可在管子的胀口部位进行 400～500℃的退火处理。铜管试胀合格后方可正式胀管。安装时必须严格按照《电力建设施工及验收技术规范 第三部分：汽轮发电机组》（DL 5190.3）进行施工，避免过胀和欠胀，防止产生新的应力。施工时不得使用临时人员或搞突击性穿管。采用钛管、不锈钢管的机组应按其有关工艺标准严格施工。

凝汽器水室和冷却水管道应按要求采取相应的防腐措施。

各种水处理材料、药品到货时应进行检验，离子交换树脂的验收必须严格执行《发电厂水处理用离子交换树脂验收标准》（DL/T 519），各种材料验收合格后分类保管。在使用前化验人员应再次取样化验，确认无误后，方可使用。

新建锅炉的补给水处理设备及系统的安装、调试工作，应在锅炉的第一次水压试验之前完成。锅炉水压试验必须采用除盐水。锅炉做整体水压试验时，除盐水中应加有一定剂量的氨，调节 pH 值 10.5 以上。过热器、再热器溢出液中的氯离子含量应小于 0.2mg/L（DL/T 889—2015 中 6.4.3 规定）。

直流炉和过热蒸汽出口压力为 9.8MPa 以上的汽包炉，新建机组在投产前必须进行化学清洗。压力为 9.8MPa 以下的汽包炉，当垢量小于 150g/m² 时，可不进行酸洗，但必须进行碱洗或碱煮。对容量在 200MW 及以上机组的凝结水及高、低压给水管道，垢量大于 150g/m² 时，应进行化学清洗。机组容量为 600MW 及以上机组的凝结水及给水管道系统至少应进行碱洗。对过热器进行整体化学清洗时，必须有防止垂直蛇型管发生汽塞、氧化铁沉积和奥氏体钢腐蚀的措施。锈蚀严重的再热器应进行化学清洗，不严重时可采取蒸汽吹管进行清洁。

热力设备化学清洗原则方案，应在初步设计阶段完成，并与初步设计同时送审。

锅炉及其热力系统化学清洗后的质量应达到以下要求：被清洗金属表面清洁，基本无残留氧化物和焊渣，无二次浮锈，无点蚀，不应有镀铜现象并应形成良好的钝化保护膜。腐蚀指示片无点蚀，平均腐蚀速率应小于 8g/（m²·h），腐蚀总量应小于 80g/m²。残余垢量小于 30g/m² 为合格，小于 15g/m² 为优良。固定设备上的阀门、仪表等不应受到腐蚀损伤。

锅炉酸洗之后距点火时间超过 20 天，必须采取停炉保护措施。保护方法参照《火力发电厂停（备）用热力设备防锈蚀导则》（DL/T 956）中的有关条款进行。

第三节 机组调试、启动阶段的化学技术监督

机组启动前的冷态和热态冲洗方式按照《电力基本建设热力设备化学监督导则》（DL/T 889）的规定进行。

冷态冲洗凝结水系统、低压给水系统，当凝结水及除氧器出口水含铁量大于 1000μg/L 时，应采用排放冲洗方式；当冲洗至凝结水及除氧器出口水含铁量小于 1000μg/L 时，可采用循环冲洗方式，投入凝结水处理装置，使水在凝汽器与除氧器间循环。当除氧器出口水含铁量降至 200μg/L 时，凝结水系统、低压给水系统冲洗结束。无凝结水处理装置时，应采用换水方式，冲洗至出水含铁量小于 100μg/L。

直流炉的高压给水系统至启动分离器间的冷态冲洗。当启动分离器出口水含铁量大于 1000μg/L 时，应将水排掉；小于 1000μg/L 时，将水返回凝汽器循环冲洗，并借凝结水处理装置除去水中铁。当启动分离器出口水含铁量降至小于 200μg/L 时，冷态冲洗结束。

汽包炉的炉本体冲洗采取排放冲洗，由低压给水系统经高压给水系统至锅炉，当锅炉水含铁量小于 200μg/L 时，冷态冲洗结束。

汽包炉热态冲洗时，应重点冲洗大型容器：凝汽器、低压加热器、除氧器、高压加热器、疏水箱等，应加强排污（整炉换水）直至出水澄清无机械杂质。一般锅炉水含铁量小于 200μg/L 时，热态冲洗结束。

直流炉热态冲洗时，当分离器水中含铁量大于 1000μg/L 时，将水排掉；当含铁量小于 1000μg/L 时，将水回收至凝汽器，并通过凝结水处理装置作净化处理，直至启动分离器出水含铁量小于 100μg/L 时，热态冲洗结束。

在冷态及热态冲洗过程中，当凝汽器与除氧器之间建立循环后，应投入凝结水泵出口加氨处理设备，控制冲洗水 pH 值至 9.0～9.5，以形成钝化体系，减少冲洗腐蚀。当凝汽器与启动分离器建立循环后，应投入给水泵入口加氨处理设备。调节冲洗水的 pH 值至 9.0～9.5。主要监督给水、炉水、凝结水中的含铁量和 pH 值，必要时监督电导率作为参考判据。

为保证蒸汽系统的洁净应采取蒸汽吹洗的措施，在吹洗阶段应对锅炉给水、炉水、蒸汽质量进行监督。给水的 pH（25℃）应控制在 8.8～9.3（有铜系统），或者 9.2～9.6（无铜系统），此外还应监督其含铁量、电导率、硬度、二氧化硅等项目，具体标准按照《电力基本建设热力设备化学监督导则》（DL/T 889）的规定进行。对汽包炉进行蒸汽吹洗时，炉水应采取磷酸盐处理，炉水的 pH（25℃）应控制在 9～10，控制磷酸根含量维持 1～3mg/L，每次吹洗前后应检查炉水外观或含铁量。当炉水含铁量大于 1000μg/L 时，应加强排污；当炉水发红、浑浊或铁含量大于 3000μg/L 时，应在吹洗间歇以整炉换水方式，降低其含铁量。每次吹洗时，监督蒸汽中的铁和二氧化硅含量，并检查样品外观。

暂停吹洗时，对直流炉的水应采取凝汽器—除氧器—锅炉—启动分离器间的循环，进行凝结水处理，以保持水质正常。

吹洗完毕恢复正常系统时，控制给水 pH 值在 9.5 以上，对锅炉设备进行钝化处理。吹洗完毕后应排净凝汽器热水井和除氧水箱内的水。水排空后要仔细清扫设备内铁锈和杂物。

未经蒸汽吹管或化学清洗的过热器在机组联合启动前应进行反冲洗。冲洗过热器用的水必须是加入氨的除盐水。

锅炉及热力系统经清洗和吹洗后，若仍有未清洗干净或未曾清洗、吹洗的部位，可以通过洗硅的方式控制蒸汽中二氧化硅的携带量，使二氧化硅随炉水排出或经凝结水混床除去。

新建机组启动前，给水、炉水、凝结水、发电机内冷水的处理设备应均能投入运行；水汽取样装置及主要在线水质分析仪器应具备投入条件；循环水加药系统及胶球清洗装置应能投入运行。

新建机组整体试运时应达到：除氧器（保持除氧器内水达到相应压力下的饱和温度）、凝结水处理设备、水处理系统程控装置可投入正常运行。

机组启动时应冲洗取样器，冲洗时应按规定调节样品流量，保持样品温度在 30℃ 以下。

新建机组整套启动阶段水、汽质量标准。

（1）热力系统和锅炉必须冲洗合格后，才允许机组联合启动（冲转）。机组联合启动时，必须保证凝结水处理设备可靠。没有凝结水处理设备的机组，要有足够的锅炉补给水储备。

（2）在整套启动空负荷试运阶段，应采用锅炉多次点火、冷热态冲洗系统排空换水，多次对凝汽器、除氧器、凝泵进口滤网进行清理检查等方式，缩短水质合格的时间。该阶段给水质量（省煤器入口）的控制应符合表 5-3 规定。

表 5-3   机组蒸汽吹管及空负荷阶段给水质量标准

炉型	锅炉过热蒸汽压力（MPa）	铁（μg/L）	二氧化硅（μg/L）	溶解氧（μg/L）	硬度（μmol/L）	pH 值（25℃）
直流炉	12.7～18.3	≤50	≤50	≤20	约 0	8.8～9.3（有铜系统）9.2～9.6（无铜系统）
	18.3～22.5	≤30	≤30	≤10		
	>22.5	≤20	≤20	≤10		
汽包炉	≥12.7	≤80	≤60	≤30	约 0	

注　硬度 μmol/L 的基本单元为 M（$1/2Ca^{2+}$ + $1/2Mg^{2+}$），以下条款中均为此基本单元，不再另做注释。

除氧器投用后，应进行调整试验，以确定最佳运行方式，保证除氧效果。

（3）启动时采用磷酸盐处理的汽包炉炉水控制应符合表 5-4 规定，其中 pH 尽量维持上限规定，以降低蒸汽中二氧化硅含量。

表 5-4   机组联合启动时锅炉炉水质量标准

汽包压力（MPa）	处理方式	电导率（25℃）（μS/cm）	二氧化硅（mg/L）	铁（μg/L）	磷酸根（mg/L）	pH 值（25℃）
12.7～15.6	磷酸盐处理	<25	≤0.45	≤400	1～3	9.0～9.7
15.7～18.3	磷酸盐处理	<20	≤0.25	≤300	0.5～1	9.0～9.7
	全挥发处理	<20	≤0.2	≤300		9.0～9.5
>18.3	全挥发处理	<20	≤0.2	≤300		9.0～9.5

注　二氧化硅给出的是目标值，实际炉水允许的二氧化硅含量，应保证蒸汽二氧化硅符合表 5-6 的要求。

（4）机组联合启动时，凝结水回收应以不影响给水质量为前提。对于没有凝结水处理设备的机组，其回收的凝结水质量可参照表 5-5 的规定控制。

表 5-5   没有凝结水处理设备的机组凝结水回收质量标准

外状	硬度（μmol/L）	溶解氧（μg/L）	二氧化硅（μg/L）	铁（μg/L）
无悬浮物	<5.0	≤100	≤80	≤100

注　有凝结水处理装置时，进入凝结水处理装置的水含铁量应≤1000μg/L。对海滨电厂，还应控制含钠量不大于 80μg/L。

（5）在汽轮机首次冲转时，蒸汽二氧化硅不应大于 100μg/kg。机组空负荷与带负荷试运行时的蒸汽质量应符合表 5-6 的规定。

表 5-6   机组启动时主蒸汽质量标准

炉型	二氧化硅（μg/L）	钠（μg/L）	铁（μg/L）	铜（μg/L）
汽包炉	≤60		—	—
直流炉（亚临界）	≤30	≤20	—	—
超（超）临界	≤15		≤10	≤5

（6）机组带负荷试运，锅炉给水的质量应符合表 5-7 的规定。

表 5-7　　　　　　　　　　机组带负荷试运行给水质量标准

炉型	锅炉过热蒸汽压力（MPa）	铁（μg/L）	二氧化硅（μg/L）	溶解氧（μg/L）	氢电导率（25℃）（μS/cm）	pH 值（25℃）
直流炉	12.7~18.3	≤50	≤50	≤20	≤0.15	8.8~9.3（有铜系统）9.2~9.6（无铜系统）
	18.3~22.5	≤30	≤30	≤10		
	>22.5	≤20	≤20	≤10		
汽包炉	≥12.7	≤80	≤60	≤30	≤0.3	

（7）试运结束时的水汽质量标准应符合运行机组正常运行阶段的水汽质量标准。

基建阶段的锅炉水压试验、化学清洗、蒸汽吹洗及试运期间水、汽质量的监督工作均应由质量监督站或受其委托的技术负责人签字验收。

基建阶段的原始记录应准确、完整。设备移交试生产的同时，工程主管单位应向运行单位移交化学监督技术档案及相关的全部资料。

第四节　机组运行阶段的化学技术监督

（1）机组正常运行阶段的水、汽质量。

1）机组正常运行阶段的水、汽质量应执行《火力发电机组及蒸汽动力设备水汽质量》（GB/T 12145）的相关规定，参考执行《火电厂汽水化学导则》（DL/T 805）、《大型发电机内冷却水质及系统技术要求》（DL/T 801）等相关标准的最新规定。

2）《火力发电机组及蒸汽动力设备水汽质量》（GB/T 12145）中所列标准值为运行控制的最低要求值，期望值为运行控制的最佳值。

（2）运行锅炉或蒸发器在采用新的锅内处理工艺之前，或在要对原锅内处理工艺进行某些控制指标的修改或调整时，要通过严格的试验确认，并有明确的工艺监控指标。

（3）当锅炉要提高额定蒸发量、改变锅内装置、改变锅炉热力循环系统、改变燃烧方式、改变给水水质或炉内处理方式、发现过热器和汽轮机通流部位有积盐时，应重新进行热化学试验或调整试验。

（4）水处理设备投产后、运行设备进行工艺改进后、原水水质有较大改变时，均应进行调整试验。

（5）应关注水源水质变化。特别是对以地表水、中水做锅炉补给水的水处理系统，应掌握水质变化规律，备有水源水质突然变差、变浑的处理措施，以及时调整运行设备和加药量到最佳状态，保证水的预处理质量，确保水处理设备的正常制水。

（6）锅炉采用的排污方式（连续或定期）和排污量，应根据锅炉炉水水质及蒸汽品质来决定，并应按水质变化进行调整。排污率一般不小于蒸发量的 0.3%。

（7）对给水的各种药剂处理，必须按要求均匀地加入系统，不得使用瞬间（间断）大剂量的方式加入。高压以上机组应配备自动加氨、加联氨的装置，以保证加药剂量稳定在控制范围内。同时注意检查凝汽器空抽区的铜管情况，以防止氨的腐蚀。含联氨的蒸汽不能直接用作生活用气。

（8）对炉水的加药处理，控制各种药液应均匀加入炉内。采用加磷酸盐处理的锅炉，当炉水磷酸根含量与磷酸盐加入量不符时，应及时分析化验，查明原因。高压以上锅炉应实现磷酸盐自动加药，保证其浓度始终控制在最佳值。

（9）对疏水、生产返回水的质量要加强监督，不合格时不得进入系统，必须经处理合格方可进入系统。

（10）要严格控制厂内汽水损失，机组的汽水损失应符合下列要求：

100MW 以下机组不大于额定蒸发量的 3.0%；

100～200MW 级机组不大于额定蒸发量的 2.0%；

200～300MW 级机组不大于额定蒸发量的 1.5%；

600MW 及以上级机组不大于额定蒸发量的 1.0%。

（11）当锅炉在运行中蒸汽品质不合格，以及检修中发现过热器管或汽轮机叶片积盐时，在锅炉重新启动前应对过热器管进行给水冲洗，冲洗过程中应监督出水的电导率。在停机前或运行中带负荷冲洗汽轮机叶片时，汽轮机专业必须制订出冲洗的具体措施，否则不得冲洗。冲洗时化学专业要监督凝结水的质量，排去比给水质量差的凝结水，当凝结水质量达到要求时，停止冲洗，恢复正常运行。

（12）机组运行中应定期对取样管进行冲洗。

（13）各电厂应依靠在线水质分析仪器对水汽质量监测，实施自动加药、数据采集和化水系统程控。

1）在线水质分析仪器的配备应符合表 5-8～表 5-10 的要求，还应配置微机监控，其功能应达到即时显示，自动记录、报警、储存（宜储存半年数据），自动生成日报、月报。

表 5-8　　　　　　　　　水处理系统在线水质分析仪器选用参考表

序号	仪表名称	规范	测点位置	说明
1	电导率仪	0～1μS/cm； 0～10μS/cm	凝结水精处理进出口母管； 凝结水精处理混床出口、粉末树脂覆盖过滤器出口及阴床出口； 单元制除盐系统阴床和混床出口； 当阴床正吸水回收时，母管制除盐系统的阴床正洗排水口； 反渗透出口	
2	工业酸度计（pH）	0～14	中和池出水口； 母管制除盐系统阴床出口； 凝结水精处理系统氨型混床出水母管； 反渗透进口；循环水处理系统弱酸离子交换器出口母管	
3	电导率仪	0～100μS/cm	EDI 出口； 凝结水精处理系统氨型混床出水母管； 凝结水精处理阴床出口	
4	钠离子计	2.3～2300μg/L	母管制除盐系统阳床出口； 凝结水精处理阳床出口	适用于酸性溶液
		0～23μg/L	凝结水精处理混床出口母管	
5	硅酸根分析仪	0～200μg/L	母管制除盐系统的阴床出口； 混床出口及阴床出口母管； EDI 出口； 凝结水精处理混床出口或粉末树脂覆盖过滤器出口，或阴床出口及出口母管	

续表

序号	仪表名称	规范	测点位置	说明
6	酸碱浓度计		再生液喷射器的出口	
7	浊度计	0～5mg/L 0～50mg/L	澄清器（池）、过滤器（池）及超微池装置出口	
8	余氯计	0～1.0mg/L	反渗透进口	也可采用氧化还原电位表监测

表 5-9　　　　　　　汽包锅炉机组水汽取样点及在线水质分析仪器配置参考表

项目	应设置的取样点位置	超高压机组	亚临界机组
		配置仪表及手工取样	
凝结水	凝结水泵出口	CC、O_2、M	CC、O_2、Na、M
给水	除氧器入口	SC、M	SC、M
	除氧器出口	M	M
	省煤器入口	CC、O_2、pH、M	CC、O_2、SC、pH、M
锅炉水	汽包锅炉水左侧	SC、pH、PO_4^{3-}、M	SC、CC、pH、SiO_2、PO_4^{3-}、M
	汽包锅炉水右侧		
饱和蒸汽	饱和蒸汽左侧	CC、M	CC、Na、M
	饱和蒸汽右侧		
过热蒸汽	过热蒸汽左侧	CC、SiO_2、M	CC、SiO_2、M
	过热蒸汽右侧		
再热蒸汽	再热蒸汽出口左侧	M	CC、M
	再热蒸汽出口右侧		
疏水	高压加热器	M	M
	低压加热器	M	M
	暖风器	M	M
	热网加热器	M	CC、pH、M
冷却水	取样冷却装置冷却水/闭式冷却水	M	SC、pH、M
	发电机冷却水	M	SC、pH、M
生产回水	返回水管或返回水箱出口	M	CC、pH、M

注　1. CC—带有氢交换柱的电导率仪（氢电导率仪）；O_2—溶解氧测定仪；pH—pH（酸度）计；SiO_2—硅酸根分析仪；PO_4^{3-}—磷酸根分析仪；Na—钠离子计；SC—电导率仪（比电导率仪）；M—人工取样。

2. 每个监测项目的样品流量为：300～500mL/min，或根据分析仪器制造商设计要求。

3. 硅酸根分析仪可选择多通道仪表，但锅炉水不得与给水或者蒸汽共用一块硅酸根分析仪。

4. 采用低磷酸盐处理工艺的锅炉应配备炉水在线磷酸根分析仪。

5. 采用给水加氧的热力系统应增加溶氧表的配置点（如除氧器入口、汽包炉的下降管等点）。

6. 凝结水精处理出口加药点之后因配备 SC、pH。

7. 必要时炉水宜增加氢电导率的测定，有精处理系统的机组应配备氢电导率的测定。

8. 给水取样点设置位置应为省煤器入口，省煤器再循环管路之前或直流锅炉（带炉水循环泵）炉水循环管之前。

9. 亚临界机组饱和蒸汽应配备在线钠离子计。

10. 对于 13.7MPa 以上机组，如采用海水冷却时，其凝结水应考虑装钠离子计；直接空冷机组凝结水可不配置钠离子计。

11. 必要时根据水质情况增加相应仪表。

表 5-10　　　　直流锅炉机组水汽取样点及在线水质分析仪器配置参考表

项目	应设置的取样点位置	超临界及以上参数机组
		配置仪表及手工取样
凝结水	凝结水泵出口	CC、O_2、Na、M
给水	除氧器入口	SC、O_2、M
	除氧器出口	M
	省煤器入口	CC、SC、pH、O_2、SiO_2、M
蒸汽	主蒸汽左侧	CC、Na、SiO_2、M
	主蒸汽右侧	
	再热蒸汽左侧	CC、M
	再热蒸汽右侧	
疏水	高压加热器	M
	低压加热器	M
	热网加热器	CC、pH、M
冷却水	发电机冷却水	SC、pH、M
	取样冷却装置冷却水/闭式冷却水	SC、pH、M
热态冲洗水	启动分离器排水	CC、M
凝汽器检漏装置	凝汽器	CC

注　1. CC—带有氢交换柱的电导率仪（氢电导率仪）；O_2—溶解氧测定仪；pH—pH（酸度）计；SiO_2—硅酸根分析仪；Na—钠离子计；SC—电导率仪（比电导率仪）；M—人工取样。

　　2. 每个监测项目的样品流量为：300~500mL/min，或根据分析仪器制造商设计要求。

　　3. 硅酸根分析仪可选择多通道仪表。

　　4. 直流锅炉分离器出口（361阀或溢流阀前）必须设置取样点。

　　5. 给水取样点设置位置应为省煤器入口，省煤器在循环管路之前或直流锅炉（带炉水循环泵）炉水循环管之前。

　　6. 凝结水精处理出口加药点之后应配备 SC、pH。

　　7. 空冷机组凝结水可不配置钠离子计。

　　8. 给水 pH 计建议采用计算型 pH 计。

2）在线水质分析仪器的校准项目参照相关国家计量检定规程/校准规范及《发电厂在线化学仪表检验规程》（DL/T 677）。同时，加强集团公司化学计量量值传递（溯源）体系建设，确保在线水质分析仪器的配备率、投入率、准确率。

3）各单位应建立在线水质分析仪器运行操作规程和检修规程，明确计量校准周期和维护的时间间隔，保证已有仪表连续投入运行并准确可靠。在线水质分析仪器的投入率与准确率均不得低于 95%。电导率表的投入率与准确率要达到 100%。

4）各单位需单独设立化学分析仪器班组，至少确保有专职的化学分析仪表管理、维护、检修人员。

5）要特别重视在线水质分析仪器人员的培训与业务考核，仪表人员必须具备适应岗位要求的业务水平并持证上岗。

（14）循环水处理系统与药剂的监督管理

1）对于循环冷却水系统各单位可根据不同凝汽器管材、不同水源水质，在保证排水符合环保要求的情况下，通过试验选择既能防腐（特别是点蚀）又能防垢的缓蚀阻垢剂和循环水处理运行工况，并严格执行。

2）机组运行过程中，不断监督循环水所用药的供应质量。更换新药品时，必须再次进行试验，以确定药品加入量及循环水运行工况。

3）各单位应由专人负责循环水处理工作，连续均匀地加药，定时进行监督项目的分析化验，严格控制循环水的各项监控指标。同时关注补充水的变化，在循环水水质有变化的情况下，通过试验调整处理工艺，以确保处理效果。

4）各单位应设专人负责胶球清洗工作。所用胶球必须验收，符合有关的技术指标。做好清洗时间、清洗效果的详细记录。根据各单位的具体情况，每天 1 次，每次 30～60min，胶球回收率应达 95%以上（装球数为凝结器管数量的 5%～10%）。

5）为了防止凝结器管端部的冲蚀，在管端 100～150mm 范围内，可涂刷聚硫橡胶或环氧树脂保护层。管板及水室可涂刷防腐涂料，防止其腐蚀。海水和苦咸水冷却机组的凝汽器防腐工作可根据情况采用阴极保护等相应措施。

（15）停、备用机组启动时的化学技术监督

1）机组启动前，要用加有氨的除盐水冲洗高低压给水管和锅炉本体，待炉水全铁的含量小于 200μg/L 后再点火。

2）检修后机组启动，重新上水，应及时投入除氧器，并使溶氧合格。如给水溶氧长期不合格，应考虑对除氧器结构及运行方式进行改进。

3）启动后，发现炉水浑浊时，应加强炉内处理及排污，或采取限压、降负荷等措施，直至炉水澄清；pH 偏低时，应采取适当处理措施，短时间内达到正常 pH 值。

4）机组启动时应冲洗取样器，冲洗时应按规定调节样品流量，保持样品温度在 30℃以下。

5）凝结水、疏水质量不合格不准回收，蒸汽不合格不准并汽。

6）机组启动阶段水汽品质控制标准。

① 锅炉启动后，并汽或汽轮机冲转前的蒸汽质量，可参照表 5-11 的规定控制，并在机组并网后 8h 内应达到正常运行时的标准值，并参加水汽品质合格率统计。

表 5-11　　　　　　　　　　　　汽轮机冲转前的蒸汽质量

炉型	锅炉过热蒸汽压力（MPa）	氢电导率（25℃）（μS/cm）	二氧化硅	铁	铜	钠
			μg/L			
汽包炉	3.8～5.8	≤3.00	≤80	—	—	≤50
	5.9～18.3	≤1.00	≤60	≤50	≤15	≤20
直流炉	—	≤0.50	≤30	≤50	≤15	≤20

② 锅炉启动时，给水质量应符合表 5-12 的规定，在热启动时 2h 内、冷启动时 8h 内应达到正常运行时的标准值，并参加水汽品质合格率统计。

表 5-12   锅炉启动时给水质量

炉型	锅炉过热蒸汽压力 （MPa）	硬度 （μmol/L）	氢电导率（25℃） （μS/cm）	铁	二氧化硅
				（μg/L）	
汽包炉	3.8～5.8	≤10.0	—	≤150	—
	5.9～12.6	≤5.0	—	≤100	—
	12.7～18.3	≤5.0	≤1.00	≤75	≤80
直流炉	—	≈0	≤0.50	≤50	≤30

③ 直流炉热态冲洗合格后，启动分离器水中铁和二氧化硅含量均应小于100μg/L。

④ 机组启动时，凝结水回收应以不影响给水质量为前提。对于没有凝结水处理设备的机组，凝结水的回收应保证给水质量符合规定。对于有凝结水处理设备的机组，其回收的凝结水质量可参照表5-13的规定控制。

表 5-13   机组启动时，凝结水回收标准

凝结水 精处理形式	外观	硬度 （μmol/L）	钠 （μg/L）	铁 （μg/L）	二氧化硅 （μg/L）	铜 （μg/L）
过滤除铁设备	无色透明	≤5.0	≤30	≤500	≤80	≤30
精除盐设备	无色透明	≤5.0	≤80	≤1000	≤200	≤30
过滤+精除盐	无色透明	≤5.0	≤80	≤1000	≤200	≤30

⑤ 机组启动时应严格监督疏水质量。疏水回收至除氧器时，应确保给水质量表 5-12 中锅炉启动时给水质量，有凝结水处理装置的机组，疏水铁含量小于1000μg/L 时，可回收。

7）机组启动过程中，锅炉除正常规定排污外，还要加强定排。有凝水处理的机组，应尽快投入凝结水精处理系统，使汽水品质尽早达到正常运行水平。

8）机组停运应根据停运时间、停运目的、设备状态进行停炉保护工作，停炉保护的具体方案可参照执行《火力发电厂停（备）用热力设备防锈蚀导则》（DL/T 956）的推荐方案。

（16）水汽劣化时的处理。

1）当发现水汽质量劣化时，应首先检查取样是否有代表性；化验结果是否准确可靠；并综合分析系统中导致水汽质量变化的其他因素，确认判断无误后，有关部门应立即采取措施，使水、汽质量在允许的时间内恢复到标准值。若水汽质量严重恶化，影响机组安全运行时，应做出机组降出力或停止运行的处理决定。

2）水汽异常时的三级处理原则：

一级处理值——有因杂质造成腐蚀、结垢、积盐的可能性，应在72h 内恢复至标准值。

二级处理值——肯定有因杂质造成腐蚀、结垢、积盐的可能性，应在24h 内恢复全标准值。

三级处理值——正在发生快速结垢、积盐、腐蚀，如4h 内水质不好转，应停炉。

在异常处理的每一级中，如果在规定的时间内尚不能恢复正常，则应采用更高一级的处理方法。对于汽包锅炉，恢复标准值的办法之一是降压运行。

3）当凝结水溶解氧不合格时，应首先检查取样、化验以及与化学有关的阀门管路是否有问题，确认无误后，进行汽轮机方面的检查，及时查明原因给予解决。当发现凝汽器有泄

漏时，应采取检漏、堵漏措施，有凝结水除盐设备的必须立即投入运行，以保证给水水质正常。在凝汽器泄漏、检漏、堵漏同时，应加强炉内的加药处理和锅炉排污工作，并尽量少用或不用减温水。各级处理标准执行表5-14中相应规定。

表5-14 凝结水异常时的处理值

项　目		标准值	处理值		
			一级	二级	三级
氢电导率（25℃）（μS/cm）	有精处理除盐	≤0.30	>0.30[1]	—	—
	无精处理除盐	≤0.30	>0.30	>0.40	>0.65
Na（μg/L）	有精处理除盐	≤10	>10	—	—
	无精处理除盐	≤5	>5	>10	>20

注　1. 主蒸汽压力为18.3MPa的直流炉，凝结水氢电导率标准值为不大于0.2μS/cm，一级处理值为>0.20μS/cm。

　　2. 用海水冷却的电厂，当凝结水中的含钠量大于400μg//L时，应紧急停机。

4）锅炉给水水质异常时应执行表5-15的规定。

表5-15 锅炉给水水质异常时的处理值

项　目		标准值	处理值		
			一级	二级	三级
pH[1]（25℃）	无铜给水系统	9.2～9.6	<9.2	—	—
	有铜给水系统	8.8～9.3	<8.8或>9.3	—	—
氢电导率（25℃）（μS/cm）	无精处理除盐	≤0.30	>0.30	>0.40	>0.65
	有精处理除盐	≤0.15	>0.15	>0.20	>0.30
溶解氧（μg/L）	还原性全挥发处理	≤7	>7	>20	—

注　1. 直流炉给水pH值低于7.0，按三级处理等级处理。

　　2. 对于凝汽器管为铜管、其他换热器管均为钢管的机组，给水pH标准值为9.1～9.4，则一级处理值为<9.1或>9.4。

5）锅炉炉水水质异常时应执行表5-16的规定。

当出现水质异常情况时，还应测定炉水中氯离子含量、含钠量、电导率和碱度，查明原因，采取对策。

表5-16 锅炉炉水水质异常时的处理值

锅炉汽包压力（MPa）	处理方式	pH标准值	pH处理值		
			一级	二级	三级
3.8～5.8	炉水固体碱化剂处理	9.0～11.0	<9.0或>11.0	—	—
5.9～10.0		9.0～10.5	<9.0或>10.5	—	—
10.1～12.6		9.0～10.0	<9.0或>10.0	<8.5或>10.3	—
>12.6	炉水固体碱化剂处理	9.0～9.7	<9.0或>9.7	<8.5或>10.0	<8.0或>10.3
	炉水全挥发处理	9.0～9.7	9.0～8.5	8.5～8.0	<8.0

注　炉水pH值低于7.0，应立即停炉。

6）当水源水质变化时，应及时采取处理措施，以保证进入交换器的水质正常。

7）在水汽质量劣化时，应将其劣化程度、发生原因及处理经过与结果，做详细记录。并在本月的水汽月报中加以描述，有必要时报技术监督办公室。

第五节　机组检修及停用期间的化学监督

（1）热力设备检修期间化学监督应按《火力发电厂机组大修化学检查导则》（DL/T 1115）要求执行。

（2）热力设备检修前，化学监督专责人应提出与水、汽、油、气有关的设备、系统的检修检查项目及要求。热力设备重点检查内容及取样部位应按表5-17要求。

表5-17　　　　　　　　　　　　热力设备重点检查内容及取样方法

部位		内　　容
锅炉设备	汽包/启动分离器	汽包底部积水及沉积物情况；内壁及内部装置腐蚀、结垢情况及主要特征；汽包运行水位线的检查确认；汽水分离装置异常情况；排污管及加药管是否污堵；对沉积物做沉积量及成分分析；对腐蚀指示片做腐蚀速率测定
	水冷壁	从热负荷最高处割取两段管样，一根为原始管段，一根为监视管段（不得少于0.5m，火焰切割时不得少于1m）观察内壁积垢、腐蚀情况；测定向、背火侧垢量及计算结垢速率，对垢样做成分分析；检查水冷壁进口下联箱内壁腐蚀及结垢情况；水质长期超标时，加取冷灰斗管样，割管长度不小于1.2m（有双面水冷壁的锅炉取双面水冷壁管）。管样制取按照DL/T 1115中第4.2.2条执行
	省煤器	机组大修时割取两根，其中一根为监视管段，应割取易发生腐蚀的部位（如低温段入口弯头、水平管）锯割时至少长0.5m，火焰切割至少1m；管样制取按照DL/T 1115中第4.2.2条执行。观察氧腐蚀程度、有无油污、沉积物分布状况、颜色，做结垢量及成分分析；对入口管段的流动加速腐蚀情况进行检查，做好记录
	过热器及再热器	割取1～2根，割管部位按以下顺序选择：爆管及其附近部位、管径胀粗或管壁变色部位、烟温高的部位；锯割时至少长0.5m，火焰切割至少1m；检查管内有无积盐，立式弯头处有无积水、腐蚀；对微量积盐用试纸测其pH，积盐较多时进行成分分析；检查高温段、烟温最高处氧化皮生成情况，测量氧化皮厚度、记录剥落情况；管样制取按照DL/T 1115中第4.2.2条执行；测量垢量，并根据需要进行成分分析
汽轮机及辅机	汽轮机本体	目视各级叶片结盐情况，定性检测有无镀铜；调速级、中压缸第一级叶片有无机械损伤或麻点；中压缸一、二级围带氧化铁积集程度；检查每级叶片及隔板表面有无腐蚀；检查其pH值（有无酸性腐蚀），在沉积量最大的1～3级叶片，取沉积物最多处（不小于50mm×100mm，不大于100mm×250mm的面积）的沉积物，计算其单位面积结盐量，同时做成分分析。其他参照DL/T 1115中第5条执行
	凝汽器管	机组大修时凝汽器铜管应抽管检查（钛管、不锈钢管可视运行情况确定是否抽管）。根据需要抽1～2根管，并按以下顺序选择抽管部位：曾经发生过泄漏附近部位、靠近空抽区部位或迎汽侧的部位、一般部位。对抽出的管按一定长度（通常100mm）上、下半侧剖开。如果管中有浮泥，应用水冲洗干净。烘干后通常采用化学方法测量单位面积的结垢量。检查管内外表面的腐蚀情况；若凝汽器管腐蚀减薄严重或存在严重泄漏情况，则应进行全面涡流探伤检查。管内沉积物的沉积量在评价标准二类及以上时，应进行化学成分分析
	除氧器	检查除氧头内壁颜色及腐蚀情况，内部多孔极装置是否完好，喷头有无脱落。检查除氧水箱内壁颜色及腐蚀情况、水位线是否明显、底部沉积物的堆积情况
	高、低压加热器	检查水室换热端部的冲刷腐蚀和管口腐蚀产物的附着情况，水室底部沉积物的堆积情况；若换热管腐蚀严重或存在泄漏情况，应进行汽侧上水查漏，必要时进行涡流探伤检查

（3）机组小修可以对水冷壁管割管检查；机组大修时应对水冷壁、省煤器、过热器、再热器进行割管检查，以确定腐蚀情况及垢量测定，凝汽器要同时抽管检查。

（4）热力设备解体之后，化学监督专责人接到通知后应及时与负责检修检查的人员到位，共同对检查设备内部的腐蚀、结垢情况进行全面检查，并采集样品，用数码相机进行照相、录像在内的详细记录。在化学专业人员检查之前，不得清除设备内部沉积物，也不得在这些部位进行检修工作。

（5）锅炉化学清洗方案与措施，可参照《火力发电厂锅炉化学清洗导则》（DL/T 794）中的规定拟订。应监督清洗过程，清洗结束后，提出总结报告。清洗废液应经处理达到国家或地方规定的排放标准。

（6）锅炉化学清洗的时间应根据沉积物量或运行年限确定。当锅炉水冷壁管内沉积量达到表 5–18 中数值（大修前最后一次小修割管、洗垢法、向火侧 180°）或锅炉化学清洗的间隔时间达到下列年限时，应对锅炉进行清洗。

表 5–18   锅 炉 化 学 清 洗 标 准

参　　数	垢量（g/m²）	时间（a）
＜5.9MPa 及以下汽包炉	＞600	10～15
5.9～12.6MPa 的汽包炉	＞400	7～12
12.7～15.6MPa 的汽包炉	＞300	5～10
＞15.6MPa 的汽包炉	＞250	5～10
直流炉	＞200	5～10

注　表中的垢量是指水冷壁管垢量最大处、向火侧 180°部位割管取样测量的垢量。

当化学清洗间隔时间已到上述规定值，可酌情进行化学清洗。在垢量及腐蚀状况达到上述规定之后应尽快安排化学清洗工作。

由于结垢、腐蚀而造成水冷壁爆管或泄漏的锅炉，即使锅炉运行年限或结垢量未达到化学清洗标准，亦应立即进行化学清洗。

（7）对于化学水处理设备、循环水处理设备、各种水箱、加热器、低温管道、化学取样器、化学加药设备及胶球清洗装置应定期检查，做好检查后的记录，发现问题应及时处理。水箱污脏时应进行清扫，若水箱、排水沟、中和池等防腐层脱落，应进行修补或重新防腐。

（8）检修凝汽器抽管垢厚≥0.5mm 或污垢导致端差大于 8℃时，就应进行化学清洗并成膜。局部腐蚀泄漏或大面积均匀减薄达 1/3 以上厚度时，应先换管再清洗。机组凝汽器换管时，应根据《发电厂凝汽器及辅机冷却器管选材导则》（DL/T 712）合理选材。新管安装前应按照要求的数量抽检，并进行外观、探伤、氨熏等管材质量检查。

（9）应按《火力发电厂凝汽器化学清洗及成膜导则》（DL/T 957）的规定，拟定凝汽器化学清洗及成膜方案与措施。应监督清洗过程，清洗结束后，提出总结报告。清洗废液应经处理达到国家或地方规定的排放标准。

（10）承担火电机组锅炉和凝汽器化学清洗的单位，应具备电力行业颁发的相应的资质证书，严禁无证清洗。

（11）对有积盐的过热器，应进行公共式或单位式冲洗，冲洗时要监督出水的碱度或电导率。

（12）热力设备大修期间化学技术监督检查应有详细报告，报告内容应包括：两次大修期间机组运行的有关情况；曾发生的水汽异常情况；热力设备检查结果（包括各部位腐蚀状况、结垢速率、垢样成分分析、割取管样的样品保存等）以及综合评价、存在的主要问题、整改措施与改进建议。报告除文字说明外应附有典型照片、曲线及图表等。进行化学清洗的锅炉还应有化学清洗报告。

（13）热力设备检修完毕，系统恢复之前，化学人员应参加有关设备的验收和定级工作。应对热力设备的腐蚀、结垢以及积盐情况做出评价，并提出相应的化学技术监督工作的改进措施。

（14）热力设备停（备）用期间必须做好停（备）用保护工作，锅炉检修停用时间超过7天，必须采用保护措施。其方法叮根据机组停（备）时间、目的，参照《火力发电厂停（备）用热力设备防锈蚀导则》（DL/T 956）制定具体保护方案与措施。

（15）停（备）用设备的防锈蚀方案和要求由化学专业提出，值长组织实施，机炉专业人员应负责防锈蚀设备和系统的安装、操作及维护，参加防锈蚀效果的评定，并建立台账。化学专业应定期对防锈效果检查、评定，提出技术总结，上报有关领导。

（16）当采取新工艺做机组的停（备）保护时，应经过严格的科学试验，确定控制的药品浓度和实施参数，谨防由于药品过量或分解腐蚀热力设备。

（17）根据具体情况，做好凝汽器水侧的停（备）用保护，防止管材停用期间的腐蚀。具体方法可参照执行《火力发电厂停（备）用热力设备防锈蚀导则》（DL/T 956）。

（18）锅炉检修后，进行水压试验时，应采用加有缓蚀药剂的化学除盐水，不得使用生水。各种加热器和凝汽器注水查漏时应使用凝结水或除盐水。

（19）检修或停用的热力设备启动前，应将设备及系统内的管道和水箱冲洗至出水无色透明，以降低结垢性物质在炉内的沉积。

（20）凡是在热力设备检修期间化学检查发现的问题，应查清产生的原因、性质、范围和程度，采取相应的措施，避免发生事故。

第六节　水汽化学监督结果评价

各厂应定期对全厂水汽品质及化学监督情况进行评价，从而提高水汽监督质量和技术管理水平，提高热力设备运行的安全和经济性，评价标准见表 5-19。

表 5-19　　　　　　　　　　全厂水汽品质合格率评价标准

等　级	每月水汽品质合格率（%）
优秀	>99
良好	96~99
较差	<96

各厂同时应对每台机组单独评价，对于水汽品质低于96%的机组应分析其薄弱环节，尽快解决。

结合热力设备大修，对锅炉省煤器、水冷壁、过（再）热器和汽轮机及凝汽器管的腐蚀、结垢及积盐情况进行严格的检查与必要的化验分析。一般来说在机组运行水汽品质正常的前提下，不应再有严重的结垢积盐及腐蚀情况，否则应认真分析原因。

热力设备评价标准见表 5-20 和表 5-21。单位"a"表示"年"，按两次检修间隔时间的自然月份计算。

表 5-20 热力设备腐蚀评价标准

部位		类 别		
		一类	二类	三类
省煤器		基本没腐蚀或点蚀深度<0.3mm	轻微均匀腐蚀[1]或点蚀深度 0.3～1mm	有局部溃疡性腐蚀或点蚀深度>1mm
水冷壁		基本没腐蚀或点蚀深度<0.3mm	轻微均匀腐蚀或点蚀深度 0.3～1mm	有局部溃疡性腐蚀或点蚀深度>1mm
过热器、再热器		基本没腐蚀或点蚀深度<0.3mm	轻微均匀腐蚀或点蚀深度 0.3～1mm	有局部溃疡性腐蚀或点蚀深度>1mm
汽轮机转子叶片、隔板		基本没腐蚀或点蚀深度<0.1mm	轻微均匀腐蚀或点蚀深度 0.1～0.5mm	有局部溃疡性腐蚀或点蚀深度>0.5mm
凝汽器管	铜管	无局部腐蚀，均匀腐蚀速率[1]<0.005mm/a	均匀腐蚀速率 0.005～0.02mm/a 或点蚀深度≤0.3mm	均匀腐蚀速率>0.02mm/a 或点蚀、沟槽深度>0.3mm 或已有部分管子穿孔
	不锈钢管[2]	无局部腐蚀，均匀腐蚀速率<0.005mm/a	均匀腐蚀速率 0.005～0.02mm/a 或点蚀深度≤0.2mm	均匀腐蚀速率>0.02mm/a 或点蚀、沟槽深度>0.2mm 或已有部分管子穿孔
	钛管[3]	无局部腐蚀，无均匀腐蚀	均匀腐蚀速率 0.0005～0.002mm/a 或点蚀深度≤0.01mm	均匀腐蚀速率>0.002mm/a 或点蚀深度>0.1mm

① 均匀腐蚀速率可用游标卡尺测量管壁厚度的减少量除以时间得出。
② 凝汽器管为不锈钢时，如果凝汽器未发生泄漏，一般不进行抽管检查。
③ 凝汽器管为钛管时，一般不进行抽管检查。

表 5-21 热力设备结垢、积盐评价标准[1]

部位	类别		
	一类	二类	三类
省煤器[1][2]	结垢速率[3]<40g/（m²·a）	结垢速率 40～80g/（m²·a）	结垢速率>80g/（m²·a）
水冷壁[1][2]	结垢速率<40g/（m²·a）	结垢速率 40～80g/（m²·a）	结垢速率>80g/（m²·a）
汽轮机转子叶片、隔板[3]	结垢、积盐速率[4]<1mg/（cm²·a）或沉积物总量<5mg/cm²	结垢、积盐速率 1～10mg/（cm²·a）或沉积物总量 5～25mg/cm²	结垢、积盐速率>10mg/（cm²·a）或沉积物总量>25mg/cm²
凝汽器管[3]	或垢层厚度<0.1mm 沉积量：<8mg/cm²	或垢层厚度 0.1～0.5mm 沉积量：8～40mg/cm²	或垢层厚度>0.5mm 沉积量：>40mg/cm²

① 锅炉化学清洗后一年内省煤器和水冷壁割管检查评价标准：一类：结垢速率<80g/（m²·a），二类：结垢速率 80～120g/（m²·a），三类：结垢速率>120g/（m²·a）。
② 对于省煤器、水冷壁和凝汽器的垢量均指多根样管中垢量最大的一侧（通常为向火侧、向烟侧、汽轮机背汽侧、凝汽器管迎汽侧），一般用化学清洗法测量计算；对于汽轮机的垢量是指某级叶片局部最大的结垢量。
③ 取结垢、积盐速率或沉积物总量高者进行评价。
④ 计算结垢、积盐速率所用的时间为运行时间与停用时间之和。

化学专业应在保证良好的水汽品质情况下努力降低炉水、给水、凝结水、循环水及化学处理水的药品消耗量，降低水处理成本，并掌握监督全厂水汽平衡情况。

第六章 油气监督要点和要求

第一节 油气监督的任务和主要指标

一、油气监督的任务

电力用油气监督的任务主要包括：对新油及新气进行质量验收及管理、对运行中的电力用油或电厂用气体进行监督、对各种用油或充气设备建立油质/气体记录卡、检查监督油质/气体数据的分析、研究油质或气体变化的原因、提出防劣措施等，采用各种防劣措施，确保油气设备安全运行。对油质不正常的情况，查明原因，加强监督，并采取措施，防止油质继续恶化。设备检修时，会同电气等专业共同对用油设备或充气设备进行检查、维护、验收。及时发现变压器等充油（气）电气设备潜伏性故障，提高设备的安全性，延长使用寿命，提高机组运行的经济性。

二、油气监督的主要指标

（一）油务监督的主要指标
（1）变压器油、汽轮机油、抗燃油等油质合格率。
（2）变压器油油耗、汽轮机油油耗。
（二）气体监督的主要指标
（1）供氢纯度和湿度合格率，机组氢气纯度和湿度合格率。
（2）六氟化硫合格率。

第二节 电力用油的监督要点和要求

一、油系统的监督要点及要求

（一）油系统验收
（1）汽轮机的油套管和油管、抗燃油管必须采取除锈和防锈蚀措施，应有合格的防护包装。
（2）油系统设备验收时，除制造厂有书面规定不允许解体的外，一般均应解体检查其清洁度。
（3）油箱在验收时要注意内部结构是否合理，在运行中是否可以起到良好的除污作用。油箱内壁应涂耐油防腐漆，漆膜如有破损或脱落需要补涂。经过水压试验后的油箱内壁要排干水并吹干，必要时进行气相防锈蚀保护。
（二）设备安装前的保管
汽轮机的油套管和油管、抗燃油管在组装前 2h 内方可打开密封罩。

（三）油系统安装化学监督

油系统在安装前必须进行清理，清除内壁积存的铁锈、铁屑、泥沙和其他杂物。清理方法应经过火电企业、监理单位的批准。

对制造厂组装成件的套装油管，安装时须复查组件内部的清洁程度。现场配制管段与管件安装前须经化学清洗合格并吹干密封。已经清理完毕的油管不得再在上面钻孔、气割或焊接，否则必须重新清理、检查和密封。油系统管道未全部安装接通前，对油管敞开部分应临时密封。

（四）机组整套启动试运行

汽轮机油在线滤油机应保持连续运行，能够有效去除汽轮机油系统和调速系统中的杂质颗粒和水分，油质分析质量合格。

二、油品的监督要点及要求

（一）变压器油的监督

1. 新油的验收

新油的验收标准按照《电工流体变压器和开关用的未使用过的矿物绝缘油》（GB 2536）及《超高压变压器油》（SH 0040）最新版本的质量指标，结合设备要求进行验收。

2. 变压器基建安装及运行阶段的油质监督

按照《变压器油维护管理导则》（GB/T 14542）、《运行中变压器油质量》（GB/T 7595）、《油浸式变压器绝缘老化判断导则》（DL/T 984）、《变压器分接开关运行维修导则》（DL/T 574）及《电气设备预防性试验规程》（DL/T 596）要求，结合设备要求进行监督。

3. 油中溶解组分含量色谱数据分析

按照《变压器油中溶解气体分析和判断导则》（DL/T 722）进行分析。

4. 对于储存油的监督

按照《变压器油储存管理导则》（DL/T 1552）的要求进行。

（二）汽轮机油的监督

1. 新油的验收

新油的验收标准按照《涡轮机油》（GB 11120）的质量指标，结合设备要求进行验收。

2. 汽轮机油基建安装及运行阶段的油质监督

按照《电厂用矿物涡轮机油维护管理导则》（GB/T 14541）及《电厂运行中矿物涡轮机油质量》（GB 7596）要求进行监督。

（三）抗燃油的监督

新油的验收及运行阶段的油质监督：按照《电厂用磷酸酯抗燃油运行与维护导则》（DL/T 571）的要求，结合设备要求，进行新油验收以及运行监督。

（四）辅机油的监督

新油的验收及运行阶段的油质监督：《电厂辅机用油运行及维护管理导则》（DL/T 290）的要求，结合设备要求，进行新油验收以及运行监督。

（五）油品取样分析

为了所取的油品具有代表性、真实性，油品取样操作按照《电力用油（变压器油、汽轮机油）取样方法》（GB/T 7597）进行取样。

第三节 气体的监督要点及要求

一、六氟化硫（SF$_6$）的监督

（1）新气的验收：按照《工业六氟化硫》（GB/T 12022）的要求进行验收。

（2）运行电气设备中六氟化硫气体监督按照《运行电气设备中六氟化硫气体质量监督与管理规定》（Q/GDW 471）及《电气设备预防性试验规程》（DL/T 596）的要求进行。

二、电厂用氢气的监督

（1）运行中及充氢停运中的氢冷发电机氢气湿度标准按照《氢冷发电机氢气湿度技术要求》（DL/T 651）的要求进行监督。

（2）氢气在使用、置换、储存、压缩与充装、排放过程以及消防与应急处理、安全防护方面的安全技术要求应按照《氢气使用安全技术规程》（GB 4962）执行。应按照《水电解制氢系统技术要求》（GB/T 19774）和《氢气站设计规范》（GB 50177）的规定执行。

第七章 化学监督相关规章制度

建立与健全化学监督规章制度，是做好化学技术监督管理的一项重要的基础工作。按照《化学监督导则》（DL/T 246）的要求，发电企业化学监督技术管理应包括具有与化学监督相关的国家、行业技术标准和规程，编制化学监督实施细则，制定规章制度，具备化学监督相关技术资料和图纸，具备化学监督相关原始记录和试验报告，并定期向其监督职能机构报送报表和总结。

第一节 标　准　和　规　程

化学监督涉及的各种处理工艺、生产设备、仪器材料、检测方法等的设计、验收、使用与评价，都应以一定的标准为依据。随着电力生产的发展与科学技术的进步，化学监督的内容、方法、手段、检测技术都在发生日新月异的变化，因而任何一项标准经使用一段时间后，就应对其内容进行修订，批准后予以重新颁布。在编制化学监督实施细则及制定企业规章制度时，应参考国家、行业标准等的规定，要特别注意采用最新版本的标准。

化学监督相关国家、行业标准清单见本书相关章节，现仅对近几年发布的化学监督相关的部分重要标准进行解读。

一、《化学监督导则》（DL/T 246—2015）

该标准规定了发电企业化学监督工作的基本原则，为企业建立完善的化学监督管理体系奠定了基础，从各级化学监督的职责分工、化学监督的内容和化学监督技术管理作出了全方位、全过程的规定。DL/T 246 新旧版标准在水汽质量监督和机组启停及检修阶段化学监督方面有较大差异。

1. 水汽质量监督

（1）电厂应强化在线水质分析仪器在化学监督中的作用。

1）在线水质分析仪器投入率不应低于 98%、准确率不应低于 96%。

2）新建机组应根据不同参数配置在线水质分析仪器：标准中对汽包锅炉和直流锅炉在线水质分析仪器、水处理系统在线水质分析仪器配置都给出了详细、全面的配置清单，对水汽运行监测，尤其是异常诊断具有更现实的指导意义。

（2）电厂对实验室水汽（气）分析仪器应定期送计量检定机构检定或校准。

（3）电厂应按照 DL/T 246—2015 中"水汽异常三级处理"要求的新标准，根据实际情况按 GB/T 12145 和 DL/T 805.4 标准实施三级处理。

（4）电厂应按照 DL/T 246—2015 中疏水、生产返回水质量监督的新要求执行输水和生产返回水的质量监督。

2. 机组启动、停（备）用及检修阶段的化学监督

（1）电厂在给水处理中，在满足锅炉上水温度要求的前提下尽量降低给水溶解氧。

（2）对机组启动时，经恒温装置调节后样品水温度应保持 25±2℃。

（3）电厂锅炉、凝汽器、换热器等热力设备是否需要化学清洗、化学清洗方案的制定、审批，清洗单位资质和废液处理等，在 DL/T 246—2015 第 5.2.12 条中都给出了依据标准，电厂在实际工作中应严格执行，确保化学清洗安全、经济和有效。

（4）过热器积盐的水冲洗处理应按照 DL/T 246—2015 第 5.2.11 条的规定开展指标监控和质量监督。

（5）按照 DL/T 246—2015 第 5.2.13 条，停备用机组停炉保养如采用新工艺，应经技术权威部门认定对热力设备无潜在危害后方可实施。无法自然放空的特殊炉型，应采用热风吹干、负压抽真空、充氮顶排等方式进行。

3. 油品质量监督

（1）电厂中有变压器油在线色谱监督的，应按照标准 DL/Z 249 的规定执行在线监督。

（2）电厂应对油品监督分析仪器开展定期计量检定或校准。

二、《火力发电机组及蒸汽动力设备水汽质量》(GB/T 12145—2016)

该标准是在 2008 年同名标准基础上修订而来，对锅炉主蒸汽压力不低于 3.8MPa（表压）的火力发电机组及蒸汽动力设备在正常运行和停（备）用机组启动时的蒸汽、锅炉给水、凝结水、锅炉炉水、锅炉补给水、减温水、疏水和生产回水、闭式循环冷却水、热网补水、水内冷发电机的冷却水以及停（备）用机组启动时水（汽）的质量做了明确规定。GB/T 12145 新版标准在汇总国外标准的基础上，结合对国内火力发电厂的调研，在检测技术、水汽质量标准均有较大改变。

1. 名词术语

（1）总有机碳离子。当水中有机物除碳外还含有其他杂原子时，氧化后在产生二氧化碳的同时，还会产生氯离子、硫酸根、硝酸根等阴离子，这些阴离子对汽轮机低压缸酸性腐蚀的影响更大。因此，测量并控制总有机碳离子，对防止汽轮机低压缸酸腐蚀更有效。

（2）脱气氢电导率。对于没有精处理除盐设备的机组，水汽中有少量二氧化碳溶入水中，导致蒸汽氢电导率偏高，掩盖了蒸汽带盐对氢电导率的影响。采用脱气氢电导率指标，可以有效控制蒸汽带盐。

2. 蒸汽质量标准

（1）汽包炉应增加蒸汽脱气氢电导率指标监督。对于没有精处理除盐设备的机组，水汽中有少量二氧化碳溶入水中，导致氢电导率偏高。如果二氧化碳导致的氢电导率不超过 0.3μS/cm，通常对水汽系统热力设备的腐蚀影响较小。然而，如果蒸汽携带盐类使氢电导率超过 0.15μS/cm，会对过热器、汽轮机的积盐和腐蚀有较大影响。通过测量蒸汽的脱气氢电导率，并控制其小于 0.15μS/cm，可有效避免过热器、汽轮机的积盐和腐蚀问题。因此，对于没有精处理除盐设备的机组，增加了脱气氢电导率指标：标准值小于 0.15μS/cm。

（2）超临界机组蒸汽氢电导率。根据国内多年的运行经验，对于超临界和超超临界机组，蒸汽氢电导率可到达小于 0.10μS/cm。而超过这一指标的机组，有发生汽轮机低压缸腐蚀的风险。因此，对超临界机组蒸汽氢电导率指标规定：标准值小于 0.10μS/cm，期望值小于 0.08μS/cm。

（3）蒸汽钠浓度。根据国内运行经验，多数情况下亚临界机组蒸汽中钠浓度的高低直接影响汽轮机的积盐程度。通常控制钠浓度小于 3μg/kg，积盐程度会明显减轻。因此，将 15.7～18.3MPa 的蒸汽钠浓度指标应控制在 3μg/kg 以下。

根据国内运行经验，多数情况下超临界及以上机组蒸汽钠浓度可以控制到小于 2μg/kg，因此，将大于 18.3MPa 的蒸汽钠浓度指标应控制标准值小于 2μg/kg，期望值小于 1μg/kg。

（4）蒸汽二氧化硅浓度。根据国内运行经验，蒸汽中的二氧化硅浓度达到 20μg/kg，汽轮机有积盐的风险。参照国外标准，5.9～18.3MPa 的蒸汽二氧化硅浓度标准值应控制不大于 15μg/kg。

3. 给水质量标准

给水质量标准是机组水汽质量标准的核心。另外，凝结水质量标准也以保证给水质量为原则。国外多数国家标准只规定给水质量标准。

（1）给水氢电导率。与蒸汽质量指标控制相对应，对于超临界及以上机组，给水氢电导率指标应控制标准值小于 0.10μS/cm，期望值小于 0.08μS/cm。

（2）超临界机组给水钠。根据国内运行经验，绝大多数超临界及以上机组给水钠含量可以控制到小于 2μg/L，由于超临界机组蒸汽携带能力强，给水中的钠绝大多数会带到蒸汽系统中。按 VGB 导则的规定，90%数据可以达到的指标可作为标准值。因此，超临界机组给水钠含量应控制标准值不大于 2μg/L，期望值不大于 1μg/L。

（3）给水氯离子。国内运行经验表明，精处理漏氯离子，会造成汽轮机低压缸的腐蚀损坏。因此给水监督应增加给水氯离子控制：主蒸汽压力大于 15.6MPa 的机组，给水氯离子不大于 2μg/L；直流炉，给水氯离子不大于 1μg/L。

（4）给水 TOC_i。国内电厂运行经验表明，当 TOC 指标合格时，有时 TOC_i 指标会严重超标，并造成汽轮机低压缸腐蚀。

4. 凝结水质量标准

（1）精处理出水氢电导率。与给水质量指标相对应，对于超临界及以上机组，给水氢电导率指标应控制标准值小于 0.10μS/cm，期望值小于 0.08μS/cm。

（2）精处理出水钠浓度。与给水质量指标相对应，对于超临界及以上机组，超临界机组给水钠含量应控制标准值不大于 2μg/L，期望值不大于 1μg/L。

（3）精处理出水铜浓度、氯离子。根据运行经验，精处理除盐后铜浓度不会超标，因此没有必要进行精处理出水铜指标监测。

由于精处理再生问题、氨化运行方式等原因，精处理出水氯离子浓度容易超标，并造成汽轮机低压缸腐蚀问题。因此电厂应增加凝结水精处理出水氯离子控制指标监测：汽包炉氯离子控制标准值不大于 3μg/L，期望值不大于 1μg/L；超临界及以上机组氯离子控制标准值不大于 1μg/L。

5. 炉水质量标准

（1）炉水电导率、二氧化硅和氯离子浓度。为保证标准的先进性及与国外先进标准接轨，同时为进一步保证机组安全、经济运行，参考国外标准和国内机组运行实际，DL/T 246—2015 对炉水电导率、二氧化硅和氯离子浓度进行了修改。

（2）炉水氢电导率。参照氯离子浓度与氢电导率的理论关系，对压力大于 15.8MPa 炉水固体碱化剂处理机组，应控制炉水的氢电导率小于 5μS/cm。

6. 内冷水质量

根据水内冷发电机的冷却方式不同，结合本厂机组运行实际，发电机定子空心铜导线冷却水和双水内冷发电机内冷却水水质应按照 DL/T 246—2015 提出的不同标准进行内冷水水质控制。

三、《火力发电厂停（备）用热力设备防锈蚀导则》（DL/T 956—2017）

《火力发电厂停（备）用热力设备防锈蚀导则》（DL/T 956—2017）规定了火力发电厂热力设备停（备）用防锈蚀保护的技术要求、方法以及选用的原则，适用于火力发电机组的锅炉、汽轮机、加热器、凝汽器等热力设备的停（备）用防锈蚀保护。

电厂可通过以下方法评价热力设备停（备）用防锈效果：

（1）主要根据机组启动时水冲洗时间长短及水汽品质来评价停用保护的效果，保护效果良好的机组在启动过程中，冲洗时间短，凝结水、除氧器出口、省煤器入口、炉水（分离器排水）铁含量相对较低，水汽质量（特别是铁含量和氢电导率）应符合 GB/T 12145 和 DL/T 561 要求。

（2）机组检修期间对热力设备进行外观、腐蚀检查也是评价停用保护效果的有效方法，保护效果良好的热力设备应无停用腐蚀痕迹，干法保护的热力设备应无积水。

电厂采取表面活性胺保护方法对锅炉、汽轮机、高压加热器和凝汽器停（备）用防锈蚀措施可参考 DL/T 956—2017 第 4.14 条具体实施。

直接空冷凝汽器和间接空冷凝汽器的停（备）用防锈蚀保护方法可分别参考 DL/T 956—2017 第 10.1.2 条和 10.2.2 条具体实施。

热网加热器及热网首站循环水系统停（备）用防锈蚀保护方法可参考 DL/T 956—2017 第 8 条具体实施。

四、《火电厂凝汽器管防腐防垢导则》（DL/T 300—2011）

该标准规定了凝汽器冷却水水质、处理工艺、运行控制、停用保护和效果评价方法，适用于以地下水、地表水和再生水作为冷却水源的火电厂（海水冷却参照执行）。运行中从防垢、防腐、微生物和运行调整（旁路、胶球清洗和排污）进行循环冷却水处理，同时做好运行监督，按照静态阻垢、动态模拟试验结果及时进行循环冷却水处理调整。

机组检修或停运期间，根据停机时间开展凝汽器停运维护，按照 DL/T 1115 规定进行检查，必要时开展腐蚀或结垢故障分析与处理，根据 DL/T 957 的规定开展凝汽器化学清洗。

新建机组的循环冷却水处理的设计执行 GB/T 50050 的规定。

五、《电力基本建设热力设备化学监督导则》（DL/T 889—2015）

该标准规定了电力基本建设热力设备基本建设阶段化学监督的要求，内容包括：热力设备的出厂前检查和要求，热力设备进入安装现场的保管和监督、安装和水压试验、化学清洗、机组整套启动前的水冲洗、蒸汽吹管、机组整套启动试运行以及热力设备停（备）用防锈蚀。该标准适用于火力发电厂热力设备额定压力为 12.7MPa 及以上的机组，对额定压力低于 12.7MPa 的机组，可参照执行。

业主或业主委托单位应负责组织，业主、施工、监理、调试等单位共同参加热力设备在基建阶段的化学监督工作。

六、《电厂用矿物涡轮机油维护管理导则》（GB/T 14541—2017）

该标准规定了电厂汽轮机、水轮机和燃气轮机系统用于润滑和调速的矿物涡轮机油的维护管理；调相机及给水泵等辅助设备所用过的矿物涡轮机油的维护管理也可参照执行。该标准适用于电厂汽轮机、水轮机和燃气轮机系统，用于润滑和调速的矿物涡轮机油的维护管理，不适用于汽轮机润滑和调速的非矿物质的合成液体。

1. 油品名称

"汽轮机油"改名为"涡轮机油"，适用性更广泛，且与新油验收标准 GB 11120 规定名称保持一致。

2. 新油验收时旋转氧弹的质量指标

新油验收时，应增加旋转氧弹指标的监测，"低于 250min 属不正常"。

3. 新油验收时应进行检测的项目

受限于检测能力、检测时长和必要性，电厂往往无法对氧化安定性、承载能力及过滤性指标进行入厂验收，因此，GB/T 14541—2017 规定了新油验收的检验项目至少包括：外观、色度、运动黏度、黏度指数、倾点、密度、闪点、酸值、水分、泡沫性、空气释放值、铜片腐蚀、液相锈蚀、抗乳化性、旋转氧弹和清洁度，并要求同时向油品供应商索取氧化安定性、承载能力及过滤性的检测结果，并确保其符合 GB 11120 标准规定。

4. 运行油的质量标准及检验周期

（1）运行油质量监督采取标准相对统一规定、检验周期各有不同的方式进行。

（2）按照运行实际经验，可参考 GB/T 14541—2017 的表 4 对运行中涡轮机油油质异常进行原因分析及采取相应处理措施。

5. 补油

（1）对不同品牌、不同质量等级或不同添加剂类型的涡轮机油混用的情况，应严格按照 GB/T 14541—2017 第 8 条的规定开展相关相容性试验合格后方可混用。

（2）开展油泥析出试验方法为标准 DL/T 429.7 或 GB/T 8926（方法 A）。

6. 换油

电厂进行涡轮机油换油操作应按照 GB/T 14541—2017 第 9 条的规定进行换油过程控制。

7. 技术管理和安全要求

电厂应按照 GB/T 14541—2017 第 11 条的规定，细化技术管理和安全要求：库存油的管理、技术档案管理、安全与卫生等各方面均应符合标准规定的要求。

七、《变压器油维护管理导则》（GB/T 14542—2017）

该标准规定了变压器油维护管理的原则，适用于电力变压器、电抗器、互感器、充油套管等充油电气设备中使用的矿物绝缘油，不适用于各种合成绝缘液体。

1. 新油验收

电厂应严格按期、全指标开展新油净化和热油循环中的油品监督，使其符合油品质量标准要求，为充油电气设备的安全投用提供有力支撑。

2．运行中变压器油的检验

（1）运行中变压器油的监督，按照 GB/T 14542—2017 表 5 的要求，根据不同充油电气设备应响应增加色度、析气性、带电倾向、腐蚀性硫、颗粒污染度、抗氧化添加剂含量、糠醛含量、DBDS 含量等项目，并严格按照对应的检测周期开展监测。

（2）对运行中变压器油超限值情况，可参考 GB/T 14541—2017 的表 4 对运行中变压器油质异常进行原因分析及采取相应处理措施。

八、《变压器油中溶解气体分析和判断导则》（DL/T 722—2014）

该标准规定了利用变压器油（矿物绝缘油）中溶解气体和游离气体含量进行充油电气设备故障识别和故障类型判断的方法，以及进一步采取的措施。适用于以变压器油和纸（板）为主要绝缘材料的电气设备，包括变压器、电抗器、互感器和套管等。

总结该标准诊断和处理充油电气设备内部潜伏性故障，按照如下步骤：通过对油中溶解气体组分含量的测试结果进行分析，判断设备内是否有故障；确定设备内有故障后，判断故障的类型；判断故障的发展趋势和严重程度；提出处理措施和建议。

1．有无故障

（1）注意值。电厂在处理变压器油中溶解气体分析的过程中，要特别注意，注意值不是划分电气设备是否有故障的标准。如分析结果中有一项或多项指标超过注意值时，说明设备存在异常情况，但并不表示有故障，应将分析结果与前一次该设备的分析数据相比较，确定其故障气体含量是否有明显的增长。如有明显增长，不管是否超过注意值，都说明有故障，或故障有发展；反之这说明没有故障或故障没有发展。

（2）产气速率。

1）设备有故障时，其产气速率往往高出标准规定注意值。

2）不同故障其特征气体的产气速率是不同的。

3）不同类型的故障，其特征气体的增长速率是不同的。

4）总烃含量很低的变压器，不宜用产气速率来衡量变压器是否异常。

（3）熟悉设备的历史和变化情况：结构、安装、运行及检修情况等；有助于弄清溶解气体含量异常的原因，排除非故障因素带来的误判。

（4）电厂须做好油色谱的台账记录工作，便于分析结果的比较，以判断设备是否有故障和故障的发展趋势判断。

2．故障判断

电厂在使用该标准的过程中要注意标准中各种故障类型判断方法的使用条件。

3．综合分析

油中溶解气体分析对诊断运行设备内部的潜伏性故障十分灵敏，但由于方法本身的技术特点，也有其局限性，如无法确定故障的部位，对涉及同一特征气体的不同故障类型容易误判。因此，必须结合电气试验、油质分析、设备运行及检修情况等进行综合分析，才能较为准确地判断出故障的部位、原因及严重程度，从而制定合理的处理措施。

九、《电厂用磷酸酯抗燃油运行维护导则》（DL/T 571—2014）

该标准规定了汽轮机电液调节系统用磷酸酯抗燃油的质量标准和运行维护的基本要求，

适用于汽轮机电液调节系统用磷酸酯抗燃油的维护。

1. 新油验收

电厂应按照该标准表 1 规定的项目和质量标准要求，开展磷酸酯抗燃油的新油验收。

2. 运行油监督

电厂应严格按照该标准表 2 和表 3 规定的监督项目、周期和质量标准开展日常监督。

3. 异常诊断

对磷酸酯抗燃油质量超限值情况，可参考 DL/T 571—2014 表 4 对磷酸酯抗燃油油质异常进行原因分析及采取相应处理措施。运行中应根据多项指标综合判断油品劣化原因，进而采取相应处理措施。

4. 颗粒污染度

在开展磷酸酯抗燃油质量监督的过程中，应尤其注意颗粒污染度指标，采用 SAE AS4059F 颗粒污染分级标准。相较于 NAS 1638 分级标准，SAE AS4059F 代表了液体自动颗粒计数器校准方法转变后颗粒污染分级的发展趋势，不但适用于显微镜计数法，也适用于液体自动颗粒计数方法。计数的颗粒尺寸向下延伸至 1μm（ISO 4402 校准方法）或者 4μm（ISO 11171 校准方法），并且作为一个可选的颗粒尺寸，由用户根据自己的需要自己决定。

十、《六氟化硫电气设备气体监督导则》(DL/T 595—2016)

该标准规定了六氟化硫电气设备气体监督的基本原则，适用于电气设备中六氟化硫气体的技术监督。

1. 新气

电厂应按照该标准第 4 条规定的项目对六氟化硫新气开展到货外观、资料检查，质量检查，于阴凉、干燥、通风橱存放，并对存放半年以上气体进行复检。

2. 运行监督

电厂应严格按照该标准表 2 规定的监督项目、周期和质量标准开展日常监督；同时，应密切关注六氟化硫气体使用、存放空间的安全防护。

3. 检修（解体）监督

电厂应严格履行六氟化硫电气设备检修（解体）前的安全检测和防护准备工作，以确保检修（解体）全过程的安全、环保。

4. 其他

六氟化硫气体的验收、使用、回收、净化及过程监督相关的仪器、人员，均应按标准建立健全各项管理要求，并严格履行。

第二节　发电企业规章制度和文件

一、规章制度

（1）化学监督实施细则；

（2）化学设备运行规程；

（3）化学设备检修工艺规程；

（4）在线水质分析仪器检验规程；

（5）化学专业人员岗位责任制；

（6）运行设备巡回检查制度；

（7）化学监督试验规程；

（8）油品质量管理制度；

（9）化学药品（及危险品）管理制度；

（10）大宗材料及大宗药品的验收、保管制度；

（11）化学仪器仪表管理制度。

二、技术资料

（1）汽轮机、锅炉、电气等主设备说明书或本企业根据说明书编写的培训教材；

（2）化学设备说明书及其培训教材；

（3）有关仪器、设备的说明书；

（4）相关专业技术书籍。

三、图纸

（1）全厂水汽系统图（包括取样点、测点、加药点、排污系统等）；

（2）化学补给水水处理设备系统图及其电源系统图；

（3）凝结水精处理处理系统图；

（4）机组水汽系统（凝结水、给水、炉水、内冷水、闭冷水）加药系统图；

（5）开式循环冷却水处理系统图；

（6）闭式循环冷却水系统图；

（7）工业废水处理系统图；

（8）汽轮机油系统图；

（9）抗燃油系统图；

（10）发电机内冷水系统图；

（11）发电机氢气系统图；

（12）制氢设备系统图；

（13）变压器和主要电气开关设备的地点、容量、电压、油（气）量、油（气）种等图表。

四、原始记录和试验报告

（1）用油设备的台账；

（2）化学仪器仪表的台账；

（3）大宗药品、材料及设备验收检验的原始记录及报告；

（4）补给水处理（澄清池、过滤器、超滤、反渗透、一级除盐、二级除盐、电除盐等）运行记录报表，机组水汽品质运行记录报表，凝结水精处理运行记录报表，循环水运行记录报表，机组启、停水汽品质记录报表，污水处理运行记录报表，制氢设备及氢气质量运行报表，发电机运行氢气运行报表；

（5）热力设备和水处理设备的调整试验及检修检查报告；

（6）热力设备的化学清洗和停（备）用防锈蚀记录及总结；

（7）化学仪器及在线化学仪表的检修、校验报告；

（8）凝汽器管的泄漏记录及处理记录；

（9）机组水汽系统查定、原水水质全分析、补给水系统查定的原始试验数据、文件资料及技术报告（应以电子文档和纸质文档形式长期保存）；

（10）机组水汽系统离子色谱分析报告；

（11）设备检修台账记录。

五、报告和报表

（1）水汽质量合格率统计月报表。

（2）水汽平衡统计表。

（3）锅炉补给水及水处理药剂消耗和水处理设备可用率统计报表。

（4）热力设备启动、停（备）用保护及检修情况报告。

当热力设备进行长期停用保护（指大于设备 A 级检修停运时间）时，应按季度报送热力设备停（备）用保护化学监督报告。计划检修的热力设备停用保护的情况，写入设备检修化学检查报告并随之报送；非计划停运设备的保护情况，写入热力设备启动化学监督报告并随之报送。

热力设备停（备）用保护化学监督检查报告应包括下列内容：

1）设备名称及其基本参数；

2）设备停用状态（X 级检修、非计划停运或备用）；

3）停（备）用时间和采取的保护方法（方案）；

4）保护监督项目指标情况；

5）保护效果评价（效果、问题及改进措施）。

（5）油品质量监督报表。

（6）在线水质分析仪器配备率、投入率、准确率（"三率"）统计报表。

（7）氢气质量监督统计报表。

（8）SF_6 气体质量监督报表。

（9）石灰石（粉）质量监督报表。

（10）与化学监督有关的事故（异常）分析报告。

发电企业负责组织落实各项化学监督工作、处理重大化学事故、制定应急处理预案等，组织与化学监督有关的重大设备事故和缺陷分析，查明原因，采取措施，并及时上报上级主管单位；电科院参加与化学监督相关的重大事故调查、异常分析，研究解决化学监督工作中的关键技术问题，并提出解决方案。

（11）热力设备化学清洗总结。

热力设备进行化学清洗时，应编写热力设备化学清洗报告。热力设备化学清洗监督报告应包括下列内容：

1）设备名称及其基本参数；

2）清洗方式及小型试验情况；

3）具体的清洗方案及清洗系统图；

4）清洗过程的化学监督数据；

5）清洗效果评价（效果、问题及改进措施）。

（12）年度报表及化学监督工作总结。

第三节　技术监督告警

一、技术监督告警分类

技术监督工作实行监督告警管理制度。按照危险程度，火电设备技术监督告警分一般告警（二级）和重要告警（一级）。一般告警指技术监督的重点工作开展情况或重要指标完成情况不符合标准要求并超出一定范围，但短期内不会造成严重后果，且可以通过加强运维、监控和管理等临时措施，使相关风险在可控或可承受范围内。重要告警是指一般告警问题整改不到位、存在劣化现象且劣化速度超出标准范围，需立即处理或采取临时措施后，相关风险仍在不可控或不可承受范围内。

二、技术监督告警通知单

按照集团公司化学技术监督实施细则中明确的重要告警和一般告警的告警项目，电科院、子分公司、火电企业和基层监督单位要加强告警项目的识别，确保识别准确。凡达到技术监督重要告警或一般告警条件的问题，均属于技术监督重大问题，纳入集团公司技术监督重大问题整改管控范围。

电科院、子分公司和基层监督单位在监督检查、评价考核过程中发现技术监督重大问题后，2 日内签发《火电设备技术监督重大问题告警通知单》至有关火电企业，同时抄报集团公司。没有按要求签发告警通知单的，集团公司对相关单位进行通报考核。

三、技术监督告警问题的闭环管理

火电企业发生技术监督重大问题后，要制定整改计划，明确工作负责人、防范措施、整改方案、完成时限，确保按期完成整改。整改完成后 2 日内向告警提出单位报送《火电设备技术监督重大问题告警整改验收单》，由告警提出单位验收后抄报集团公司。

电科院、子分公司和基层监督单位应加强对火电企业技术监督重大问题整改落实情况的督促检查和跟踪，组织复查评估工作，保证问题整改落实到位。集团公司不定期组织对火电企业技术监督重大问题整改落实情况和子分公司督办情况的抽查工作。

第三篇　火力发电厂水汽监督技术

第八章　锅炉补给水监督技术

本章阐述火力发电厂生产用水的水源选择、锅炉补给水处理方式及其相关技术，并指出锅炉补给水监督中各种实际问题的解决方法与途径，确保锅炉补给水的质量符合有关标准规定。

第一节　锅炉补给水的水源选择

电厂锅炉补给水所用水源选用淡水。在我国北方地区，多使用水库水及地下水；而在南方地区，则多用江河湖泊水。这些天然水中含有多种杂质，当采用各种方法净化处理后，再经过除盐处理，可用作补充电厂生产过程中的汽水损失，这种水称为锅炉补给水。

锅炉补给水量与电厂的锅炉机组容量、设计参数、运行工况、排水重复利用率等多种因素有关。通常，补给水量约占电厂用水量的 5%左右。

一、天然水水质与特点

无论是江河湖泊、水库、地下水，还是雨雪中均含有各种杂质。一般说来，地表水中悬浮物、有机物含量高，地下水中含盐量较多。由于污染导致雨雪中含硫、含尘量较高，且多呈酸性等，因此为了满足电厂生产，保证机组经济运行以及环保要求，就必须对天然水源进行选择。

天然水中杂质通常都是钙、镁、铁、铝等常见元素组成的酸、碱、盐类的化合物。

作为电厂用水，对水质有一定的技术要求。在众多的水质指标中，以悬浮物、含盐量、硬度、酸碱度及有机物含量等最为重要。现分别加以说明。

1. 悬浮物

悬浮物是指悬浮于水中的微粒，但颗粒大小差异很大。其中较轻的微粒常常漂浮于水面上，它们主要是一些有机物，而较重较大的微粒则在静止时可沉入水底，它们主要是黏土、细砂之类的无机物。

悬浮物在水中稳定性较差，通常可以通过静止、过滤、吸附、凝聚等处理方式去除。地表水，如黄河水或雨水过后的江河湖泊中的水，往往悬浮物含量很高。而地下水由于经过土壤层的过滤作用，故没有或很少有悬浮物，因而是清澈透明的。由于它经由土壤及岩石层时，溶入较多的可溶盐类，致使地下水含盐量大大高于地表水。

悬浮物可用质量分析法测定，即取 1000mL 经定量滤纸过滤的水样，再另外取 1000mL 原水样，两水样注入已恒重的蒸发皿中，在水浴锅蒸干，于 105～110℃ 下烘干称重，所得的残渣量之差即是悬浮物，以 mg/L 表示。

由于分析时间较长，常用浊度表示水中悬浮物的含量。浊度是用以表示水的浑浊程度的单位。按照国际标准化组织 ISO 的定义，浊度是由于不溶性物质的存在而引起液体的透明度降低的一种量度。不溶性物质是指悬浮于水中的固体颗粒物（泥沙、腐殖质、浮游藻类等）和胶体颗粒物。水的浊度表征水的光学性质，表示水中悬浮物和胶体物对光线透过时所产生的阻碍程度。浊度的大小不仅与水中悬浮物和腔体物的含量有关而且与这些物质的颗粒大小、形状和表面对光的反射、散射等性能有关。因此，浊度与水中悬浮物和胶体物质的浓度之间并不存在——对应的关系。浊度的计量单位较多，常见的有以下几种：

浊度单位——FTU；散射浊度单位——NTU；总悬浮固体物质浊度单位——mg/L。

2. 含盐量

含盐量通常是指水中所含各种溶解盐类的总和，由水质全分析得到的全部阳离子和阴离子相加而得，单位用 mg/L 表示。含盐量与电导率之间有着密切关系，含盐量越高，则电导率越大，地下水的电导率一般高于地表水，而海水又远远高于地下水。由于测定电导率的方法简单、方便，所以可借用测电导的方法测定水中的含盐量。

所谓电导率，是指水的导电能力的特性指标，其单位为西/厘米（S/cm），实际上因水的电导率很小，经常采用微西/厘米（μS/cm）为单位。

水的电导率与水的溶解固形物总量（TDS）的直接关系，溶解固体在 50～5000mg/L 之间时，可用以下关系式表示：

$$\lg TDS = 1.006 \lg \gamma_{H_2O} - 0.215$$

式中 γ_{H_2O} ——水的电导率，μS/cm；

TDS ——水的溶解固形物，mg/L。

3. 硬度

硬度是多价金属离子的总浓度，由于天然水体中其他多价金属离子很少，所以人们通常把钙镁离子的总和称为硬度。水的硬度一般用 mmol/L 或 μmol/L 表示。为了与计量法中规定的单位一致，不采用当量浓度这一概念，将硬度定义为

$$H = C(1/2Ca^{2+}) + C(1/2Mg^{2+})$$

式中 $C(1/2Ca^{2+})$、$C(1/2Mg^{2+})$——以 $[1/2Ca^{2+}]$ 和 $[1/2Mg^{2+}]$ 为基本单元的物质的量，mmol/L 或 μmol/L。

常见的硬度单位还有：ppmCaCO$_3$、德国度 G；ppm 表示百万分之一，大致与 mg/L 相当。这几种单位的关系是：1mmol/L = 2.8G = 50ppmCaCO$_3$。

硬度又可分为碳酸盐硬度及非碳酸盐硬度两大类。水中钙、镁离子是产生和形成硬度的主要物质。

碳酸盐硬度主要是指水中钙、镁的碳酸氢盐和碳酸盐含量。水的总硬度与碳酸盐硬度之差，则称为非碳酸盐硬度。

碳酸盐硬度近似于所谓暂时硬度，通过煮沸，这部分硬度可以去除；而非碳酸盐硬度近

似于永久硬度，也就是通过煮沸无法去除的硬度。

通常雨水通过土壤层后易溶入可溶性盐类，故地下水硬度大，而地表水硬度要小得多。

4. 酸碱度

酸度是水中能被强碱中和的物质总量。这些物质包括有：强酸，如 HCl、H_2SO_4、HNO_3 等；酸式盐和强酸弱碱盐，如 $FeCl_3$、$Al_2(SO_4)_3$ 等；弱酸，如 H_2CO_3、H_2S 及各种有机酸。天然水中一般只含碳酸和碳酸氢盐酸度，氢离子交换器出来的水溶液的酸度是强酸酸度，如 HCl、H_2SO_4、HNO_3 等。以甲基橙作指示剂，用 $NaOH$ 标准溶液滴定其酸度，终点的 pH 值约为 4.2，单位为 mol/L。经常用 pH 值来表示酸度。

碱度则是水中能被强酸中和的物质总量。这些物质包括有：OH^-、CO_3^{2-}、HCO_3^-、PO_4^{3-}、HPO_4^{2-}、$H_3SiO_4^-$、NH_3 和腐殖酸盐等，都是水中常见碱性物质。碱度是用酸中和的方法来测定。采用的酸碱指示剂不同，消耗的酸量也就不同。用 H_2SO_4 标准溶液滴定水样的碱度，用酚酞指示剂时，其终点 pH 值约为 8.3，称为酚酞碱度；用甲基橙作指示剂时，其终点 pH 值约为 4.2，称为甲基橙碱度或全碱度。碱度单位为 mol/L。

纯水的 pH 值为 7，即呈中性。天然水的酸碱度随水源所处的地质条件而异，且它受环境因素的影响很大，由于酸雨的形成及日益严重，某些江河湖泊的地表水的酸度呈上升（pH 值下降）趋势。

5. 有机物

天然水中有机物种类很多，性质各异，但它们有一个共同点，就是利用耗氧量的多少来表示水中有机物含量。在一定条件下，常用氧化剂重铬酸钾及高锰酸钾来处理水样，将在与有机物反应中所消耗的氧化剂量换算成氧来表示。其中重铬酸钾较高锰酸钾更易使有机物氧化完全，在水分析中，多用重铬酸钾法来测定耗氧量，通常称为化学耗氧量，以 O_2（mg/L）来表示。

化学耗氧量的高低是天然水、特别是地表水的重要水质指标，而地下水通常含有机物相对较少，故化学耗氧量值相对较低。

二、电厂对原水水源的要求

1. 标准规定

电力行业标准《发电厂化学设计规范》（DL 5068—2014）对原水水源要求和选择作了如下规定：

发电厂应有合适、可靠的原水水源，应取得足够的近年原水水质全分析资料，并分析水源水质的变化趋势。设计单位应对所取得的原水水质全分析资料进行分析验证，并提出关于设计水质资料和校核水质资料的推荐意见。当有几个不同的水源可供采用时，应经技术经济比较选定。

对选定的水源，其水质若有季节性恶化情况时，经过技术经济比较后，可设备用水源；如短时间含盐量或含砂量过大时，可根据其变化规律增设高水池（库），并应考虑采取防止水质二次污染的措施。故电厂对原水的要求，集中于供水条件、水量、水质三大方面。

2. 具体要求

（1）供水条件。就近寻求供水水源，这是先决条件。可供选择的水源除地表水、地下水、经处理后作为锅炉补给水的水源外，按照国家环保要求，各种污水处理后的净水也可作为补给水的供水水源。由于电厂用水量很大，往往单一水源难以满足电厂用水量要求，而必须选择多个供水水源。地表水与地下水的水质有较大差异，而同样是地表水或地下水，各个水源水质也很可能相差很大。

显然，水源地与电厂较近，且地理条件较好，便于取水；选择水源，数目不能太多，也不能过于分散，否则补给水的处理难度加大；电厂选择水源，既要选定主水源，还应考虑选择备用水源，以供应急之用。

用地下水作为水源的电厂，往往所受限制更大。因地下水在不少地区是饮用水源，且使用量也不可能太多，故一般将其作为备用水源而不能作为主水源；开发研究利用城市污水，工业企业污水及本厂污水经处理后的净水作为电厂用水水源是发展方向，目前这方面的水量占电厂用水量的比例在不断增大。

（2）水源水量。地表水水量一般随季节变化，一年中有丰水期及枯水期，故选择水源时，宜选择水量较大、相应水质波动较小的大江河湖泊或水库作为主水源，其他水源宜作为备用水源。

特别需要指出的是：电厂用水量中尤以循环冷却水用量最大，约占电厂全部用水量的70%～80%。

（3）水源水质。水源水质条件如何直接关系到锅炉补给水的处理方法与工艺。作为补给水的质量最终控制指标主要为两项：一是 SiO_2，其含量在高压以上机组中要求小于等于 $20\mu g/L$；二是电导率小于等于 $0.2\mu S/cm$。在地表水中，通常悬浮物含量大，SiO_2 含量高，硬度小，有机物多，含盐量小即电导率低；而地下水的一个很大特点是硬度大、含盐量高，也就是水的电导率高。

按照国家环保要求，必须充分利用城市及工业污水处理后供电厂使用，而且对其用量所占比重也越来越大。工业污水由于成分复杂，即使经处理后，如含油量、重金属含量也仍然较地表水、地下水高很多；城市生活用水含氮、磷及有机物较高。因而采用工业污水经处理后的净水用作电厂原水，这给电厂水处理带来更新更大的难度。为了减轻补给水处理压力，显然天然水质中杂质越少越好，更重要的是所含杂质越容易处理越好。

综上所述各种因素，电厂供水水源力求能够达到：① 选择距离电厂较近，取水方便的水源；② 数量比较大，能满足电厂用水量的水源；③ 水质比较好，且比较稳定的水源；④ 要考虑环保要求，在可能条件下，多采用一些污水处理后的净水作为水源；⑤ 要选用处理方便，工艺简单，出水质量易于达到控制指标的水源。

三、电厂的水汽循环

从锅炉补给水开始就进入电厂的水汽循环系统。因此，任何一个环节的水质（包括蒸汽品质）都得加以严格控制，方能保证水汽系统处于最佳运行状态。

1. 电厂锅炉的水汽基本循环方式

汽水混合物可能一次或多次地流经锅炉蒸发受热面，对于不同结构的锅炉，推动汽水混合物的流动方式也各不相同。各种类型的汽水循环示意图如图8-1所示。

自然循环与控制循环锅炉有汽包。汽包将省煤器、蒸发部分和过热器分开，并使蒸发部分形成一封闭的循环系统。汽包可使得汽、水之间得到良好的分离。

直流锅炉没有汽包，水在全部蒸发受热面部分转为蒸汽，凭借给水泵克服其流动阻力。

直流锅炉可用于亚临界及超临界压力的大型锅炉。复合循环锅炉汽水循环系统如图8-2所示。

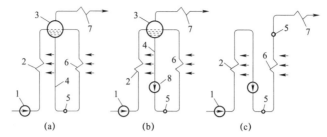

图 8-1　各种类型的汽水循环示意图

（a）自然循环锅炉；（b）控制循环锅炉；（c）直流锅炉

1—给水泵；2—省煤器；3—汽包；4—下降管；5—联箱；6—蒸发管；7—过热器；8—强制循环泵

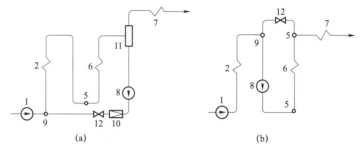

图 8-2　复合循环锅炉汽水循环系统示意图

1—给水泵；2—省煤器；3—汽包；4—下降管；5—联箱；6—蒸发管；7—过热器；8—强制循环泵；

9—混合器；10—止回阀；11—汽水分离器；12—调节阀

复合循环锅炉兼有自然循环、控制循环及直流锅炉的特点。也就是说，在一台锅炉上具有两种不同的循环方式，如图 8-2（a）为亚临界压力低负荷再循环系统，图 8-2（b）为超临界压力下的复合循环系统。前者系统中装有汽水分离器，而后者则不用汽水分离器。

2. 锅炉主要设计参数

由于不同容量、不同压力参数的锅炉对水汽质量有不同要求，故在此将锅炉与化学监督有关的主要技术参数作简要说明。

锅炉与化学监督有关的主要技术参数是指锅炉容量、蒸汽压力、温度、流量及给水温度等。锅炉容量是指锅炉最大的连续蒸发量，以 t/h 表示；蒸汽压力、温度、流量，是指过热器出口处的蒸汽压力、温度、流量，如锅炉装有再热器，则还包括再热器出口处的蒸汽压力、温度与流量。

给水温度是指进入省煤器前的水温。

例如：某一容量为 300MW 的机组，其锅炉与化学监督有关的主要技术参数如下：

蒸发量 l025t/h、过热蒸汽压力（表压）18.3MPa、过热蒸汽温度 540℃、过热蒸汽流量 822t/h、再热蒸汽进口压力（表压）3.83MPa、再热蒸汽出口压力（表压）3.62MPa、再热蒸汽进口温度 319.3℃、再热蒸汽出口温度 540℃、给水温度 279.6℃。

电厂水汽质量控制指标随锅炉蒸汽压力不同而有不同要求。压力越高，对水质要求也越严。通常将电厂锅炉按压力高低分为中压、高压、超高压、亚临界及超临界压力几种类型。中压机组 3.8～5.8MPa，高压机组 5.9～12.6MPa，超高压机组 12.7～15.6MPa，亚临界机组

15.7～18.3MPa，超临界机组大于 22MPa。

3. 凝汽式发电厂水汽循环系统流程

在凝汽式发电厂中，水汽处于循环运行状态，从选择原水水源开始→补给水→给水→炉水→蒸汽→凝结水方向运行，而凝结水经凝结水泵送至低压加热器后进入除氧器，再由给水泵送高压加热器作为给水而进入锅炉，从而整个水汽系统形成闭式循环。

当原水进入电厂后，每个环节的水质都有特定的要求及控制指标，故都必须经过相应的处理，以防止汽水中有害物质在汽水受热面上沉积下来形成垢以及导致设备的腐蚀。

第二节 补给水监测项目与控制指标

电厂所用原水即为补给水系统的入口水，经处理后，补给水系统的出口水质应达到相关标准所规定的要求。不仅补给水系统的入口及出口水质需要进行采样、监测，而且在整个处理过程中也需要通过采样、监测而加以监督。不仅对补给水，而且对本书中所涉及的各种用水的水质监测，首先必须进行水样的采集，只有采集到有代表性的水样，这样对水质的监测才具有实际意义。

本节将说明水样的采集方法与要求、补给水的监测项目与控制指标。

一、水样的采集方法

1. 采样含义

所谓水样的采集，是指按照规定的方法采取到有代表性的水样的过程。这里所说的按规定方法，就是按有关标准所规定的方法进行采样。对电厂锅炉及冷却用水来说，采样应遵循《水样采集方法》（GB/T 6907—2005）中的有关规定。该规定不仅适用于补给水，也适用本书中涉及的各种锅炉用水，如给水、炉水、凝结水、内冷水、循环冷却水，水处理过程中的澄清水、软化水、除盐水等，用以进行水质监测。

2. 采样方法

（1）盛放水样的容器。常用的盛放水样的容器为硬质玻璃磨口瓶和具塞的聚乙烯瓶。

硬质玻璃磨口瓶。由于玻璃透明、无色、易洗涤，且具有较强的耐腐蚀性，并能承受一定的温度，因而是最常用的盛水容器，玻璃瓶配有磨口塞，则瓶口比较严，不易为异物所污染，而且不易造成水样损耗。

应该注意：玻璃中的某些成分，如硼、钠、硅、钾等不同程度地可溶入水中，故测定水样中上述成分时不能使用玻璃容器存放水样。

（2）聚乙烯瓶。聚乙烯具有很强的耐腐蚀性，不含重金属及无机成分，且质轻价廉，可长期反复使用，是电厂中应用最多的一种盛放水样的容器。但需要注意，聚乙烯有吸附重金属、磷酸盐、有机物的倾向，而且它易受有机溶剂的侵蚀。故水中上述成分含量较高时，要慎用或不用。

（3）特殊容器。对于测定某种特定成分的水样，要选用特定的容器来盛放水样，如溶解氧、含油量的测定等。

3. 取样器

（1）天然水采样。天然水采样通常采用表面或不同深度的取样器以及泵式取样器，可根据不同的条件与要求加以选用。取样器示意如图 8-3 和图 8-4 所示。

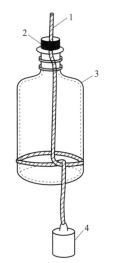

图 8-3　表面或不同深度取样器示意

1—绳子；2—采样瓶塞；3—采样瓶；4—重物

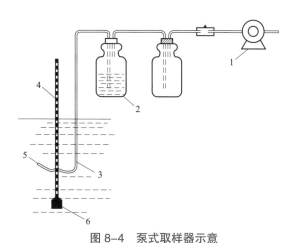

图 8-4　泵式取样器示意

1—真空泵；2—采样瓶；3—采样用氯化尼龙管；4—绳子；
5—取样口（应采用玻璃或软质尼龙制品）；6—重物

（2）用于管道及工业设备中水样的取样器。电厂各种用水水样，大多从管道及水处理设备中采集。在这种情况下，取样器都安装在管道或设备中。

为了获得有代表性的水样，取样器的设计、制造、安装及取样点的布置还应遵循下述规定：

1）应根据工业装置、锅炉类型、参数以及水汽监督要求或试验目的来设计、制造、安装和布置取样器。

2）取样器包括取样管和阀门的材质应使用耐腐蚀金属材料加工制造。除氧水、给水的取样器应使用不锈钢制造。

3）从高温、高压的管道或设备中采集水样时，必须安装减压装置及冷却器。取样冷却器应有足够的冷却面积及可靠的冷却水源，以使得水样流量约为 700mL/min 时，水样温度仍应低于 40℃。

4. 采样操作要点

采样的代表性对水质测定结果的可靠性影响极大，且在电厂水汽质量监督中，对水样的采集，也是监督的重点。国标《锅炉用水和冷却水分析方法水样的采集方法》（GB/T 6907—2005）对各种情况下水样的采集操作与要求做出了具体明确的规定，现将采样操作要点概述如下。

采样前做好准备，对取样器、取样管及阀门要进行检查，盛水样的容器必须彻底洗净，再用待测水样至少冲洗三遍，盖好瓶塞备用。

（1）天然水取样，应将取样瓶浸入水中 0.5m 深处取样。在不同采样点采样，混合成供分析用的水样。根据试验要求，对不同深度的水样采集时，应采用不同深度的取样器，对不同部位的水样分别采集；在管道或流动部位采集水样时，应充分冲洗采样管道后再采样；地表水受环境条件影响较大，采样时应注明采样条件。

（2）从管道或水处理装置中采集处理水水样时，应选择有代表性的取样部位安装取样器，采样时，打开取样阀门进行适当冲洗，并将水样流速调至约 700mL/min 后取样。

（3）从高温、高压装置或管道中取样时，应加装减压装置及冷却器，水温不得高于40℃，然后按上文（2）采样。

（4）对于测定不稳定成分的水样，通常应在现场取样，随取随测。否则，采样后立即采取预处理措施，将不稳定成分转化为稳定状态，送试验室测定。

（5）取样量应满足试验与复核的需要，供全分析的水样不应少于5L；如水样浑浊时应分装两瓶；供单项分析的水样不应少于0.3L。

（6）所采集的水样应贴上标签，注明水样名称、取样方法、取样地点、取样人、取样时间及环境条件等。

5. 水样的存放与运送

（1）水样采集后，原则上是及时进行分析，尽量缩短存放时间，以免水质发生变化。水样存放时间受水中成分、温度、保存条件及试验要求等多种因素的影响，有着很大的差异。

一般未受污染的水样，可在符合保存的条件下存放时间不得超过72h；而受污染的水样，存放时间原则上不超过12h，最多不能超过24h。

（2）水样运送时，应检查水瓶的严密性，并放置阴凉处，避免阳光照射；冷天还应防止水样结冰；分析测定经过存放或运送的水样，在报告中应注明存放时间及运送条件。

二、补给水检测项目

电厂补给水系统的入口水，也就是电厂供水水源的原水，均含有多种多样的杂质，不同水源因其水质差异，列为检测的项目也不尽相同。一般说来，下述各项是必须检测的。

1. 地表水

不同水源的地表水所含杂质各不相同，即使同一水源，在丰水期与枯水期水质也有较大差异；有时因一场大雨过后或水体受到污染，水质也会出现显著的变化。

（1）悬浮物。悬浮物一般是粒径在$0.1 \sim 100 \mu m$的微粒，它们悬浮于水中，故称悬浮物。其中粒径小、质量较轻的常浮于水面上；而粒径较大、质量较重的微粒在水静置时常下沉于水底。前者主要是一些有机化合物，而后者多为黏土、细砂等无机物，其含量也可用浊度表示。

（2）pH值。pH值是衡量水的酸度的一种指标，纯水呈中性，pH值为7，pH小于7为酸性，pH大于7为碱性。通常水体pH值过大或过小，很可能是遭受某种工业污染所致。

（3）硬度。由于水中存在钙、镁离子，使水易形成垢类。总硬度（简称硬度）就是钙、镁离子的总和以mmol/L表示。

根据水中存在的阴离子情况，可将硬度分为碳酸盐硬度及非碳酸盐硬度。

碳酸盐硬度主要是指水中钙、镁的碳酸氢盐含量（还有少量碳酸盐），通常它可以通过煮沸而加以部分去除。

$$Ca(HCO_3)_2 \longrightarrow CaCO_3 \downarrow + CO_2 \uparrow + H_2O$$

$Mg(HCO_3)_2$受热后也具有与上述相似的反应，但是$MgCO_3$自身不是沉淀物，经与水继续反应，则形成$Mg(OH)_2$沉淀。

$$MgCO_3 + H_2O = Mg(OH)_2 \downarrow + CO_2 \uparrow$$

水中总硬度扣除碳酸盐硬度后，即为非碳酸盐硬度，它通过加热煮沸，并不能使其去除。故本书中，将碳酸盐硬度称为暂时硬度，而将非碳酸盐硬度称为永久硬度。不同地表水，其硬度可能相差较大，这与水体的地理位置密切相关。

（4）电导率。溶解于水的酸、碱、盐类等电解质，离解出正负离子，使水有了导电能力，其导电能力的大小用电阻率（$\Omega \cdot cm$）的倒数，即电导率（S/cm）来表示。因电导率与温度有关，故水的电导率是指25℃时的电导率值。

水中离子导电能力的大小，通常反映水中含盐量的多少。对同一种水，电导率越大含盐量就越多；反之，则越少。水的电导率是重要的水质特性指标，是补给水系统出水应控制的指标之一。

（5）化学耗氧量。地表水中有机物种类很多，单一或总的有机物含量均难以测定，通常利用有机物可氧化的特征，按与有机物反应消耗的氧化剂中的氧量即耗氧量来表征水中的有机物量。

常用的氧化剂有高锰酸钾（$KMnO_4$）及重铬酸钾（$K_2Cr_2O_7$），前者不能使水中有机物充分氧化，而后者则可以将有机物氧化较为完全。用高锰酸钾或重铬酸钾测得的耗氧量，称为化学耗氧量，以$(COD)_{Mn}$或$(COD)_{Cr}$表示，其单位为 mg/L（以氧计）。

受工业污染物的影响，某些受污染水体中的$(COD)_{Cr}$值很高。

（6）全硅。在地表水中，硅酸化合物是最常见的杂质，通常以通式：$xSiO_2 \cdot yH_2O$ 来表示。

$x=y=1$，即 H_2SiO_3，称为偏硅酸；$x=1$，$y=2$，即 H_2SiO_4，称为正硅酸；$x>1$，则硅酸呈聚合状态，称为多硅酸。

SiO_2在水中的存在形态十分复杂，它受 pH 值的影响很大。SiO_2在水中的溶解度也难以测定。

通常水中硅酸化合物采用钼酸铵作反应剂进行比色测定。对于能直接用比色法测得的二氧化硅，则称为活性二氧化硅或活性硅；而不能用比色法直接测得的二氧化硅，则称为非活性二氧化硅或非活性硅。全硅含量减去活性硅含量，即为非活性硅含量。

补给水中的 SiO_2 含量与电导率一样，是补给水系统出水中应控制的指标之一。故补给水系统对地表水处理的重点就是最大限度地降低非活性硅，以减小水中的全硅含量。

2. 地下水

地下水一般清澈透明，悬浮物及有机物含量较低，故正常情况悬浮物及化学耗氧量不列入检测项目，其他检测项目则同地表水。

三、补给水的检测方法

补给水各特性指标的检测，通常均采用国家标准所规定的方法，表 8-1 为补给水质检测方法一览。

表 8-1　　　　　　　　　补给水质检测方法一览

序号	检测项目	采用方法标准	应用说明
1	浊度	GB 12151	福马肼浊度法
2	pH 值	GB 6904	供运行控制监督用
3	硬度	GB 6909	适用于高硬度：0.1~5mmol/L 同时适用于低硬度：1~100umol/L
4	电导率	GB 6908	适用于电导率测定（25℃）
5	化学耗氧量	HJ 828	适用于 COD_{Cr}

序号	检测项目	采用方法标准	应用说明
6	全硅	GB 12148	适用于 0～500μg/L SiO₂
7	硅	GB 12149	钼蓝比色法适用于 0～5mg/L SiO₂， 重量法适用于大于 5mg/L SiO₂

四、补给水质量控制指标与标准

补给水控制指标，是指原水经补给水系统处理后出水应控制的指标，为二氧化硅及电导率两项，它们应达到的标准值随机组设计参数的高低有所不同，见表 8-2。

表 8-2 锅 炉 补 给 水 质 量

锅炉过热蒸汽压力 （MPa）	二氧化硅 （μg/L）	除盐水箱进水电导率（25℃） （μS/cm）		除盐水箱出口电导率 （25℃） （μS/cm）	TOC_i① （μg/L）
		标准值	期望值		
5.9～12.6	—	≤0.20	—	≤0.40	
12.7～18.3	≤20	≤0.20	≤0.10		≤400
>18.3	≤10	≤0.15	≤0.10		≤200

① 必要时监测，对于供热机组，补给水 TOC_i 含量应满足给水 TOC_i 含量合格。

补给水的质量对其后给水、炉水、蒸汽的质量及其处理要求影响很大，它们直接关系到锅炉、汽轮机相关部位是否积盐、腐蚀及其严重程度，故对电厂水处理的每一环节都应严格按相应要求处理，并加强质量监督，以保证补给水的二氧化硅、电导率两项指标达标。

选择二氧化硅作为补给水质量控制指标的原因之一，首先在于应用树脂去除水中的有害阴离子如 Cl^-、SO_4^{2-}、CO_3^{2-}、SiO_3^{2-} 等时，是按不同顺序吸收的，其中以 SiO_3^{2-} 最难除去。因而只要 SiO_3^{2-} 含量达到标准要求，则其他阴离子在水中更少，不至于对水质产生什么影响。

蒸汽中多多少少含有一些杂质，这是由于锅炉给水中所含的杂质，随给水进入锅炉中也就转至炉水中，因为炉水的加热浓缩，其含盐量要比给水高得多。由汽包引出的饱和蒸汽，在压力较高时，对某些盐类有溶解携带，造成蒸汽含盐量的增加。蒸汽中含有的盐分，可能有一部分沉积在过热器中，这将影响蒸汽的通过和传热，并使过热器管金属温度升高；过热蒸汽中含有的盐分则有可能沉积在管道、阀门、汽轮机调节阀及叶片上，从而导致阀门动作失调，降低汽轮机效率，还会增大蒸汽的流动阻力，降低汽轮机效率。当积盐分布不均，还将影响转子的平衡，以致造成严重事故。

汽轮机所积盐分的成分，一般为硫酸钠、磷酸钠、硅酸钠、氯化钠等，其中硅酸盐在蒸汽中的溶解度较大，随着压力降低溶解度渐渐减小，因此，往往在汽轮机的低压缸内形成不溶于水、质地坚硬的二氧化硅沉积物。

为了提高蒸汽质量，目前采取的主要措施就是在汽包内装设汽水分离装置，降低蒸汽对水滴的携带，对蒸汽进行清洗，减少蒸汽溶盐，增加锅炉排污，降低炉水含盐量及 SiO₂ 含量，提高给水质量，减少进入锅炉的盐类及 SiO_2 含量等。

因此，在电厂汽水质量监督中，从一开始，即从补给水处理系统出水开始，就严格控制二氧化硅含量及电导率这两项重要的水质指标，使其达到标准规定的要求，这对电厂整个水汽循环系统的水质保证，减少锅炉及汽轮机的结垢、积盐与腐蚀有直接的影响。

第三节　补给水的预处理与离子交换除盐

由于各电厂所处地理位置的不同，补给水水源的原水水质差异很大。而作为电厂补给水，对水源的原水均必须进行处理。一般处理流程为：混凝、沉淀、沉降、澄清、过滤，以除去悬浮物、有机物、泥沙等；而后进行除盐处理，普遍采用离子交换树脂除盐工艺。现在也有采用膜处理等新型除盐方式。

循环冷却水的沉淀、过滤以及凝结水的除盐处理与本节所述处理方法相同或相似，故在其后章节中就不再复述。

一、补给水处理流程

补给水所用的水源水质不同，故补给水处理方法与工艺要求也就不同。现举若干大型机组的补给水处理流程实例，以便让读者对补给水如何处理先有一个大体的认识。

各电厂补给水处理流程介绍如下：

A 电厂：经加氯处理后的闽江水→机械搅拌澄清池→空气擦洗双滤料滤池→过滤水箱→过滤水泵→活性炭过滤器→阳离子交换器（逆流再生空气除气器，三级蒸汽喷射器抽真空式）→中间水泵→阴离子交换器（逆流再生）→阳阴离子混合交换器→除盐水箱→除盐水泵→主厂房补充水箱。

B 电厂：长江水→机械搅拌澄清池→重力砂滤池→活性炭过滤器→阳离子交换器（逆流再生）→大气式除二氧化碳器→中间水箱→中间水泵→阴离子交换器（逆流再生）→阳、阴离子混合交换器→除盐水箱→经泵送至主厂房。

C 电厂：黄河水→入口总门→管式混合器→一元化净水器→净水池→生水加热器→高效过滤器→活性炭过滤器→弱酸树脂交换器→脱碳塔→精密过滤器→电渗析→强酸树脂交换器→双室双层阴树脂交换器→混床→除盐水箱。

D 电厂：原水→清水池→清水泵→活性炭过滤器→阳离子交换器（逆流再生→除二氧化碳器（大气式）→中间水箱→中间水泵→阴离子交换器（逆流再生）→阴阳离子混合交换器→除盐水箱→经泵送至主厂房。

E 电厂：原水→混凝→澄清→过滤器→阳离子交换器→除二氧化碳→阴离子交换器→混合离子交换器。

上述 A 电厂，位于福建；B 电厂，位于江苏；C 电厂，位于山东；D 电厂，位于浙江；E 电厂，位于黑龙江。各电厂位置不同，所用水源水质差异也比较大，但对于补给水的处理系统，一般均包括沉淀、过滤与除盐三大部分，而各部分又有多种不同的处理方法与工艺。处理方法通常按原水水质及电厂锅炉对水汽品质的要求而定。原水水质越差，锅炉参数越高，特别是直流锅炉，对补给水的处理要求也越高，处理流程也越复杂。

二、补给水预处理

补给水在进行除盐处理前，需要对原水进行沉淀、澄清与过滤为主要手段的预处理。

1. 沉淀处理

对补给水处理的第一步，就是将水中的悬浮物、胶体物质、泥沙等凭借重力或将其转化为沉淀物析出。沉淀处理一般包括悬浮物及泥沙的自然沉降，加入混凝剂进行混凝处理，加入软化剂进行软化处理等方法。

当原水中泥沙量很大时，如黄河水，就得设置沉淀池，将泥沙先进行自然沉降，然后再进行混凝处理与软化处理。

（1）混凝处理。水中悬浮物，其颗粒大小相差极为悬殊，粗大砂砾易于沉降，而细小颗粒的黏土就很难沉降，一些胶体微粒则基本上不可能沉降下来。因而必须采取适当的办法使其细小颗粒凝聚，从而大大缩短沉降时间，以达到去除悬浮物的目的。

我国常用的混凝剂为硫酸铝、明矾[$Al_2(SO_4)_3 \cdot K_2SO_4 24H_2O$]、偏铝酸钠等，我国应用明矾作混凝剂历史已久。以 $Al_2(SO_4)_3$ 为例，它加入水中，会发生电离与水解作用。

$$Al_2(SO_4)_3 \longrightarrow 2Al^{3+} + 3SO_4^{2-}$$

$$2Al^{3+} + 3H_2O \longrightarrow 2Al(OH)_3 + 6H^+$$

$Al(OH)_3$ 溶解度很小，它从水中析出时形成胶体，并带正电荷，它在带负电荷的离子如 SO_4^{2-} 的作用下，逐渐凝聚，然后在重力下得以沉降。

常见的混凝剂为含有高价阳离子的无机盐类，如铝盐（硫酸铝、明矾）、铁盐 [如硫酸亚铁（$FeSO_4 \cdot 7H_2O$）]、铁铝盐（如氯化铁与硫酸铝的混合盐）、聚合铝与聚合铁 [如聚氯化铝（PAC）、聚合硫酸铁]、镁盐（如氢氧化镁等）。

上述混凝剂，均为化学药品，所以这样的混凝处理，称为化学混凝。

不同混凝剂对水的混凝处理效果不同，例如，对聚合硫酸铁与硫酸铝进行了一年的工业性对比试验，在未加助凝剂的情况下，其杂质去除参见表 8-3。

表 8-3　　　　　　　　　　某电厂对聚合硫酸铁及硫酸铝的对比试验

混凝剂	胶体硅去除（%）		铁去除（%）		COD 去除（%）	
	澄清水	过滤水	澄清水	过滤水	澄清水	过滤水
硫酸铝	20	33	43	51	51	62
聚合硫酸铁	82	88	70	82	61	65

由表 8-3 看出，聚合硫酸铁较传统的硫酸铝作混凝剂，具有更好的处理效果。

化学混凝处理中，大量盐类加入水中，自然增加了除盐处理离子交换的负担，这是明显的不足。

为了提高混凝处理效果，加快絮凝过程及增加絮凝的牢固性，还需要加入助凝剂，如阳离子型的聚二丙烯二甲基胺、阴离子型的聚丙烯酸（PAA）、水解聚丙烯酰胺（HPAM）、非离子型的聚丙烯酰胺（PAM）等。

（2）软化处理。水中的钙、镁离子经加药软化处理后，形成难溶于水的化合物，使其沉淀出来。电厂中最常用的方法，是加石灰处理。

$$CO_2 + Ca(OH)_2 \longrightarrow CaCO_3 \downarrow + H_2O$$

$$Ca(HCO_3)_2 + Ca(OH)_2 \longrightarrow CaCO_3 \downarrow + 2H_2O$$

$$Mg(HCO_3)_2 + 2Ca(OH)_2 \longrightarrow CaCO_3 \downarrow + Mg(OH)_2 \downarrow + 2H_2O$$

由上述反应可知，石灰处理主要是去除水中的碳酸氢盐，以降低水中碱度以及碳酸盐硬度。

本书早已指出，碱度是表示水中 HCO_3^-、OH^-、CO_3^{2-} 含量及其他弱酸盐类量的总和。在石灰处理中，生成的沉淀物主要为 $CaCO_3$ 与 $Mg(OH)_2$，前者致密，相对密度大，沉淀速度快；后者含水多，相对密度小，呈聚合状态，沉淀速度慢。

石灰处理不仅可以降低水中碱度与碳酸盐硬度，而且可以去除游离 CO_2，降低水的耗氧量、硅化物、铁、镁等。但石灰处理不能去除水中非碳酸盐硬度，石灰处理是电厂常用的一种水的软化处理方法，应用已久，其技术成熟，经验丰富。

在石灰处理中，加入混凝剂，有助于从水中除去某些对沉淀有害的有机物；形成的凝絮可吸附石灰处理所形成的胶体物，共同沉淀；它还可以去除水中悬浮物及减少水中胶体硅，提高水的澄清效果。

沉淀处理所用设备通常分为沉淀池及澄清池两类，二者的区别就在于运行中池内带不带悬浮泥渣层。不带泥渣层者为沉淀池，而带泥渣层者为澄清池。

沉淀池有平流式、斜管和斜板 M 式；而澄清池也有不同类型，如电厂中常用的一种在运行中保持有一悬浮泥渣层的采尼型澄清池，参见图 8-5。

还有一种常用的机械加速搅拌澄清池（见图 8-6），它是属于泥渣循环式搅拌设备。

对采尼型澄清器来说，水由下部引入，上部引出，单向流动，因而设备高度很高。这种设备是原苏联设计的，历时已久，不少电厂在使用中对此加以改进；而机械搅拌澄清器，对原水水质及处理水量的变化适应性强，效率高，运行操作方便，但设备结构较复杂，维修工作量大，如本节一开始所介绍的 A 厂、B

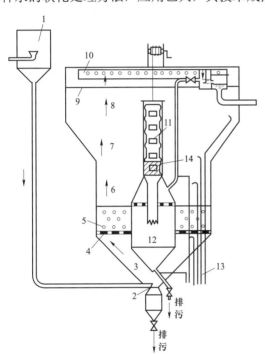

图 8-5 采尼（ЧНИИ）型澄清池

1—空气分离器；2—喷嘴；3—混合器；4—水平隔板；5—垂直隔板；6—反应区；7—过渡区；8—出水区；9—水栅；10—集水槽；11—排泥系统；12—泥渣浓缩器；13—采样管；14—可动罩子

厂补给水处理流程中，均采用机械搅拌澄清器。

此外，还有真空式脉冲澄清池、水力循环澄清池等在电厂中应用，它们各有特点与不足，视具体情况选用。

2. 过滤处理

混凝处理可以去除水中大部分悬浮物，一些细小的悬浮颗粒仍无法完全除去，还需要做进一步处理，通常采用过滤处理。否则，将会污染离子交换树脂，影响下一步的除盐处理。

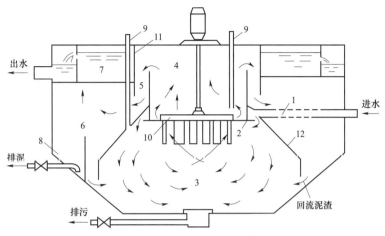

图 8-6 机械加速搅拌澄清池

1—进水管；2—进水槽；3—混合室；4—第二反应室；5—导流室；6—分离室；7—集水槽；
8—泥渣浓缩室；9—加药室；10—机械搅拌器；11—导流板；12—伞形板

传统的锅炉补给水预处理，通常就是采用混凝与过滤处理。用作滤料的物质，要求化学性能稳定，不影响出水水质，机械强度良好，并要求可以提供适当粒度，价格低廉。常用如石英砂、无烟煤等粒状固体物质作为滤料。在滤池的发展方面，这种以粒状材料为滤料的过滤技术历经慢速过滤池、快速滤池等发展阶段，在改善预处理水质方面发挥了一定作用。但是由于粒状材料的局限性，使过滤设备的出水水质、截污能力和过滤速度等均受到较大的限制。

过滤器有多种类型，各具特点，过滤设备又有过滤器与过滤池之分。通常把密闭式过滤设备称为过滤器；一般钢筋水泥结构的过滤设备，则称为过滤池，它造价低，且适合处理大水量，故电厂应用较多。

（1）普通过滤器。最简单也是最典型的为压力式单层滤料过滤器，如图 8-7 所示。

普通过滤器中装载的滤料多为石英砂，在运行时当水流通过过滤层下降到规定值时，停止过滤，开始反洗。否则，大量的水流就会流经已经破裂的滤层漏出，从而使得出水水质严重恶化。

在反洗时，过滤器内的水排至滤层的上缘为止（水从监督管中排出），然后用压缩空气吹洗数分钟，同时向过滤器内送入反洗水，达到一定要求后，停止送空气，继续用水再反洗数分钟，反洗水的强度应使滤层膨胀率达 50%左右，反洗至出水澄清，最后用水正洗直至出水合格，方可开

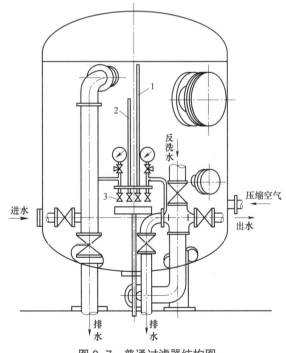

图 8-7 普通过滤器结构图

1—空气管；2—监督管；3—采样阀

始过滤运行。

（2）重力式无阀滤池。顾名思义，此滤池因没有阀门而取此名，它有重力式及压力式之分。电厂中多采用重力式无阀滤池。重力式无阀滤池如图8-8所示。

应用固体颗粒物作滤料的滤池有很多种类型，各有优缺点。由于这类过滤池存在固有的局限性，现在国内外采用纤维材料来作为滤元的新型过滤设备已成为一种发展趋势。

（3）纤维过滤器。纤维过滤材料尺寸小、表面积大，材质具有柔软的特性，具有很强的界面吸附、截污及水流调节能力。代表性的产品有纤维球过滤器、胶囊挤压式纤维过滤器、压力板式纤维过滤器等。

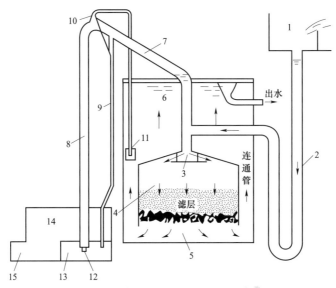

图8-8　重力式无阀滤池结构示意图

1—进水槽；2—进水管；3—挡板；4—过滤室；5—集水室；6—冲洗水箱；7—虹吸上升管；8—虹吸下降管；
9—虹吸辅助管；10—抽水管；11—虹吸破坏管；12—锥形挡板；13—水封槽；14—排水井；15—排水管

国产的一种胶囊挤压式纤维过滤器，如图8-9所示。

该纤维过滤器运行时，分下述步骤完成：① 失效与胶囊排水。当过滤器运行到终点时，关闭清水出口阀，并打开胶囊排水阀，胶囊中的水全部排出。② 下向洗。用水自上而下向下洗，同时通入压缩空气，可使纤维不断振动，互相摩擦，清洗掉附着的悬浮物。③ 上向洗。用水自下而上洗，并通入压缩空气进行擦洗及驱除漂浮物，控制好水的流速不要过高。④ 排气。关闭空气进口阀，使过滤器中空气在水流冲击下排净。⑤ 胶囊充水。打开胶囊充水阀进行充水。⑥ 投运。用水自下向上通过过滤器，控制适当流速，待出水合格后向外送水。

三、补给水的离子交换法除盐处理

除盐是补给水处理最重要的部分。

水的除盐方法很多，在电厂应用最为普遍的是离子交换法除盐。近二三十年来出现的电渗析、反渗透除盐法，也越来越多地在水质较差的电厂中得到应用，它们与离子交换法组合使用，已成为补给水处理的发展新趋势。本节先对离子交换除盐处理加以说明，下节将对电渗析及反渗透除盐处理法加以简要介绍。

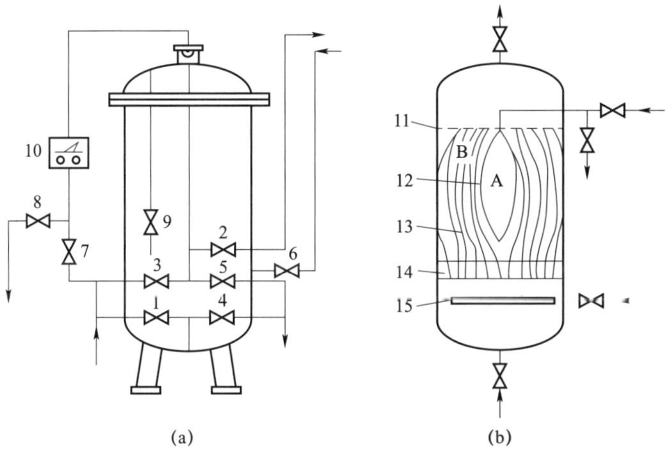

图 8-9　胶囊挤压式纤维过滤器

1—原水进口阀；2—清水出口阀；3—下向洗水进口阀；4—下向排水阀；5—上向排水阀；6—空气进口阀；

7—胶囊充水阀；8—胶囊排水阀；9—排气阀；10—自控装置；11—多孔隔板；12—胶囊；

13—纤维；14—管型重坠；15—配气管；A—加压室；B—过滤室

1. 基本过程

有离子交换剂的设备，即通常所指的离子交换器后，去除水中溶解杂质的过程。当原水经过离子交换器时，水中溶解杂质与离子交换树脂发生离子交换反应，从而去除杂质。由于树脂的交换能力是有限的，当树脂的交换集团被杂质离子所饱和时，此时树脂失效，这时就需要用再生溶液对树脂进行再生，恢复其交换能力。因此，离子交换设备从制水→失效→再生→再制水形成一个循环。在此循环中，制水时间就是用以制取去离子水（除盐水）的时间。

2. 离子交换树脂工作原理

离子交换树脂除盐，就是采用 H 型阳离子交换树脂将水中各种阳离子交换成 H^+，用 OH^- 型阴离子交换树脂将水中各种阴离子交换成 OH^-，这样水中阳阴离子经上述交换后就得以去除，从而达到除盐的目的。

（1）阳离子交换。

现以氢离子交换法以去除水中 Ca^{2+} 为例，加以说明：

$$2RH + Ca(HCO_3)_2 \longrightarrow R_2Ca + 2H_2CO_3$$

再生时，应用强酸如盐酸或硫酸，则：

$$R_2Ca + 2HCl \longrightarrow 2RH + CaCl_2$$

$$R_2Ca + H_2SO_4 \longrightarrow 2RH + CaSO_4$$

上式中 R 表示离子交换树脂中不可交换的部分。

氢离子交换在水质软化（降低水中硬度）的同时，可降低水中碱度（降低 HCO_3^- 浓度）。

钠离子的交换。钠离子交换就是采用 Na 型阳离子交换树脂将水中 Ca^{2+}、Mg^{2+} 离子交换成 Na^+。现以钠离子交换法以去除水中 Mg^{2+} 为例，加以说明：

$$2RNa + MgCl_2 \longrightarrow R_2Mg + 2NaCl$$

再生时，应用氯化钠如工业食盐，则：

$$R_2Mg + 2NaCl \longrightarrow 2RNa + MgCl_2$$

钠离子交换，可用于水的软化，降低水中硬度，但是含盐量是不少的。

（2）阴离子交换树脂。氢氧离子交换通常是在水先经过氢离子交换后进行。氢氧离子交换，实际就是 OH 型阴树脂与水中无机酸反应，如：

$$2ROH + H_2SO_4 \longrightarrow R_2SO_4 + 2H_2O$$
$$2ROH + 2H_2SiO_3 \longrightarrow R_2(HSiO_3)_2 + 2H_2O$$

水经过氢及氢氧离子交换后，就除去了水中的各种盐类。失效的树脂再生时，应用氢氧化钠，则：

$$R_2SO_4 + 2NaOH \longrightarrow 2ROH + Na_2SO_4$$
$$R_2(HSiO_3)_2 + 2NaOH \longrightarrow 2ROH + Na_2(HSiO_3)_2$$

钠离子、氢离子交换剂称为阳离子交换树脂，简称阳树脂；氢氧离子交换剂则称为阴离子交换树脂，简称阴树脂。阳离子交换树脂又有强酸型、弱酸型之分，阴离子交换树脂也有强碱性与弱碱性之分。此外，还有氧化还原型等其他树脂。

3. 离子交换树脂的基本性质

离子交换树脂为高分子化合物，它们的结构与性能因其生产时原料配方与工艺的不同而异。物理性质包括外观颜色、形状、密度、含水率、溶胀性、耐磨性、溶解性、耐热性、抗冻性、耐辐射性、导电性等也各不相同；化学性质则具有如下特征：

（1）可逆性。前已指出，失效的树脂可以再生复用，正是基于它所具有的可逆性。

（2）酸、碱性。H 型与 OH 型阳、阴离子交换树脂与酸、碱相同，在水中有电离出 H^+ 与 OH^- 的能力，故它也有强弱之分。

磺酸型是强酸性离子交换树脂：R—SO_3H；羧酸型是弱酸性离子交换树脂：R—COOH；季铵型是强碱性离子交换树脂：R(4)＝NOH。

伯胺、仲胺、叔胺是弱碱性离子交换树脂；伯胺 R—NH_3—OH；仲胺 R＝＝＝NH_2OH；叔胺 R≡NHOH。

（3）中和与水解。离子交换树脂与电解质相似，如强酸性 H 离子交换树脂与强碱可起中和反应，如：

$$RSO_3H + NaOH \longrightarrow RSO_3Na + H_2O$$

和电解质相似，具有弱酸性和弱碱性基团的离子交换树脂盐类，容易发生水解反应。

$$RCOONa + H_2O \longrightarrow RCOOH + NaOH$$

$$RNH_3Cl + H_2O \longrightarrow RNH_3OH + HCl$$

（4）选择性。各种离子交换树脂吸附各种离子的能力不同，某些离子易被树脂吸附，但不易被置换下来；有的则出现相反情况，某些离子不易被树脂吸附，但却容易被置换下来，这种选择性对树脂在实际应用中的交换与再生有着重要的影响。

（5）交换容量。离子交换树脂交换容量的大小，表示它可交换离子量的多少，是树脂的重要技术特征之一。交换容量通常有两种表示方法：一是单位质量离子交换树脂的吸附能力，常用 mmol/g 表示；二是单位体积（湿状态下的堆积体积）离子交换树脂的吸附能力，通常用 mol/m^3 表示。

在实际使用中，离子交换树脂交换容量又有全交换容量 Q、工作交换容量 Q_T 及平衡交换容量 Q_p 之分。

有关离子交换树脂的结构、性能与详细应用，读者可参阅有关离子交换树脂及其应用方面的专门著述。

4. 离子交换除盐系统

应用离子交换剂对水进行除盐处理。原水先经阳离子交换器除去阳离子，出水进入除气器除去二氧化碳，出水再经中间水箱，用泵打入阴离子交换器除去阴离子，进入除盐水箱。这就是离子交换一级除盐系统。二级除盐就是将一级除盐水再通过混合离子交换器（混床），出水即为二级除盐水。

5. 离子交换器的运行方式

离子交换器按运行方式不同，可分为静态及动态两种类型。静态交换的运行方式，是指让水和离子交换树脂接触进行离子交换后，将水与离子交换树脂分离，这种运行方式只是在试验室中作小型试验研究用，而无工业使用价值。动态交换是指水在流动条件下进行离子交换，在生产上一般均采用此种运行方式。

动态离子交换运行方式又分为固定式（床）及连续式（床）两大类。固定式（床）通常又分为单层床、双层床、混合床；连续式（床）通常又分为移动式（床）、流动式（床）。

上述各种床，在电厂补给水及凝结水的处理中均有应用。

移动床是指在交换器中树脂层在运行中是处于不断移动状态，也就是定期排出一部分已失效的树脂和补充等量再生好的树脂。被排出的失效树脂的再生，是在另外设备中进行的。

移动床较固定床要大大节省树脂用量，移动床离子交换工艺过程中有起床、落床的动作，故生产过程并不是完全连续的。由于要进行这些操作，自动控制程序也就比较复杂；而流动床的离子交换工艺，可保证连续供水，又可简化自动控制设备。对此，本书将不做介绍，特别是要指出的是：混床是把阴、阳离子交换树脂置于同一个交换器中，并且在运行前将它们混匀，故混床可以看成由许多阴阳树脂交错排列组成的多级式复床。也就是说，水中阳离子与阴离子是多次交错几乎同时进行的，具有其他类型固定床所不具有的优点。在本书的后续章节中，对凝结水除盐处理时，还将介绍混床的具体应用。即使采用电渗析、反渗透等新的除盐处理新工艺，也还需要与离子交换法组合使用，特别是混床，在锅炉补给水处理方面，仍将发挥不可替代的作用。

第四节　补给水的电渗析与反渗透除盐

离子交换法用于去除水中可溶盐类，是电厂普遍采用的补给水除盐处理方法。但是电厂所用原水水质较差，如长江、黄河等入海口附近的电厂，地表水中因海水倒灌或渗透含盐量也很高。例如长江水有时 Cl⁻达到 3500mg/L，黄浦江水 Cl⁻也会达到 2000mg/L，在恶劣的水质情况下，单纯用离子交换设备来进行除盐处理，已不能达到电厂对补给水电导率与二氧化硅控制指标的要求，另外运行不经济且工作人员的工作量非常之大，必须采取其他的除盐措施。其中应用最多的为电渗析、反渗透法除盐。目前纤维过滤器、电渗析、反渗透与离子交换技术的组合应用，已成为锅炉补给水处理发展的新趋势。

本节将对电渗析与反渗透除盐方法的基本原理及在电厂的应用作一简要介绍。

一、电渗析法除盐

1. 基本原理

离子交换树脂是一种透明或半透明的粒状物，一般呈球形，按其组成不同，而呈现不同的颜色。如果将离子交换树脂加工成膜状，阳离子交换树脂膜，只允许水中的阳离子通过，而阴膜也只允许阴离子通过。

如果将阳膜与阴膜用盐水分隔开，对阳膜来说，阳离子可以通过阳膜，而不可以移动的内层离子则为负离子，从而产生负电场；同样道理，阴膜只允许阴离子通过，而不可移动的内层离子为阳离子，从而产生正电场。由于任何溶液均必须保持电中性，因此上述水质也不会因放置阳膜及阴膜而发生变化。

但是，当把这种阳膜、阴膜的两侧各加一电极，通以直流电，形成电解池，阳膜放置近阴极，阴膜放置靠近阳极，这样水溶液中的阴、阳离子就会发生迁移而达到水的除盐净化，这就是电渗析。

在直流电的作用下，中间室中的 Na^+ 透过阳膜进入阴极室，而 Cl^- 则透过阴膜进入阳极室。阳极室中的 Na^+ 由于不能透过阴膜而无法进入中间室；同理，阴极室的 Cl^- 也不能透过阳膜而进入中间室。因而在中间室中阴、阳离子越来越少，通入直流电就可使得阴、阳膜之间水室中的水的含盐量得以去除，这种除盐处理的方法，就称为电渗析法。

2. 电渗析法的应用

电渗析法宜用于降低高含盐量的水，例如长江入海口、黄河入海口的一些电厂就有不少采用电渗析法来处理高盐水。为了制取高纯水，则宜采用电渗析与离子交换除盐技术组合在一起的工艺，例如填充床电渗析器。树脂的再生是在直流电场的作用下，将水电离出的 H^+ 与 OH^- 直接作为树脂的再生剂，而不需要再消耗酸与碱等药剂。

电渗析在除盐原理上不难理解，但实际应用到电厂水处理时，处理设备并不那么简单，运行中存在的问题为：如电渗析器中发生极化现象，会导致一些运行障碍；运行条件的控制与确定均不是很容易解决的。同时为了使其能长期可靠运行，对进水水质也有一定要求，并不是说不论什么样的水质均宜用电渗析法做除盐处理。原水含盐量高或酸碱供应困难时，是否要采用电渗析、反渗透等预脱盐处理，要经过经济比较后确定，而且该规程规定了比较程序。作者理解，就是根据我国的实际情况，只是在含盐量高到一定量时或酸碱运输有可能影响机组运行的情况下才考虑使用电渗析、反渗透等预脱盐处理工艺。如果应用强弱型树脂组成的离子交换系统，运行周期能够满足要求，就不必采用电渗析等预脱盐工艺。

例如：我国南方某海滨地区电厂装有 2 台 350MW 进口机组，锅炉出力为 1070t/h，汽包压力为 19.6MPa，该电厂水汽系统严密性良好，凝汽器为钛管，不泄漏。锅炉排污量很小，补水率一般为 1.0%～1.5%，最低仅为 0.75%。连续数年对 2 台锅炉汽包内部进行检查，无结垢及腐蚀，内壁干净，金属表面保护膜完好；高低压加热器及除氧器内部检查也是如此；汽轮机中低压缸揭缸检查，也无积盐，都无法取到垢样，只好拍摄彩色照片存档。

该电厂总结了获得如此良好运行结果的原因，高纯度的补给水是一个重要因素。该电厂所用原水为江水，水质受海水影响大，特别是枯水期和台风的情况下，海水倒灌时会污染江水，使原水电导率增高达 1460μS/cm，Cl^- 达 380mg/L，供应商按原水悬浮物 134.8mg/L、Cl^-400mg/L、浊度为 150mg/L 的情况设计了补给水的预处理和除盐系统。

该厂补给水处理系统是：生水→粗砂槽内自然沉淀→粗砂槽泵→澄清池内凝聚处理→清水箱（在澄清池下方）→清水泵→原水箱→原水泵→砂过滤器→过滤水箱→过滤水泵→活性炭过滤器→阳床→除气器（鼓风式）→除气水箱→除气水泵→阴床→混床→除盐水箱。

数年来，除盐系统设备控制系统运行可靠，阳床出水 Na^+ 在 20～100μg/L 左右；阴床出水电导率在 0.6～1.4μS/cm，混床出水电导率在 0.06～0.08μS/cm，SiO_2 含量为 1～3μg/L。

该电厂的原水水质并不好，也未采用电渗析、反渗透进行预脱盐处理，其补给水水质也能达到很高的水平。故是否选用电渗析等新工艺、新技术一定要按火力发电厂设计技术规程要求，必须经技术经济比较后加以确定。

从我国电厂对补给水预脱盐处理方面，采用电渗析工艺的还是比较少的，相对来说，采用反渗透工艺的则相对较多。

二、反渗透法脱盐

1. 基本原理

反渗透原理如图 8-10 所示。

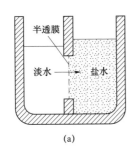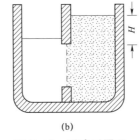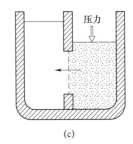

图 8-10 反渗透原理

（a）正常渗透；（b）渗透平衡；（c）反渗透

（1）正常渗透。将清水、盐水用一种只能让水透过而不能让溶质透过的半透膜隔开，则水从淡水侧进入盐水侧，这种现象称为正常渗透。

（2）渗透平衡。随着渗透的进行，盐水侧液面升高而产生压力，抑制了淡水向盐水侧的进一步渗透，当盐水侧液面高于淡水侧液面一定高度时［图 8-10 中（b）右侧 H］，产生的压力正好抵消淡水的渗透倾向时，即处于渗透平衡。

平衡状态时，淡水中通过半透膜进入盐水侧的水与盐水侧因压力存在离开盐水侧的水量相等。在平衡时，盐水与淡水的液面差 H 就表示此两种溶液的渗透压差。

（3）反渗透。如果在盐水侧外加压力使其超过渗透压，那么盐水侧中的纯水则会强制由盐水侧向淡水侧渗透，这种水由盐水侧反过来向淡水侧渗透的现象，则称为反渗透。

常用上述反渗透原理，处理高含盐量水，进行海水淡化等。

2. 反渗透的应用

反渗透法作为补给水预脱盐处理，在国内很多电厂进行应用。

反渗透的最大特点是不受原水水质变化的影响，较适合处理高含盐量的水，故通常该法都是在沿海或靠近出海口的一些电厂采用；反渗透法具有很强的去除有机物及除硅能力，对 COD 的脱除能力也较高，满足了大机组对有机物及硅含量的严格要求；由于反渗透已去除了水中 90% 的杂质离子，从而减轻了下一道工序中离子交换系统的负担。因此减少了酸、碱用量及废液的排放，提高了电厂经济与环境效益。

我国一些电厂中所用的反渗透设备多为进口，主要作为补给水的预脱盐处理。也就是说，在补给水处理系统中，先进行混凝、过滤预处理后，再进行反渗透预脱盐，然后再进入离子交换除盐系统。

例如 A、B 两电厂所用原水分别来自长江及黄浦江，其补给水处理流程为：

A 电厂：长江水→机械搅拌澄清器→重力式空气擦洗滤池→加热器（加进 $FeSO_4 \cdot 7H_2O$、$NaClO$、高分子助凝剂）→双滤料过滤器（HC1）→活性炭过滤器［加 $NaClO$、$(NaPO_3)_6$］→卡盘过滤器→高压泵→反渗透装置→预脱盐水箱→离子交换除盐系统。

B 电厂：黄浦江水（加 Cl_2）→水力加速澄清池→重力式空气擦洗滤池→原水箱（加 HC1、$FeCl_2$、Cl_2）→双层滤料过滤器→加热器→保安过滤器（加 Na_2SO_3）→高压泵→反渗透装置→淡水箱→清水箱或 50%的离子交换除盐系统。A、B 两电厂原水水质参见表 8–4。

表 8–4　　　　　　　　　　　　　长江与黄浦江水质分析结果

电厂与生水	pH 值	COD_{Mn} (mg/L)	Ca^{2+} (mg/L)	Mg^{2+} (mg/L)	$K^+ + Na^+$ (mg/L)	Cl^- (mg/L)	SO_4^{2-} (mg/L)	HCO_3^- (mg/L)	SiO_2 (mg/L)	电导率 (μS/cm)
A 电厂长江水	8.1～8.3	10	40	7.9	44	15.8	49	116	30.6	2.65
B 电厂黄浦江水	7.8	5	32	5	39	19	31	80	20	231

各电厂所采用的反渗透装置的运行方式，一般是根据水源中 Cl^- 含量来确定的。根据实际运行情况，可分为串联与并联运行方式，连续与间断运行方式。

上述 B 电厂系采用 50t/h 反渗透装置与原引进的 50t/h 离子交换除盐设备配套运行的，当 50t/h 除盐设备备用（或再生）时，反渗透装置的出水还可以进入清水箱内，所以在一般情况下，这套反渗透装置处于连续运行状态；A 电厂的反渗透装置，基本采用连续的并联运行方式。

运行实践表明，根据上海地区电厂水源水质特点，选用的各进口反渗透装置作为预脱盐设备应用效果良好，切实保证了在受海水倒灌影响期间锅炉补给水处理系统的可靠运行。

由于采用反渗透—化学除盐联合水处理系统后，使离子交换除盐设备运行周期增长，从而节约了大量酸、碱，减轻了对环境的污染。

如上述 B 电厂，原水经反渗透装置进入一级离子交换设备处理后，除盐水电导率在 1～2μS/cm，平均为 1.5μS/cm；SiO_2 含量在 1.65～4.96μg/L；如果不经反渗透装置，原水直接进入一级除盐设备，则出水电导率在 3μS/cm 左右，而 SiO_2 含量则在 4～10μg/L 之间；给水中微量胶体物质及有机物也能通过反渗透装置去除相当大一部分，如 B 电厂对 COD 的脱除率为 79.99%～87.60%，平均达 83.6%。故用反渗透装置的出水作为一级除盐设备进水，可大大减轻 COD 对强碱阴树脂的污染，延长了强碱阴树脂的使用寿命。

各电厂的运行均表明：在枯水期长江水发生海水倒灌时，水中 Cl^- 达到 3500mg/L，黄浦江水 Cl^- 达 2000mg/L 以上时，单纯采用离子交换除盐设备已远不能适应这样恶劣的水质，而采用反渗透处理，就可保证海水倒灌时除盐设备能够正常运转，节省其他水源的用水。

目前还未给出采用反渗透及电渗析预脱盐的含量界线，因为国内使用反渗透装置毕竟远不及离子交换除盐方法那样成熟及富有经验。再就是反渗透装置的进口或部分组件进口，设备价格仍然偏高。如果其后的除盐设备与不装反渗透装置相差不多，则工程投资会增加较多，这一切都需加以综合分析考虑。

除补给水应用电渗析、反渗透技术作为预脱盐处理外，对大机组的凝结水除盐有时也可采用上述处理技术，因而它们也就有着良好的应用与发展前景。

第五节 补给水处理全过程监督与评价

从锅炉补给水处理方案的确定、设计、安装、调试、运行到检修全过程中，均存在对补给水处理的监督与评价。

锅炉补给水通常占电厂用水量的 2%～8%，一般在 5%左右，在电厂各种用水，包括给水、炉水、凝结水等的处理中，工艺最复杂，涉及处理用设备最多，工作量也最大，是电厂化学水处理的工作重点。另外一方面，补给水质量，直接影响给水、炉水、蒸汽、凝结水质量，而凝结水又返回至给水系统，故它对整个水汽系统的运行也将产生重要影响。

对锅炉补给水处理的监督主要包括：水处理设备状态及运行控制的监督，水处理各项设备进出口水质的监督，特别是反映在水处理系统末端的出水是否达到冷却水的控制指标值，作为评价水处理质量的主要依据。

一、新建锅炉补给水处理监督

新建锅炉的补给水处理设备及系统的安装、调试工作，应在锅炉第一次水压试验之前完成。锅炉水压试验必须采用除盐水。整体水压试验的用水水质应满足：$Cl^-<0.2mg/L$；联氨含量为 200～300mg/L；pH 值为 10～10.5（用氨水调节）。

为此，在机组运行前，对补给水处理的监督重点是：完成所有设备的安装及分部调试。设备安装由施工单位负责，而设备调试阶段，电厂化学监督人员得与施工单位人员配合，先对单项设备进行调试，然后对整个处理系统进行调试，以发现问题，消除缺陷，控制与确定最佳运行条件。

以离子交换除盐设备为重点，完成全系统的调试。在锅炉水压试验时要用除盐水，因而除盐系统能否顺利完成调试，直接关系到电厂机组整体启动的时间。电厂中普遍采用离子交换法除盐，而补给水预处理后的出水水质又关系到离子交换法的除盐效果，因而在进行离子交换系统除盐之前，还必须加强对沉淀过滤等预处理的监督。按照有关标准要求，补给水水质以二氧化硅及电导率两项为控制指标，对压力为 15.7～18.3MPa 的高参数锅炉来说，离子交换系统混床出水水中：二氧化硅含量应小于等于 $20\mu g/L$，电导率应小于等于 $0.2\mu S/cm$。

对补给水水质检测不容忽视。不仅是补给水，对整个水汽系统的各种处理工艺与效果均是以水汽质量检测结果来加以监督与评价的。故电厂所建水汽试验室，应能按标准规定检测各相关指标，同时应保证测定结果的可靠性。对于新建电厂来说，这一点尤为重要。有的电厂为了赶进度，提前发电，有的设备并未调试好或设备有毛病，仍然带病运行；有的电厂对一些规定的检测项目不具有检测条件，或者虽可检测，但检测结果的可靠性不高。应该说，按标准要求开展化学检测，不仅应能按标准要求提供准确的水汽质量检测结果，同时也应包括对水处理常用药品如酸、碱、联氨、阻垢剂等的质量检测。

水汽质量（包括水处理常用药品的质量检测）是化学水汽质量监督人员主要的，也是日常性的工作。它直接关系到对水处理设备状态、水汽质量的分析评价，而且它对整个机组的安全经济运行也将有着极为重要的影响。故务必加强对水汽检测质量的监督，加强对水汽试验室的建设、管理及试验人员培训的力度，这不仅是对补给水，也是对整个水汽监督的一个基本要求。

二、补给水运行监督

新投入运行的锅炉,要进行热化学试验。新投入运行的锅炉,在适当的时候必须进行热化学试验,以确定合理的运行工况的水质控制指标。

及时进行补给水处理系统的调整试验。当水处理设备投产后或设备改进,原水水质有较大改变时,要及时采取措施,做好原水的预处理工作,调整运行设备及加药量到最佳状态,以保证进入离子交换器的水质达到要求,从而使得补给水水质完全达到标准规定的控制指标。

离子交换设备除盐处理仍是运行监督中的关键。要使得离子交换设备得以正常运行,补给水水质合格,这就意味着首先要求预处理出水,即离子交换器入口水质符合要求。因而在补给水处理系统中,对离子交换除盐处理自然成为关键。

对补给水的除盐处理,通常多为阳床→阴床→混床三级处理方式,各种离子交换器的组合方式、再生方式均不相同,必须根据本厂设备与水质情况,寻求并掌握最佳的运行条件,以保证最末端出水水质达到标准规定的要求。

按标准规定要求对各种用水及蒸汽的取样检测,都是监督中的重点内容,而且务必测准。这一点对新建电厂以及新老电厂中新上岗的水汽试验人员显得尤为突出与重要。在一些电厂中,对水汽检测人员的培训考核是一个薄弱环节,所测结果可信度不高,以致水汽样品所测结果良好,而实际上热力设备腐蚀、结垢严重,这种情况时有发生。不少试验人员虽能按标准规定操作,但一出现异常,就不懂得如何去处理,故大力提高水汽试验人员的技术水平,实为当务之急。

三、补给水的监督评价

补给水的监督评价主要依据水处理设备的出水水质及各项设备的运行状态,同时还应考虑机组检修时热力设备的腐蚀、结垢、积盐情况是否与补给水水质相关。

1. 水处理设备的出水水质

因为补给水处理系统一般包括预处理及除盐处理两大部分,有时还要利用电渗析或反渗透装置进行预脱盐处理,故整个补给水处理流程还是比较复杂的。涉及的各种处理设备很多,特别是除盐处理方面,运行控制条件也十分严格。

要保证补给水合格,首先就得保证各个处理环节的出水合格,对补给水的水质评价是以处理系统最末阶段的出水,也就是进入锅炉给水系统的入口水质作为评价水质是否合格为依据。

各电厂应定期对全厂水汽品质及化学监督情况进行评价,从而提高水汽监督质量和技术管理水平,提高热力设备运行的安全与经济性,评价标准规定见表8-5。

例如:我国某年度对全国 13 个 300~600MW 机组的补给水合格率进行统计,其中 11个电厂达到了 100%,只有 2 个电厂分别为 99.8%及 99.9%。

表 8-5 水 汽 质 量 评 价 标 准

等级	每月汽水品质合格率(%)	等级	每月汽水品质合格率(%)
优秀	>98	较差	<95
良好	95~98		

对上述各电厂水汽综合合格率进行统计，则为 86.1%～99.8%，平均为 97.3%。所谓综合合格率就是包括补给水、给水、炉水、蒸汽、凝结水在内的平均合格率。

上述数据表明：我国 300～600MW 大机组补给水的合格率还是很高的，综合合格率也处于良好水平。

应用合格率作为评价水汽监督质量的指标，存在很多不足之处，有时它不能反映热力设备腐蚀、结垢的真实情况，故不少专业人员对此提出了改进建议。在本书其后的有关章节中，还将提及合格率应用中存在的一些问题。

2. 水处理设备的运行状态评价

有关水汽监督条例规定，每一季度应对水处理设备进行定级分类。具体标准参见表 8-6。

表 8-6   水处理设备定级标准

级别分类	主要条件
一	能达到铭牌出力与要求；设备完好无缺，标志明显完整；设备图纸资料、检修记录台账齐全完整；经过调试试验，再生剂量低，出水质量符合标准
二	基本上可达到铭牌出力，但存在下列问题：设备存在少量缺陷或设备图纸技术资料及检修记录不全
三	存在下列问题之一者：达不到铭牌出力或者不能处于良好备用状态；设备存在严重缺陷，带病运行；缺少主要图纸和技术资料

因此，电厂要保证补给水水质合格，就必须消灭三类设备，并使二类设备的缺陷加以消除，尽可能提高一类设备的百分率。

3. 根据热力设备检修进行评价

热力设备在大修期内，要按有关条例、导则规定进行检查，并对沉积物及腐蚀产物进行检测，以分析其来源。这在给水、炉水、蒸汽、凝结水监督技术各章中均有记述。在大修检查中，如发现哪些因素与补给水水质相关，就应作为对补给水的重点监督检查内容，以使补给水质完全达到机组安全经济运行的要求。

四、电厂水处理的发展趋势与特点

随着发电机组参数日益提高，容量日益增大，电厂化学水处理也呈现新的发展趋势与特点，这给水汽监督带来新的变革与要求。

水处理设备集中化布置。传统的电厂炉外水处理设备包括补给水处理（又包括预处理及除盐处理）、凝结水处理、循环冷却水处理、加药系统、各类水泵房、污水处理系统等，众多设备广泛分布，占地面积大，岗位用人多，管理不便。因而，从优化水处理整体流程需要出发，设备布置以立体、集中、紧凑的构型取代平面、点状、分散的构型。这不仅节约了占地面积和厂房空间，提高了设备综合利用率，而且方便了运行与维修管理。

水处理要以环保、节能、节水为主攻方向。水处理过程中，尽量减少污染物的产生与排放，如锅炉正朝着少排污、零排污、少清洗、不清洗的方向发展。

水处理工艺多元化及水处理设备呈集中化控制。补给水处理一般工艺流程就是先进行混凝、澄清预处理，然后进行离子交换除盐处理。由于科学技术的发展与进步，膜处理技术，包括微滤、超滤、反渗透等技术广泛用于补给水处理中，这一切均体现了水处理技术呈现多元化的特点。

对水处理设备运行进行集中化控制，也是发展特点之一。将化学水处理的各个子系统合为一套控制系统。各个子系统集中连接在化学主控制室上位机上，从而实现全厂化学水处理系统相对集中的监视、操作与自动控制。

检测手段的提高与在线检测的应用。随着机组参数的提高以及直流锅炉的应用，对水质要求越来越高，传统的化学分析、分光光度分析方法已不能满足水汽检测的要求，因而大型电厂今后将要更多地配置像离子色谱仪、原子吸收分光光度计之类的精密仪器设备，更好地为机组安全经济运行服务。

大力推广在线水质仪器监督是水质监督的发展方向，在这方面我们与国外发达国家还存在一定的差距。本书将设专门章节对此予以阐述。

第九章 凝结水监督技术

高速流动的蒸汽进入汽轮机后冲动汽轮机转子，带动发电机发电。在膨胀过程中，蒸汽压力与温度不断降低，最后排入凝汽器。在凝汽器中，做完功的蒸汽被冷却水冷却而凝结成水，即凝结水，它是锅炉给水的主要来源。按理说经过汽包蒸发，蒸汽的纯度是比较高的，但是由于凝汽器的渗漏，或凝汽器管的腐蚀泄漏，凝结水质会受到不同程度的污染，故必须加强对凝结水的处理与监督，使整个机组的水汽系统处于良好的运行状态。

由于现在高参数、大容量机组的日益增多，对锅炉水质要求越来越高。因而就必须提供符合标准要求的凝结水，对凝结水的监督也就成为电厂水汽监督的重要组成部分，特别是当前电厂中普遍采用各种新技术、新工艺对凝结水进行精处理，以提高凝结水水质。

第一节 凝结水系统及水质要求

凝结水水量大，水质要求高，这是一个显著的特点。蒸汽先在凝汽器设备中被冷却水冷却，凝结成水，然后经由回热系统加热，并经除氧器除氧后进入给水系统，本节将介绍凝结水系统流程及对凝结水的水质要求。

一、凝结水系统

凝结水系统包括凝汽器设备与回热系统两大部分。凝汽器设备主要包括凝汽器、抽汽器、凝结水泵等部件；回热系统则由低压加热器、除氧器、高压加热器等部件组成。

（1）凝汽器内装有数以万根的铜管（不锈钢管），管内通冷却水，管外为汽轮机排汽。排汽冷却凝结成水后汇入下部集水箱，体积约缩小 30 000 倍，在凝汽器内部形成真空（压力小于 0.1MPa 称为真空），如凝汽器中压力为 0.004~0.005MPa，即 4~5kPa 时，真空度为 95%~96%则为高度真空。抽汽器的作用是将不能凝结的空气及其他气体抽走。

汽轮机的排汽凝结成水时虽然温度没有改变，如排汽压力在 0.004MPa 时，排汽与凝结水的温度均为 30℃左右，但大量排汽的汽化热被冷却水所带走，冷却水量一般为排汽的 50~60 倍。

在运行中，凝汽器管发生结垢、堵塞、腐蚀等，汽轮机真空度随之降低，发电煤耗增高，严重时汽轮机出力也会降低。

（2）回热系统的作用。回热系统是从汽轮机抽出的部分蒸汽来加热凝结水，以提高进入锅炉前的给水温度，减少排入凝汽器的蒸汽量及汽化热损失，从而可以降低发电煤耗。

凝结水通过低压及高压加热器可使给水温度由 40℃左右提高到 250℃左右，经由省煤器进入锅炉。

在给水泵前的加热器由于通过的凝结水压力低，称为低压加热器；在给水泵后的加热器，称为高压加热器。例如，某台亚临界 350MW 汽包锅炉的低压加热器凝结水出口温度为 120℃，除氧器入口温度为 127.5℃，除氧器出口温度为 169.5℃，高压加热器出口给水温度为 257℃，省煤器入口给水温度为 278℃。

由于凝汽器及凝结水泵等均处于真空状态，很难避免空气渗入凝结水中，故凝结水进入锅炉前，必须经除氧器除氧。

某台 50MW 小型机组汽轮机回热系统如图 9-1 所示，大型机组与它也相似。只是凝结水系统温度与高压加热器出口给水温度不尽相同。

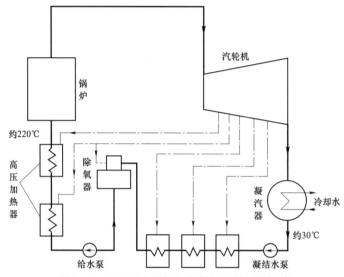

图 9-1　50MW 小型机组汽轮机回热系统示意

由上述可知，汽轮机排汽从凝汽器凝结成水，一直经由众多设备及很长的汽水管道、阀门等最后成为 250℃ 左右的给水从省煤器进入锅炉，要保持良好的水质确实不是很容易的。如凝汽器管的腐蚀泄漏，将使冷却水进入凝结水中，导致凝结水质恶化，这种情况是较为常见的。此外，在凝结水系统中任何一个部件的沉积物或腐蚀产物进入凝结水中也将导致凝结水质的恶化。因而，加强凝结水的监督就显得十分重要。前已指出：如炉水质量得不到保证，将对机组整个水汽系统造成恶性循环，最终就有可能导致事故的发生。

二、凝结水质控制指标

凝结水质控制指标随机组参数的提高而越加严格，见表 9-1。

表 9-1　　　　　　　　　　　电厂凝结水质控制指标

锅炉过热蒸汽压力（MPa）	硬度（μmol/L）	钠（μg/L）	溶解氧[1]（μg/L）	氢电导率（25℃）/（μS/cm）	
				标准值	期望值
3.8～5.8	≤2.0	—	≤50	—	
5.9～12.6	≈0	—	≤50	≤0.30	—
12.7～15.6	≈0	—	≤40	≤0.30	≤0.20
15.7～18.3	≈0	≤5[2]	≤30	≤0.30	≤0.15
＞18.3	≈0	≤5	≤20	≤0.20	≤0.15

[1] 直接空冷机组凝结水溶解氧浓度标准值为小于 100μg/L，期望值小于 30μg/L。配有混合式凝汽器的间接空冷机组凝结水溶解氧浓度宜小于 200μg/L。

[2] 凝结水有精除盐装置时，凝结水泵出口的钠浓度可放宽至 10μg/L。

表 9-1 中，硬度、溶氧、电导率、钠 4 项因为随时与运行调整、设备状况有关，因此监测频率高，每天监测次数不少于 6 次，许多机组配备了在线仪表，用于连续监测。其他 3 项则每周测定 1 次。

硬度是造成结垢的主要原因，高参数机组的凝结水中硬度应为 0，以保证凝结水与给水系统中尽可能不致形成结垢，垢下往往还出现腐蚀；溶氧与电导率均为导致金属腐蚀的主要因素，其值越低越好；钠、二氧化硅、铁、铜等杂质由凝结水进入给水，由给水进入炉水，因蒸发浓缩，一部分被蒸汽携带进入汽轮机，造成汽轮机通流部位积盐，而相当大的一部分则沉积于炉管中，不仅影响传热与汽水循环，而且严重时还会发生爆管事故。这些都将影响机组的安全运行。

三、凝结水质检测方法

凝结水的水质检测按国标规定进行，见表 9-2。

表 9-2 凝结水水质检测方法一览表

检测项目	检测方法	说　明
硬度	GB/T 6909	测定范围 $1\sim100\mu mol/L$ 低硬度水样
溶解氧	GB/T 12157	测定范围 $2\sim100\mu mol/LO_2$（内电解法）
电导率	GB/T 6908	测定范围 $<3\mu g/L$
钠	DL/T 301	测定范围 $0\sim2300\mu g/L$（动态法）
二氧化硅	GB/T 12149	测定范围 $0\sim50\mu g/LSiO_2$（硅钼蓝比色法）
铁	GB/T 14427	测定范围 $5\sim200\mu g/L$ 或 $1\sim50\mu g/L$
铜	GB/T 13689	测定范围 $2.5\sim50\mu g/L$ 或 $0.01\sim0.15\mu g/L$

第二节　机组运行中的凝结水监督

凝结水直接来源于蒸汽，同时由于凝结水参与整个水汽系统的循环，而且它占给水中的很大比重，故保证凝结水的水质对热力设备的安全经济运行十分重要。

一、凝结水的污染

凝结水为蒸汽的冷凝产物，照理说，杂质很少，纯度很高。然而凝汽器、凝结水泵等均在真空状态下运行，冷却水渗入凝结水中几乎是不可避免的，而冷却水水质一般较差，如采用海水冷却，含盐量就很高，这样势必造成凝结水的污染；另外，水汽系统中设备的腐蚀所带进凝结水中的溶盐及金属腐蚀产物，通常以铁的腐蚀产物为主，因而对凝结水监督应把其污染物来源作为防范、监督的重点，同时也是进行凝结水处理的主要任务。

二、凝结水监督的重点

（1）凝汽设备。凝汽设备的严密性，是降低冷却水渗漏至凝结水中的关键性因素。这又包括两方面情况：一是监督凝汽设备自身的运行状况。例如，有的机组在投运初期，凝汽设备严密性较好，冷却水渗漏十分轻微，但随机组长时间运行过程中，凝汽设备经常受到热应力与机械应力的作用，致使严密性下降，常表现为凝汽器管与管板连接处的松动而使较大量的冷却水进入凝结水中，从而造成凝结水水质迅速恶化，因而在运行中必须加强对凝汽设备的运行监督。

（2）凝汽器管防腐。我国电厂中凝汽器管的结垢与腐蚀普遍存在，只是各电厂凝汽器管结垢、腐蚀程度不同而已。特别是凝汽器管腐蚀穿孔或断裂，将使大量的冷却水进入凝结水中，从而导致凝结水水质严重恶化。因而做好凝汽器管的防腐、防垢监督，实际上也就是对凝结水的监督。凝汽器管发生泄漏及其严重程度，立刻可以从凝结水的水质变化上反映出来。

（3）蒸汽品质保证。凝结水来源于蒸汽，显然，蒸汽品质将直接影响凝结水水质，恶化的蒸汽品质一定会产生劣质的凝结水。蒸汽必须达到有关标准的要求。

（4）凝结水质检测。凝结水质检测是凝结水监督的重要组成部分，而且这方面工作得由水汽监督人员来完成。必须按照表9-1所规定的项目来监测凝结水质量，同时按表9-2规定的检测方法提供准确可靠的检测数据。

由凝结水质检测，就可得知凝结水中的杂质含量及其变化趋势，从而可基本判断它们的来源及危害程度，为有针对性地采取相关措施提供依据。

三、污染物对凝结水质的影响

冷却水漏入凝结水，是导致凝结水水质恶化的最主要原因。

作为电厂循环冷却水来说，一是应用海水，一是应用地表水。由于冷却水系统独立于电厂水汽系统之外，它主要供凝汽器冷却蒸汽之用，因而水质要求相对较低。

（1）海水作冷却水。下述三个电厂所用冷却水均为海水，由于电厂所处地域不同。特将不同海域的海水水质列于表9-3中。由于各电厂对海水水质检测项目的不同，虽不具充分的可比性，但表9-3中的检测结果仍能反映海水的基本特性。

表9-3　　　　　　　　　　不同海域海水的水质检测结果

指标	pH 值	固形物（mg/L）	含氧量（mg/L）	硬度（mmol/L）	Fe^{2+}（mg/L）	COD_{Mn}（mg/L）	含盐量（mg/L）	Cl^-（mg/L）
黄海	8.0	33 000	6	120	17	—	32 000	17 700
东海	—	81~2350	—	—	0.05	1.08~11.84	—	9625~15 000
渤海	8.2~8.4	35 000~37 000	—	113~128	—	—	—	17 000~21 000

由表9-3可以看出，海水中氯含量常在10 000mg/L以上，自然海水中含盐量必然很高，实测的黄海海水含盐量高达32 000mg/L，其他杂质如固形物、硬度等含量均相当高，因而一旦海水漏入凝结水中将使得凝结水中 Ca^{2+}、Mg^{2+}、Na^+、HCO_3^-、Cl^- 等含量大幅度上升，这样就给凝结水处理带来很大的难度。

（2）地表水作冷却水。我国大部分电厂采用江河湖泊或水库水作为冷却水水源，虽说地表水的含盐量要比海水低得多，但在邻近海域的地区，淡水中含盐量还是很高的。例如上海地区的长江水水质是：pH 值为7.5~8.3；溶解固形物为2000~3500mg/L；COD_{Mn} 一般为5~10mg/L；Cl^- 可高达3500mg/L；如这种冷却水漏入凝结水中，也将对凝结水水质产生较大影响。

由于采用地表水作冷却水的电厂，普遍采用循环冷却方式，为了节约用水，就得减少排污，提高冷却水的浓缩倍率，不同浓缩倍率的节水效果见表9-4。

表9-4 循环冷却水在不同浓缩倍率的节水率

冷却水浓缩倍率	1.5	2.0	2.5	3.0	4.0	6.0
排污率（%）	2.70	1.30	0.83	0.60	0.37	0.18
节水率（%）	0	1.40	1.87	2.08	2.33	2.52

由表 9-4 可以计算出一个电厂冷却水提高浓缩倍率后的具体节水效果。设某电厂装机容量为 2000MW，循环冷却水量为 250 000m^3/h，如冷却水浓缩倍率以 1.5 为基数，当浓缩倍率提高到 2.0 时，机组年运行按 7000h 计，则每年可节约用水 250 000×1.4%×7000＝24 500 000（m^3），即 2450 万 t。

另外，由表 9-4 也可以看出，随着冷却水浓缩倍率的提高，节水率提高减缓，而处理费用则大为增加，同时冷却水质下降很多，因而综合考虑上述诸因素，电厂冷却水浓缩倍率宜控制在一个经济合理的范围内。

当高浓缩倍率的冷却水渗漏或因凝汽器管腐蚀而进入凝结水中，将造成凝结水水质恶化，从而对整个水汽系统的安全运行产生不利影响。

近年来我国一些地区地表水的污染对当地采用地表水冷却的机组也构成了威胁，有机物对凝汽器管的腐蚀已成为这些厂首先要考虑的问题。

四、凝汽器泄漏监督与凝结水质异常的判断

由于凝汽器泄漏是造成凝结水水质异常的主要原因，因此，就必须对凝汽器泄漏实施监督。某电厂机组系国外产品，国外设计了一套凝汽器监督检测系统，这对国产机组来说，同样具有参考价值。

（1）凝汽器泄漏检测监督。凝汽器的泄漏，必然造成凝结水水质的变化，故根据对凝结水的及时取样、检测，也就可以对凝汽器的泄漏位置及其泄漏程度作出判断。

国外设计的凝汽器泄漏检测监督系统，包括凝结水取样系统及凝结水质量检测系统。

凝结水取样系统。对热井中凝结水设有 8 个取样点，分布于热井上方凝汽器 A、B 两侧的集水槽内。在正常运行状态下，所取得的水样为上述 8 个样品的混合样；一旦发现水样的氢电导率的变化，则可以通过切换取样一次门来判断凝汽器某一侧、甚至某一部位发生了泄漏，从而为及时堵漏创造了条件。

凝结水质量检测系统。设于热井中盘上的抽吸泵将处于真空状态下的水样引入电导率测定系统，该系统内装有温度计、流量计及电导率表，可以实现对热井水样连续测量，并将测量信号传送至中央控制室，通过切换开关可以获取阳离了交换柱前后的电导率值，其中样品氢电导率值反应灵敏。手工取样口还兼作反冲洗口，以防取样系统堵塞。

（2）凝结水水质异常的判断。由表 9-1 可知，压力为 15.7～18.3MPa 的机组，凝结水的控制指标是：硬度≈0，溶氧小于等于 30μg/L，电导率小于等于 0.3μS/cm，最好达到小于等于 0.2μS/cm、钠小于等于 5μg/L 以及二氧化硅小于等于 15μg/L。当凝汽器发生泄漏时，出现的第一现象就是热水井电导率上升，凝结水及给水电导率随之上升，特别是钠离子、氯离

子浓度增大。

据有关资料介绍，对于除盐水之类的纯水，通常1mg/L溶盐可产生2μS/cm电导率，经氢离子交换柱后，1mg/L溶盐可产生7μS/cm电导率。凝汽器热水井氢电导率的变化值与机组许可运行时间的关系见表9-5。

表9-5　　　　　凝汽器热水井氢电导率的变化值与机组许可运行时间的关系

氢电导率（μS/cm）25℃	许可运行时间	说　　明
<0.3	机组正常运行	凝汽器无泄漏
0.3～1.0	1h（过热器减温水投入） 4h（过热器减温水未投入）	此时泄漏可以控制，应采取措施以改善水质，如措施无效，在4h内，炉水Cl⁻很可能超过3.0mg/L的停机极限
1.0～2.0	2h（过热器喷水未投入）	在1h内，采取措施应明显见效。如无效，炉水Cl⁻很可能在2h内超过停机极限
2.0～5.0	<1h（过热器喷水未投入）	此时泄漏难以控制，如无有效措施，在1h内，炉水Cl⁻会超过停机极限
>5.0	考虑立刻停机	设备处于将发生大规模泄漏的危险中，应立即采取有效措施
>20.0	立刻停机	凝汽器发生重大泄漏

对凝结水监督来说，如何判断凝汽器的泄漏情况及应采取何种措施是十分重要的。

（3）凝结水异常应采取的应急措施。当凝结水质明显恶化，应在数分钟内采取各种应急措施。一般说来，检查核实电导率测定结果的可靠性，同时测定凝结水及给水硬度、钠及氯的含量。如果凝汽器明显泄漏，那么凝结水中硬度必然增大，钠与氯离子含量增高；而凝结水又汇入给水中，故给水中上述杂质含量也将增大。

如确认凝汽器泄漏，通知主控室立即采取如下措施：

1）降负荷运行，将凝结水改为排放方式。

2）限制减温水和低压缸喷水。

3）控制凝汽器水位，防止凝结水余水倒回补给水系统。

4）尽可能加大锅炉排污。

5）启动磷酸盐加药泵，适当提高炉水PO_4^{3-}浓度。

6）关闭凝汽器一侧热井取样门，观测电导率的变化。15min后打开所有取样门，关闭另一侧取样门，观测电导率变化。确认某一侧发生泄漏时，将其隔离，并作进一步处理。

7）对于泄漏的铜管，在运行中通常采用加锯末方法处理，停机时将泄漏的铜管堵住。

8）整个查漏堵管过程应迅速有效。在此期间除对凝结水电导率、Cl⁻、Na⁺、硬度加强取样监测外，还应对给水的硬度、Cl⁻、Na⁺，炉水中的Cl⁻以及蒸汽中的Cl⁻、Na⁺等加以重点监督检查。实践表明：炉水中Cl⁻含量与电导率之间具有良好的相关性，故炉水中电导率及Cl⁻均作为控制指标，这也说明凝结水水质对水汽系统运行的影响。

五、凝结水异常时的处理

有关水汽监督制度的条例中规定，当凝结水溶解氧不合格时，应首先检查取样、化验以及与化学有关的阀门管路是否有问题，确认无误后，进行汽轮机方面的检查，及时查明原因给予解决；当发现凝汽器有泄漏时，应采取检漏、堵漏措施；有凝结水除盐设备的必须立即投入运行，以保证给水水质正常；在凝汽器泄漏、检漏、堵漏的同时，应加强炉内的加药处理和锅炉排污工作，并尽量少用或不用减温水；各级处理标准执行表9-6的规定，直至停机。

表9-6 凝结水异常时的处理值规定

项　　目		标准值	处理值		
			一级	二级	三级
电导率（μS/cm） （经氢交换后，25℃）	有混床	≤0.2	0.20～0.35	0.35～0.60	>0.60
	无混床	≤0.3	0.30～0.40	0.40～0.65	>0.65
硬度 （μmol/L）	有混床	≈0	>2.0	—	—
	无混床	≤2.0	>2.0	>5.0	>20.0

应用海水的电厂，当凝结水溶氧严重超标时，将会给热力设备的安全运行带来严重影响，除凝汽器铜管泄漏外，凝汽器自身设计或运行控制调整方面所造成的凝汽设备严密性较差，也是凝结水溶氧超标的主要原因。表9-6仅规定电导率及硬度作为凝结水异常处理时的项目，凝结水溶氧对热力设备的腐蚀也有很大关系。但是凝结水溶氧超标，不等于给水溶氧也必然超标，因为凝结水还要进入除氧器并采用化学辅助除氧，如果除氧器功能低下，除氧率较低，那么凝结水中的溶氧就将对整个水汽系统产生严重影响。另一方面，凝结水中溶氧超标，在它未进入除氧器之前，它将流经凝结水泵及低压加热器，同样也会对低压加热系统设备产生危害。

作为监督人员，比较关心也较为熟悉凝汽器管的腐蚀泄漏对凝结水质的影响，而对凝汽设备自身的缺陷及运行监督中的问题了解不多，其实凝汽设备除凝汽器外，还包括凝结水管阀、凝结水泵等，如它们不严密，则冷却水同样也会漏入凝结水中。故对这方面有所了解是必要的，同时这也有助于全面、准确分析凝结水异常的原因并采取相应的措施。

上面介绍了凝结水异常应采取的应急措施，在此将凝汽设备设计不良或监督中的突出问题作一介绍。

（1）凝结水系统设计不合理。某电厂凝结水原系统设计是：凝结水泵出口电动调节阀轴套密封水回收到低位水箱，而该厂实际上是把这一回水接到凝结水入口母管上，由于自动调整频繁，调整阀的自密封不严而有空气漏入，而漏入的空气由调节阀的密封回水管进入凝结水泵入口母管，经凝结水泵叶轮搅拌，使脱氧后的水重新被漏入的空气污染，这是造成该厂凝结水长期不合格的根本原因。

针对存在的问题，该电厂将上述系统的结构进行了改造，即把凝结水泵出口调节阀密封水的回水管由原来的接入凝结水泵入口管上，改为接入热水井处。经这样的改造，凝结水溶氧由100μg/L降至10～40μg/L，最小值仅为5μg/L，该机凝水合格率由零升至95%以上。

另外，该电厂还对其他机组凝结水泵出口电动调节阀进行了改造，除保持原金属密封垫外，全部外加了盘根格兰密封。

通过上述改造，各机组凝结水溶氧含量均小于40μg/L，合格率达95%以上。

（2）阀门及凝结水泵盘根不严，往往造成凝结水中溶氧过高。凝结水泵应有严密的水封装置，但有的水泵是自密封式的，依靠水泵本身在运行中的压力封闭，因而在停用时就无水自封而吸入空气，使凝结水溶氧含量增大，同时凝结水泵切换运行时，由于盘根状态有所改变，也需要重新加以调整。

（3）凝汽器热水井水位变化，是影响凝结水溶氧的重要原因。热水井水位过高或过低，都将对凝结水中溶氧含量带来影响。当热水井水位过高而淹没深度除氧装置一定距离时，就会使其失去深度除氧的作用；为防止热水井水位变化而影响溶氧，宜加装凝汽器水位自动控制装置，在机组低负荷运行时，自动控制补水量及出口流量，保持热水井水位的稳定。

某电厂在热水井上方加装滤网，如图 9-2 所示。这相当于热力除氧器的淋水盘，使凝结水分成细小的水流，加大凝结水与蒸汽的接触面，加速热传导以及溶氧析出，而有助于降低凝结水中的溶氧含量。

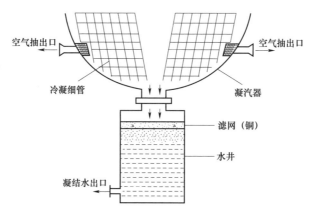

图 9-2 某电厂在凝汽器热水井上加装滤网示意

凝结水系统真空严密性差及热力除氧器运行不正常，是电厂中较为突出的问题。由于凝结水或给水含氧量超标，会导致低温及高温给水系统大量腐蚀产物带入锅炉，加速了水冷壁管结垢和沉积速度，甚至引起锅炉爆管。造成这种情况的原因，有设备质量问题，有安装及检修中的问题，也有运行监督中的问题。但最主要的问题，是监督管理上的问题，化学监督的重要性也正在于此。

本节所述机组运行中凝结水监督的重点在于凝结水质量务必达到控制指标，其中最灵敏的是电导率，电导率的增高经常是水中硬度、Cl^-、Na^+ 等物质增高的反映，因此，硬度、Cl^-、Na^+ 等都应作为凝结水的重要监督对象。

根据凝结水水质的检测结果，就应该分析引起水质异常的原因，从而采取各种措施，包括应急措施及设备改进等。在凝结水监督中，不仅要关注凝汽器管的腐蚀及冷却水的水质情况，也应关注对凝汽器设备严密性及其运行中的问题。水汽监督人员与汽轮机专业凝汽设备监督人员共同做好凝结水的监督，以确保凝结水质符合有关标准要求。

第三节 提高凝结水水质的方法与途径

凝结水为蒸汽凝结产物，照理说，杂质较少，纯度较高。但是凝汽器的渗漏是不可避免的，同时凝汽器管的腐蚀泄漏在不少电厂也不同程度存在，因而循环冷却水中的溶盐及溶解氧也就进入了凝结水。凝结水最终要回到锅炉给水系统，它是给水的主要来源，随着机组容量的增大、参数的提高，对给水的水质要求也越来越高，因而对凝结水提出了处理要求。

　　早期机组运行中，凝结水并没有处理而直接汇入给水系统中。根据规定，亚临界机组及海水冷却的超高压机组应装有凝结水处理系统，后又明确要求使用钛管的凝汽器，也可以同时设计凝结水处理系统。

　　提高凝结水水质，除了加强凝汽器设备的运行控制调整，特别是防止凝汽器管的腐蚀泄漏，对凝结水进行处理以去除水中杂质，是提高凝结水质的重要途径。

　　由于对凝结水的处理是近一二十年才提出来的，故较多的采用新方法、新工艺、新技术，本节将择其主要方面加以介绍说明。

一、凝结水处理方式与系统

　　因各种原因进入凝结水中的杂质，主要来自三个方面：一是冷却水漏入凝结水中的杂质，如各种盐类等，同时空气中的氧也会在凝汽器设备不严密处进入凝结水。二是凝结水系统中的设备与管道受到腐蚀，其腐蚀产物进入凝结水中，其中主要是铁和铜的腐蚀产物，特别是铁的腐蚀产物更为显著，机组启动时的凝结水杂质较多，此时也往往以铁的腐蚀产物为主。三是铁的腐蚀产物，有的是以氧化物形式，有的是以悬浮的微粒形式，有的则以离子状态进入凝结水中，因而凝结水的处理，主要就是去除铁铜的腐蚀产物及水中溶盐。所以凝结水的处理与电厂补给水的处理有不少相似之处。通常要采用过滤及离子交换方法来去除凝结水中的上述杂质。

二、凝结水处理方式

　　凝结水处理随各电厂不同的具体情况，可选择采用不同的处理方式。

　　从运行情况看，凝结水处理有以下三种方式：

　　（1）100%全量处理；

　　（2）30%～50%旁路，一部分处理；

　　（3）全部旁路，只是在机组启动和凝汽器泄漏时再启动凝结水除盐系统进行处理。

三、凝结水处理系统及特点

　　根据凝结水处理设备在热力系统中的连接方式的不同，通常分为低压及中压凝结水处理系统两大类。

　　（1）低压凝结水处理系统与特点。

　　将凝结水处理设备连接在凝结水泵与升压泵（二级凝结水泵）之间，这种连接方式，凝结水处理设备在较低压力，一般为1～1.3MPa条件下运行，故称为低压凝结水处理系统。

　　其处理流程是：凝结水由凝汽器→一级凝结水泵→凝结水处理装置→二级凝结水泵→低压加热器→除氧器，如图9-3所示。

　　该系统在给水系统中的位置比较复杂，而且要有二级凝结水泵。在热力系统设计及设备材料的选择上，必须相应考虑保证在各种情况下的供水量以及减少水质污染的有效措施。

　　（2）中压凝结水处理系统与特点。

　　凝结水处理设备连接在凝结水泵及低压加热器之间，而没有二级凝结水泵。经处理后的净化凝结水直接进入低压加热器。由于这种系统中的凝结水处理设备处于相对较高压力，一般为3.5～3.9MPa条件下运行，故称为中压凝结水处理系统，如图9-4所示。

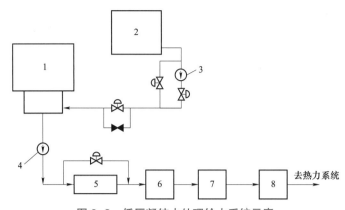

图 9-3　低压凝结水处理给水系统示意

1—凝汽器；2—除盐水箱；3—凝结水输送泵；4—凝结水泵；5—凝结水处理设备；

6—轴封加热器；7—低压加热器；8—除氧器

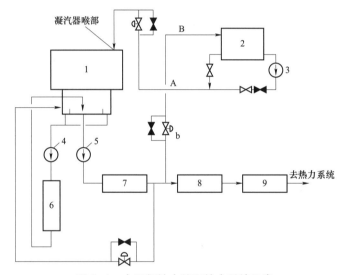

图 9-4　中压凝结水处理给水系统示意

1—凝汽器；2—除盐水箱；3—启动和事故补水泵；4——级凝结水泵；5—二级凝结水泵；

6—凝结水处理设备；7—轴封加热器；8—低压加热器；9—除氧器

其处理流程是：凝结水由凝汽器→凝结水泵→凝结水处理装置→低压加热器→除氧器。

凝结水处理设备通常包括过滤器及除盐设备，前者主要去除金属的腐蚀产物，后者主要用以凝结水除盐。在中压凝结水处理设备及系统中，仅是混床处于中压条件下运行，体外再生仍然为低压设备。

中压凝结水处理系统的主要优点在于：省去了二级凝结水泵，系统简化，又易实现自动控制，缩短了机组启动时间，它不同于低压凝结水处理系统，存在启动时要维持凝汽器热井水位与一、二级凝结水泵之间泵的出力平衡问题。300MW 机组从热备用状态启动到带满负荷，有的电厂仅用 0.5h；因此，机组负荷变化时，运行安全性提高，且操作灵活；减少了一台凝结水泵，自然投资及运行费用降低。

该系统的不足之处在于，设备结构强度设计，防腐衬里工艺需考虑承受中压，设计运行程序较复杂，压力变化范围大，容易引起树脂磨损。中压设备、阀门技术要求较高。

四、凝结水处理设备的组合与运行

前已指出，凝结水处理设备主要包括过滤与除盐两大部分，由于过滤器及除盐设备种类很多，它们又有着多种组合方式，所以电厂凝结水处理设备呈现多种多样的情况。

1. 凝结水处理设备的组合方式

为了去除凝结水中呈悬浮状态及胶态的金属腐蚀产物，在凝结水进行除盐处理（通常采用混床）之前，系统中加装过滤装置。即由这种前置过滤器与混床组合的凝结水处理系统。常用的有：前置过滤器＋混床系统。

另外有一类处理系统，则是不设置前过滤器，如树脂粉末覆盖过滤器兼有过滤与除盐双重功能，故可将凝结水直接用树脂粉末覆盖过滤器处理或者采用氢型阳床＋高速混床的设备组合系统。

2. 凝结水处理的主要设备

前置过滤器：

1）覆盖过滤器。由于凝结水的杂质是悬浮状或胶状微粒，它能穿过一般的粒状滤料的过滤层，所以特别设计了用于凝结水过滤的过滤器，它是将粉状滤料覆盖在滤膜上，而滤膜就是在多孔管件的滤元上所形成的一层薄薄的覆盖层。当凝结水通过滤膜和多孔板上的孔时，每个孔内固定一个滤元进行过滤。

作为覆盖过滤器的滤料，要求呈粉状，具有良好的化学稳定性及本身具有多孔性，常用的滤料为棉质纤维素纸浆粉。

覆盖过滤器的运行系统示意如图9-5所示。

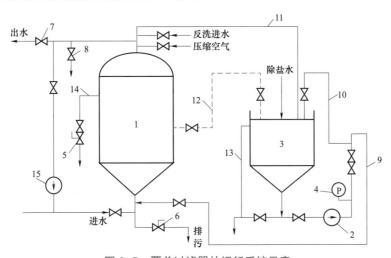

图9-5 覆盖过滤器的运行系统示意

1—覆盖过滤器；2—铺料泵；3—铺料箱；4—压力表；5—快放气门；6—排渣门；7—出水门；8—旁路放水门；9—斜铺母管；10—滤料循环管；11—回浆管；12—滤料大循环管；13—溢流管；14—放气管；15—出水循环泵

在覆盖过滤器所采用的助滤剂，如不是应用上述纤维素材料而改用阴、阳离子交换树脂粉，它同时可起到过滤与除盐的双重作用。这种方法主要优点在于，设备简单，不需要酸、碱再生系统及中和废再生液的设备。占地少、投资省，出水水质好，它同时可以去除胶态、悬浮态、离子态的杂质，特别是在去除铁、铜腐蚀产物方面更显优越性。由于树脂粉的使用是一次性的，故适用温度高，因而它可设置在低压加热器的后方，净化某些温度较高的疏水。该法主要缺点在于：覆盖过滤器中树脂用量少，故凝结水中杂质含量较多时就难以适应；机组启动期间，一般运行不超过24h就得更换树脂粉；树脂粉价格高，主要依赖进口，加上使用是一次性的，运行费用较高，因而推广使用受到一定限制。

2）氢型阳床。氢型阳床，作为前置过滤器的一种设备，用以去除凝结水中的氧化铁及氨，并可降低混床进水中钠的含量，设置在混床前的氢型阳床，故又称为前置阳床。有的电厂使用氢型阳床去除凝结水中的铁，获得良好的结果。通过空气擦洗和盐酸再生，可将阳床上所截留的铁基本除净。

3）除盐高速混床。采用离子交换法是制备除盐水最为普遍使用的方法。化学除盐就是利用阳、阴离子交换树脂来去除水中各种盐类。

不过在凝结水处理中使用的高速混床与补给水处理中使用的低速混床有所不同。

固定床离子交换按再生运行方式的不同，分为顺流、逆流、分流三种。结构最简单的为顺流式。顺流式固定床离子交换器的运行，从交换器失效后，要经历反洗、再生、正洗、交换四个程序，组成交换器的一个循环，其中再生装置设在交换器内部实施体内再生。而高速混床则实施体外再生，另外由于处理的凝结水量很大，而且含盐量低，故采用高速混床，这种高速混床的流速可达80~120m/h，为了防止树脂在高速运行条件下破碎，所用树脂应具有较高的机械强度；要求树脂颗粒较大而且均匀，以减小水流通过树脂层的压降；而在化学性能方面，要求树脂有较高效的交换速度及工作交换容量，以适应高速混床运行流速高、运行周期长的特点与要求。

球形混床结构示意图如图9-6和图9-7所示。

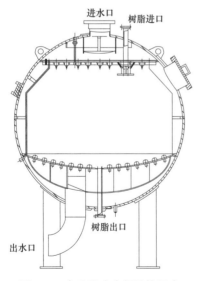

图9-6　高速混床内部结构示意

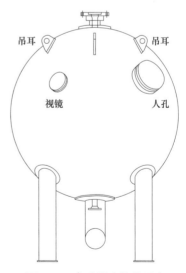

图9-7　高速混床结构示意

混床离子交换法除盐，就是把阴、阳离子交换树脂混合均匀，置于同一个交换器中，故混床可以看成是由许多阴、阳离子树脂交错排列而成的多级复床，交换进行得彻底，出水水质高。

对出水水质要求较高时，混床中所用的树脂应为强酸性阳树脂及强碱性阴树脂。一般来说，混床主要为固定床式，由于混床是将阳、阴树脂共装于一个交换器中运行的，因而它有许多与普通固定床不同之处，从运行时树脂失效，要经历反洗分层，再生，阳、阴离子混合，正洗，交换组成一个循环周期。

混床中的树脂失效后，先将两种树脂分离，即上述的反洗分层工艺，然后分别进行再生与清洗。对用于处理凝结水的高速混床来说，也有相似的工艺要求，须将阴、阳离子分离，并实施体外再生，因而就得配置专门的体外再生系统。

据资料介绍，在机组正常运行条件下，高速混床出水除铁率达到 50%以上，出水含铁量可达到小于 5μg/L 的水平；而在机组启动时，高速混床的除铁率一般在 90%以上，除铜率则在 60%以上。

五、600MW 机组凝结水处理系统

现对我国一台压力为 18.6MPa 的 600MW 机组的凝结水处理系统作一简要介绍，这将有助于对提高凝结水处理方法与途径的了解，加强对凝结水监督的认识。该机组凝结水处理技术比较先进，对很多电厂来说，具有参考价值。

1. 凝结水处理方法

该电厂的凝结水处理设备是对机组 100%的凝结水量进行处理。主要包括两套前置过滤器、普通混床及一套体外再生装置，每套前置过滤器处理 50%的凝结水量，该系统设置在两级凝结水泵之间，如图 9-8 所示。

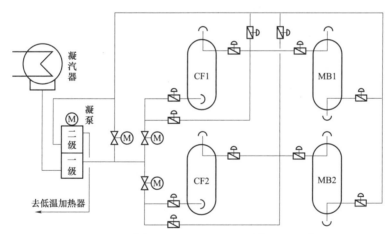

图 9-8 某电厂 600MW 机组凝结水处理系统

在凝结水混床出口电导率大于 0.1μS/cm 时，混床的体外再生程序自动进行。混床的体外再生程序包括失效树脂的传送、混床投运前的清洗和失效树脂的再生。混床体外再生设备由一台树脂分离罐、一台阳树脂再生罐和一台阴离子树脂再生罐组成。

2. 凝结水处理设备的程序控制

凝结水处理设备通常以自动方式运行，即该设备的运行、反洗、再生程序及所有阀门、转动设备均受程序指令自动控制。在自动方式运行过程中，无论是 2 台管式过滤器或是 2 台混床失效，均按失效的先后顺序依次进行反洗或再生。

在设备调试、检修或自动系统出现故障的情况下，该设备也可手动运行，实施手动

远方控制。也就是说，所有的阀门和转动设备需在模拟盘上，通过发光按钮一对一的全部解除。

3. 前置过滤器与混床运行

在机组调试、酸洗和运行初期，过滤器采用了 10μm 孔隙的滤元，其除铁效率约为 30%。调试结束后拆下滤元换上 5μm 孔隙的滤元。机组投入正常运行，5μm 孔隙其除铁效率可达到 60%。

前置过滤器的运行终点，是以 72h 或压差大于 0.08MPa 作为一个运行周期，满足任一条件时，前置过滤器的反洗程序自动进行。前置过滤器的清洗是通过空气擦洗和水反冲洗进行的，清洗结束后自动投入运行。

混床的树脂是采用大孔强酸、强碱树脂，其树脂比例为 1.5:1。

凝结水混床是以 H^+、OH^- 型运行，运行中以电导率大于 0.1μS/cm 作为失效标准的，它将自动转入体外再生程序。

混床在正常运行时，出水水质很好，出水电导率在 0.06～0.08μS/cm 之间，二氧化硅与铁含量均小于 10μg/L，混床运行周期 20～30 天，制水量达 30 万～40 万 t，每立方米树脂可制水 2 万～3 万 t。

4. 凝结水混床的体外再生

凝结水混床的体外再生的三个程序是连续自动进行的。

（1）失效和备用树脂的传送。失效与备用树脂的传送方式是相同的，它采用底部进水，调整不同的流量，树脂从罐底部排脂管口内输送出去。罐内树脂大部分被传送余下少量时，开启旋流阀门，水沿着切线方向流动，在旋流过程中，使罐底部少量树脂集中在树脂出口周围，将树脂输送干净。

（2）混床投运前的清洗。树脂输送结束后，混床用固定水位的排放门排水到一定位置，然后用空气将树脂混匀，再充满水进行清洗，这几步程序均用时间控制，混床的最后清洗是以电导率小于 0.15μS/cm 控制的。当电导率低于此值时，混床自动投入运行。

（3）失效树脂的再生。失效树脂的再生包括反洗分层、浮脂及阴树脂的输送、阳脂的输送、进碱及进酸浓度的控制、置换与清洗、回传阴树脂、混合树脂、充水清洗等程序，最后水的电导率小于 0.15μS/cm，整个树脂体外再生程序全部结束，总计约需 8h。

第四节　凝结水监督评价

凝结水的监督评价，一是观测凝结水系统设备的运行状况；二是凝结水水质是否达到控制指标要求；三是观测给水、炉水、蒸汽品质，特别是给水水质在相当大程度上受凝结水水质的直接影响。

一、凝结水系统设备监督

对 200MW 容量以下的机组，凝结水多无处理装置；而亚临界机组及以上参数的机组，均得设有凝结水处理装置，因而凝结水处理系统中的主要设备为：凝结水泵、前置过滤器与高速混床，这些也就是凝结水处理系统设备监督的重点。

1. 凝结水泵

水泵是凝结水系统中的重要设备。一是要检查其维持在真空状态下工作的严密性，防止空气中氧的渗入；二是要防止凝结水中溶氧及含盐量较高，造成设备的腐蚀。如除氧器除氧效果较差，则会因凝结水及给水溶氧超标，致使高、低压加热器及管道中形成大量腐蚀产物带入锅炉，加快了水冷壁管结垢与沉积速度，甚至引起锅炉爆管。

凝结水泵盘根槽内加装密封水环；引凝结水母管压力水作为密封水；凝结水泵入口闸阀也加装密封装置。这些措施，不仅在运行中，而且在备用时也都对溶氧的降低有着很大的作用。同时还宜规定定期检修凝结水泵和入口阀门的盘根。

对凝结水泵应提高检修质量，对在真空状态下的各种工作部件，要加强日常维护，如阀门盘根处、法兰连接处、表管丝扣接头处、水位计阀门等处。日常要用真空封腊、胶带等加强密封，利用检修或临时停机机会，往凝汽器汽侧加注除盐水，检查真空的严密性，从而对检查出的泄漏点加以密封。

还有的电厂也总结了凝结水溶氧不合格的原因，其中多项原因与凝结水泵泄漏密切相关。

因为负压侧水系统泄漏对凝结水溶氧产生很大影响，与凝汽器相关的负压水系统，主要是指热水井正常水位线下相关系统的泄漏。

（1）凝结水泵入口阀门杆泄漏。例如，某厂凝结水溶氧含量均在 2680μg/L 左右波动，经查找是由于 2 号凝结水泵入口闸门杆漏气。经处理后，凝结水溶氧含量下降到 90%以上，一般降至 200～300μg/L。

（2）凝结水泵盘根的泄漏，从泄漏处吸入大量空气，漏入的空气经凝结水泵搅拌，使脱氧后的凝结水重新受到空气中氧的污染，致使凝结水溶氧含量增高。

（3）凝结水泵入口母管事故放水门泄漏，经查找消除泄漏点后，凝结水溶氧由 200μg/L 下降至 40μg/L 左右。

凝结水泵及相关阀门、管道等受凝结水溶氧及含盐量较高的影响而产生腐蚀，这些腐蚀产物最终带入锅炉，这种危害在凝结水系统中往往是难以直接显现出来的。在对凝结水的监督中，必须看到凝结水水质对给水、炉水乃至蒸汽品质的影响，故电厂水汽监督的各个环节并不是孤立的，而是紧密联系在一起的。由于凝结水是给水的主要水源，因而凝结水水质达到标准规定的要求，对整个热力设备的安全经济运行是十分重要的。

2. 高速混床

高速混床是对凝结水处理最为普遍使用的设备，本章已经指出，在凝结水处理系统中，有的在混床前采用各种过滤器，如覆盖过滤器或氢型阳床，然后通过高速混床处理，早期 300MW 机组多无前置过滤器设备；而 600MW 亚临界汽包锅炉及超临界直流炉均设有凝结水处理系统和过滤器系统。

H—OH 型混床主要采用强酸及强碱离子交换树脂，其出水电导率可达到 0.1μS/cm。由于我国电厂中给水通常采用加氨处理，致使凝结水中 NH_4^+ 及 OH^- 含量增大，水中的 NH_4^+ 就和 H^+ 型阳离子进行交换反应，使得混床中的 H 型阳离子交换剂较快地被 NH_4^+ 所饱和，而为了调节给水 pH 值，又需要加氨，故采用 H^+/OH^- 型混床的交换容量会被 NH_4^+ 大量消耗掉。这样 H^+ 阳离子树脂就可能比 OH^- 阴离子树脂先失效，使得阴离子交换剂得不到充分利用，因而如何控制阳、阴离子交换树脂的比例就显得十分重要。

由于水中 NH_4^+ 在通过 H^+/OH^- 型混床时就被完全去除，给水中又要加氨，以控制其 pH

值在 8.8～9.3 范围内，这样不仅增加了氨水的消耗量，又缩短了混床的工作周期，增加了再生所用酸、碱、自用水的消耗以及树脂损耗等运行费用。

NH_4^+/OH^- 型混床，采用的是铵型阳离子交换树脂。由于这种混床处理凝结水时，不会去除凝结水中的氨，从而克服了 H^+/OH^- 型混床的上述弊病。

但是 NH_4^+/OH^- 型混床，也有不足之处：一是阳离子交换树脂对 Na^+ 的吸附能力较弱，因而 Na^+ 易透过；二是在阴离子交换中，因为不发生中和反应，反应产物中有氢氧化铵，因而出水中呈现一定的碱性，使得 Cl^- 及 SiO_3^{2-} 易于透过。

研究表明：凝结水处理采用氢型循环（H^+/OH^-），还是采用（NH_4^+/OH^-），关键在于凝结水中杂质离子含量，每次再生结束后，混床树脂中残留钠量及混床树脂的再生度。

要实现混床铵型运行循环方式运行，就必须做到：① 凝汽器必须严密性好，不泄漏；② 混床中的阳、阴离子交换树脂在分别再生前进行很好的分离，并防止交叉污染；③ 再生树脂用的氢氧化钠必须具有较高纯度。

在对凝结水处理的试验研究中，发现在有些情况下凝结水经混床净化处理后，除 NH_4^+ 有 99% 以上被高速混床吸收后，纯水中仍有各种痕量离子存在，它们很少能被混床吸收，特别是 Cl^-，混床出口含量总比入口高，也就是说存在放氯现象。例如：再生用碱质量不好，阴、阳树脂分离不好等，这在运行后期更为明显。

此外，如阴、阳离子交换树脂分离不良，在再生中引起交叉污染、输送树脂不彻底、管路存在死角等都有可能增加氯的含量。

严格控制水汽系统 Cl^- 含量，具有十分重要的意义。国外研究资料指出：过热蒸汽中 Cl^- 的浓度大于 $3\mu g/L$ 就可能造成汽轮机叶片等材质的点蚀及应力腐蚀的危险。

要降低水汽系统中 Cl^- 含量，正确使用凝结水除盐的高速混床是一个极为重要的方面。高速混床在其运行后期放 Cl^- 现象十分明显，在某些情况下，甚至在出水电导率为 $0.1\mu S/cm$ 时，就存在一定程度的放 Cl^- 现象，这无疑对亚临界机组的安全经济运行构成严重的威胁，对此应引起高度重视。制定经济安全的高速混床投运方式及失效标准，对于提高机组水汽品质来说，是至关重要的。

我国大规模应用高速混床来处理凝结水，主要是对高参数、大容量机组而言。由于阴阳离子混合在一起，就有阴阳离子交换树脂的选择、配比、输送、混匀、失效的判断标准，再生前的阴、阳离子彻底分离，防止交叉污染等诸多问题，需要继续深入研究，特别是要在生产实践中不断地发现问题、总结经验，不断地提高凝结水的处理水平。

二、凝结水水质的检测监督

凝结水近乎纯水，水中杂质浓度一般较低，因此，如何测准这些微量杂质的含量，就是凝结水检测中的一个突出问题。

前已指出，凝结水中某些杂质含量并不高，但它进入给水系统，而后又在炉水中被浓缩，其杂质含量较凝结水中含量增大数十至百倍，故其危害不可低估。

作为水汽监督的重要组成部分，就应提供准确的水汽质量检测数据，否则一切均无从谈起。只有提供准确的检测结果，才能判断各种处理方法的效果及水汽质量的优劣，从而为改进处理方法提供依据，这样水汽质量的提高也才有保证。

现在我国电厂中，在水汽检测（当然包括凝结水检测）方面存在的问题还是比较多的，集中反映在人员水平及仪器配置两大方面。现在电厂中熟悉精密仪器使用维护及对检测结果的质量加以控制判断的人员太少；不少电厂仪器设备比较陈旧，缺少现代化的精密设备，因而水汽质量检测长期处于较低的水平，不能满足电力生产的需要。

三、凝结水监督与评价

1. 机组试运期间的凝结水监督

电厂水汽监督，各个环节间是密切相关的，对凝结水的运行监督是这样，在机组启动阶段也是如此。

凝结水的质量是否合格，在很大程度上取决于凝汽器设备的严密性，其中尤以凝汽器管是否腐蚀泄漏最为关键。因为凝汽器管内通循环冷却水，而冷却水水质一般较差，故一旦发生泄漏，冷却水进入凝结水中，将导致凝结水水质迅速恶化。然而，在电厂中存在凝汽器管腐蚀泄漏并非少见，这在我国电厂中，几乎是一个普遍性的老大难问题。要保证凝结水合格，就必须防止凝汽器管泄漏；另一方面凝结水质量不好，它又汇入给水，各种杂质又在炉水中被浓缩而沉积于水冷壁中，部分杂质又进入蒸汽，从而造成汽轮机通流部位的积盐、腐蚀，因而整个水汽系统形成恶性循环。

2. 加强水汽监督和防止热力设备腐蚀

凝汽器管的腐蚀泄漏使冷却水漏入凝结水中，直接影响凝结水水质，并进而影响整个水汽系统的品质。如果给水系统除氧效果欠佳，则往往是造成给水系统的腐蚀，使系统产生大量铁的腐蚀产物；另一方面，汽轮机真空系统的泄漏，使得空气进入热力系统，凝结水与给水溶氧含量大大增加，这也是促使热力设备发生腐蚀与结垢的重要原因。

我国凝汽器及除氧器的运行状态一直为各电厂所关注，凝汽器管的腐蚀泄漏，在大多数情况下均与此有关。

国内各电厂除氧器和凝汽器溶解氧指标经常超标，多年来居高不下的原因是：

（1）对溶解氧超标重视不够，未下决心组织有关专业集体力量攻关。

（2）机组设备健康状况差，热力系统泄漏多，未及时查漏、堵漏。

（3）除氧器加热气源不足，尤其是调峰机组启动期溶解氧基本不合格。

（4）凝汽器真空除氧效果不佳。

（5）凝汽器管泄漏较为普遍，大漏小漏经常有，炉水 pH 值超标时有发生，使水汽经常遭受不同程度的污染。

（6）对化学监督和运行管理不严，由于运行人员的误操作，酸液进入热力系统的情况也时有发生，致使水汽品质在短时间内严重恶化。

（7）化学监督仪表投入率低，未能形成一个连续的在线化学监督仪表监测系统，以保证水汽监测的及时性与准确性。

凝结水在电厂水汽系统中是一个重要环节，凝结水的水质受多种因素的影响，同时它又对给水、炉水乃至整个水汽系统产生影响。这正是水汽监督工作的一个基本特点。因此，水汽监督人员必须了解电厂水汽系统及各个环节的监督要求，学习与掌握相关监督技术，才有可能把水汽监督工作做好。

第十章 给 水 监 督

给水监督的重点：一是保证给水质量应符合机组锅炉参数的要求，它还直接影响炉水及蒸汽品质，故务必要严加控制。二是要严格监督给水系统中各设备的运行，特别是应最大限度地降低给水中的溶解氧，并控制好给水的 pH 值，以防给水系统的金属腐蚀，特别是对省煤器的腐蚀，确保锅炉的安全经济运行。

第一节 给水系统流程及其要求

在水汽循环系统流程中，从凝汽器出口至省煤器入口的部分，用以完成锅炉给水的汇集、预热和水质调节，称为锅炉给水系统。为了叙述简便，将凝汽器出口至除氧器出口的部分称为低压给水系统或凝结水系统，除氧器出口至省煤器入口的部分称为高压给水系统或给水系统。本章节中，因为水汽质量监督指标的归类，将除氧器也纳入给水系统。

一、给水系统流程

给水系统流程：除氧器入口→除氧器热力除氧→给水加药调节 pH 值和化学除氧→给水泵→高压加热器→省煤器，汇入炉水系统。

该流程中，给水流经高压加热器，通过外壁热介质—蒸汽加热，沿程水温逐渐升高，300MW 及以上机组省煤器入口水温可达 260～300℃。

给水水质控制的目的，一是降低给水系统自身设备的腐蚀，二是满足炉水水质要求和蒸汽品质要求。

二、氧腐蚀与给水除氧处理

由于给水直接进入锅炉，而锅炉水冷壁及给水系统的设备主要是由碳钢制造，锅炉常用钢材耐温性能见表 10-1。

表 10-1　　　　　　　　　　锅炉常用钢材的耐温性能　　　　　　　　　　　（℃）

钢材种类	受热面壁温	联箱、导管工质温度	钢材种类	受热面壁温	联箱、导管工质温度
20 号碳钢	≤480	≤450	12CrMoV	≤560	≤550
12CrMo	≤540	≤510	15CrMoV	≤580	≤570
15CrMo	≤560	≤550			

碳钢可承受的温度为 500℃左右，给水实际上多在 350℃以下运行，因为水处于流动状态，且给水含盐量又很低，故一般不会产生结垢。但由于溶解氧的存在、对钢材的腐蚀仍可发生。给水处理的目的在于确保锅炉水质达到标准规定的要求，不致对给水系统设备产生腐蚀。对给水加以除氧是保证给水，也是保证炉水及蒸汽质量、防止给水系统金属腐蚀与爆管

的重要环节，除氧就成为给水监督的重点与难点。

1. 除氧的必要性

水中氧和铁可组成一腐蚀电池，两个电极的正负取决于它们电位的相对高低。易失去电子的电极电位低，为阳极；而不易失去电子的电极电位高，为阴极。由于铁的电极电位为$-0.40V$，氧的电极电位为$+0.40V$，故铁为阳极，氧为阴极。在铁和氧构成的腐蚀电池中，阳极铁受到腐蚀。

$$Fe-2e \longrightarrow Fe^{2+}$$
$$O_2 + 2H_2O + 4e \longrightarrow 4OH^-$$

上述Fe^{2+}与OH^-可继续反应，产生多种形式的腐蚀产物，如$Fe(OH)_2$，FeO，Fe_2O_3等。由于水中氧是造成金属铁发生氧腐蚀的重要因素，故给水要采取除氧处理措施。

2. 除氧方法

给水中除氧通常采用两种方法：一是热力除氧，即在给水系统中配置除氧器；二是采用化学除氧，除氧剂常用联氨，以进一步提高除氧效果。

（1）除氧器热力除氧。除氧器的除氧原理是：水的温度越高，则水中气体溶解度越小。当达到水的沸点时，它就不再具有溶解气体的能力。此时水面上的水蒸气压力与外界压力相等，溶于水中各种气体的分压均为零，因而给水中的氧气、二氧化碳等气体就可以从水中溢出，从除氧器上部排出，从而大大降低了给水中的含氧量。

由此也可看出，热力除氧器不仅能除氧，而且能去除其他气体，如水中的CO_2、H_2S等气体都是促进金属腐蚀的有害物质，故除氧器是电厂锅炉配套的辅助设备之一。每台锅炉配置不同类型、不同规格的除氧器，除氧器按进水方式分为混合式、过热式两类。电厂使用较多的为混合式除氧器。在除氧器运行中需要除氧的补给水、凝结水与供热的蒸汽直接接触，将热水加热至相当于除氧器压力下的沸点。

混合式除氧器按其工作压力的不同，又分为淋水盘式、喷雾填料式及喷雾淋水盘式。对高压、超高压机组，常配置喷雾填料式除氧器，而对亚临界机组，则常配置卧式喷雾淋水盘式除氧器。

由于卧式喷雾淋水盘式除氧器具有更好的除氧效果，它通常应用 1Cr18Ni9Ti 不锈钢加工，抗腐蚀性强。

除氧器运行时，加热温度一定要达到它的相应压力下的沸点，否则水中残余氧量将随温度的降低而增大。例如，在一个大气压下，温度达$100℃$，即达到水的沸点，水中溶氧为零；而水温为$99℃$时，水中残氧则为$0.1mg/L$；而水温为$98℃$时，水中残氧则为$0.18mg/L$。也就是说水温越低，水中残留溶氧浓度越大，除氧器的除氧过程是在水的沸点下进行，故必须将水加热到沸点。除氧器解析出来的气体应该能够顺利排出，要将排气阀调至合适的开度，排气量小，可以节水，但水中残留溶氧量增大；排气量大，又浪费蒸汽，造成大量热损失。

（2）化学除氧。化学除氧是指往水中加入某种可以与水中氧反应的还原性药剂，如联氨等。

联氨在常温下是一种无色液体，遇水后形成稳定的水合联氨，市售的联氨为含量约80%或40%的水合联氨。

联氨在碱性溶液中是一种强还原剂，它能使水中的溶解氧还原。

$$N_2H_4 + O_2 \longrightarrow N_2 + 2H_2O$$

与水中 O_2 反应产物为无害的 N_2 及 H_2O，而且在 200℃ 以上时，它还会将铁、铜的氧化物还原。

N_2H_4 先将 Fe_2O_3 还原为 Fe_3O_4，再还原为 FeO，最后还原为 Fe；将 CuO 还原为 Cu_2O，再还原为 Cu。

$$2Fe_2O_3 + 3N_2H_4 \longrightarrow 4Fe + 3N_2 + 6H_2O$$

$$2CuO + N_2H_4 \longrightarrow 2Cu + N_2 + 2H_2O$$

N_2H_4 在大于 200℃ 时，自身会发生热分解。

$$2N_2H_4 \longrightarrow 2NH_3 + N_2 + H_2$$

联氨在碱性溶液中为强还原剂，与氧反应速度最快，而在低温（小于50℃）下，自身分解速度很慢，故加联氨处理给水时，影响其处理效果的有水温、pH 值及加药量等诸多因素。

联氨具有挥发性，有毒性，且易燃烧，故在保存、运输、使用时均应加以注意。联氨的加药点一般在给水泵入口侧管道上，也可在凝结水泵出口（或凝结水处理混床出水母管上），该处温度低，反应虽然慢些，但自身分解少，它的作用时间因流程的延长而增长，还有利于保护低压给水系统。

除了联氨外，还可采用其他除氧剂，如二甲基酮肟、乙醛肟等，这里就不一一列举。

在给水系统中，只有除氧器，其功能直接用于给水水质调节处理，故对其他生产设备就不再介绍。

三、给水 pH 值调节

金属腐蚀是一门涉及面很广的学科，在不同的介质中不同的材料发生着不同的腐蚀，动力锅炉使用的材料主要是钢铁，锅炉金属接触的工作介质是含有不同杂质成分的水及不同温度的蒸汽，如此，经过多年的理论研究和试验验证，目前已得到了一整套锅炉金属腐蚀机理和防蚀方法。

其中应用最广泛的是电位–pH 图，该图汇集了金属腐蚀体系的热力学数据，并且指出了金属在不同 pH 或不同电位下可能出现的情况，提示人们可借助控制电位或改变 pH 达到防止金属腐蚀的目的，如图 10–1 所示。

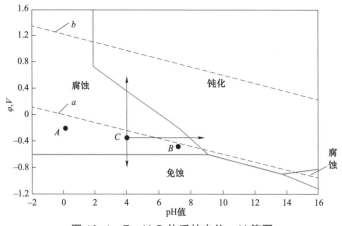

图 10–1　Fe–H_2O 体系的电位–pH 值图

为了方便人们快速判断金属的腐蚀倾向，在 Fe—H_2O 体系的电位–pH 图中，划分了三个区域。① 免蚀区：在该区域内，电位与 pH 的变化不会引起金属的腐蚀，即在热力学稳定区，金属处于稳定状态。② 腐蚀区：在此区域内，金属是不稳定的，而离子态的 Fe^{2+} 和 Fe^{3+} 是稳定的，金属一直处于溶解或腐蚀状态。③ 钝化区：在此电位与 pH 区域内，生成稳定的固态氧化物或氢氧化物。在此区域内，金属是否遭受腐蚀，取决于所生成的固态膜是否具有保护性，即能否进一步阻碍金属溶解能力。

因此，通常有三种措施使金属离开腐蚀区。①将铁的电位降至免蚀区，这就是阴极保护技术。② 将铁的电位升高至钝化区，这就是阳极钝化保护技术。③ 将水溶液的 pH 提高到 9～13 之间，使铁进入钝化区，这就是自钝化技术。在动力工业应用中，由于设备系统庞大复杂，前两种技术难以实现或边界条件苛刻，多采用第三种自钝化技术来有效控制金属的腐蚀。

此外，有多种因素可以对钢铁的腐蚀产生影响，因而必须控制适当条件，以降低铁的腐蚀速率。水的 pH 值不同，金属受到腐蚀的程度有着明显差异。钢铁的腐蚀随给水 pH 值的增高而减少，但给水 pH 值过高，pH>9，则铜的腐蚀随 pH 值的增高而增大，故一般把锅炉给水 pH 控制在 8.8～9.3 范围，这样对铁与铜的腐蚀均可降至最低程度。最常用的方法，就是在给水中加氨，以调节 pH 值至上述范围。此外，水温、水质、水的流速及热负荷等因素均对氧的腐蚀有着一定的影响。

四、流动加速腐蚀与给水氧化处理

流动加速腐蚀（FAC—Flow Accelerated Corrosion）主要是指发生于碳钢表面的一种腐蚀过程，按作用机理论这种"腐蚀"实质上是一种纯粹的物理性损坏，更类似于江河中河水对堤坝的冲刷侵蚀过程，因此称其为"冲刷腐蚀"可能更为贴切。

碳钢与水接触时，会与水或水中的其他物质发生化学反应，也就是发生腐蚀。在技术与生产的发展过程中人类积累了大量的防止和抑制腐蚀的经验和方法，其中提高水的纯度和促使碳钢表面生成氧化性保护膜是最普遍和有效的手段。从近十几年生产运行与技术监督的结果来看，发生严重局部腐蚀的现象已经极少，说明上述手段非常有效。但是一种金属表面没有显著腐蚀状态，而金属部件却有整体性减薄现象发生，这就是流动加速腐蚀。

流动加速腐蚀是将附着在碳钢表面的保护性氧化铁膜逐步溶解到水中的过程。在锅炉碳钢表面，覆盖了一层氧化铁保护膜，在靠近氧化膜的边界层区域水中的溶解铁饱和状态下，氧化铁的溶解速度受到抑制，而在高速水流条件下，边界区域水体的溶解铁向主体水域发生较高速度的迁移，从而导致边界层的溶解铁也处于非饱和状态，进而提高了氧化膜的溶解速率，高速流动的水流又将迁移至水中的溶解铁带走，导致碳钢表面的不断腐蚀。另外，氧化膜存在孔隙时，金属基体腐蚀产生的铁离子通过孔隙扩散到氧化膜外的边界层，也会因为水流作用，加速基体的腐蚀速率。

流动加速腐蚀在金属表面会形成比较明显的特征。在单相流条件下，出现的是马蹄坑特征，整体上看貌似橘皮状；在气液双相流条件下，管道表面腐蚀形貌为虎纹状。

从上述对流动加速腐蚀的描述中我们可以很直接地达成一个共识，抑止与控制流动加速腐蚀的关键就是保持碳钢表面保护性氧化膜的牢固、完整与持久。

1. 流动加速腐蚀的影响因素

从 20 世纪 90 年代初，各国科研与技术人员就开始了对流动加速腐蚀的研究，其形成机理和主要影响因素目前已经基本达成共识，其影响因素主要有以下几个方面。

（1）水流速度：流速与腐蚀速率基本呈线性关系，但其斜率较小，流速从 3m/s 增大 10 倍到 30m/s，腐蚀速率约增大 2.8 倍。

（2）温度：单从有关试验结果来看，温度的影响也是有限的，从常温开始，腐蚀速率随着温度的升高逐渐增大，到 150℃时达到最大，约为常温下的 3～4 倍之间，然后又开始下降，到 250℃时其腐蚀速率甚至已小于常温状态。但在实际状况下，温度的影响还有许多复杂的变化在内。

（3）溶解氧：溶解氧与腐蚀速率的关系类似于倒数曲线，溶解氧越小腐蚀速率越高，这一点与目前要求的热力系统溶解氧的控制目标标准完全相反。其中如果以氧浓度在 50～100μg/L 之间时的速率为基准，则在 30μg/L 时约增大 2 倍，在 7μg/L 时约增大 15 倍，而小于 1μg/L 后，腐蚀速率会增大到 30 倍以上。

（4）pH：pH 与腐蚀速率的关系与目前要求的热力系统的控制目标标准有相同的趋向，其中 pH 在 8.6、9.0、9.4 时的速率比约为 40:20:1。

（5）流体状态：通常是指如果流体中出现双相流会极大地提高磨损速率。

（6）材质与形状态：含有微量 Co、Mo、Cu 的碳钢可有效降低钢材的磨蚀。

2. 流动加速腐蚀的预防手段

从上述叙述中可知道，流动加速腐蚀主要发生在流速较高的低压加热器、高压加热器和省煤器内，机组参数越高，发生概率越大。为此，现在有一些超（超）临界机组已经弃用传统的加氨给水处理的方法，实行氧化性水工况，此类方法就是上面提到的第二种是金属离开腐蚀区的措施。长期的实验结果表明，向流动的高纯水中加氧可使钢铁的腐蚀电位提高几百毫伏，钢铁的腐蚀电位移入钝化区，从而使其表面钝化，并将水中平衡铁离子浓度降到极低的水平。最初的氧化性工况采用的是中性水加氧工艺，因其高纯水缓冲能力较差，没有得到大面积推广，仅在采用混合式间接空冷机组上有较好的利用效果。目前氧化性水工况多采用氧-氨联合加氧等处理工艺，加氨提高水的 pH 值，增大水的缓冲能力，但要严格控制加氨量，以避免凝汽器铜管的腐蚀；加氧可使金属表面形成一层保护膜，因而可抑制腐蚀的发生。加氧所用药品可为双氧水、氧气、压缩空气，采用这种工艺，给水水质应特别严格控制，其电导率小于 0.10μS/cm（25℃），pH（25℃）为 8.5～9.0，给水溶解氧控制在 20～150μg/L。如果水质不纯，将破坏金属保护膜，造成金属机体的腐蚀。

关于机组运行中如何进行给水处理与监督，将在本章第四节中加以阐述。

第二节　给水检测项目与控制指标

一、给水水质检测项目

由于给水直接进入锅炉，其质量问题可能对锅炉造成直接危害，因此，影响炉水及蒸汽质量的一些成分的监测均列入给水的监测项目之中。

（1）硬度。硬度有碳酸盐硬度（暂硬）及非碳酸盐硬度（永硬）之分，二者之和则为总硬度，一般就称为硬度。前者受热后，水中的碳酸氢钙及碳酸氢镁会转化成碳酸钙及氢氧化镁沉淀下来，这就会造成锅炉炉管的结垢，从而影响传热及水的循环，而且在垢与金属长期接触后，还往往造成垢下腐蚀，故必须检测并控制给水硬度。

（2）溶解氧。给水系统的管道、设备主要为钢铁制品，同时也有少量设备为铜制品。水中溶氧是造成给水系统铁腐蚀的主要因素。给水系统中受氧腐蚀的部位极其严重程度，随给水中溶氧含量及除氧设备的运行条件与效果而异。一般说来，给水管道及省煤器，特别是省煤器入口部分，因处于较高温度，即使在含氧量不太高的情况下也会受到腐蚀。因此，给水、除氧器出口的溶解氧必须严加监督控制，这是给水监督的重点。它不仅关系到机组锅炉是否受到溶解氧的腐蚀，而且也是监督除氧器运行状态的重要指标，从而为分析存在的问题，采取相应的技术措施，提高除氧效果提供了依据。

（3）铁、铜。给水中的铁、铜进入锅炉，与锅炉受热面长时间接触，就会形成水垢。水垢的化学组成十分复杂，其中往往以铁、铜的氧化物 Fe_2O_3 及 CuO 为主。

由于水垢导热性很差，分布及厚度又很不均匀，传热不良就会导致管壁温度升高，当超过一定限度时就会发生爆管事故。特别是在高参数大容量锅炉内很容易形成氧化铁垢，给水含铁量越高，形成氧化铁垢的速度也越快。

在各种压力的锅炉中均可形成铜、铁垢，这些结垢物如得不到彻底清除，长时间与金属表面相接触，会造成垢下腐蚀。垢下腐蚀由于离子浓缩和局部过热的双重作用，以及其发生部位的随意性，一是腐蚀速率远高于整体均值，二是难以预判和预防，且多以腐蚀穿孔的现象出现，是目前危害最大的热力设备损害方式。

产生铁垢、铜垢的主要原因之一，就是给水中的铁、铜含量过高，必须严加控制。同时锅炉水循环系统中的补给水、炉水及凝结水等均应力求降低铜、铁含量。

（4）二氧化硅。一般认为，给水中硅、铜、铁含量较高时，在热负荷很高的锅炉炉管内易形成硅酸盐水垢，天然地表水中含硅化合物较多，如果对电厂水处理不当或效果欠佳，则较多的含硅化合物会作为给水中的杂质进入锅炉。另外凝汽器的渗漏、甚至泄漏，使冷却水侧中的含硅杂质进入凝结水，而后经过凝结水混床的处理（有些机组部分处理，有些甚至得不到处理），又补充作为给水，这样就很易形成硅酸盐垢。

为了保证给水水质，必须对补给水进行有效的除盐处理，并且要尽可能防止凝汽器管的泄漏。给水中的硅进入炉水，由于蒸汽的携带，产生的硅酸盐最终沉积在汽轮机通流部位上，故在给水质量监督中，二氧化硅不仅是检测对象，而且也是作为控制指标要予以重视。

（5）联氨。联氨是发电机组用来进行化学除氧的常用药剂。

联氨是一种强还原剂，它可将水中的溶解氧还原，生成氮与水，而氮与水对热力系统无任何危害。

此外，联氨在一定条件下，还会将 Fe_2O_3 及 CuO 还原为 Fe 和 Cu，从而减少铁垢及铜垢的形成。

为了充分发挥联氨的除氧效果，一是给水要保持适当温度；二是维持给水一定的 pH 值；三是给水中的联氨必须控制在一定范围内。如 N_2H_4 太多，则会分解，造成浪费；太少，则除氧不完全。故对给水中的联氨的检测，同样列为给水水质的检测项目并要求达到规定的控制范围。

（6）pH 值。给水中的含氧量是造成金属腐蚀的主要原因，但是在不同的 pH 值条件下，金属受腐蚀情况的差异还是很大的，铁的腐蚀随给水 pH 值的增高而降低；另一方面，给水 pH＞9 时，铜的腐蚀随 pH 值增大而增大。一般给水 pH 值控制在 8.8～9.3 范围内。而对无铜系统来说，pH 值还可适当提高，控制在 9.0～9.5 范围内。因而对给水质量检测，pH 值也是一个重要检测项目，并且应达到规定的控制范围。

（7）电导率。电导率是反映水中含盐量高低的指标，锅炉金属面上沉积的各种水垢有碳酸盐垢、硫酸盐垢、硅酸盐垢等，水中含盐量高，是造成结垢的根本原因。

为了防止锅炉金属表面的结垢（在结垢的同时，往往在垢下就造成腐蚀）需严格控制给水含盐量，即降低给水电导率，具有重要的意义。一般说来，给水电导率应不大于 0.3μS/cm，直流炉应不大于 0.15μS/cm，过热蒸汽压力大于等于 18.3MPa 的直流炉应小于 0.1μS/cm。

（8）油。给水中的油进入炉水，油会附着在炉管上，分解成热导率很小的附着物；油还会被蒸汽携带进入过热器中，生成附着物，这些附着物将会危及炉管及过热器的安全。油还会使炉水生成漂浮的水渣及促进泡沫的形成，影响蒸汽品质。故油是给水中的有害杂质，要求不定期加以检测，并应达到规定的控制范围。

（9）氨。因为给水 pH 值是通过加氨处理来调节的，故也需要对给水中的氨加以控制与检测。

二、给水质量检测方法

给水特性指标的检测，通常均采用国家标准所规定的方法，见表 10-2。

表 10-2 　　　　　　　　　　　　　给水水质检测方法一览

序号	检测项目	采用方法标准	应用说明
1	硬度	GB/T 6909	适用 0.1～5mmol/L
		GB/T 6909	适用 1～100μmol/L
2	溶氧	GB/T 12157	适用 2～100μg/L
3	铁	GB/T 14427	适用 2～200μg/L
4	铜	GB/T 13689	适用 2.5～50μg/L
5	二氧化硅	GB/T 12148	适用 0～100μg/L 或 500μg/L
		GB/T 12149	适用 10～500μg/L 以及 0.5～20mg/L
		GB/T 12149	适用 0～50μg/L
6	联氨	GB/T 6906	适用 2～100μg/L
7	pH（25℃）	GB/T 6904	
8	电导率	GB/T 6908	适用于电导率 0.055μS/cm～10^6μS/cm（25℃）
		GB/T 6908	适用于电导率 0.055μS/cm～10^6μS/cm（25℃）
9	油	GB/T 12152	适用 0.1～100mg/L
		GB/T 12152	适用 0.1～4.0mg/L

三、给水水质控制项目标准

给水控制项目与标准规定见表 10-3。

表 10-3　　　　　　　　　　　　　给水控制项目与标准

控制项目	标准值和期望值	过热蒸汽压力（MPa）					
		汽包炉				直流炉	
		3.8～5.8	5.9～12.6	12.7～15.6	>15.6	5.9～18.3	>18.3
氢电导率（25℃）（µS/cm）	标准值	—	≤0.30	≤0.30	≤0.15[①]	≤0.15	≤0.10
	期望值	—	—	—	≤0.10	≤0.10	≤0.08
硬度（µmol/L）	标准值	≤2.0	—	—	—	—	—
溶解氧[②]（µg/L） AVT（R）	标准值	≤15	≤7	≤7	≤7	≤7	≤7
溶解氧[②]（µg/L） AVT（O）	期望值	≤15	≤10	≤10	≤10	≤10	≤10
铁（µg/L）	标准值	≤50	≤30	≤20	≤15	≤10	≤5
	期望值	—	—	—	≤10	≤5	≤3
铜（µg/L）	标准值	≤10	≤5	≤5	≤3	≤3	≤2
	期望值	—	—	—	≤2	≤2	≤1
钠（µg/L）	标准值	—	—	—	—	≤3	≤2
	期望值	—	—	—	—	≤2	≤1
二氧化硅（µg/L）	标准值	应保证蒸汽二氧化硅合格			≤20	≤15	≤10
	期望值				≤10	≤10	≤5
氯离子（µg/L）	标准值	—	—	—	≤2	≤1	≤1
TOC_i（µg/L）	标准值	—	≤500	≤500	≤200	≤200	≤200

①　没有凝结水精处理除盐装置的水冷机组，给水氢电导率不大于≤0.30。

②　加氧处理溶解氧指示按表 10-4 执行。

表 10-4　　　　　　　给水加氧处理给水 pH，氢电导率，溶解氧的含量

pH（25℃）	氢电导率（25℃）		溶解氧（µg/L）
	标准值	期望值	标准值
8.0～9.0	≤0.15	≤0.10	10～150[①]

注　采用中性加氧的机组，给水的 pH 宜为 7.0～8.0（无铜给水系统），溶解氧宜为 30～150µg/L。

①　氧含量接近下限时，pH 应大于 9.0。

由表 10-3 可以看出：随着机组参数的提高，对水质要求也越高。给水水质监督的重点应为硬度、溶氧、二氧化硅、联氨、pH 值及电导率。根据检测结果，以便随时进行调整。故标准规定每天检测均不应少于 6 次，以随时监督它们在水中的含量变化情况。

对上述 9 项重点检测项目，一定要按标准规定要求：

（1）配置相应的仪器设备：硬度采用容量分析法；pH 值采用电位法，配置 pH 计；联氨采用比色分析法，得配置包含波长 454nm 在内的分光光度计；溶氧采用银-锌原电池电解，然后进行比色法测定，得配置专用的溶解氧测定瓶（溶氧瓶），同时检测人员应掌握相应的测试技术。

（2）应严格控制检测条件，例如对硬度的测定，水样如混浊，取样前应过滤加以清除悬浮物；整个滴定过程应在 5min 内完成，温度不应低于 15℃；要采用二级水作为空白液，来

测定空白值，在滴定结果的计算时，将空白值扣除；对低硬度的水样，应采用微量滴定管滴定，以保证检测结果的准确性。

（3）要对一天中的各次检测结果加以统计分析，以观测给水水质变化的趋势作出判断，以便及时发现问题，采取措施，防止水质的进一步恶化。

对上述重点项目必须加强检测监督，这并不是说其他检测项目及其控制标准能否达到就无所谓。本节已简要地说明了给水中铁、铜、二氧化硅等对锅炉运行的危害，它们不仅是锅炉结垢中的一些主要成分，而且还会造成垢下腐蚀。因此，表 10-3 中规定的控制指标必须完全达到要求，特别是对高参数、大容量的机组来说，更是如此。

第三节　机组调试与启动中的给水监督

给水由补给水、凝结水、各种疏水所组成，如是供热电厂，从热用户返回的冷凝水也将进入给水系统，因而给水来源较多，水质差异较大，给水进入锅炉，直接对炉水、蒸汽品质产生影响，因而给水监督在水汽监督中占有特殊的地位，并具有相当大的难度。

为了确保锅炉炉管及汽轮机通流部位不结垢、不腐蚀，就必须严格控制给水质量，同时也必须对组成给水的各部分水质加以全面、严格的监督；另一方面，在机组调试、启动时，就要彻底清除残存于给水系统中的杂质，特别是残存于系统中的铁必须清除干净，以达到给水水质要求，这是给水监督的特点。

一、机组调试中的监督

机组进入调试阶段，首先要对锅炉水汽系统进行彻底冲洗，这包括冷态及热态冲洗两个阶段。机组调试、启动中的给水监督，只是机组整个水汽系统调试、启动的一个组成部分。本节将按机组调试、启动的流程来阐述对给水的监督问题，同时它也不可避免地要涉及炉水及蒸汽监督方面的一些问题。

1. 水汽系统冲洗

（1）冷态冲洗。

1）冷态冲洗凝汽器及低压给水系统，当凝结水及除氧器出口水含铁量大于 $1000\mu g/L$ 时，应采取排放冲洗方式；如小于 $1000\mu g/L$ 时，则可采取循环冲洗方式。

2）如有凝结水处理装置则投入，利用管路系统使水在凝汽器与除氧器之间循环。当除氧器出口水含铁量降至 $100\sim200\mu g/L$ 时为止。如无凝结水处理装置，则应采取换水方式，冲洗至除氧器出口水含铁量小于 $100\mu g/L$ 为止。

3）锅炉本体的冲洗，则由低压给水系统经高压给水系统至锅炉，当炉水含铁量小于 $200\mu g/L$ 时，则锅炉的冷态冲洗完成。

（2）热态冲洗。

1）汽包锅炉的热态冲洗，其重点是冲洗给水系统中各大型设备：如凝汽器、低压加热器、除氧器、高压加热器、疏水箱等。应加强锅炉排污，必要时进行整炉换水，直至出水澄清不含机械杂质。一般炉水中含铁量小于 $200\mu g/L$ 时，热态冲洗完成。

2）在冷态及热态冲洗过程中，应投入加氨及联氨设备，这样处理后的给水及蒸汽中铜、铁含量将会明显降低，并且显著地减缓了给水系统中加热器、给水泵等设备的腐蚀，调节冲洗水的 pH 值为 9.0～9.3，联氨过剩量为 50～100μg/L。在冲洗过程中，必须加强对给水、炉水、凝结水的含铁量与 pH 值的监督，同时也应及时监测联氨、水中机械杂质等的含量，以判断冲洗效果。

2. 在蒸汽吹洗过程中的给水监督

电厂水汽循环系统由补给水、给水、炉水、蒸汽、凝结水等组成，它们之间相互紧密联系。在机组调试与启动阶段对给水系统的监督必然也将涉及对炉水、蒸汽等方面的监督。

为了保证蒸汽系统的洁净，应采取蒸汽吹洗。在吹洗过程中，同时要对锅炉给水、炉水及蒸汽进行质量监督。

（1）主要监督项目。给水的 pH 值（25℃）应控制在 8.8～9.3，同时还应监督含铁量、电导率、硬度、二氧化硅等项目，吹洗完毕，排净凝汽器热水井及除氧器水箱中的水，然后仔细清除设备内部的铁锈和杂物。

（2）过热器进行反冲洗。由于过热蒸汽的质量直接影响到主蒸汽的质量，因此过热器的洁净与否对进入汽轮机的蒸汽品质至关重要。因而在机组联合启动前，应采用加入氨及联氨的除盐水进行反冲洗；也可以蒸汽吹洗的方式，以清除过热器中的铁锈及杂物。

二、机组启动中的监督

（1）机组启动中给水质量标准。热力设备及锅炉必须冲洗合格后方可允许机组联合启动。启动过程中给水质量的控制应符合下述标准，参见表 10-5 锅炉启动时给水质量。

表 10-5   锅炉启动时给水质量

炉型	锅炉过热蒸汽压力（MPa）	硬度（μmol/L）	氢电导率（25℃）（μS/cm）	铁	二氧化硅
				（μg/L）	
汽包炉	3.8～5.8	≤10.0	—	≤150	—
	5.9～12.6	≤5.0	—	≤100	—
	＞12.6	≤5.0	≤1.00	≤75	≤80
直流炉	—	≈0	≤0.50	≤50	≤30

（2）直流锅炉热态冲洗合格后，启动分离器水中铁和二氧化硅应小于 100μg/L。

（3）机组启动时，无凝结水精处理装置的机组，凝结水应排放至满足表 10-5 锅炉启动时给水质量标准中给水水质标准方可回收。有凝结水处理装置的机组，凝结水回收质量应符合表 10-6 机组启动时凝结水回收标准的规定，处理后的水质应满足给水要求。

表 10-6   机组启动凝结水回收标准

凝结水处理形式	外观	硬度（μmol/L）	钠（μg/L）	铁（μg/L）	二氧化硅（μg/L）	铜（μg/L）
过滤	无色透明	≤5.0	≤30	≤500	≤80	≤30
精除盐	无色透明	≤5.0	≤80	≤1000	≤200	≤30
过滤+精除盐	无色透明	≤5.0	≤80	≤1000	≤200	≤30

（4）机组启动时，应监督疏水质量。疏水回收除氧器，应确保给水质量符合表 10-5 要求；有凝结水处理装置的机组，疏水含铁量不大于 100μg/L 时，可回收至凝汽器。

三、机组启动中的给水监督重点与难点

1. 监督重点

（1）给水水源质量必须得到保证。新建机组不同于生产运行机组，设备、系统均处于新投入阶段，稳定性差。加上补给水用量特别大，因而补给水水质务必达到标准要求，方可投入正常运行。

（2）给水系统设备冲洗和除铁应达到要求。给水系统冷态及热态冲洗，主要目的就是力求更多地降低水中的铁含量，并应将系统设备中残存的铁锈及杂物清洗干净。

（3）加强水质检测，保证给水控制指标达到规定要求。机组启动结束后就将投入正常运行，因而通过启动试运行，就应该能够掌握给水处理的最佳运行条件，使给水质量全面达到控制指标的规定，特别是 pH 值、溶氧、铁、硬度等指标达到控制要求尤为重要。

2. 监督难点

（1）最大程度降低给水中的溶氧，既是监督的重点，也是监督中的难点。给水中溶氧是通过热力除氧与化学除氧相结合来加以去除的。热力除氧为主，化学除氧为辅。热力除氧器是给水处理中最为重要的设备，它不仅具有除氧功能，还能去除给水中 CO_2、NH_3、H_2S 等有害气体；热力除氧器除氧性能稳定，而且容易控制。对于新建机组的除氧器，如何控制好运行条件是十分重要的。

（2）给水水质必须全面达到控制指标，以提供优质的炉水及蒸汽。当机组启动试运结束后，即投入试生产阶段。整个水汽系统就正式处于循环运行状态，各种水质（包括蒸汽）之间的相互影响就显现出来。这是给水监督的又一个重点，也是难点。给水直接影响炉水品质，炉水直接影响蒸汽品质，蒸汽直接影响凝结水品质，最后凝结水又回归给水系统。锅炉炉管的结垢、腐蚀与汽轮机通流部位的积盐、腐蚀主要取决于两方面因素：一是进入锅炉的给水水质；二是炉水的处理方法与效果，从而也就决定了蒸汽品质。因此，除溶氧、pH 值、含铁量、联氨外，给水中硬度、电导率、二氧化硅等也作为控制指标需要加以严格监督。

再次指出：电厂水汽系统是一个包括多个子系统的大系统，它们互相联系互相影响。为了叙述方便起见，本书将整个水汽系统的相关子系统中在对应章节中加以说明，读者务必要在了解并掌握电厂水汽系统运行的前提下，再对各个子系统中的重点与难点问题加以了解。

第四节　机组运行中的给水处理与监督

给水直接进入锅炉，它将在较高温度下运行，给水水质不仅影响给水系统，而且影响整个水汽系统的运行，它对防止热力设备的结垢、腐蚀、积盐、爆管等至关重要。因而各项水质指标的控制要能达到标准规定的要求，以保证机组的安全运行。

本书内容主要是针对汽包锅炉，对直流锅炉的给水处理只作较为简单的说明。

一、汽包锅炉给水处理方法

给水近乎纯水。在运行中，给水中的硬度、溶氧、铁、铜、二氧化硅、联氨、pH 值、

电导率均应达到标准规定的控制指标。

对给水处理的目的：一是防止给水系统金属（钢铁为主，次为铜材）的腐蚀；二是防止炉水、蒸汽造成炉管及汽轮机通流部位的结垢、爆管、积盐与腐蚀。为了保证给水水质，首先就应保证组成给水的水源水质，同时要加强对给水的处理与运行监督。

汽包锅炉与直流锅炉的结构不同，对给水的水质要求也不同。直流锅炉的给水水质要求更为严格，因而对给水的处理与监督也就有着更高的要求。

1. 给水水源与系统设备

（1）给水水源。给水水源来自三个方面：一是汽轮机凝结水；二是各种加热器、冷却器的疏水；三是补给水。

1）补给水。补给水来源于天然水体中的淡水，多为江河湖泊或水库水，由于各种天然水体的水质相差很大，故各电厂所采用的补给水处理方法不尽相同，传统的是采用混凝、过滤、除盐处理。如果水中含盐量较高，则还应采取深化除盐的方法，比如进行反渗透处理，以确保补给水的水质达到规定的控制指标，即二氧化硅及电导率应符合标准的规定。

前已指出：电导率表征含盐量的高低，水中含盐量越高，对金属的腐蚀也越严重。因此，补给水处理的重点就是对原水中的含盐量尽可能地加以除净；另一方面，补给水中的二氧化硅带入给水，它将直接进入炉水及蒸汽，从而造成很大危害。

2）凝结水。凝结水是给水的主要来源，一般占给水总量的90%以上。凝结水为蒸汽凝结的产物，自然纯度也是比较高的。但是，一旦凝汽器管发生泄漏，冷却水进入凝结水中，将导致凝结水质严重恶化，含盐量、硬度、溶氧等含量大幅度升高。而如何防止凝汽器管的腐蚀泄漏是不少电厂长期面临的生产难题。

腐蚀泄漏是不少电厂长期面临的生产难题。例如，北方某省一电厂2年中就有27台机组凝汽器管泄漏，共更换5台凝汽器铜管，外加3700余根，足可见此问题的严重程度。铜管泄漏，直接影响凝结水水质，故为了保证给水水质，必须做到：一是做好循环冷却水处理，将凝汽器管的腐蚀降到最低程度；二是因为凝汽器很难保证没有渗漏，对凝结水采取精处理，将达到控制指标的凝结水返回到给水系统；三是由于凝汽器的汽侧在负压下运行，不能保证绝对没有空气漏入。因此对凝结水的溶氧也就有所要求。

3）疏水。疏水是指电厂中各种用汽设备，如加热器、除氧器中以及蒸汽管道中的凝结水，电厂疏水系统颇为复杂，各路疏水一般汇集至疏水箱（也可汇入凝结水）中，由于疏水箱与大气相通，有时疏水管道中的水量很少甚至无水，故疏水中含氧量很高，水质总体较差。

鉴于上述诸多因素，为了保证给水水质，就必须对给水加以处理。

（2）系统设备。给水系统中水的流向是：各路水源组成低压给水→除氧器→给水泵→高压加热器→省煤器，故给水系统中的主要设备为除氧器、给水泵、高压加热器及省煤器。

1）除氧器。为了防止给水系统金属（主要为钢铁）的腐蚀，通常采取的主要措施即设法降低给水中的溶氧，并适当控制给水的pH值。除氧器是用以去除水中的溶氧，也包括去除水中二氧化碳等有害气体的主要设备，这在本章第一节中已做过详细说明。

2）给水泵。给水泵的作用是将给水打入锅炉，如给水中断可能使锅炉受到严重损坏，因而给水泵必须有很高的运行可靠性。现代大型锅炉多采用汽动给水泵，不仅可以节电，而且可提高热效率。

3）高压加热器。高压加热器可使通过除氧处理的热水进一步提高温度。例如一台蒸发量为 1025t/h、过热蒸汽压力 18.3MPa 的锅炉（配 300MW 机组），其高压加热器出口的给水温度设计值为 279.6℃，它经过给水管上的止回阀与截止阀送入省煤器进口管及低压加热器的传热管件，通常用黄铜或不锈钢加工而成，故为了防止对给水系统设备的腐蚀，除考虑如何降低对碳钢的腐蚀外，也要考虑如何降低对铜的腐蚀。给水与循环冷却水对设备的腐蚀不同，给水系统多在 200～300℃ 甚至更高温度下运行，腐蚀的主要对象为碳钢；冷却水系统通常在 50℃ 以下运行，腐蚀的主要对象为黄铜，因而它们所采取的防腐方法完全不同。

4）省煤器。省煤器是由布置在锅炉尾部烟道中的蛇形管所组成，它利用烟气余热来提高给水温度。例如，蒸发量为 1000t/h 的直流锅炉，给水温度为 265℃，省煤器出口温度为 303℃，这样可以节约 10%～15% 的燃料。如省煤器管结有 1mm 厚的水垢，由于垢的传热效果极低，则燃料用量就比结垢前增加 1.5%～2%。不仅如此，由于省煤器一直与高温下的给水相接触。如给水水质不良，产生结垢的同时，往往还会造成对省煤器的腐蚀。腐蚀产物转入水中，使得给水水质恶化并将其杂质带入炉水和蒸汽，在高温受热面上，更加速了结垢和炉管的腐蚀，甚至造成爆管事故，严重影响机组的安全运行。由此可以看出，保证给水质量，防止给水系统的腐蚀往往成为保证整个水汽系统正常运行，不致对热力设备产生结垢、腐蚀、爆管的关键，这也说明了进行给水处理的必要性与重要性。

2. 造成给水系统金属腐蚀的主要因素

造成给水系统金属腐蚀的主要因素：一是给水水质，二是运行条件。

（1）给水水质。

1）溶氧。前已指出，给水中溶氧是造成钢材腐蚀的主要因素，对压力为 5.9MPa 以上的锅炉，给水中溶氧应控制在 7μg/L 以下。为此，在给水系统中加装了热力除氧器，而且还辅以化学除氧处理，以使给水中溶氧值处于一个很低的水平。

因为热力除氧器是给水系统中的主要设备之一，本章第一节中对给水除氧的必要性、除氧原理与方法均已作了说明，本节就不予复述。

2）二氧化碳。给水水源为补给水、凝结水及疏水，它们均含有一定量的二氧化碳。特别是疏水中，由于大量空气溶于水中，故二氧化碳含量就更高。在常温下，二氧化碳饱和水溶液其 pH 值为 5.6，故具有一定的酸性，这就可以造成对钢材的腐蚀。

$$CO_2 + H_2O \longrightarrow H^+ + HCO_3^-$$

水中的碳酸氢盐在进入锅炉后受热，上述反应向左进行，即分解出 CO_2，在腐蚀电池中 H^+ 获得电子作为阴极，而铁离子则失去作为阳极。

$$2H^+ + 2e \longrightarrow H_2$$
$$Fe - 2e \longrightarrow Fe^{2+}$$

由于上述反应的进行，H^+ 消耗于铁的腐蚀，$CO_2 + H_2O$ 的反应平衡向右移动，也就使 H^+ 不断得到补充，这样就会使水中 H^+ 浓度一直处于较高的水平，即水的 pH 值较低，直至 H_2CO_3 全部电离，也就是说，CO_2 全部消耗于铁的腐蚀才会结束。

随着温度的升高，H_2CO_3 的电离能力加大，而大大促使腐蚀的产生；同时水中溶氧与二氧化碳共存时，金属腐蚀就尤为严重。

除氧器不仅可以除氧，而且也可以去除二氧化碳，因而除氧器是给水系统中保证给水水质的关键性设备，必须加强对除氧器的运行监督与给水检测，防止腐蚀的产生与发展。

给水系统设备一旦受到腐蚀，不仅直接影响给水质量与系统运行，而且腐蚀产物还将带进炉水与蒸汽，从而给诸多的热力设备带来危害。

3）电导率、二氧化硅、铁、铜、油。因为给水是炉水的水源，而蒸汽又来自炉水。所以给水水质中的含盐量、二氧化硅、铁、铜等有害杂质将直接导致锅炉炉管及汽轮机通流部位的积盐、腐蚀。

电导率反映水中含盐量的高低，含盐量越高，炉管结垢与腐蚀的可能性就越大，严重时甚至会造成炉管爆破，以致不得不作紧急停炉处理。二氧化硅随给水进入炉内，最终将被大量的蒸汽带入进入汽轮机，它是汽轮机积盐的主要成分。铁、铜含量越高，在热力设备中产生铁垢及铜垢的可能性就越大，同时垢下还会发生腐蚀；给水中的油也是有害物质，这在本章第二节中已作了说明，故对给水中的上述杂质含量也必须严格加以控制。

（2）给水加药处理。给水中的氧及二氧化碳均是对给水系统造成金属腐蚀的主要因素。

给水中溶氧通过热力除氧、辅助化学除氧方法，绝大部分得以除去；给水中的二氧化碳也可通过除氧器得以降低，但不能保证彻底消除。CO_2 对给水系统设备产生酸性腐蚀，随着给水 pH 值的增高，钢铁的腐蚀速率将大大降低，但当 pH>9 时，铜的腐蚀加重。因而给水系统的重要运行条件之一，就是控制给水 pH 值在 8.8～9.3 范围内（如果系统中无铜材料设备 pH 值可控制在 9.0～9.5，现在不少锅炉配置的低压加热器已选用不锈钢管取代铜管）。

1）加氨处理。最常用的 pH 值调节方法是对给水进行加氨处理。由于氨具有挥发性，故它也称为挥发性处理。氨为弱碱，二氧化碳溶于水为弱酸，故加氨处理，实际上就是酸碱中和反应，利用氨来中和给水中的二氧化碳。

氨水在常温常压下是一种具有刺激性臭味的气体，溶于水，其水溶液称为氨水。市售的氨水含量 25%～28%。

$$NH_3 \cdot H_2O + CO_2 \longrightarrow NH_4HCO_3$$
$$NH_3 \cdot H_2O + NH_4HCO_3 \longrightarrow (NH_4)_2CO_3 + H_2O$$

上述第一步反应，其给水 pH 值为 7.9，而完成第二步反应，则 pH 值升至 9.2。通常加氨量是将给水的 pH 值调节至 8.5 以上，给水用氨水调节 pH 值，由于它中和水中的 CO_2，故可降低给水系统金属的酸性腐蚀；但加氨量如果过多，则与铜、锌形成铜氨络离子及锌氨络离子，从而导致黄铜器件的腐蚀。

由于氨具有挥发性，它可以加至热力系统的任何部位。一般是先在氨水的氨箱中配制成一定浓度的稀溶液，与化学除氧剂联氨一起加入给水管道中。

在给水加氨处理时，NH_3 进入锅炉后随着蒸汽挥发，经汽轮机排入凝汽器，其中一部分氨被抽汽器抽走；另一部分进入凝结水，当通过除氧器时又被去除一部分，余下的部分氨仍留在给水。另一方面，氨与二氧化碳在热力系统中流程相同，但二者在气相及液相中的含量却有很大的差异。由于氨在热力系统中分布不均匀以及热力系统部分运行条件的差异，使得氨在热力系统中，有的地方浓度过大，有的地方又过低。

加氨处理必须控制好条件，方可获得较好的效果。

a. 加氨量不易过大，以防止对黄铜的腐蚀，特别要注意只有溶氧量很小时，进行加氨处理，方可避免铜的腐蚀。

b. 由于氨在热力系统中分布的不均匀性及各部位运行条件的差异，即使给水 pH 值在取样点控制在 8.8～9.3 范围内，但局部地方仍可出现氨浓度过大的情况而造成对铜的腐蚀。

c. 加氨处理与加联氨除氧往往一并进行。实践表明：这样处理后给水、蒸汽中铜、铁含量将会明显降低，并显著地减缓了对给水系统中加热器、给水泵等设备的腐蚀。

d. 各电厂要根据运行调整来确定加氨量，根据不同情况选择合适的加药点，氨除直接加入给水中，也可以加在补给水、凝结水以至直接加至汽包中。

2）氧化处理法。对给水进行除氧及加氨处理是现在电厂中防止给水系统金属腐蚀的常用方法，但对超临界压力机组及亚临界直流机组，上述方法的防腐效果并不十分理想。

水中的氧一般说来是造成金属腐蚀的主要因素，然而研究与生产实践表明，当水中含盐量极低时，如电导率在 0.15μS/cm 以下时，水中溶氧就不仅不会对钢铁产生腐蚀，而且会在金属表面形成一层保护膜而抑止了腐蚀。基于这一原理，可以采取中性水处理及加氧加氨联合水处理工艺来取代传统的处理工艺，来防止给水系统的金属腐蚀。

a. 中性水处理。将给水 pH 值保持在中性状态，即 pH 值为 6.5～7.5，往水中加入氧气或过氧化氢等强氧化剂，严格控制给水电导率在 0.15μS/cm 以下，如水质纯度不够，就不能在碳钢表面形成很好的保护膜；而给水中溶氧量要求较高，一般控制在 20～150μg/L 范围内（传统的处理方法给水溶氧量应小于等于 7μg/L）。为了定量加入氧，这种处理方式仍然要除氧器工作，只是化学除氧可以停止了。

b. 加氧加氨联合处理。在高纯度的给水中，既加氧又加氨，加氧使金属表面形成氧化膜；加氨提高给水 pH 值至微碱性，还要避免凝汽器空冷区由于氨的浓度过大而造成铜管的腐蚀。采用这种方法处理对给水水质要求更为严格。给水电导率应在 0.10μS/cm 以下；pH 值控制在 8.5～9.0，水中溶氧控制在 20～150μg/L。与上述方法一样，保留除氧器。

采用上述氧化处理方法，有助于降低给水系统设备的结垢与腐蚀，延长凝结水除盐设备的运行周期，减少锅炉的压力损失等；但另一方面，必须对给水有着更为严格的要求，同时控制好运行条件，否则不但不能形成良好的保护膜，当给水中有大量溶氧存在时，必将对给水系统设备造成更为严重的腐蚀。因而，加强这方面的研究，积累氧化处理的运行经验，并加强对给水水质的监督，也就显得更为重要。

（3）给水劣化时的处理。

1）水汽异常处理分级。当水汽质量劣化时，有关规定制定了锅炉给水、炉水、凝结水异常时的处理值，并根据劣化程度制定了三级处理方法。

a. 一级处理值：是指有发生水汽系统腐蚀、结垢、积盐的可能性，应在 72h 内恢复至标准值。

b. 二级处理值：是指正在发生水汽系统腐蚀、结垢、积盐，应在 24h 内恢复至标准值。

c. 三级处理值：是指正在发生快速腐蚀、结垢、积盐，4h 水质不好转，应停炉。

在异常处理的每一级中，如在规定时间内尚不能恢复正常，则应采用更高一级的处理方法。对于汽包锅炉来说，恢复标准值的措施之一就是降压运行。

对于超高压、亚临界及海水作冷却水的高压机组应执行上述三级处理的规定。

2）给水水质异常时的处理值。锅炉给水水质异常时的处理值参见表 10-7。

表 10-7   给水水质异常时的处理值

项　目		标准值	处理等级		
			一级	二级	三级
pH 值 （25℃）	有铜给水系统	9.2～9.6	<9.2	—	—
	无铜给水系统	8.8～9.3	<8.8 或>9.3	—	—
氢电导率（25℃） （μS/cm）	有精处理除盐	≤0.3	>0.3	>0.4	>0.65
	无精处理除盐	≤0.15	>0.15	>0.2	>0.3
溶解氧 （μg/L）	还原性全挥发处理	≤7	>7	>20	—

由表 10-7 可进一步看出，对给水水质的控制与监督的核心问题，就是通过给水加药处理，使得 pH 值、电导率、溶解氧不致超过标准。

为了保证给水水质符合要求，还应注意对疏水及供热电厂的返回水加强监督，防止不合格的水进入给水系统。如不合格，则必须经过相应的处理，符合要求后才可补入给水系统中。

二、直流锅炉给水的处理方法

1. 直流锅炉水汽系统的特点

直流锅炉最大的特点没有汽包，给水进入锅炉后，经过锅炉的加热区、蒸发区、过热区，全部转为蒸汽。它不像汽包炉可以通过锅炉排污及对炉水的处理来改善水质。由于它没有汽包，它也就不能通过汽包内的水汽分离装置、蒸汽清洗装置、分段蒸发装置来改善蒸汽质量，因而直流锅炉对给水水质要求特别严格。直流锅炉中，给水的加热、蒸发、过热三个区段并没有固定的分界线，故对其运行调节更为严格，一旦调节不当，将引起过热器出口蒸汽参数的剧烈波动，从而给机组的稳定运行带来不利影响。

在直流锅炉中，随给水带入锅炉的各种杂质，有一部分由蒸汽携带进入汽轮机，大部分则沉积于炉管中。这些杂质主要有钙、镁化合物、钠的化合物、硅的化合物、金属的腐蚀产物等。它们在过热蒸汽中的溶解度（携带量）随下列顺序变化，钠盐与钙盐在超临界压力的过热蒸汽中溶解度依次为：

$$NaCl>CaCl_2>Na_2SO_4>Ca(OH)_2>CaSO_4$$

由于各种杂质在过热蒸汽中溶解度的不同，则它们在炉管中的沉积物特性也就不一样。

随给水带入锅炉的钙、镁化合物，主要有 $CaSO_4$、$CaCO_3$、$MgSO_4$、$MgCl_2$ 等，它们在过热蒸汽中溶解度比较小，几乎全部沉积于过热器管中。随给水带入锅炉的钠化合物，主要有 $NaCl$、Na_2SO_4、$NaOH$ 等。由于 $NaCl$ 在过热蒸汽中溶解度很大，故它不会在过热器内沉积而进入汽轮机；而 $NaOH$、Na_2SO_4 的溶解度较小，主要还是沉积于炉管中。随给水带入的硅化合物，由于在过热蒸汽中溶解度很大，几乎全部进入汽轮机中。随给水带入的金属腐蚀产物，主要为铁与铜的氧化物，它们在过热蒸汽中溶解度很小，故几乎全部沉积于炉管中。

从上述分析可知，为了保证直流锅炉的水汽系统正常运行，避免对热力设备产生结垢与腐蚀情况，就必须提高给水水质。

2. 直流锅炉给水水质标准

直流锅炉给水质量标准详见表 10-3，可以看出，直流锅炉给水水质的监督控制指标更多，更严格。它比压力最高的汽包炉大于 15.6MPa 的水质要求还要高一些。

对直流锅炉来说，给水含钠量作了严格的限制，而汽包炉没有，虽说指标规定直流炉给水中含钠量要小于等于 2μg/L，应力争达到更低的水平；直流炉给水含铁量应小于等于 5μg/L，它低于各种汽包炉给水中允许的含铁量，以防止铁的氧化物在热力设备中沉积下来。这一切都表明直流炉的给水水质要求更高，故对它们监督也越严格，保证给水水质的难度也越大。

3. 直流锅炉的给水处理

给水主要来源于补给水及凝结水，因此，要保证直流锅炉给水达到更高的纯度和满足锅炉运行的要求，就必须从提高补给水水质，改善凝结水水质及对给水进行更合理有效的处理这三个方面来进行。

（1）改进补给水处理，增加除盐设备。一般对汽包炉来说，原水先经混凝、过滤，除去悬浮物及胶体杂质，包括胶体含硅化合物，然后进行除盐，去除水中硬度，降低含盐量。

对直流锅炉来说，则要求至少采用两级除盐处理，以进一步降低补给水中的阴、阳离子，使其水中硬度约为 0，电导率力求降至更低水平。

（2）对凝结水进行精处理，提高凝结水水质。因为凝结水是锅炉给水的主要来源，采用凝结水精处理，一方面要尽可能防止凝汽器管的渗漏；另一方面，为防止进入凝汽器的各疏水中的腐蚀产物带入凝结水中，也就是说，凝结水应尽可能减少外界杂质的污染，保持较高的纯度。这也说明，对直流锅炉来说，不仅要加强给水监督问题，也要大大加强冷却水、凝结水的监督，故采用直流锅炉的电厂，应对电厂全面加强各种水的处理与检测监督，才能保证机组的安全经济运行。

对汽包锅炉来说，凝结水多采取凝结水混床净化处理。而对直流锅炉，一般要再设前置过滤器，然后通过混床净化处理来提高凝结水质量，再经凝结水升压泵将其打入低压加热器，进入除氧器，其后的流程则与汽包炉给水处理相同。

凝结水的精处理一些新的处理方法与工艺的研究不断深入，并开始在电厂中得到应用。

（3）直流锅炉与汽包锅炉的给水处理方法基本相同。直流锅炉与汽包炉一样，给水通常采用是加氨及加联氨处理或者采用加氧及加氨处理，这在本节中已作了说明，如采用加氨联氨处理，则给水中含铁量难以降低下来，直流炉给水中要比汽包炉给水中铁含量要低；另一方面，由于加氨，而降低了凝结水处理混床阳树脂的出水量，从而缩短了凝结水除盐设备的运行周期，增加了运行费用。故直流炉还是宜采用加氧处理，并取得了较成熟的运行经验，并且加氧处理现已开始用于汽包炉的给水处理。总之，电厂水处理，特别是适用于直流炉的各种处理方法与工艺在不断发展过程中，因而关注并学习各种新技术、新工艺，可把水汽监督工作做得更好。

第五节　给水系统设备的腐蚀与监督评价

给水系统中的主要设备包括除氧器，高、低压加热器，省煤器，疏水箱，给水泵，凝结水泵等，除少数机组加热器管由黄铜及不锈钢制成外，其他设备及管道均由碳钢制成。

对给水系统的监督评价主要包括两个方面：一是给水水质是否符合有关标准要求，给水水质不仅直接关系到给水系统设备是否产生结垢与腐蚀，而且还将进一步影响炉水及蒸汽品质；二是通过设备检修，直接观测给水系统设备及管道是否出现溃疡或均匀腐蚀。不同起因的腐蚀往往出现在给水系统不同的部位，且呈现不同的腐蚀性状。最常见的腐蚀部位为省煤器，其他部位则为给水管道、凝结水系统的铜材及低压加热器黄铜管的汽侧。

一、给水系统的腐蚀

1. 溶氧腐蚀

给水中溶氧的存在，是造成给水系统钢材腐蚀的主要因素，故对给水要进行除氧处理，尽可能降低给水中的溶氧含量，这是给水监督的重点，也是难点之一。

本章中已对给水除氧的必要性、除氧方法等做了较详细的阐述，只要水中有溶解氧，由于铁的电位比氧低，在铁氧组成的腐蚀电池中，铁是阳极而受到腐蚀，氧是阴极而被还原。铁为阳极失去电子后，转为 Fe^{2+}，氧为阴极获得电子还原为 OH^-。

$$Fe-2e \longrightarrow Fe^{2+}$$

$$O_2 + 2H_2O + 4e \longrightarrow 4OH^-$$

而上述反应中形成的 Fe^{2+} 与 OH^- 可继续进行反应

$$Fe^{2+} + 2OH^- \longrightarrow Fe(OH)_2$$

而 $Fe(OH)_2$ 为不稳定化合物，它与氧可进一步反应生成 $Fe(OH)_3$ 和 Fe_3O_4。

$$4Fe(OH)_2 + 2H_2O + O_2 \longrightarrow 4Fe(OH)_3$$

$$Fe(OH)_2 + 2Fe(OH)_3 \longrightarrow Fe_3O_4 + 4H_2O$$

$Fe(OH)_3$ 一般可看成是三价铁氧化物的水合物，亦即 $Fe_2O_3 \cdot nH_2O$，例如 $2Fe(OH)_3$ 可视为 $Fe_2O_3 \cdot 3H_2O$，钢铁在水中受到溶氧腐蚀时，常在其表面形成许多大小不等的鼓泡，而泡的表面往往呈现各种不同的颜色，有白色、红色、黄色、黑色等，这些都是钢铁受到氧腐蚀而产生和腐蚀产物所特有的颜色。这些也正是不同价态、不同组成与结构腐蚀产物所特有的颜色，当把这些腐蚀产物清除后，则在钢材表面上出现腐蚀坑点。这种腐蚀形状像人体皮肤的溃疡，故它也称为溃疡腐蚀。

溶氧腐蚀所以呈现溃疡状，这是因为溶氧的腐蚀产物 $Fe(OH)_2$、$Fe(OH)_3$ 不稳定且多呈疏松状，故在腐蚀坑点四周金属的溶氧浓度相比进入腐蚀坑点的溶氧浓度要高，而腐蚀点四周金属成阴极，腐蚀点成为阳极，从而导致腐蚀继续进行，腐蚀坑点不断扩大而形成溃疡状。

给水系统发生氧腐蚀的部位，不仅与溶氧含量，而且与设备的运行密切相关，常发生溶氧腐蚀的部位为溶氧含量较高处，如补给水、疏水管道及疏水箱等。这些部位补给水尚未进入除氧器除氧，疏水系统直接与氧气接触，故最易受到氧腐蚀。

2. 二氧化碳腐蚀

当给水中存在游离二氧化碳时，水溶液呈酸性。

$$CO_2 + H_2O \Longrightarrow H^+ + HCO_3^-$$

在腐蚀电池中，铁失去电子为阳极，H^+ 获得电子为阴极，铁受到腐蚀。

$$Fe - 2e \longrightarrow Fe^{2+}$$

$$2H^+ + 2e \longrightarrow H_2$$

虽则碳酸为弱酸，它不能全部电离。但随着腐蚀的进行，H^+ 不断被消耗，从而上述可逆反应平衡向右方移动，H^+ 不断得到补充，直至 H_2CO_3 中的 H^+ 完全消耗于铁的腐蚀。因而会使水的 pH 值保持在一个较低的水平上。

当水温升高，碳酸的电离度加大，从而导致腐蚀速度大大加快。游离 CO_2 对钢材的腐蚀性状为均匀腐蚀，腐蚀产物溶于水中，而被带入炉水，往往形成铁垢并引起炉管的腐蚀。

前已指出，除氧器不仅可以除氧，而且具有去除 CO_2、NH_3、H_2S 等气体的功能。凝结水系统因处于除氧器前方，同时凝结水纯度较高，水中存在游离 CO_2，很易导致水的 pH 降低，故凝结水系统是受游离 CO_2 腐蚀较多的部位。

如果应用化学除盐水作补给水时，水中的残余碱度很小，当除氧器后方的给水中残存少量 CO_2，同样会对除氧器后方设备产生腐蚀。

3. 溶氧与二氧化碳共同腐蚀

水中溶氧及游离二氧化碳均是造成给水系统钢铁腐蚀的主要因素。如水中同时存在溶氧及游离二氧化碳，则大大增加腐蚀速率，造成更大的危害。

铁氧组成的腐蚀电池中，铁的电极电位低，成为阳极而受到腐蚀；而游离二氧化碳溶于水，使水呈弱酸性，它破坏了金属保护膜，故二者结合在一起，将引起更严重的溃疡状腐蚀，且发展迅速。

显然，在除氧器前方的设备如凝结水与疏水系统水中氧与二氧化碳未经除氧器加以去除，故上述部位的设备易受到溶氧及游离二氧化碳共同腐蚀的可能性就较大；另一方面，如果除氧器除氧及二氧化碳效果不佳，则在除氧器后方的给水系统设备中也可出现这种腐蚀。除氧器后方的第一个设备就是给水泵，此处温度较高，泵处于高速运转状态，保护膜难以形成，故给水泵也易发生这种腐蚀。

当给水系统中的有些设备如低压加热器，应用黄铜管作为传热元件时，则给水中的溶氧及游离二氧化碳也会导致铜管的腐蚀。

低压加热器铜管的汽侧，往往有游离二氧化碳及氧的存在，故很易受到这种腐蚀。当它受到腐蚀时，疏水中的铜含量就会明显增加。因此，铜含量也作为给水水质控制指标之一，要加以注意与监督。

二、给水系统防腐监督与评价

1. 省煤器及其防腐

给水系统防腐的重点在省煤器，前已指出，如省煤器结垢厚度为 1mm，其燃料用量就将增加 1.5%～2.0%。例如一台 600MW 机组，日燃煤量 5000t 计，那么省煤器管结垢 1mm，则每天增加燃煤 75～100t，这对电厂造成巨大的经济损失；省煤器结垢往往产生垢下腐蚀甚至穿孔，不仅缩短省煤器的使用寿命，而且腐蚀产物进入给水中，加速了炉管的结垢与腐蚀，严重时甚至会发生爆管；同时金属腐蚀产物又将被蒸汽带入汽轮机，而在汽轮机通流部位沉积下来，产生积盐与腐蚀，严重影响机组的安全运行。

在此，先将省煤器的位置与作用、引起腐蚀的因素与特点做一简要说明。省煤器是利用烟气热量加热锅炉给水温度的设备，省煤器与空气预热器布置在锅炉对流烟道的最后。进入这些受热面的烟气温度已经不高，故常把这两个部件统称为尾部受热面或低温受热面。锅炉因装设了尾部受热面，故可以降低排烟温度，提高锅炉效率。

省煤器有沸腾式与非沸腾式之分，前者水加热至沸腾并有一部分蒸汽形成，显然这种省煤器出口水温达到了省煤器出口压力下的饱和温度；而在非沸腾式省煤器中，省煤器出口水温要低于出口压力下的饱和温度。高压锅炉通常采用沸腾式省煤器。

省煤器是由众多蛇形钢管组成,给水进口与出口处都装有联箱。烟气在省煤器管外流过,水则通过管内。故当给水流经省煤器时就吸收了烟气中的热量,从而提高了自身的温度。

锅炉压力不同,给水温度也不同,超高压锅炉给水温度在 240℃左右,亚临界锅炉为 260℃左右,例如某蒸发量为 1000t/h 的亚临界直流锅炉,其给水温度为 265℃,过热器温度为 555℃。由于锅炉水汽系统的金属腐蚀与各设备所处的位置及运行条件,特别是与温度密切相关,故了解锅炉汽水系统的温度分布情况,将有助于进一步了解汽水系统的组成与温度分布特征。

给水中所含杂质,由于水温的升高而被浓缩,最有可能在省煤器入口管沉积下来,形成结垢与腐蚀。

采用了省煤器,因而进入汽包的水温提高,从而减小了汽包因温度而引起的热应力。电厂大型锅炉均配有较大的省煤器受热面。例如,一台蒸发量为 1025t/h 亚临界汽包炉的省煤器有 366 根蛇形管,管子规格为 51mm×6.5mm,一旦省煤器出现大面积结垢与腐蚀,将对机组安全运行产生严重影响。

省煤器通常由碳钢加工而成,给水中溶氧是造成省煤器腐蚀的主要因素。在给水系统中,水中杂质的浓缩及溶氧的存在,最易导致省煤器入口管的结垢与腐蚀,而省煤器出口处由于水中溶氧因钢材腐蚀而受到消耗,故出口处,溶氧含量已经大为降低,虽然温度更高,但结垢与腐蚀程度已经明显减轻。因而省煤器入口管段是否结垢与腐蚀,就成为评判给水监督质量最为主要的依据。

2. 给水水质监督

本章第二节给出了给水各检测项目的控制指标,这些检测项目包括硬度、溶氧、铁、铜、二氧化硅、联氨、pH 值(25℃)、电导率等。合格的给水水质是指上述各项指标全部合格或优于表 10−2 中的控制值。要保证达到这一目标,就必须认识到:

(1)由于给水系统来源于补给水、凝结水、加热器的疏水。因而要使给水各检测项目能达到控制指标,就必须提供符合相应水质要求的补给水、凝结水及加热器疏水。所以对给水监督并不能看成是一个孤立的监督项目,它必须与对补给水、凝结水、疏水监督密切结合起来。

(2)给水水质监督不力,不仅会导致给水系统设备腐蚀,而且还会直接影响炉水及蒸汽的品质。故对给水的监督评价也包括两个基本方面:一是确保给水水质符合表 10−3 的规定,而在检修时,抽取管样剖开检查来进行验证;二是根据炉管及蒸汽结垢、积盐、腐蚀情况的综合分析来对给水监督作出评价。

(3)给水监督中一个突出的问题是对给水的除氧(包括二氧化碳)进行监督。要力保除氧器的除氧效果并辅以联氨化学除氧,进一步降低给水中的溶氧,这是防止给水系统氧腐蚀的重要途径。也要注意除氧器前方设备和管道,由于水尚未进入除氧器,造成氧腐蚀的可能性就更大。

(4)给水系统的设备腐蚀主要是钢材腐蚀,其次是黄铜腐蚀。要了解腐蚀机理及产生腐蚀的条件,如温度、pH 值等,控制好给水系统运行条件,将腐蚀降至最低程度。

3. 抽样检查

为了检查给水系统设备是否产生腐蚀,则应加强对设备的检修监督,观测设备是否存在腐蚀情况。有的腐蚀现象在设备外观上就可以显示出来,而有的则需在停炉检修期间在估计可能出现腐蚀的部位切取局部管段如省煤器入口及输水管管段剖开检查。检查内容主要包括出现腐蚀的位置、形状（均匀腐蚀还是溃疡状腐蚀）与程度，根据实际测量，计算腐蚀速率；分析腐蚀产物的组成，以判断产生腐蚀的原因等。从而进一步改进给水系统的运行工况，摸清给水系统设备腐蚀的部位、特征与条件，这将有助于更有针对性地加强给水监督，采取更为有效的防腐措施，提高给水监督水平。

对省煤器管（也包括水冷壁管、再热器管及过热器管）内的腐蚀评价通常分为三类，参见表 10-8。

表 10-8　　　　　　　　　　省煤器管内的腐蚀评价

一类	二类	三类
基本没有腐蚀或点蚀深度小于 0.3mm	轻微均匀腐蚀或点蚀深度 0.3～1mm	有局部溃疡性腐蚀，腐蚀大于深度 1mm

当出现二类腐蚀时，就应对给水系统处理设备（包括加药）运行条件以及水质分析的可靠性加以全面检查。查找出产生腐蚀的主要原因，尽快消除水处理设备的缺陷，必要时改进或更换水处理（包括加药）方法与工艺。更严格的控制运行条件，缩短给水取样检测周期，严格监督给水质量，切实加强给水监督及监督效果的检查，力求减缓和消除这种腐蚀情况的发生。

4. 电厂给水监督评价实例

（1）给水合格率与溶氧腐蚀。给水水质是给水监督评价的重要依据，我国部分 300MW及 600MW 机组，有的电厂给水中 Fe 的合格率相对较低，如某电厂 8 号机组给水 Fe 合格率为 88.3%。该电厂 7 号机组投运至首次大修，累计运行 7642h。在割取省煤器入口管段检查时，其内表面有明显的沉积物及腐蚀鼓泡情况，将沉积物与腐蚀清除后，金属表面呈现不规则蜂窝状腐蚀坑，蚀坑深度为 0.2～0.6mm，沉积物及腐蚀产物的数量平均为 321g/cm²；对省煤器出口管段割管检查，其内表面为一层黑色附着物，无鼓泡及明显的腐蚀产物，其附着物数量平均为 23.0g/cm²。

据分析，省煤器入口管段腐蚀的原因是：有异种金属颗粒在入口管段上附着，与省煤器一起构成导致省煤器基体金属腐蚀的原电池。金属颗粒的主要成分为：Cr、Cu、Mn、Ag、Fe 等元素，其可能来源是汽轮机低压缸叶片及其拉筋断裂的磨损产物；二是该机组启停频繁，在启动过程中，给水溶氧不合格，在冷态启动时给水溶氧曾达到 8000μg/L。在机组投产至第一次大修期间，给水溶氧在机组启动过程中的不合格时间占总运行时间的 40%，这是造成省煤器腐蚀的主要原因。应该指出：火力发电厂水、汽品质合格率统计方法已沿用很久，但它存在明显的不足。

1）它没有反应水、汽品质不合格的范围，也就是说，它没有反应不合格的程度与时间。

2）以各指标单项合格率的算术平均值作为电厂水汽合格率、重要性与监测次数之间的差异。

3）各电厂装机台数、容量并没有反映监测项目的因而缺少科学性与说服力；机组参数各异，水质控制标准也各不相同，水质合格率却视为同等，故不具可比性。

正因为如此，从统计数据上看，水汽品质不合格的情况并不少，有的甚至还是很严重的。各电厂的水质合格率普遍很高，而热力设备发生结垢与腐蚀，我们在对水汽监督进行评价时，作者认为：水汽合格率的数据参考价值并不大，要看设备是否产生结垢、腐蚀、爆管等，其严重程度如何。

（2）给水中铁的控制与垢的形成。锅炉中大量的铁，主要来自给水中铁的腐蚀产物。某电厂通过炉前的腐蚀产物进入给水，最终就成为锅炉内部受热面上的以氧化铁为主要成分的沉积物，即通常所说的铁垢。而在垢下，则往往形成腐蚀坑，尽管给水中铁含量已加以控制，如对压力为 15.6MPa 机组，则每次大修间隔（按 4 年计）内，给水中铁带入锅炉中的铁含量就十分可观。

（3）严格控制给水水质的必要性。锅炉给水由补给水、凝结水、疏水所组成。国内某大型电厂有一段时间，由于凝结水系统严密性没有及时解决，凝结水溶氧经常达不到标准要求，除氧器运行也很不正常。特别严重时，凝结水溶氧合格率多次出现为零的情况，自然给水溶氧合格率也很低。

该电厂给水溶氧不合格。首先在于凝结水溶氧长期严重超标。如上述三台机组凝结水溶氧不合格时间分别占机组运行时间的 66.0%、25.3%及 22.7%，该厂在 3 年时间内，给水含铁量平均合格率也仅为 83.5%。由于锅炉给水、凝结水溶氧、铁含量经常超标，致使大量腐蚀产物进入锅炉，造成热力设备的严重结垢与腐蚀。

疏水监督往往为一些电厂忽视。由于疏水水质相对较差，为了避免带入系统杂质，有的电厂甚至对于不合格的疏水宁可不回收，也不要其进入给水系统，以确保给水质量，防止热力设备的结垢与腐蚀。

为了做好给水监督，应该力求做到：

（1）加强与锅炉专业的协作配合，共同做好给水监督工作。可通过做热化学试验，确定运行工况、参数，发现与化学监督有关的异常情况，共同研究处理。

（2）不仅对给水，而且要对电厂各种用水及蒸汽品质检测，不只是按标准规定的周期测定，而且要保证测准。

（3）加强检修期间对设备的割管检查分析，特别是观测热力设备各部位的结垢、腐蚀情况，分析爆管的原因，以采取防范措施。

（4）对直流锅炉的给水，也包括补给水、凝结水、蒸汽等实施更为严格的监督。由于直流锅炉没有汽包和排污，故给水中的杂质最终沉积在炉管或被蒸汽携带进入汽轮机中，因此，对热力设备的防垢、防腐就有着更高的要求。

水汽监督的一项重要内容就是防止热力设备的腐蚀。经常会受到腐蚀的设备是：除氧器、高压加热器、低压加热器、汽包、凝汽器、疏水箱、水冷壁、过热器、给水泵、循环水泵及汽水输送管道等。

除凝汽器管和有些低压加热器的传热管是由黄铜（铜、锌合金）加工制造，其他设备均为碳钢或合金钢制造，因而对热力设备的防腐主要是防止钢铁和防止铜的腐蚀。

为了评价金属腐蚀的程度，通常用腐蚀速率来表示。它有两种表示方法：一种为按质量损失表示，即单位时间、单位面积上金属腐蚀造成的损失量，单位为 g/m^2；另一种是按腐蚀深度表示，即单位时间的金属腐蚀深度，单位为 mm/a，即毫米/年。一般采用腐蚀深度来评价更好。

第十一章 炉 水 监 督

电厂锅炉分为汽包炉和直流炉。汽包炉又分为自然循环和控制循环两种类型，两种炉型的结构与特性相似。控制循环锅炉只是在下降管与水冷壁的下联箱之间，增加了一台炉水循环泵，以增大水在系统内的循环动力，它多用于大型高参数的锅炉。本书阐述的主要对象为汽包锅炉。

炉水在高温下运行，随给水进入的杂质就会在炉内发生浓缩与沉积，从而造成炉管（水冷壁管）的结垢与腐蚀，严重时还将发生爆管事故；另一方面，炉水水质又直接影响蒸汽品质，有可能导致汽轮机通流部位的积盐与腐蚀。因而必须重视炉水的处理与监督，确保炉水水质达到规定的控制指标要求，以保证机组的安全运行。

由于在汽包锅炉中，汽包中水汽共存，炉水与蒸汽是紧密联系在一起的，故本章在全面介绍锅炉汽水系统流程的基础上，重点阐述炉水的处理方法与监督要求，以防炉水系统的结垢与腐蚀，并保证蒸汽品质。

第一节　汽包锅炉的水汽系统流程

给水通过省煤器进入锅炉的汽包。汽包内下部的炉水在锅炉内循环，而上部转为饱和蒸汽，故炉水与蒸汽系统是密不可分的。因此，水汽监督人员必须了解锅炉结构特别是水汽流程。

一、锅炉及其水系统

锅炉由锅和炉两大部分组成。锅是产生饱和蒸汽的设备，而炉是锅炉的燃烧部分。本节侧重阐述锅本体中的水、汽蒸发部分，而对炉本体只作简单介绍。

1. 自然循环锅炉的设备组成

（1）汽包。汽包是锅炉的核心部件。它一方面接受由省煤器送入锅炉的给水，当加热形成蒸汽后，它又向过热器输送饱和蒸汽，故它是加热、蒸发、过热三个过程的枢纽。汽包通常由锅炉钢或低合金高强度钢如 14MnMoV 钢制造。

汽包中装有各种装置，以保证蒸汽品质，如汽包内装有汽水分离装置用以分离出蒸汽中含盐的水滴；清洗装置用以去除蒸汽中的溶盐；连续排污装置用以降低炉水的含盐量；加药装置用以进行锅内水处理，这一切均有利于改善蒸汽品质。保证汽包中汽水加以分离，可显著地减少饱和蒸汽对含盐水分的机械携带，将有利于蒸汽品质的提高。

（2）下降管与水冷壁。下降管的作用是把汽包中的水连续不断地送入下联箱，然后进入水冷壁。下降管布置在炉外，不受热。水冷壁是锅炉炉膛辐射蒸发受热面。水在水冷壁中被加热成饱和水，进入汽包；同时水冷壁可以保护炉墙，不致使炉墙温度过高。水冷壁上、下联箱分别由上升管与下降管和汽包相连组成一个闭路循环系统。现在有的省煤器管上端直接与汽包连接，而无上联箱。

水冷壁由沿炉膛四周紧靠炉墙内壁垂直排列的许多钢管组成。当煤在炉膛中燃烧时，水冷壁中的水温逐渐升高，达到一定温度时，水就沸腾。此沸腾时的温度称为饱和温度。达到饱和温度的水，叫作饱和水。水的压力越高，沸点也就越高。例如，在 0.1MPa 及 10MPa（相当于 1 个大气压及 100 个大气压）下，水的沸点分别为 100℃和 310℃。

水温达到沸点后不再升高而开始部分汽化，成为汽水混合物。汽水混合物的密度比水小，故不断上升至汽包。汽包中的水则不断经下降管流入水冷壁，从而形成水循环系统。在循环过程中，不断进入汽包的水汽混合物，由于汽、水密度的不同而分离。故汽包上半部为饱和蒸汽，下半部为饱和水。饱和水转为饱和蒸汽时要吸收一定的热量，这种热量称为汽化热或潜热。压力越高水的汽化热越小，0.1MPa 及 10MPa 压力时，汽化热分别为 2.26MJ/kg 及 1.33MJ/kg。

锅炉的汽压越高，饱和蒸汽与饱和水的密度越接近，炉水自然循环动力越小。如果设计、运行不当，由于水循环不畅就可能引起爆管事故。一般当汽压大于 17MPa 时，就不宜采用自然循环锅炉，而宜采用控制循环锅炉。其实自然循环锅炉与控制循环锅炉结构十分相似，只是在下降管与水冷壁下联箱之间加装了炉水循环泵，加大了水的循环动力，从而使水的循环得到保证。

炉水在锅炉的锅本体中循环运行，为了防止锅内水汽设备及管道的结垢与腐蚀，需要对炉水进行加药处理，以维持其最佳运行条件。正因为炉水运行具有上述特点，故对炉水的处理，也称为锅内处理。锅本体以外的水处理则称为炉外水处理。

2. 炉本体

炉本体是指炉膛及燃烧设备。

炉膛是由四面炉墙及炉顶组成，通常称为燃烧室。燃烧室的结构和类型随燃烧方式及燃烧设备不同而异。主要的炉型有链条炉、煤粉炉、液态排渣炉、旋风炉、沸腾炉等。在电厂中应用最多的为煤粉炉。它采取煤粉悬浮燃烧方式，煤粉由热空气经喷燃器喷入燃烧室。这部分空气称为一次风；燃烧时所需的大部分空气经预热器预热后送入燃烧室，这部分空气则称为二次风。

煤粉锅炉热效率较高，常常达到 90%～93%，而且容量可以很大，又能适应燃用各种煤，故现在火力发电厂普遍采用煤粉炉。

二、炉水监督的特点与要求

1. 炉水监督的特点

（1）炉水来源于给水，故给水水质将直接影响炉水水质，而炉水水质又将直接影响蒸汽质量。因而在监督炉水水质的同时，也要密切关注给水及蒸汽质量的变化。

为了保证炉水水质，一是确保给水水质达到控制标准；二是采取适当的炉水处理方法，如磷酸盐处理来提高炉水水质；三是控制好适当运行条件。汽包锅炉的优点之一在于它可以通过连续排污及定期排污来维持良好的水质条件。前者可将汽包内含杂质浓度较大的表面水连续地排出一部分；后者则可在水冷壁下部定期放水以排除水渣，从而减轻炉水系统的结垢与腐蚀。

（2）炉水处于高温下运行，给水中的杂质不断地浓缩与析出。即使对炉水采取上述各项措施，也不一定能够完全避免炉水系统特别是水冷壁管的结垢与腐蚀。因此，炉内监督的一个突出问题，就是要深入研究与推广使用新的炉水处理方法与工艺，大力减弱炉管的结垢与腐蚀，并能保证蒸汽品质。从加强水处理及运行条件的控制这两方面去加强炉水监督，力求避免炉管的严重结垢、腐蚀及爆管情况的发生。

2. 对炉水的监督要求

（1）新投入运行的锅炉，在适当时机应进行热化学试验及调整试验，以确保合理的运行工况及包括炉水在内的各项水质控制指标。

如果锅内装置或水循环系统、给水水质或炉水处理方式发生改变以及过热器与汽轮机通流部位有积盐时，应重新进行调整试验。

（2）在机组运行中，一是按要求对炉水进行加药处理。当炉水采用磷酸盐处理时，药液要均匀加入炉水中，应实现磷酸盐的自动加药。二是按生产规程和要求及时对炉水、给水、蒸汽进行取样化验，并能保证化验结果的可靠性。这一点对化学监督人员来说尤为重要。三是随时与锅炉专业人员沟通，了解锅炉各设备的运行情况，特别是汽包的运行状态、锅炉排污等，这些对保证炉水水质至关重要。四是当炉水水质出现劣化情况时，要按有关规定迅速进行处理，防止事故的发生。

（3）当发生爆管或机组正常检修时，应对水冷壁进行割管检查，以观测其结垢与腐蚀情况，从而对炉水监督做出评价。针对存在的问题，提出改进方法。

由此可知，对炉水监督和对其化学监督项目一样，必须实行对生产全过程监督。这是电厂化学监督的基本特点，也是难点所在。

炉管的结垢、腐蚀、甚至爆管，很多电厂均出现过，有的甚至造成十分严重的后果，故对炉水的处理与监督历来为电厂所重视。炉内处于高温、高压状态，炉水的运行条件远比补给水、给水、凝结水等运行条件要差得多。因而，在炉内监督中将面临许多新问题，需要在运行中不断总结经验，努力提高炉水监督技术水平。

第二节　炉水水质监测与控制指标

炉水在锅内循环运行，锅炉的蒸发部分包括汽包、水冷壁、联箱、下降管等均由钢材加工而成；炉水始终处于高温状态。因此，对炉水的水质监督主要就是防止锅内设备与管道的结垢与腐蚀，同时保证蒸汽品质。

一、炉水水质监测

1. 炉水取样

关于水汽取样方法将按照国标 GB/T 6907 进行。从高温高压设备或管道中取炉水水样时，必须加装减压装置与冷却装置，取样冷却器应有足够冷却面积和冷却水源，使得水样流量控制在 700mL/min 时，水样温度仍低于 40℃，取炉水水样时应选择有代表性的部位安装取样器，需要时在取样管末端连接一根聚乙烯软管或橡胶管。取样时，打开取样门，进行适当冲洗并将水样流速调至 700mL/min 时取样，取样量应满足试验与复核的需要。供全分析的水样不得少于 5L，供单项用的水样量不得少于 0.3L。

2. 炉水监测项目

炉水监测项目根据锅炉参数、加药处理方式及运行工况不同来加以选定。其中最常测的项目为 pH 值、含盐量、磷酸根、氯离子、二氧化硅、铁、铜等项目。

（1）pH 值。对炉水 pH 值的控制，是防止锅内设备与管道腐蚀的重要条件。pH 值应严格控制在 9.0～10.0 范围内，如 pH 值过低或过高，都会引起设备腐蚀。前者为酸性腐蚀，后者为碱性腐蚀。高压机组 pH 值控制在 9.0～10.0 时，炉水中的 Ca^{2+} 及 PO_4^{3-} 在此条件下，会产生松软的水渣易于排出炉外，同时有助于抑制炉水中硅酸盐的水解，减少蒸汽中硅酸携带，而且又不至于在炉水中产生过多游离的 NaOH，从而有助于避免碱性腐蚀。由于炉水的 pH 值控制范围较小，故测准 pH 值就显得十分重要。炉水 pH 值应按国标 GB/T 6904 规定的玻璃电极电位测定，配用的酸度计读数精度小于等于 0.02pH。

（2）含盐量与含硅量。炉水监督的主要任务就是防止锅炉设备的腐蚀、结垢以及保证蒸汽品质。炉水中的 Ca^{2+}、Mg^{2+} 易形成钙、镁水垢，Al^{3+}、Fe^{3+} 则易形成硅酸盐水垢，炉水中的 Fe^{3+} 及铁的固态微粒则易形成氧化铁垢，如垢中的铜含量很高，则成为铜垢等。而各种垢一旦形成，则往往伴随着垢下腐蚀的产生。要减少炉水中的金属离子，也就是说必须降低炉水中的含盐量，而含盐量通常可用电导率表示，因而电导率也就成为炉水的主要控制指标之一。

给水中的杂质进入炉水中，由于浓缩蒸发，炉水的含盐量要比给水高得多。在压力较高时，蒸汽能溶解某些盐类，这叫作选择性携带或溶解性携带（蒸汽携带炉水，则称为机械携带）。由于硅酸在蒸汽中的溶解携带最大，故蒸汽中溶解的杂质主要为硅酸，它会在汽轮机内沉积下来。因而含硅量也就成为炉水的另一项重要控制指标。炉水中全硅含量测定采用 GB/T 12148 规定的方法，其测定 SiO_2 的适用范围为 0～100μg/L 或 0～500μg/L。

（3）磷酸根。由于磷酸根与 Ca^{2+} 可形成碱式磷酸钙 $Ca_{10}(OH)_2(PO_4)_6$ 疏松水渣，随锅炉排污排出。所以炉水通常采用磷酸盐处理，并且需要维持一定量的磷酸根量。由于炉水中维持一定含量的 PO_4^{3-}，故即使给水中由于凝汽器的渗漏而带入微量的 Ca^{2+}、Mg^{2+}，也不致形成钙垢。

$$10Ca^{2+} + 6PO_4^{3-} + 2(OH^-) \longrightarrow Ca_{10}(OH)_2(PO_4)_6$$

对于炉水中的 PO_4^{3-} 的控制，锅炉汽包压力不大于 15.8MPa 时，宜选用磷酸盐处理（PT）；锅炉汽包压力大于 15.8MPa 时，应选用低磷酸盐处理（LPT）。采用磷酸盐处理时，磷酸盐加入量随锅炉主蒸汽压力的增大而降低；例如锅炉汽包压力为 5.9～12.6MPa，PO_4^{3-} 控制范围为 2～6mg/L、锅炉汽包压力为 12.7～15.8MPa 时，PO_4^{3-} 控制范围为 1～3mg/L；采用低磷酸盐处理时，锅炉汽包压力为 12.7～15.8MPa，PO_4^{3-} 控制范围为 0.5～1.5mg/L、锅炉汽包压力为 15.9～18.3MPa，PO_4^{3-} 控制范围为 0.3～1.0mg/L。

（4）氯离子。炉水中含有的钠化合物包括氯化钠。如氯离子含量过高，则可能破坏水冷壁的保护膜而发生腐蚀，同时蒸汽所携带的氯离子也将对汽轮机钢材的腐蚀产生不良影响。在运行条件下，随锅炉压力的增高而要求炉水中氯离子含量越低。一般锅炉汽包压力大于 12.7MPa 的汽包炉，应定期测定氯离子含量。当炉水中水质出现异常时，则应加强对炉水中氯的监督，缩短检测周期。

（5）铁与铜。为了防止水冷壁管中产生氧化铁垢及铜垢，必须对炉水中铁、铜含量加以检测。显然，炉水中铁、铜含量越低，形成氧化铁及铜垢的可能性越小，结垢程度也越轻。对炉水中铁、铜含量的检测，掌握其变化趋势，也可对炉水系统设备的腐蚀及蒸汽携带铁、铜的情况作出大体的判断。故铁、铜含量的检测同样列在炉水控制指标之内。

（6）碱度。碱度表示水中含有 OH^-、CO_3^{2-}、HCO_3^- 及其他一些弱酸盐类的总和。在炉水采用磷酸盐处理时，碱度还包括 PO_4^{3-} 在内，这些盐类的水溶液呈现碱性，对高压机组来说，炉水 pH 值应控制为 9.0～10.0，碱度一般不作控制，但是当炉水水质出现异常时，就有导致炉管结垢的可能性，此时应加测碱度。

二、炉水控制指标

炉水水质要求随锅炉压力的增高而提高，电厂中炉水水质控制项目与标准见表 11-1～表 11-3 的规定。

表 11-1　　　　　　　　　　　采用 PT 时的炉水质量标准

锅炉汽包压力（MPa）	二氧化硅（mg/L）	氯离子（mg/L）	磷酸根（mg/L）	pH 值（25℃）	电导率（25℃）（μS/cm）
3.8～5.8	—	—	5～15	9.0～11	—
5.9～12.6	≤2.0	—	2～6	9.0～9.8	<50
12.7～15.8	≤0.45	≤1.5	1～3	9.0～9.7	<20

表 11-2　　　　　　　　　　　采用 LPT 时的炉水质量标准

锅炉汽包压力（MPa）	二氧化硅（mg/L）	氯离子（mg/L）	磷酸根（mg/L）	pH 值（25℃）	电导率（25℃）（μS/cm）
5.9～12.6	≤2.0	—	0.5～2.0	9.0～9.7	<20
12.7～15.8	≤0.45	≤1.0	0.5～1.5	9.0～9.7	<15
15.9～18.3	≤0.20	≤0.30	0.3～1.0	9.0～9.7	<12

表 11-3　　　　　　　　　　　采用全挥发处理时的炉水质量标准

锅炉汽包压力（MPa）	二氧化硅（mg/L）	氯离子（mg/L）	磷酸根（mg/L）	pH 值（25℃）	氢电导率（25℃）（μS/cm）
>15.6	≤0.08	≤0.03	—	9.0～9.7	<1.0

三、炉水水质检测方法

炉水检测方法一般按国家有关标准进行，对某些项目也可按照电力水汽试验规程来检测，见表 11-4。

表 11-4　　　　　　　　　　　汽包炉炉水检测方法、标准

检测项目	采用的试验方法、标准	应用说明
pH（25℃）	GB/T 6904 工业循环冷却水及锅炉用水中 pH 值的测定	酸度计读数精度≤0.2pH
磷酸根	GB/T 6913 锅炉用水和冷却水分析方法磷酸盐的测定	0～10mg/L
电导率	GB/T 6908 锅炉用水和冷却水分析方法电导率的测定	电导率 0.055～10^6μS/cm（25℃）
		电导率 0.055～10^6μS/cm（25℃）

续表

检测项目	采用的试验方法、标准	应用说明
二氧化硅	GB/T 12148 锅炉用水和冷却水分析方法全硅的测定低含量硅氢氟酸转化法	0～100μg/L 或 0～500μg/L
	GB/T 12149 工业循环水和锅炉用水中硅的测定	0～500μg/L 或 0.5～20mg/L
氯离子	GB/T 154538 工业循环冷却水和锅炉用水中氯离子的测定	1～100mg/L
铁	GB/T 14427 锅炉用水和冷却水分析方法铁的测定	5～200μg/L
铜	GB/T 13689 工业循环冷却水和锅炉用水中铜的测定	2.5～50μg/L
	GB/T 6730.35 铜含量的测定双环己酮草酰二腙分光光度法	
碱度	GB/T 15451 工业循环冷却水总碱及酚酞碱度的测定	

第三节　机组调试与启动中的炉水监督

炉水系统是电厂整个水汽系统中的一个并非独立的子系统，故它的调试与启动实际上只是电厂整个水汽系统调试与启动的一个中间环节。本节只是对机组调试与启动时对炉水的监督要求加以阐述。

一、机组调试阶段的炉水监督

（1）冷态冲洗。炉本体的冲洗是由低压水系统经高压水系统至锅炉，当炉水含铁量小于 200μg/L 时，则冷态冲洗结束。

（2）热态冲洗。前已指出：汽包炉热态冲洗时，应重点冲洗凝汽器、低压加热器、除氧器、高压加热器、疏水箱等。对炉本体来说，应加强排污，甚至整炉换水，直至出水澄清不含机械杂质，一般炉水含铁量小于 200μg/L 时，热态冲洗结束。

（3）冷态及热态冲洗过程中，应投入加氨及联氨设备，调节冲洗水的 pH 值为 9.0～9.5，联氨过剩量为 50～100μg/L，主要监督凝结水、给水、炉水中的含铁量及 pH 值、电导率。

（4）蒸汽吹洗阶段，应对炉水水质予以监督。炉水 pH 值（25℃）应控制在 9～10，当采用磷酸盐处理时，应控制 PO_4^{3-} 的含量在 1～3mg/L，每次吹洗前后应检查炉水外观与含铁量。当炉水含铁量大于 1000μg/L 时，应加强排污，当炉水含铁量大于 3000μg/L 时，应在吹洗间歇以整炉换水的方式以降低其含铁量。

（5）吹洗完毕还应排净水汽系统有关设备中的积水，并仔细清除设备内的铁锈及杂物；未经蒸汽吹管或化学清洗的过热器在联合启动前应采用加入氨的除盐水（pH10～10.5）进行反冲洗，冲洗至出水浊度小于 20NTU。

（6）机组启动前，炉水的处理设备均应投入运行；水汽取样装置及在线水质分析仪器具备投入条件；循环冷却水加药系统及胶球清洗装置能够投入运行。

（7）新建机组整体试运时，除氧器内水温应达到相应压力下的饱和温度；水处理系统装置及在线水质分析仪器具备投入条件。

二、机组启动阶段的炉水监督

整套启动时，汽包锅炉炉水采用磷酸盐或全挥发处理，使炉水 pH 值维持靠上限运行，已降低蒸汽中二氧化硅的含量。机组整套启动试运行阶段汽包炉炉水水质质量见表 11-5。

表 11-5　　　　　　　　　机组整套启动试运行阶段汽包炉炉水水质质量

锅炉过热蒸汽压力（MPa）	处理方式	电导率（25℃）（μS/cm）	二氧化硅（mg/L）	铁（μg/L）	磷酸根（mg/L）	pH 值（25℃）
12.7～15.6	磷酸盐处理	<25	≤0.45	≤400	1～3	9～9.7
15.6～18.3	磷酸盐处理	<20	≤0.25	≤300	0.5～1	9～9.7
	挥发性处理	<20	≤0.20	≤300	—	9.0～9.5
>18.3	挥发性处理	<20	≤0.20	≤300	—	9.0～9.5

注　二氧化硅给出的是目标值，实际炉水允许的二氧化硅含量应保证蒸汽二氧化硅合格。

过热器的作用是将饱和蒸汽加热成为具有一定温度的过热蒸汽。在电厂锅炉中，提高过热蒸汽的压力与温度是提高电厂运行经济性的重要方面。但蒸汽温度提高受金属材料的限制，现在绝大部分亚临界锅炉的过热蒸汽温度一般在 540～555℃ 范围内。只提高压力而不相应地提高过热蒸汽温度会使蒸汽在汽轮机内膨胀，终止时湿度过高而影响汽轮机的安全运行。

为了减少汽轮机尾部的蒸汽湿度，进一步提高电厂的循环热效率，在高参数锅炉中普遍采用中间再热系统。也就是将汽轮机缸排汽送到锅炉中加热，然后再回到汽轮机中、低压缸中膨胀做功。此再加热设备称为再热器。经再热器加热的蒸汽称为二次过热蒸汽或再热蒸汽。应用再热系统可使电厂循环热效率提高 4%～8%。国内绝大多数 125MW 以上机组均采用一次再热系统。对于具有再热器锅炉，蒸汽参数中还包括再热蒸汽流量、压力与温度。例如，某台容量（指最大连续蒸发量）为 1025t/h 的电厂锅炉，配 300MW 机组，其锅炉的主要技术参数如下：

过热蒸汽压力（表压）为 18.3MPa、过热蒸汽温度为 540℃、再热蒸汽流量为 822.1t/h、再热蒸汽进口压力（表压）为 3.38MPa、再热蒸汽出口压力（表压）为 3.62MPa、再热蒸汽进口温度为 319.3℃、再热蒸汽出口温度为 540℃、给水温度为 279.6℃。

锅炉蒸汽压力和温度，就是指过热蒸汽出口处的过热蒸汽压力与温度。锅炉蒸汽压力提高时，炉水的电导率及二氧化硅含量应大大降低。电导率反映了炉水含盐量的高低，而二氧化硅易被蒸汽携带进入汽轮机，从而造成汽轮机的积盐及腐蚀，故必须严格控制炉水中的电导率及二氧化硅的指标值。

当机组启动后，发现炉水浑浊，应加强排污换水及炉内加药工作，并采取限负荷降压等措施，直至炉水清澈透明并达到规定为止。

当机组启动试运行结束，则炉水水质应符合表 11-1～表 11-3 的规定（见本章第二节），并按要求进行炉水的取样检测。

三、炉水水质异常时的处理

当锅炉炉水水质出现异常时，应执行表 11-6 的规定。

表 11-6   锅炉炉水水质出现异常时的处理

锅炉汽包压力（MPa）	处理方式	标准值	处理值		
		pH（25℃）	一级	二级	三级
3.8～5.8	炉水固化碱化剂处理法	9.0～11.0	<9.0 或>11.0	—	—
5.9～10.0		9.0～10.5	<9.0 或>10.5	—	—
10.1～12.6		9.0～10.0	<9.0 或>10.0	<8.5 或>10.3	—
>12.6	炉水固化碱化剂处理法	9.0～9.7	<9.0 或>9.7	<8.5 或>10.0	<8.0 或>10.3
	炉水全挥发处理	9.0～9.7	<9.0 或>9.7	<8.5	<8.0

注 炉水 pH 小于 7.0，应立即停炉。

由表 11-6 可以看出，控制炉水的 pH 值至关紧要，如果 pH 值过高或过低，都将对炉水系统设备产生损坏。

当出现炉水水质异常时，应加强炉水的水质检测，包括炉水中的含氯量、硬度、电导率、碱度等，查找原因并处理。

四、新投入运行机组的调整试验

新投入运行的锅炉，在适当时机应进行热化学试验，以确定合理的运行方式和水质控制标准。当锅炉要提高额定蒸发量，改变锅内装置或锅炉循环系统，改变给水水质及炉水处理方式，发现过热器和汽轮机通流部位有积盐时，均应重新进行调整试验；当新投水处理设备或设备改进、原水水质有较大变化时，均应进行调整试验。

当炉水采用磷酸盐处理时，药液要均匀加入炉内。当发现炉水 PO_4^{3-} 的测值与磷酸盐加入量不符合时，则应及时检测，以查找原因。各种压力的锅炉，其炉水中的 PO_4^{3-} 均应保持在一定浓度范围内。当凝汽器无泄漏，凝结水质良好时，宜采用低磷酸盐处理炉水。锅炉应实现磷酸盐自动加药，以保证锅炉的安全运行。

第四节 机组运行中的炉水处理与监督

锅炉炉水水质与炉水处理直接与锅炉的安全运行有关。如水质不良及处理不当所造成的后果可归纳为设备的结垢、腐蚀与蒸汽带水。结垢导致传热效率的严重下降，影响水汽的正常循环，轻则造成垢下腐蚀，浪费燃料、缩短锅炉使用寿命，重则引发胀管、变形或爆管事故；腐蚀直接影响材料强度，轻则缩短锅炉使用寿命，重则造成裂纹、泄漏、爆管事故；蒸汽中带进含有杂质的炉水进入蒸汽系统，可能导致过热器及汽轮机设备的积盐与腐蚀，影响汽轮机的安全运行。

锅炉炉水处理的目的就在于使炉水水质符合有关标准的要求，防止汽水系统的结垢与腐蚀，保证机组的安全运行。

一、锅炉设备用钢材与汽水系统温度分布

锅炉设备由各种碳钢及合金钢制造，炉水对设备的腐蚀，实际上就是指炉水对钢材的腐

蚀，特别是水冷壁管、过热器管、汽包壁的腐蚀尤其令人关注。汽包与联箱是锅炉的主要承压部件，它们采用优质碳素钢或合金钢制造。省煤器处于烟气温度较低区域，内部为流动的水，其工作温度较低，一般用 20 号优质碳素钢制造。过热器管内部为流动的蒸汽，外部受高温烟气的冲刷或炉内火焰辐射，工作温度高，故要选用合金钢制造。

当过热蒸汽温度在 450～570℃时，钢材就会受到水蒸气腐蚀，产生 Fe_3O_4，即

$$3Fe + 4H_2O \longrightarrow Fe_3O_4 + 4H_2$$

当温度超过 570℃时，反应产物则为 Fe_2O_3，即

$$2Fe + 3H_2O \longrightarrow Fe_2O_3 + 3H_2$$

亚临界锅炉过热器中的蒸汽温度，一般不会超过 570℃。在正常运行条件下，在过热器管壁上可以形成一层黑色的 Fe_3O_4 保护膜，从而防止钢管的腐蚀。但过热器如果热负荷和温度波动较大，则保护膜被破坏，过热器管就可能造成腐蚀，因而有必要选用耐蚀性更好的钢材。

二、炉内设备的金属腐蚀与结垢

炉内设备的腐蚀，主要是指水冷壁管即炉管、过热器管及汽包壁的腐蚀。水冷壁管数量较大，它直接接受炉膛的高温辐射，给水中的杂质在炉水中浓缩析出形成结垢，而垢下则往往造成腐蚀。严重的情况下，水冷壁会造成大面积爆管事故，对机组的安全运行构成巨大威胁。

按照水汽系统可能发生腐蚀的类型分述如下：

1. 溶氧腐蚀

水中溶氧是造成金属腐蚀的主要因素。因为给水已经过热力除氧及化学除氧，所以一般炉水中含氧量已经很低。如15.7～18.3MPa的锅炉，标准要求其溶氧含量就应小于等于7μg/L。如果出现轻微腐蚀，则多发生在省煤器入口。此处氧被消耗进入炉水系统中，氧量甚微，故一般不大可能再产生氧腐蚀。

但是如果除氧器运行条件控制不好、除氧效果差，给水溶氧就会很高，随着含氧量的增高，腐蚀逐渐由省煤器入口延伸到省煤器中部和尾部，甚至下降管也会遭到氧腐蚀。水冷壁管由于内侧的沸腾状态，氧被汽泡包围而不能直接与金属表面接触，这里一般不发生氧腐蚀。

2. 沉积物下腐蚀

若水冷壁产生结垢，则在沉积物下方常常出现腐蚀，这种情况相当普遍。给水中含有的杂质，在炉水中浓缩并析出，成为垢附着在管壁上，造成严重的危害。管内一旦结垢，则导热情况急剧恶化，由于结垢使得导热系数下降数十数百倍。它将对机组的安全经济运行带来严重影响。由于导热系数小，大大降低传热效果，一是增加了燃料消耗，每结 1mm 水垢，可使燃料增加 1.5%～5.0%；二是损坏锅炉，结垢严重时会发生爆管，被迫停机检修。其次是鼓泡，降低锅炉使用寿命。由于结垢阻碍了传热，使得水冷壁温超过了低碳钢的允许温度 450～480℃，从而使钢材的极限强度下降 75%，由 40kg/m² 降至 10kg/m²，这样就很易发生事故。三是发生事故造成停产与维修带来的巨大经济损失。四是结垢物下方经常伴随着腐蚀的产生，结垢物通常为钙、镁垢、氧化铁垢、硅酸盐垢、铜垢等。成垢物多为在给水系统中铁的腐蚀产物被带入炉水中，同时给水中其他杂质在炉水中被浓缩析出而形成沉积物。

由于给水中含盐量通常较低，水汽系统中沉积物多为氧化铁垢，此系给水系统中的腐蚀产物带入炉水中沉积所致。沉积物下方的腐蚀一般分为酸性与碱性腐蚀两种类型。

研究表明：pH 值（25℃）必须控制在适当范围内，可使金属腐蚀降至最低程度。在正常运行条件下，钢铁表面在炉水中形成一层致密的 Fe_3O_4 保护膜，从而抑制了金属的腐蚀。

$$3Fe + 4H_2O \longrightarrow Fe_3O_4 + 4H_2 \quad (>300℃)$$

但金属产生过热，当温度超过 570℃时，则铁与水生成 Fe_2O_3，即

$$2Fe + 3H_2O \longrightarrow Fe_2O_3 + 3H_2 \quad (>570℃)$$

这样铁就会受到腐蚀，因为这种腐蚀是化学反应的结果。它将造成炉管管壁均匀变薄。这种腐蚀性状况显然与溃疡腐蚀是不同的。后者是电化学腐蚀所引起的。

炉水对金属的腐蚀受多种因素的影响。如水中溶氧、二氧化碳、溶盐、pH 值、温度、压力、流速等。水中溶氧、二氧化碳、溶盐，特别是硫酸盐与氯化物含量高，则腐蚀非常严重。

3. pH 值

pH 值是炉水对金属产生腐蚀的另一个主要因素。炉水水质控制标准中规定对压力 12.7～18.3MPa 的高参数锅炉来说，炉水的 pH 值应控制在 9.0～10.0。也就是说 pH 值过低及过高，均对金属的腐蚀不利。如 pH<8，则在沉积物下方的酸性水中，金属会产生腐蚀，此时 Fe 为阳极。

$$Fe - 2e \longrightarrow Fe^{2+}$$

酸中的 H^+ 则获得电子，即

$$2H^+ + 2e \longrightarrow H_2$$

而产生的 H_2 又会渗入到钢铁内部，使得碳钢造成脱碳反应，即

$$Fe_2C + 2H_2 \longrightarrow 2Fe + CH_4$$

由于碳钢脱碳，使钢材结构受到破坏，从而易导致管材的开裂，这是钢材应力腐蚀的一种表现。

如炉水 pH 过高，则 Fe_3O_4 保护膜溶于水中而被破坏。

$$Fe + 2NaOH \longrightarrow Na_2FeO_2 + H_2 \quad (pH>12)$$

$$Fe_3O_4 + 4NaOH \longrightarrow Na_2FeO_2 + 2NaFeO_2 + 4H_2O \quad (pH>12)$$

由于亚铁酸钠在高 pH 值水中可溶，故当 pH 过高时，由于保护膜的破坏而迅速发生腐蚀，这种碱性腐蚀系水中 NaOH 存在所致。碱性腐蚀的性状，一是出现点状腐蚀，金属表面腐蚀虽不太严重，但个别区域腐蚀坑点很深，可能产生穿孔；另外一种情况是它可能引起金属的脆化，容易出现金属突然断裂的事故。

炉水对钢材的腐蚀，将对机组安全经济运行产生严重影响，而其中不少的腐蚀情况是在管内沉积物下方发生的，故防腐首先得防垢。钙、镁盐类的溶解度随水温的升高而急剧下降，最典型的就是碳酸钙。水中所含盐类随着温度的升高而浓缩很易沉积在管壁上，这就是钙、镁水垢。水受热，使水中碳酸氢盐（暂硬）分解，而生成难溶于水的盐类。管壁一旦结垢，由于垢的导热系数很小，管壁温度随水垢厚度的增大而迅速降低，因而当管子处于过热状态且受热又不均匀时，很易导致爆管发生。

由于对锅炉设计、制造、安装等采取了严格的审查与监督措施，由质量问题引起的事故已大为减少，而由水处理问题引起的事故占锅炉运行事故的比例则大大增加，锅炉因结垢引起的爆管事故也不少见。每年化学清洗除垢的锅炉台数甚多，因锅炉结垢造成的燃料浪费十分巨大。

我国锅炉存在一个相当大的问题就是锅炉腐蚀，常见的缺陷为腐蚀、泄漏、变形与裂纹，而氧腐蚀最为普遍。

炉水监督主要工作就是通过炉水处理及运行条件的控制，以尽可能降低金属的结垢与腐蚀，提高锅炉的安全经济运行水平。

三、炉水处理与运行控制

1. 炉水处理方法

炉水来自给水，而给水的主要来源则为凝结水。有些亚临界锅炉凝结水并不设置除盐设备，且凝汽器的渗漏、凝汽器管的腐蚀也在所难免，因而给水中仍然会含有钙、镁等成垢杂质，当它们被带入炉水中，就会被浓缩析出成垢；一般给水水质较纯，冷却水一旦渗漏进入凝结水，而凝结水又返至给水系统中，则在锅内高温高压条件下，冷却水中的有机物会受热分解产生酸性物质，使得炉水 pH 值降低，从而造成水冷壁管的腐蚀和结垢。炉水处理的目的就是要防止结钙、镁垢，又可在特定条件下防止碱腐蚀。

（1）磷酸盐处理。在炉水处于沸腾状态，并在 pH 值较高的条件上（炉水 pH 值控制在 $9.0\sim10.0$），因而炉水中的 Ca^{2+} 可与 PO_4^{3-} 发生反应，生成疏软的碱式磷酸钙呈水渣状，可随锅炉排污排出。当炉水中经常保持一定浓度的 PO_4^{3-}，并使 pH 值保持在 9 以上，就可起到防垢效果。

但是当凝汽器管发生泄漏时，冷却水中的碳酸盐进入凝结水，从而转入给水中，一旦含有碳酸盐的给水进入锅炉，则碳酸盐在高温下会发生反应，反应产物有 $NaOH$，加上磷酸盐处理时所用工业磷酸三钠中也含有 $NaOH$，这样炉水中游离 $NaOH$ 浓度就比较高，从而在沉积物下方可能会出现碱性腐蚀。

由于协调 pH–磷酸盐的处理较难控制，尤其是在负荷波动时更是如此，加上存在磷酸盐暂时消失现象，造成高热负荷区的局部酸性条件，从而引起酸性腐蚀及应力腐蚀裂纹，标准更新后已经将协调磷酸盐工艺删除。

（2）低磷酸盐处理。低磷处理的下限控制在 $0.3\sim0.5mg/L$，上限一般不超过 $1\sim2mg/L$，对压力 $15.9\sim19.3MPa$ 锅炉炉水 PO_4^{3-} 控制指标是按低磷酸盐的含量减少到只够与硬度成分反应所需的最低浓度。

磷酸盐处理的缺点是，易发生磷酸盐隐藏现象，导致水冷壁管发生酸性磷酸盐腐蚀、过热器和汽轮机积盐等问题。

（3）炉水全挥发处理。给水仅加挥发性碱，炉水不加固体碱化剂的处理方式。挥发性处理的优点在于炉水的含盐量可以很低，可保证过热蒸汽的品质，防止锅炉、汽轮机因盐类的存在引起的各种腐蚀，不存在磷酸加药处理时可能出现的磷酸盐"隐藏"现象。挥发性处理的缺点是锅炉水的缓冲性较弱，给水水质的波动易造成锅炉水的 pH 值不合格。因此特别强调给水水质的合格与稳定。采用 100%凝结水精处理或保证凝汽器不泄漏的机组可满足这样的要求。另外，其热力系统宜为无铜材料系统，以防止含氨量过高造成铜系统的氨蚀。

2. 运行条件的控制

为了防止汽水系统的金属结垢与腐蚀，确保机组安全运行，就必须控制好系统的运行条件，并加强水汽质量的监督。

（1）严格执行炉水质量控制标准。在炉水质量控制标准中，尤为重要的是 pH 值（25℃）、磷酸根、电导率及二氧化硅 4 项。

炉水来源于给水，而给水又主要来自凝结水，因此，防止凝汽器管泄漏，对凝结水采取精处理，保证除氧器运行良好，给水系统不存在腐蚀，才能为炉水水质提供保障。对给水、炉水、蒸汽、凝结水的监督，都要和整个水汽系统的监督联系起来，只有对水汽系统全面加以监督并能保证各个环节的汽水品质，才能避免热力系统设备结垢与腐蚀的产生。

（2）适当进行锅炉排污以控制炉水水质。锅炉给水中一般杂质较少，但在锅炉中由于水的不断蒸发浓缩，炉水含盐量逐渐升高，直接造成炉管的腐蚀，同时又会进入蒸汽。

为了控制炉水的含盐量，就必须连续地将含盐浓度较大的炉水排出炉外，补充进纯净的给水，这就是锅炉连续排污的作用。通常它从炉水的汽包水面引出，此处含盐量浓度最高。显然，锅炉排污还可以用来适当调节炉水的碱度，因为给水 pH 值要略低于炉水。此外，锅炉还可定期排污，它从蒸发受热面最低处的水冷壁下联箱引出，排除炉水中的水渣、铁锈，以防这些杂质在水冷壁管中引起结垢与堵塞。

锅炉排污可以改善水质，但是造成炉水及热量的损失，一般要求纯凝式电厂正常排污率不应超过 1%，而供热式电厂正常排污率不应超过 2%。

（3）炉水水质异常时的处理。当运行中炉水水质出现异常情况时，应按三级处理原则的规定及时加以处理。当出现水质异常时，还应测定炉水的含氯量、含钠量、电导率、碱度等项目，以查明分析水质恶化的原因，从而采取相应的措施加以防范。炉水 pH 值控制的重要性，pH 值过高，易造成碱性腐蚀；pH 值过低，易造成酸性腐蚀。因而炉水 pH 值，自然也就成为监督的重点内容。

第五节　炉水系统大修检查与评价

炉水系统为电厂水汽系统的一个组成部分。电厂热力设备包括锅炉设备及汽轮机辅机设备，其中锅炉设备在大修中应重点检查的为汽包、水冷壁、省煤器、过热器及再热器；汽轮机及辅机则为汽轮机本体、凝汽器管、除氧器、高低压加热器。

对炉水系统来说，重点是在大修中对汽包，水冷壁管的结垢、腐蚀进行检查评价。

一、重点检查内容

1. 省煤器割管要求

（1）机组大修时省煤器管至少割管两根，其中一根应是监视管段，应割取易发生腐蚀的部位管段，如入口段的水平管或易被飞灰磨蚀的管。

（2）管样割取长度，锯割时至少 0.5m，火焰切割时至少 1m。过热器及再热器在立式下弯头处割取长度不少于 1200mm 的管段，检查有无积水、腐蚀积盐程度、腐蚀产物沉积情况，测其 pH 值。

2. 水冷壁割管要求

（1）机组大修时水冷壁至少割管两根，有双面水冷壁的锅炉，还应增加割管两根。一般在热负荷最高的部位或认为水循环不良处割取，如特殊部位的弯管、冷灰斗处的弯（斜）管。

（2）如发生爆管，应对爆管及邻近管进行割管检查。如果发现炉管外观变色、胀粗、鼓包或有局部火焰冲刷减薄等情况时，要增加对异常管段的割管检查。

（3）管样割取长度，锯割时至少 0.5m，火焰切割时至少 1m。火焰切割带鳍片的水冷壁时，为了防止切割热量影响管内壁垢的组分，鳍片的长度应保留 3mm 以上。

3. 汽包

（1）检查积水情况，包括积水量、颜色和透明度；检查沉积物情况，包括沉积部位、状态、颜色和沉积量。沉积量多时，应取出沉积物晾干、称重。必要时进行化学成分分析。

（2）汽包内壁。检查汽侧有无锈蚀和盐垢，记录其分布、密度、腐蚀状态和尺寸（面积、深度）。如果有很少量盐垢，可用 pH 试纸测量 pH 值。如果附着量较大，应进行化学成分分析。检查水侧有无沉积物和锈蚀，沉积物厚度若超过 0.5mm，应刮取一定面积（不少于 100mm×100mm）的垢量，干燥后称其质量，计算单位面积的沉积率。检查水汽分界线是否明显、平整。如果发现有局部"高峰"，应描绘其部位。

（3）检查汽水分离装置是否完好、旋风筒是否倾斜或脱落，其表面有无腐蚀或沉积物。如果运行中发现过热器明显超温或汽轮机汽耗明显增加，或大修过程中发现过热器、汽轮机有明显积盐，应检查汽包内衬的焊接完整性。

（4）检查加药管短路现象。检查排污管、给水分配槽、给水洗汽等装置有无结垢、污堵和腐蚀等缺陷。

（5）检查汽侧管口有无积盐和腐蚀，炉水下降管、上升管管口有无沉积物，记录其状态。

（6）若汽包内安装有腐蚀指示片，应检查有无沉积物的附着和腐蚀情况，记录腐蚀指示片的表面状态，测量并计算其沉积速率和腐蚀速率。

（7）锅炉联箱手孔封头割开后检查联箱内有无沉积物和焊渣等杂物。

（8）汽包验收标准。内部表面和内部装置及连接管清洁，无杂物遗留。

（9）直流锅炉的启动分离器，可参照汽包检查内容进行相关检查。

在大修时，热力设备解体之后，化学专业人员接到通知后应及时与检修的人员共同检查设备的内部腐蚀、结垢情况并采集样品，进行照相、录像，并详细记录。在化学专业人员检查之前，检修人员不得清除设备内部沉积物，也不得在这些部位进行检修工作。凡是在热力设备检修期间化学检查发现的问题，应查清产生的原因、性质、范围和程度，采取相应的措施，防止事故的发生。

二、大修检查监督评价

（1）水冷壁腐蚀评价标准见表 11－7。

表 11-7　　　　　　　　　　　　　水冷壁腐蚀评价标准

部位	类　别		
	一类	二类	三类
水冷壁	基本没有腐蚀或点蚀深度小于 0.3mm	轻微均匀腐蚀或点蚀深度 0.3～1mm	有局部溃疡性腐蚀，腐蚀大于深度 1mm

（2）水冷壁结垢、积盐评价标准见表 11－8。

表 11–8 水冷壁结垢、积盐评价标准

部位	类 别		
	一类	二类	三类
水冷壁	结垢速率小于 40g/（m²·a）	结垢速率 40～80g/（m²·a）	结垢速率大于 80g/（m²·a）

注 锅炉化学清洗后一年内省煤器和水冷壁割管检查评价标准：一类，水冷壁结垢速率小于 80g（m²·a）；二类，水冷壁结垢速率 80·~120g/（m²·a），三类，水冷壁结垢速率大干 120g/（m²·a）。

第十二章 蒸 汽 监 督

电厂水汽监督的根本目的，在于防止热力设备的结垢、腐蚀、积盐，确保机组的安全经济运行。

蒸汽来源于炉水，炉水来源于给水，给水的主要来源是凝结水，少量的为补给水及疏水，对蒸汽品质的监督是电厂整个水汽监督的重要组成部分。

提高蒸汽品质的主要措施是：在汽包内装有汽水分离装置，降低蒸汽对水滴的携带；对蒸汽进行清洗，减少蒸汽中的溶盐；增加锅炉排污，降低炉水含盐量及其他杂质；反复的试验确定最佳的汽包运行水位，防止或减少蒸汽对盐的机械携带；保证给水水质，同时也就必须保证凝结水、补给水及疏水水质。在保证给水水质方面，尤其是要防止凝汽器管的腐蚀泄漏，提高给水的除氧效果，防止给水系统的金属腐蚀。

第一节 锅炉蒸汽系统流程

蒸汽监督是电厂水汽监督的重要组成部分，保证蒸汽品质对汽轮机的安全运行有着很大影响。了解蒸汽系统流程、主要设备及蒸汽特性，是进行蒸汽监督的必备知识。

汽包与下降管、上升管连接，组成自然循环回路，同时汽包又接受省煤器来的给水，还向过热器输送饱和蒸汽。故汽包是水被加热、蒸发、过热这三个过程的连接点。

为了了解锅炉蒸汽的产生及输送，有必要先对蒸汽系统流程及主要设备作一说明。

一、蒸汽系统流程与主要设备

1. 蒸汽系统流程

由汽包上方引出的饱和蒸汽，经过热器送至汽轮机。然而火电生产过程中，各个环节都有能量损失。其中凝汽器将蒸汽凝结成水时，为冷却水所吸收并带走的热量损失最多。汽轮机排汽损失主要取决于机组的蒸汽参数，减少排汽损失，也就有助于提高发电效率。

提高火电厂效率的办法，除提高锅炉、汽轮机等设备的制造、运行水平外，主要是提高蒸汽参数及采用中间再热系统。

目前我国大型电厂的超高压、亚临界压力机组、超临界机组均采用中间再热机组。

如果电厂锅炉燃用煤的发热量作为100%，则各种参数的电厂能量损失及发电效率大致如表12-1所示。

表12-1　　　　　　　各种参数的电厂能量损失及发电效率　　　　　　（%）

项目	中温中压电厂	高温高压电厂	超高压电厂（中间再热）	超临界压力电厂（中间再热）
锅炉热损失	11	10	9	8
汽轮机机械损失	1	0.5	0.5	0.5
发电机损失	1	0.5	0.5	05

138

续表

项目	中温中压电厂	高温高压电厂	超高压电厂（中间再热）	超临界压力电厂（中间再热）
管道系统损失	1	0.5	0.5	0.5
汽轮机排汽热损失	61.5	57.5	525	50.5
总损失	75.5	69.5	63	60
发电机效率	24.5	30.5	37	40

正因为蒸汽系统中增加了再热器，因而也就会有再热器管出现腐蚀的可能。

2. 蒸汽系统主要设备

（1）汽包。现以一台压力为 18.3MPa 容量为 1025t/h 的控制循环锅炉为例，来说明汽包内部的结构与功能。该汽包用 SA-299 碳钢制成，内径为 1778mm，筒身直段长度 13 060mm，两端采用球型封头。筒身上下部采用不同壁厚，上半部为 202mm，下半部为 166.7mm。汽包采用环形夹层结构作为汽水混合物通道，上升管都连接到汽包上部，从 870 根水冷壁管来的水汽混合物通过汽包内壁与弧形衬套形成的环形通道向下流动。这样可使汽水混合物进入汽包后比较均匀地加热整个汽包壁，以减少其热应力。

在汽包的筒身焊有大直径下降管管座，给水管、汽水混合物引入管、饱和蒸汽引出管及连续排污管的管座。下降管与给水管的管座位于筒身的底部，而汽水混合物的引入管与饱和蒸汽引出管管座则在筒身的上部，下降管安置于汽包最底部。

给水管位于下降管的上方，并沿汽包长度方向布置，使从省煤器来的给水以较短的路径进入下降管，这样可降低下降管进口水温，有利于防止下降管中发生水的汽化及循环泵进出口产生汽蚀。

汽包有二级汽水分离装置，一级为螺旋叶片涡轮式粗分离器；二级为百叶窗细分离器；因为该厂给水水质优良，故汽包内未设蒸汽清洗装置；汽包内装的排污装置，通过连续排污管排出炉水中的盐分与杂质，提高炉水水质。

（2）过热器与再热器。在电厂锅炉中，提高过热蒸汽的压力与温度，是提高电厂热经济性的重要途径。

过热器是由特种钢材制成，它有各种不同的类型，如对流式、辐射式等，布置在炉顶烟道处，其作用是将汽包内饱和蒸汽进一步加热到额定温度，成为过热蒸汽。过热蒸汽含热量比饱和蒸汽高，而且比较稳定，不易产生水滴，故汽轮机使用过热蒸汽更加安全经济。

在运行中，应注意可能因水汽监督不严、蒸汽品质不良，引起过热器结垢或者燃烧控制不好，而造成过热器管超温，甚至会发生爆管事故。

在电厂中，为了进一步提高机组热效率，在高参数锅炉中普遍装有中间再热系统。也就是将汽轮机高压缸的排汽送至再热器中加热提高温度后，再回到汽轮机中，在低压缸中继续膨胀做功，此再加热的装置称为再热器。通常把过热器中加热的蒸汽，称为一次过热蒸汽，再热器中加热的蒸汽，称为二次过热蒸汽或再热蒸汽。

例如：上述压力为 18.3MPa，容量为 1025t/h 的锅炉，其过热蒸汽出口压力为 18.3MPa，锅炉最大连续蒸发量为 1025t/h。该炉过热蒸汽出口温度为 540℃；再热蒸汽进口压力为 3.83MPa，出口压力为 3.62MPa；再热蒸汽进口温度为 319.3℃，出口温度为 540℃；再热蒸汽流量为 822.1t/h。

现在我国 125MW 以上机组普遍装有中间再热系统，这样可以使循环热效率提高 5%～6%，同时又可降低汽轮机低压部分蒸汽中的水分，有利于安全经济运行。

二、汽轮机结构与汽轮机通流部位

（1）汽轮机结构。汽轮机本体由汽缸、喷嘴、隔板等静止部分及大轴、叶片、叶轮等转动部分即转子组成。

（2）汽轮机通流部位。蒸汽监督的根本目的，就是要提供合格的蒸汽送往汽轮机，特别是要严格控制蒸汽中的钠、二氧化硅、铁、铜含量及含盐量，以防止汽轮机通流部位的积盐与腐蚀。

汽轮机通流部位，是指蒸汽流经的各个部件：包括喷嘴、动静叶片、隔板、叶轮、隔板汽封及前后端轴封、进汽管、排汽管、联通汽管等。在汽轮机运行中，蒸汽品质不合格、过负荷等原因，最易造成各级叶片及隔板上的积盐与腐蚀。

三、蒸汽污染与蒸汽携带特性

1. 蒸汽污染

蒸汽直接进入汽轮机，因而它所带有的杂质必须有一定的限量，这就是标准规定的蒸汽质量控制指标，见表 12-2，其中最重要的为钠、二氧化硅、电导率三项。

蒸汽中含有杂质，就称为蒸汽污染。蒸汽中的杂质包括气体及非气体两类，O_2、NH_3、CO_2 等最常见的气体杂质，它们均可能导致或加剧金属的腐蚀或结垢；非气体杂质，如钠、二氧化硅、铁、铜等一般以盐类形式存在于蒸汽中，故称为蒸汽溶盐，溶盐量多少则以电导率来表示。对压力大于 18.3MPa 的锅炉来说，氢电导率的控制指标定为小于 $0.10\mu S/cm$，如能达到更低水平更好。

蒸汽中所含盐分，一部分沉积于过热器中，影响蒸汽的流动与传热，并使过热器管金属温度升高；另一部分则沉积于汽轮机通流部位，如叶片、管道、阀门上。这些都将对汽轮机正常运行产生不利影响，最直接是降低效率，而后还产生腐蚀。当附着在汽轮机周围的积盐不均时，就可能影响到汽轮机转子（指大轴、叶片、叶轮等转动部分）的平衡，甚至酿成事故。

蒸汽来源于炉水，而炉水来源于给水。即使合格的给水，仍然含有少量杂质，当进入炉内，则由于受热浓缩，致使杂质浓度增大，就有可能被沉积下来，造成金属的腐蚀。因而，要保证蒸汽品质，必须提供高纯度的给水，严格控制给水溶氧及 pH 值，以防给水系统的腐蚀。否则，腐蚀产物将带入炉内，也是造成蒸汽质量不良的重要原因。

由于 90% 以上的给水来源于凝结水，因而给水质量与凝汽器管是否腐蚀泄漏，与凝结水的精处理及给水处理效果密切相关。所以在机组汽水系统中，保证给水质量是关键。显然，炉水中含盐浓度要比给水中高得多。而饱和蒸汽总要携带炉水由汽包进入过热器，从而造成蒸汽污染；由于蒸汽具有溶解某些盐类的能力，因而造成蒸汽含盐，见表 12-2。

表 12-2   不同压力下饱和蒸汽对炉水杂质溶解携带能力

携带系数（%）	10.8MPa	15.2MPa	17.6MPa	19.6MPa
SiO_2	1.0	5.0	8.0	14.5
NaCl	—	0.028	0.14	0.70

SiO_2 与 NaCl 均是汽轮机积盐中的主要成分，由表 12-2 可以看出，随机组压力的增高，蒸汽携带更多炉水中的盐分，这是造成蒸汽污染的重要原因。

2. 蒸汽携带特性

（1）饱和蒸汽的机械携带。汽包下半部为水，上半部为蒸汽，二者的分界面称为蒸发面。当汽水混合物引入汽包的蒸汽空间或蒸汽穿过蒸发面时，可能在蒸汽空间形成飞溅的水滴；当蒸汽流撞出到蒸发面上也会形成水滴，形成的水滴向不同方向飞溅，其中较大者可能随气流带走，细小的水滴，虽则动能小，不易进入蒸汽空间，但因其质量小，有可能被气流吸卷带走。因此，饱和蒸汽带水是不可避免的。

饱和蒸汽带水，既受运行条件，也受炉水含盐量的影响。

1）工作压力。随着压力的增加，饱和蒸汽和饱和水之间的密度差减小，汽水分离也就困难。压力高，蒸汽卷起水滴的能力增大，蒸汽更易带水。同时，压力高，饱和温度也高，水的表面张力减小，更易形成细小水滴。

2）汽包水位。汽包水位升高而使蒸汽空间高度减小，飞溅起的大小水滴在动能消失后又落回水容积中，随蒸汽带走的只是微小水滴，蒸汽湿度较大。但水位太低，影响炉水循环的安全。

3）锅炉负荷。锅炉运行时，汽包蒸汽空间内有大小不等的各种水滴。随着锅炉负荷的增大，进入汽包的汽水混合物具有更大的动能，生成更多的细小水滴，蒸汽湿度也增大。

4）炉水含盐。在带水量不变的条件下，蒸汽含盐量随炉水含盐量的增大而增大。同时炉水含盐还影响水的表面张力及动力黏度，从而也影响蒸汽带水量。随炉水含盐量的升高、水的表面张力减小、黏度升高，更易形成细小水滴而被蒸汽所携带。

（2）蒸汽的选择性携带。当饱和蒸汽与饱和水接触时，水中溶盐有一部分溶于蒸汽，随着工作压力的升高，蒸汽对盐的溶解能力也增强。蒸汽对不同盐类的溶解能力也不相同。

1）钠盐在蒸汽中的溶解。炉水中常见含有的 NaCl、Na_2SO_4 在饱和蒸汽中溶解度很小，即使压力达到 19.6MPa 时，其携带量也仅为 0.01%。

2）硅酸在蒸汽中的溶解。炉水中硅的化合物存在形态主要为硅酸 H_2SiO_3 及硅酸氢钠 $NaHSiO_3$，它为弱酸强碱盐，会发生下列水解反应

$$HSiO_3^- + H_2O \rightleftharpoons H_2SiO_3 + OH^-$$

当提高 pH 值时，反应平衡向左方移动，炉水中分子状态的 H_2SiO_3 就会减少；反之，炉水中 pH 值降低，反应平衡向右方移动，炉水中分子态的 H_2SiO_3 就会增加。

由于饱和蒸汽对硅化合物的溶解具有选择性，易溶解硅酸，却不易溶解硅酸盐。因而硅酸的溶解携带系数与炉水 pH 值有关，同时它也与锅炉压力有关，见表 12-2。锅炉压力越高，硅酸的溶解携带系数越大，允许炉水中的含硅量就越小。

综上所述，pH 值增高，饱和蒸汽中硅酸的溶解携带系数减小；反之，炉水 pH 值降低，

则增大。另一方面，在确定的炉水 pH 值条件下，硅酸的溶解携带系数将随压力的升高而加大。

在高参数锅炉中，某几种钠盐如 NaCl 以及硅酸在蒸汽中溶解度均比较大，故在汽轮机通流部位很容易被沉积下来。对一些机组汽轮机沉积物的检查分析，也证实了这一点。所以蒸汽质量必须符合有关规定的指标值。蒸汽的控制指标包括钠、二氧化硅、电导率、铜、铁等，其目的也正因如此。某机组叶片上的沉积物分析结果见表 12-3。

表 12-3　　　　　　　　　　　　　某机组叶片上的沉积物

成分（%）	SiO$_2$	P$_2$O$_5$	NaOH	NaCl	NaCO$_3$
2 号机 18 级动叶片	0.21	0.11	27.92	4.61	11.02
1 号机 17 级动叶片	25.2	0.90	18.30	7.55	8.83

另一台机组，对汽轮机通流部位沉积物的含量，各种成分的沉积物大体分布是：氧化铁、氧化铝主要沉积在汽轮机的各压力缸中，而氧化铜主要沉积在高压缸内，硅酸盐则偏高的沉积于低压缸内。但有个别高压级叶片上集积了大量硅酸盐，有一次停机检查高压缸第 10 级叶片上 SiO$_2$ 高达 25%，钠盐则沉积在高压缸内。

当蒸汽中盐类携带量超出该盐在蒸汽入口处于蒸汽中的溶解极限时，就会在高压缸入口处开始沉积并布及全机。如该盐在蒸汽入口处的浓度低于其溶解度极限时，沉积物就会在浓度和溶解度相等的某点上开始沉积。

第二节　机组运行中的蒸汽监督

机组运行中的蒸汽监督，直接关系到汽轮机通流部位是否积盐、腐蚀。为了保证蒸汽质量，首先就得保证炉水质量，因为蒸汽的杂质主要来自炉水。要采取各种措施以提高蒸汽品质，使其蒸汽品质控制指标达到标准规定的要求。

一、蒸汽质量控制指标

蒸汽中的杂质主要来自炉水，而炉水中的杂质主要来自给水。因此，保证给水与炉水质量，防止给水及炉水系统中的腐蚀产物进入炉水中，而炉水中的各种杂质由于在蒸汽中溶解度的不同，其中易溶盐类（如钠、二氧化硅等）很易进入蒸汽。它们的含量高低，对蒸汽质量有着重要影响。

蒸汽质量控制指标见表 12-4 的规定。

表 12-4　　　　　　　　　　　　　蒸 汽 质 量 控 制 指 标

指标	3.8～5.8MPa	5.9～15.6MPa	15.7～18.3MPa	＞18.3MPa
钠（μg/kg）	≤15	≤5	≤3	≤2
二氧化硅（μg/kg）	≤20	≤15	≤15	≤10
电导率（μS/cm）	≤0.3	≤0.15	≤0.15	≤0.10
铁（μg/kg）	≤20	≤15	≤10	≤5
铜（μg/kg）	≤5	≤3	≤3	≤2

在表 12-4 所列 5 项控制指标中，钠、二氧化硅及电导率三项指标随锅炉运行工况变化频繁，成为对蒸汽质量影响最大的项目，随着监测技术的进步，高参数机组已基本采用在线仪表连续监测。电导率反映含盐量的高低，钠表征汽水分离装置的性能，最能反映蒸汽的机械携带状况；二氧化硅则最易溶解于蒸汽中，而最终以盐的形式在汽轮机通流部位沉积下来，即所谓汽轮机积盐。

二、蒸汽品质的保证

可采取如下一些措施来提高蒸汽品质，以获得洁净的蒸汽，最大限度地降低汽轮机积盐的可能性。

（1）汽包内装有高效的汽水分离装置。汽包中装有高效的汽水分离装置，以降低蒸汽对水的携带。本章第一节中已对蒸汽携带特性做了阐述，蒸汽携带一种是机械携带，饱和蒸汽带水是不可避免的，但如果装有汽水分离效果好的汽水分离装置，就可使得蒸汽携带炉水的情况减弱；另一种是选择性携带，当饱和蒸汽与饱和水接触时，水中溶盐有一部分溶于蒸汽，随工作压力的升高，蒸汽对盐的溶解能力也就增强。在高参数锅炉中，某几种钠盐如氯化钠、氢氧化钠以及硅酸在蒸汽中溶解度均比较大，故在汽轮机通流部位很容易被沉积下来。

显然，炉水中含盐量较低，含钠及二氧化硅量不高，则蒸汽携带对其品质影响也就减小。

汽水分离装置一般是利用自然分离与机械分离原理工作的，自然分离即重力分离；机械分离是利用惯性力、离心力、附着力等作用进行分离。

在高参数锅炉汽包内的汽水分离装置，通常包含两级分离，以旋风分离器作为粗分离器，使蒸汽湿度大为降低；然后则以百叶窗分离器及顶部多孔板作为细分离器，将蒸汽湿度降至一个很低的水平，例如 0.01%甚至更低。运行表明：应用上述汽水分离装置，可以极大地降低蒸汽对水的携带，从而有效地提高了蒸汽品质。

（2）对蒸汽进行清洗。对蒸汽进行清洗，目的是减少蒸汽中的溶盐。汽水分离器只能降低蒸汽携带的盐量，却不能解决蒸汽溶解盐的问题。特别是在高压力工作条件下，蒸汽中对硅酸的溶解量要远远超过蒸汽所带出的水中盐量。所谓蒸汽清洗，就是用含盐量极低的纯水与蒸汽接触，使得已经溶于蒸汽的盐类转移至清水中，从而减少了蒸汽中的溶盐。因为锅炉给水一般纯度很高，故常用给水作为冲洗水。换句话说，如果某种原因造成给水污染，例如凝汽器泄漏，作为冲洗水的部分盐类将直接污染蒸汽。

蒸汽清洗方式很多，现在常用的为起泡穿层式清洗装置，即从水冷壁来的混合物进入汽包后，经旋风分离器进行汽水粗分离，蒸汽向上穿过清洗板及清洗水层。当蒸汽与清洗水接触时，它所携带的杂质就有一部分进入清洗水中。给水清洗后从溢流板上流入汽包水容积中，而经清洗后的蒸汽在蒸汽空间做进一步分离后，经孔板送至过热器。由于应用给水作为蒸汽清洗水，故给水品质务必达到较高水平，否则将起不到清洗效果。

（3）锅炉排污。锅炉给水一般纯度较高，所含杂质较少，但在锅炉中，由于水的蒸发浓缩，炉水中的含盐量浓度不断增加。由给水带入汽包的杂质，除一小部分被蒸汽带走，绝大部分留在炉水中，故饱和蒸汽的品质，在很大程度上取决于炉水中的含盐浓度。当炉水中含盐浓度超过控制指标值时，蒸汽品质就迅速恶化，因而必须排走一部分高含盐浓度的炉水，以纯度较高的给水加以补充，使得炉水含盐浓度保持在一定范围内。在运行中，这称为锅炉连续排污。由于炉水在汽包内汽水分离层下靠近水面处含盐浓度最高，连续排污水则常由此处引出；另一方面，锅炉还须定期排污，用以排除炉水中的沉渣、铁锈等杂物，以防它们在水冷壁管结垢和造成管道的堵塞。定期排污水多从蒸发受热面的最低层，如水冷壁的下联箱处引出。

由于锅炉排污在有助于提高蒸汽品质的同时，也造成了工质及其热量的损失，增加了给水用量，因此，锅炉排污应该予以控制。锅炉的排污率占锅炉额定蒸发量的百分率称为排污率。我国规定对于凝汽器电厂排污率不应超过 1.0%～2.0%，而对于热电厂则不应该超过 3%～7%。

（4）分段蒸发。锅炉排污造成了工质及热量的损失。排污水含盐浓度越高，排污量越少，自然上述损失也越小。从蒸汽品质的角度看，希望产生蒸汽的炉水含盐量浓度越小越好。因而最好是利用低含盐浓度的炉水产生蒸汽，而将高含盐量浓度的炉水排掉，这样在一定品质的给水条件下，既保证了蒸汽品质，又降低了排污损失，这就是对炉水实施分段蒸发处理。

用隔板将汽包的水容积隔成净段与盐段，各段都有各自的下降管与上升管，形成各自独立的循环回路。在整个蒸发段，净段占80%以上，当给水进入净段，经蒸发浓缩后，将净段的出水作为盐段的给水进入盐段，进一步蒸发浓缩，高含盐量浓度的炉水也就是锅炉排污水从盐段末端排出。由于净段蒸汽质量较好，数量又多，故即使有少量从盐段产生的蒸汽品质相对较差，但因数量较少，二者相混合，总体上蒸汽质量仍然较好，同时又可减少锅炉排污量。

现在分段蒸发的锅炉较少，但是一些较早期的此种锅炉现在仍然在运行。

（5）直流锅炉没有炉水，给水中的杂质进入锅炉后，根据杂质的含量及其在蒸汽中溶解度的不同，有一部分被蒸汽带走，其余的则沉积在炉管中，因此蒸汽质量对锅炉给水的要求特别严格。由于凝结水是给水的主要来源，因而要特别防止凝汽器管泄漏，对凝结水要进行100%精处理，从而保证给水质量。

在精处理运行的过程中，尤其要防止出现氨化运行的情况。氨化运行时，氨型树脂对钠离子的吸附性小于氢型树脂，很容易造成钠离子的穿透；氨化反应的产物是 NH_4OH，使阴离子的交换处于碱性环境，造成氯离子的穿透。钠离子和氯离子的穿透会严重降低蒸汽品质。

三、蒸汽采样与检测

对蒸汽进行采样与检测，是机组运行中蒸汽监督的重要方面，而且这部分工作应由水汽监督人员来完成。

1. 蒸汽采样方法概述

锅炉蒸汽有饱和蒸汽及过热蒸汽之分。蒸汽是一种多组分物质，其中所含杂质可以是固体、液体及气体。固体杂质包括炉水中存在的各种盐类如氯化钠、硅酸钠、磷酸盐、硫酸盐以及氢氧化钠等，在过热蒸汽中，则还可能含有铁、铜的氧化物及二氧化硅；液体杂质包括蒸汽的湿分；气体杂质则可能包括氨、氮、氧、二氧化碳、挥发性胺及联氨等。

为了从锅炉汽泡导管及蒸汽管路中取得有代表性的蒸汽试样，需要专门设计、制造、安装特制的取样器，按照设计取样速度采集蒸汽，蒸汽试样经导管、减压后引至冷却管冷却成凝结水后作为质量检测用蒸汽试样。故蒸汽采样装置包括取样器、导管、阀门、冷凝器及试样容器等部件。

2. 蒸汽采样装置

（1）饱和蒸汽采样装置。饱和蒸汽采样装置分单口型、多口型，而多口型装置又有适用不同管径的采样装置之分。

（2）过热器采样装置。过热器采样器与大管径多口型饱和蒸汽采样器基本相同。不同之处是需要插入一根小管，向采样连接管内喷水，以消除过热并产生少量湿度。小管端部延伸到采样器最后一个孔外，内部导管和周围环形管要单独安装外接头。

采集过热蒸汽时：可按自然循环或强制循环系统采样。自然循环系统需要在注水点安装高位支管，故冷凝器的蛇形管要适当地高于采样器，以保证有足够的液位进行循环，强制循环系统是依靠泵维持正压，易控制。由于需要向采样器内注入足够量的水，除去过热才能保证自然和强制循环系统的良好运行，因而应安装流量计及温度计，以监测注入水量及采样器出水温度，检查蒸汽是否过热。

3. 蒸汽试样的采集

（1）新投入的采样装置，应预先通入蒸汽或凝结水充分冲洗 24h 后，方可用于采样；对检修后的采样装置也同样如此。

（2）蒸汽采样阀门应常开，使蒸汽凝结水不断流出。为减少汽水损失，可将流出的凝结水回收。

（3）蒸汽试样流量通常控制在 0.4～0.5kg/min，根据试验要求和冷却水流量适当调节。

（4）试样温度对不同试验有不同要求。通常测定电导率的试样，应低于 25℃；测定溶解气体的试样，温度应低于 20℃；测定试样中较为稳定的金属元素试样，温度可控制在 30℃左右。

（5）蒸汽试样容器应使用硬质（硅硼）玻璃制造。在使用前应清洗干净，用纯水浸泡数天。对于新购置的容器，应用氢氧化钠溶液（10g/L）预处理，促进玻璃老化。

（6）采集试样后，应尽快测定。试样容器用完后要用盐酸溶液（1＋1）清洗，妥善保管，它专供采集蒸汽试样之用，不得兼作他用。

4. 采样注意事项

（1）取样位置。蒸汽中固体和液体杂质以灰尘及雾的形式存在，其密度大于蒸汽，且分布不均，采样前要采取分离措施。在汽包或集管式锅炉中，单口型采样器应装在出汽口，若在蒸汽管道上采样，常采用多口型采样器，径向插入，以保证所采样品具有代表性。

（2）采样速度。采样时蒸汽速度要稳定，而且进采样器的速度要与蒸汽流动速度相一致。为了减少杂质损失，蒸汽需保持较高速度，尤其是垂直向上采样时更是如此。

（3）过热蒸汽。为防止过热蒸汽中的杂质在采样管表面沉积，采样时须从采样器顺流方向处采集试样。为防止盐析现象的发生，应向采样器内注入足量的水，以除去过热并产生少量湿度。

关于蒸汽采样，读者可按国标 GB/T 14416—2010《锅炉蒸汽的采样方法》进行。

四、蒸汽质量检测

蒸汽质量检测均按国家有关标准进行，见表 12-5。

表 12-5   蒸汽质量检测方法一览

检测项目	检 测 方 法	说 明
电导率	DL/T 1207 发电厂纯水电导率在线测量方法	测定范围为<10μS/cm
钠	GB/T 14640 工业循环冷却水和锅炉用水中钾、钠含量的测定	测定范围为 0.1～500mg/L
二氧化硅	GB/T 12149 工业循环冷却水和锅炉用水中硅的测定	测定范围为 10～200μg/L SiO₂
铁	DL/T 955 火力发电厂水、汽试验方法铜、铁的测定原子吸收分光光度法	测定范围为 0～100μg/L
铜		测定范围为 0～100μg/L

第三节　蒸汽系统调试、启动与大修检查的监督评价

对蒸汽品质的监督，应贯穿于生产全过程。同时，蒸汽品质直接与给水、炉水质量密切相关，故水汽监督是对电厂各种用水及蒸汽的监督。本书是为了便于叙述，而将补给水、给水、炉水、蒸汽、凝结水等的监督分别加以阐述，实际在生产中，它们是互相联系、密不可分的。

一、机组调试、启动阶段的蒸汽监督

关于新机组调试、启动的程序与要求已在本书第十一章给水监督技术中做了说明，故不再重复。

对蒸汽来说，在并汽或冲转前，蒸汽质量应达到表 12-6 中规定的标准。

表 12-6   汽轮机并汽或冲转前的蒸汽质量标准

炉型	锅炉过热蒸汽压力（MPa）	氢电导率（25℃）（μS/cm）	二氧化硅	铁	铜	钠
				（μg/kg）		
汽包炉	3.8～5.8	≤3.00	≤80	—	—	≤50
	>5.8	≤1.00	≤60	≤50	≤15	≤20
直流炉	—	≤0.50	≤30	≤50	≤15	≤20

在蒸汽质量控制指标中，尤以钠、二氧化硅、电导率三项更为重要，对于蒸汽压力高于 15.6MPa 的汽包锅炉必须进行洗硅，这在本章第二节中已作了说明。使得蒸汽中二氧化硅达到小于等于 60μg/kg 的要求，同时钠含量应小于等于 20μg/kg。

直流锅炉的最大特点是没有汽包，故其水汽系统与汽包炉也就有所不同。

在直流锅炉中，给水依靠给水泵产生的压力依次流经省煤器、水冷壁及过热器，便逐步完成水的加热、蒸发、过热等阶段，最后全部变成过热蒸汽自锅炉排出，进入汽轮机。

直流锅炉没有炉水，给水中的杂质进入锅炉后，根据杂质的含量及其在蒸汽中溶解度的不同，有一部分被蒸汽带走，其余的则沉积在炉管中。

直流锅炉没有汽包，因而它对锅炉给水的要求特别严格。由于凝结水是给水的主要来源，因而要特别防止凝汽器管泄漏，对凝结水要进行精处理；对补给水也至少进行两级除盐，从

而保证给水质量。

在直流锅炉启动时，要进行冷态水冲洗和热态水冲洗，为此就必须加强对直流锅炉启动时的水汽监督。

冷态清洗可除去很多杂质，以保证锅炉点火时给水水质良好。冷态清洗结束，锅炉就可开始点火；热态清洗，又把残留在水汽系统内的铁腐蚀产物及硅化合物等杂质冲洗下来，洗出来的杂质在通过过滤器及混床除盐装置时不断地被排除。热态清洗完毕，就可继续提高水温，并进行锅炉启动的其他程序。冷态与热态清洗的完成，以清洗后水质达到一定的标准来判断。

二、机组大修检查阶段对蒸汽品质的监督评价

机组大修检查是评价蒸汽质量的主要依据，我国电力系统中，数十年来一直采用水汽合格率作为水汽质量的评价指标。本书已经指出这种评价方法的不足，事实上有的电厂水汽合格率很高，但大修检查时，则发现热力设备结垢、腐蚀严重。所以我们不仅要重视水汽合格率，而且应该重视大修检查的结果，这样也才有利于查明原因，采取有针对性的措施，以保证机组的安全经济运行。

1. 大修检查内容与评价标准

（1）大修检查内容。涉及蒸汽质量的热力设备，主要是锅炉的汽包及过热器、再热器以及汽轮机本体，对它们的重点检查内容及取样方法见表 12-7。

表 12-7　　　　　　　　涉及蒸汽质量机组大修重点检查内容

部位	主要检查内容
汽包	汽包内壁及内部装置腐蚀、结垢情况及主要特征；汽包运行水位线的检查确认；汽水分离装置异常情况；排污管及加药管是否堵塞；对沉积物做沉积量及成分分析
过热器及再热器	立式弯头处割管，其长度不少于1200mm，检查有无积水、腐蚀、积盐程度、腐蚀产物沉积情况，测其 pH 值
汽轮机本体	目视各级叶片结盐情况，定性检测有无镀铜；调速级、中压缸第一级叶片有无机械损伤或麻点；中压缸一、二级围带氧化铁积集程度；检查每级叶片及隔板表面有无腐蚀；检查其 pH 值（有无酸性腐蚀），取沉积量最大的 1~3 片整叶片沉积物计算其单位面积积盐量，对沉积物做成分分析

（2）汽轮机本体积盐、腐蚀评价标准。汽轮机本体中转子、隔板和叶片的积盐、腐蚀评价标准见表 12-8。

表 12-8　　　　　　　汽轮机转子、隔板、叶片的积盐、腐蚀评价

类别	一类	二类	三类
积盐	结垢、积盐速率 d<1mg/（cm²·a）或沉积物总量<5mg/cm²	结垢、积盐速率 1~10mg/（cm²·a）或沉积物总量 5~25mg/cm²	结垢、积盐速率>10mg/（cm²·a）或沉积物总量>25mg/cm²
腐蚀	基本没有腐蚀或点蚀深度小于 0.1mm	低压缸有轻微均匀腐蚀或点蚀深度小于 0.1~0.5mm	有局部溃疡性腐蚀或点蚀深度大于 0.5mm

2. 大修检查监督评价实例

（1）某电厂 600MW 机组 A 级检修时对汽轮机叶片进行化学检查时，发现低压缸叶片表

面存在大量腐蚀产物, 经进一步检查, 发现叶片表面尤其是第 5 级存在明显大量的点蚀痕迹, 如图 12-1 和图 12-2 所示。

图 12-1 低压缸叶片积盐情况

图 12-2 低压缸叶片点蚀情况

按照《火力发电厂机组大修化学检查导则》(DL/T 1115—2009) 标准的要求, 对汽轮机叶片积盐取样并进行化验, 化验结果见表 12-9。

表 12-9 　　　　　　　　　　　　　某厂 600MW 机组汽轮机叶片积盐成分分析

成分 (%)	水分	Fe_2O_3	Al_2O_3	Cl	SO_3
低压缸第 5 级	—	72.15	0.97	1.57	0.19
低压缸混样	1.93	75.66	0.71	0.84	0.29

由表 12-9 可看出, 沉积物中含有极强侵蚀性的 Cl, 它们对叶片表面的腐蚀破坏能力很强, 特别是 Cl 的大量存在, 对汽轮机叶片孔蚀的产生及发展有着直接作用。

(2) 控制水汽系统中酸性离子浓度, 以减少腐蚀。国内外的研究资料表明, 水汽系统中 Cl^- 含量过高是造成热力系统腐蚀, 尤其是汽轮机叶片腐蚀的重要原因之一。过热蒸汽中 Cl^- 浓度大于 3μg/L 时, 就有可能对亚临界机组的汽轮机叶片造成点蚀及应力腐蚀。

国内有人研究了若干离子在初凝水中有着明显的浓缩, 例如在过热蒸汽中的 Cl^- 在初凝水中, 浓缩倍率为 34 倍; Na^+ 为 24 倍; SO_4^{2-} 则高达 142 倍等。

蒸汽中酸性杂质在初凝水中浓缩富集, 导致初凝水 pH 值降低, 造成对钢件的腐蚀; 由于启动初期汽水品质较差, 调峰期间机组频繁启停以及负荷变化引起水汽品质恶化, 导致腐蚀进一步加剧; 汽轮机腐蚀还与汽轮机本身结构和材质有关。

总之, 在减少汽轮机的酸性腐蚀方面, 要重视对 Cl^-、SO_4^{2-} 等酸性离子浓度的监督与控制, 并制定相关的控制标准, 同时也要加强对上述酸性离子引入蒸汽的来源研究, 以从根本上减少锅炉给水中上述离子的含量。

为了降低水汽系统中 Cl^- 的含量, 正确地投入用于凝结水除盐的高速混床关系很大, 因高速混床运行后期排放 Cl^- 现象十分显著, 甚至出水电导率为 0.1μS/cm 时, 就存在排放 Cl^- 现象, 这对机组的安全运行构成威胁; 加强凝汽器管的监督, 防止凝汽器管泄漏而影响凝结水水质; 加强对水汽系统的监督, 特别是调峰、停炉期间的监督, 尽量缩短汽水不合格的时间与程度; 还可考虑往低压缸蒸汽中添加联氨类碱性物质, 以提高初凝水的 pH 值等。

(3) 汽轮机盐垢的分析与分布。某电厂 2 台 350MW 亚临界汽包锅炉机组, 长达 10 年运行情况良好。

该厂对汽轮机盐垢分析进行了分析研究, 发现氧化铁主要沉积在汽轮机高、中、低压缸内，而氧化铜主要沉积在汽轮机高压缸内。硅酸盐则偏向于沉积在低压缸内，但也有个别高压缸叶片上积集了大量硅酸盐。一次大修检查，发现高压缸第 10 级叶片上 SiO_2 含量高达 25%，钠盐则沉积于高压缸内。

一般认为：蒸汽中盐类携带量超出了该盐的蒸汽入口处于蒸汽的溶解度极限时，这些盐类就会在高压缸入口区开始沉积并布及全机。

据分析，该厂汽轮机盐垢中的氧化铁，主要来自给水的腐蚀产物。由于高压加热器为碳钢制作，通常炉前的腐蚀产物最终会成为锅炉内部传热面上的沉积物；锅炉系统中发生的电化学腐蚀也会是炉水中铁的另一个来源。其中就有一部分带入蒸汽，而在汽轮机中被沉积下来。盐垢中的氧化铜主要来自给水低压加热器，由于控制给水中铁含量，须将给水 pH 值提高，这对低压加热器铜管腐蚀有一定影响，该厂凝汽器管全为铜管，故蒸汽中携带的一部分铜，最终在汽轮机中被沉积出来。

（4）高温过热器爆管、汽轮机叶片结垢与钢材材质。某电厂 7 号机为 1000t/h 的亚临界再热直流炉，该机在累积运行 60 458h 期间，大修 3 次、中修 2 次，临修 101 次。曾进行了 3 次氢氟酸开放式化学清洗，运行炉的清洗范围包括加热与蒸发受热面。首次启动前的锅炉清洗还包括过热器受热面。然而该厂在机组大修检查时，发现过热器结垢严重，汽轮机叶片上存在大量氧化铁垢。

1）过热器管的结垢。该厂高温过热器中焊口频繁爆管，在大修中要求高温过热器全部落地，对焊口进行处理，因而有机会对 124 片（4 根套）496 根过热器管进行了一次全面观测。检查发现过热器管的内表面都已结了一层厚厚的氧化铁垢，过热器进口的氧化铁垢厚约 0.1~0.2mm，出口则为 0.5~0.6mm，最厚处有 0.7~0.8mm。

在实验室对其中一些管样进行清洗，估算出过热器氧化铁垢约 $1000g/m^2$，而出口则为 $6000g/m^2$，管壁从 6.0mm 减薄至 5.2mm。

对再热器的割管检查，高温氧化铁皮有大面积脱落现象，脱落以后又生成新的氧化铁皮，与周边未脱落的氧化铁形成台阶状，垢量也在 $1000g/m^2$ 以上。

2）汽轮机叶片垢样分析。该机大修检查，发现高、中压缸叶片上，氧化铁沉积量相当多，且在 23 及 29 级叶片下形成氧化铁的垢下腐蚀。该机叶片结垢情况见表 12-10。

表 12-10　　　　　　　　　某厂 7 号机汽轮机叶片垢样成分分析

汽缸		高压缸		中压缸		低压缸	
级数		5	8	14	19		
垢量	（g/片）	0.769 8	0.514 8	0.471 3	5.716	0.609 9	1.289
	（mg/cm²）	16.98	8.34	2.11	11.4	5.89	10.00
成分	SiO_2%	16.32	15.34	34.04	40.56	68.54	51.71
	Fe_2O_3%	36.50	32.30	37.40	35.70	25.30	41.50
	CuO%	42.6	41.7	7.90	10.40	4.40	4.00

对该炉省煤器水冷壁结垢物分析，其中 98% 以上为氧化铁。

经分析判断：汽轮机中大量氧化铁来自高温过热器及再热器的腐蚀产物。

该机过热器和再热器采用 12CrMoVSiTiB 低铬耐热合金钢制造，运行实践表明：该机在原定参数下运行是不适当的。《电力行业锅炉压力容器安全监督规程》（DL/T 612）的修订说明中也指出：它的使用温度由 620℃ 调整至 600℃，是由于该钢种在高温下长期运行后，存在热强性降低等问题。

关于蒸汽品质的监督评价实例举不胜举，造成汽轮机结垢、腐蚀的原因各不相同，这其中有机组设计与所用材料问题，有启动阶段遗留下来的问题、有给水质量问题、有汽水运行监督问题、有凝汽器泄漏问题、有水处理方法工艺不当问题等，情况十分复杂。这也说明要做好水汽监督不仅涉及面广，而且具有很大的技术难度。

（5）大修检查结果与蒸汽品质合格率的关系。汽轮机通流部位产生积盐，归根结底是由于蒸汽中所携带的杂质所致。多年来，我国电力系统中均采用汽水合格率作为水汽监督评价的标准之一，现将某省连续 6 年各电厂蒸汽品质合格率的统计列于表 12－11 中。

蒸汽质量指标是 SiO_2 和 Na，是表征蒸汽品质的两项重要指标。它们的含量与汽轮机积盐密切相关。

表 12–11　　　　　　　　　　某省各电厂连续 6 年蒸汽品质合格率统计（%）

蒸汽	饱和蒸汽		过热蒸汽		合计
	SiO_2	Na	SiO_2	Na	
第一年	95.6	98.3	94.5	98.2	96.6
第二年	98.6	99.2	98.8	98.9	98.9
第三年	99.6	99.5	99.6	99.8	99.6
第四年	99.3	99.5	96.4	99.6	98.7
第五年	95.5	99.8	95.6	99.8	97.7
第六年	99.6	99.5	99.8	99.7	99.6
平均	98.7	99.3	97.4	99.3	98.7

由表 12－11 可以看出，该省各年度蒸汽品质合格率在 96.6%～99.6% 范围内，平均为 98.7%；饱和蒸汽 SiO_2 各年度合格率在 95.6%～99.6% 范围内，平均为 99.3%；过热蒸汽 SiO_2 各年度合格率在 94.5%～99.8% 范围内，平均为 97.4%；而 Na 在 98.2%～99.8% 范围内，平均为 99.3%。

蒸汽品质具有如此高的合格率，然而各电厂汽轮机叶片积盐普遍存在，特别是对亚临界的高参数机组更是如此。

蒸汽品质合格率与汽轮机大修检查结果相矛盾的情况并不少见。本书第十一章中也谈及炉水合格率与水冷壁管结垢情况不一致的问题，在蒸汽监督中也是如此。在大修检查中，有的电厂汽轮机叶片积盐较少时，积盐率及积盐成分分析没有进行。对于如何进行取样、分析等尚有待于进一步研究。即使叶片积盐较多，但取样的代表性及成分分析的准确性也难以确保，这一切均说明蒸汽监督技术还有很多薄弱环节，需要加以改进与完善，特别是固体垢样、盐样要采集到具有代表性的样品并不是那么容易，必须严格遵循有关取样标准方法，否则，不具有代表性盐样进行的分析结果，也失去其应有的意义。

第十三章　循　环　水　监　督

第一节　循环水系统、参数及浓缩倍率

在电厂的各种用水中，以作为冷却介质的冷却水用量最大，通常占全电厂用水量的70%～80%。

所谓循环水冷却系统，是指以水作冷却介质，由凝汽器、冷却塔、循环水泵、管道及其他相关设备组成，并可循环使用的一种水系统。

一、发电厂冷却水系统

用水作冷却介质的系统成为冷却水系统。冷却水系统可分为直流式冷却水系统、开式循环冷却水系统、闭式循环冷却水系统三种，见表13-1。

表 13-1　　　　　　　　　　　冷 却 水 系 统 的 分 类

冷却水系统	类型	特点	备注
直流式冷却水系统	湿式冷却	冷却水只利用一次	采用人工和天然冷却池时，如冷却池容积与循环水量比大于 100，可按直流系统对待
开式循环冷却水系统	湿式冷却	冷却水经冷却设备冷却后重复利用	需建冷水塔
闭式循环冷却水系统	干式冷却	利用空气冷却	需建空冷塔
	湿式冷却	水—水交换	配置水—水交换器

1. 直流式冷却水系统

直流式冷却水系统的冷却水直接从河、湖、海洋中抽取，一次通过凝汽器后，即排回天然水体，不循环利用。此系统的特点是：用水量大，水质没有明显的变化；但因排放水温度导致水体局部热污染，破坏水生态系统，近年来即使充水源足地区，也很少采用直流式冷却水系统。

2. 开式循环冷却水系统

开式循环冷却水系统中冷却水经循环水泵送入凝汽器，进行热交换，被加热的冷却水经冷却塔冷却后，流入冷却塔底部水池，再由循环水泵送入凝汽器循环使用。此循环利用的冷却水称为循环冷却水。此系统的特点是：

（1）有 CO_2 散失和盐类浓缩，易产生结垢和腐蚀问题；

（2）水中有充足的溶解氧，有光照，再加上温度适宜，有利于微生物的滋生；

（3）由于冷却水在冷却塔内洗涤空气，会增加黏泥的生成。

此系统较直流式系统的主要优点是节水，对一台 300MW 的机组，循环水量按 3.2×10^4 t/h 计，如果补充水量为 2.5%，则每小时的耗水量仅 800t，我国大多数火力发电厂广泛采用开式循环冷却水系统。

3. 闭式循环冷却水系统

闭式循环冷却水系统在火力发电厂有三种应用场合。一是空冷系统冷却汽轮机的乏汽。近几年来山西、陕西和内蒙古等地还新建了许多直接空冷机组，它们的冷却系统也属于闭式循环冷却水系统；二是有些电厂将轴瓦冷却水、辅机冷却水等组成一个专门的闭式循环冷却系统（亦称二次冷却系统）；三是装有水内冷发电机的电厂，将内冷水也组成一个闭式循环冷却系统，此系统没有蒸发引起的浓缩，补充水量少，一般都是用除盐水作为补充水。

二、开式循环冷却水系统的运行操作参数

开式循环冷却水系统的运行操作参数主要包括循环水流量、循环水系统水容积、水滞留时间、凝汽器出水最高水温、凝汽器的真空度、凝汽器的端差、冷却塔的进出水温差、水量平衡及浓缩倍率等。

1. 循环水流量

一般设计按 40kg 水冷却 1kg 蒸汽来计算循环水量，但实际一般要小，大多电厂一般为 30～35kg。如对于某 600MW 机组，锅炉蒸发量为 2000t/h，估算该机组的循环水流量应为 80 000t/h，水平衡实际测试为 70 000t/h，比估算的要小。

2. 系统水容积

根据《工业循环冷却水设计处理设计规范》（GB 50050—2017）规定，循环冷却水系统的水容积（V）与循环水流量（Q_{Xu}）的比，一般选用 1/5～1/3，而大多火电厂由于采用大直径的双曲线冷却塔，塔底集水池的容积较大，V/Q_{Xu} 一般在 2/3～1/1 之间。V/Q_{Xu} 越小，系统浓缩越快，即达到某一浓缩倍率的时间越短。同时冷却水系统的水容积对冷却水系统中水的滞留时间（算术平均时间）及药剂在冷却水系统中的停留时间（药龄）有较大影响。系统水容积越大，水的滞留时间长，排污量少，滞留时间长。表 13–2 为某厂 V/Q_{Xu} 对达到某一浓缩倍率（K）时所需时间的计算结果。

表 13–2　　　　　　　　　　浓缩倍率 K 与时间对应表时间　　　　　　　　　　（h）

V/Q_{Xu}	1/1	1/2	1/3	1/5
1.5	59.5	29.8	19.8	11.9
2.0	119	59.5	39.7	23.8
2.5	179	89.3	59.5	35.7
3.0	238	119	79.3	47.6

通过表 13–2 结果可以指导现场不同运行阶段控制凉水塔水池水位，控制循环水系统水容积，实现最佳停留时间和药龄的控制。

3. 凝汽器出口最高水温、冷却塔进出水温差

凝汽器出口最高水温一般小于 45℃；冷却塔进出水温差一般为 6～12℃，多数为 8～10℃。

4. 凝汽器的真空度和端差

凝汽器传热性能的好坏，可由凝汽器的真空度和端差来判断。正常运行条件下，凝汽器内会形成一定的真空度，一般为 0.005MPa；端差一般为 3～5℃。

如凝汽器管内结垢或黏泥附着,端差上升。此外,汽轮机排汽量的增加和凝汽器中抽汽量的减少、冷却水量的减少,都会使凝结水温度升高,端差上升或凝汽器内压力升高,真空度降低,影响机组的热经济性。

5. 循环水系统的水量平衡

敞开式循环冷却水系统中水的损失包括蒸发损失、风吹损失及排污损失。循环水系统的水量平衡式为:

$$P_{Bu}=P_{Zh}+P_F+P_P$$

式中　　P_{Bu}——补充水率,%;

P_{Zh}——蒸发损失率,%,$P_{Zh}=k\Delta t$,其中 k 夏季为 0.8;春秋为 0.6;冬季为 0.4;

P_F——风吹损失率,%,一般为 0.3%~0.5%;

P_P——排污损失率,%。

6. 循环水系统的盐量平衡

在循环水系统的水量损失中蒸发损失不带走盐分,风吹损失和排污损失带走循环水中盐分,假如补充水中盐分在循环水系统中不析出,则循环冷却水系统盐类平衡为:

$$(P_{Zh}+P_F+P_P)C_{Bu}=(P_F+P_P)C_{Xu}$$

式中　　C_{Bu}——补充水中的含盐量,mg/L;

C_{Xu}——循环水中的含盐量,mg/L。

三、浓缩倍率（K）的测定

浓缩倍率是指循环冷却水中的含盐量（或某种离子浓度）与补充水中含盐量（或某种离子浓度）的比值

浓缩倍率 K 为:

$$K=C_{Xu}/C_{Bu}=(P_{Zh}+Q_F+P_P)/(P_F+P_P)$$

浓缩倍率是保证循环水系统阻垢、缓蚀处理效果的关键指标,对循环水浓缩倍率进行日常运行监测非常必要。

1. 采用 Cl⁻测定浓缩倍率

由于水中 Cl⁻不会与阳离子生成难溶性化合物,所以经常表示为:

$$K=C_{Xu}/C_{Bu}=[Cl^-]_{Xu}/[Cl^-]_{Bu}$$

Cl⁻的测定采用摩尔法,由于阻垢缓蚀剂中单体（如分散剂、有机膦等）对测定有较大影响或干扰,同时人工容量滴定分析法终点判断难,致使 Cl⁻的测定误差较大,即测定准确性较差,很难进行运行常规监测,采用电位滴定法可解决终点判断的问题。

2. 采用电导率测定浓缩倍率

图 13-1 为某厂（补充水为长江水）循环冷却水的电导率表示的浓缩倍率与实际浓缩倍率的拟合试验曲线。由试验曲线可以得出:

$$K_{Cl}=K_{DD}+0.2$$

式中　　K_{Cl}——以氯离子表示的浓缩倍率;

K_{DD}——以电导率表示的浓缩倍率。

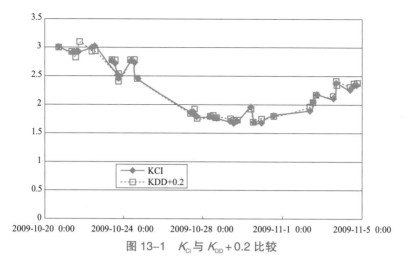

图 13-1 K_{Cl} 与 K_{DD} + 0.2 比较

不同水源几个电厂试验表明，如果补充水水质相对稳定，采用电导率测定浓缩倍率是可行的。由于采用电导率表测定，具有测试简单、准确性高的优点，同时可实现在线监测，对监测循环水浓缩倍率的常态化具有重要的意义。由于不同电厂循环水系统补充水水质和运行参数的差异，K_{Cl} 与 K_{DD} 的关系需要通过试验和数理统计确定。

3. 极限浓缩倍率

顾名思义，循环水的极限浓缩倍率为加入一定阻垢缓蚀剂药剂量时所能达到的最高浓缩倍率。少量的阻垢缓蚀剂添加到冷却水中，通过晶格畸变、分散、絮凝等作用，稳定冷却水中的大量钙离子，提高冷却水的极限碳酸盐硬度，或生成疏松的水垢随排污除去，减少冷却水系统管道的结垢和腐蚀。在使用阻垢缓蚀剂的情况下，极限碳酸盐硬度得到提高。某厂进行阻垢缓蚀剂极限浓缩倍率试验结果为：

（1）不加阻垢剂，极限浓缩倍率为 1.4；

（2）补充水阻垢剂加药量为 1mg/L 时，极限浓缩倍率为 3.4；

（3）补充水阻垢剂加药量为 3mg/L 时，极限浓缩倍率为 3.6；

（4）补充水阻垢剂加药量为 5mg/L 时，极限浓缩倍率为 3.9；

（5）补充水阻垢剂加药量为 7mg/L 时，极限浓缩倍率为 3.9。

补充水阻垢剂加药量为 5mg/L 时，极限浓缩倍率达到 3.9，再增大加药量，极限浓缩倍率不会增大。由此证明了阻垢缓蚀剂阻垢具有阈值效应，即随着阻垢缓蚀剂加药量增大，阻垢率增大，但当药剂增大到一定值（阈值点）时，阻垢率不再增加。

根据国际水处理协会推荐，正常运行浓缩倍率 K_{C} 与极限浓缩倍率 K_{L} 有关系：

$$K_{\text{C}} \leqslant 0.8 K_{\text{L}}$$

4. 经济浓缩倍率

如果冷却水系统的运行条件一定，循环冷却水系统管路损失为零时，风吹损失又极小时，补充水量（Q_{Bu}）与循环水量（Q_{Xu}）可表示为：

$$Q_{\text{Bu}} = Q_{\text{Xu}} \times P_{\text{Zh}} \times K/(K - 1 + P_{\text{Zh}})$$

某 600MW 机组补充水和浓缩倍率、循环水量的关系见表 13-3。

表 13-3　　　　　　　某 600MW 机组补充水和浓缩倍率、循环水量的关系表

浓缩倍率（K）	补充水量（Q_{Bu}，m³/h）	浓缩倍率（K）	补充水量（Q_{Bu}，m³/h）
1.0	70 000	3.5	1176
2.0	1680	4.0	1120
3.0	1260	4.5	1080

注　P_{Zh} 按 1.2% 计。

由表 13-3 可以看出，随着浓缩倍率的提高，补充水量明显降低。但当浓缩倍率超过 3.0 时，补充水量减少已不显著。过高的浓缩倍率严重恶化循环水水质，增大了循环水结垢的风险。同时各种阻垢缓蚀剂的效果与持续时间有关，过高浓缩倍率使药剂在冷却水系统的停留时间超过其药龄，将降低处理效果。具体经济浓缩倍率应根据阻垢缓蚀剂评估试验和全厂水平衡试验结果，对循环水排污水综合利用的前提下，确定经济浓缩倍率。

5. 加入药剂对浓缩倍率的影响

原水预处理需要加入聚合氯化铝等净水剂进行原水的澄清处理，循环水正常运行需要加入阻垢缓蚀剂和杀菌灭藻剂进行阻垢、缓蚀和杀生处理。对多个电厂现场试验表明，这些药剂的投加对浓缩倍率的影响有限，基本可以不考虑。以某厂循环水加入 50mg/L 次氯酸钠进行循环水杀菌处理为例，循环水游离氯现场测试为 0.4mg/L，由氧化性杀菌剂的投加引起循环水浓缩倍率仅增加 0.1 倍。

6. 次氯酸钠对循环水中有机膦的影响

多个试验表明，循环水加入次氯酸钠对循环水中有机膦没有明显影响。

7. 浓缩倍率与加药量的关系

由于循环水加阻垢缓蚀剂是连续按一定调试量进行加药，要求浓缩倍率必须控制在一定范围内，规程一般规定了每天每台机组加药量，同时由于测定循环水中阻垢缓蚀剂有效含量一般需要较长时间，且只能试验班才能测定，运行班组不检测，测试时间长并且测试结果滞后，所以实际运行加药量设定固定值，运行基本不会根据浓缩倍率的变化调整阻垢缓蚀剂加药量。

第二节　循环水系统补充水水质要求

补充水水质和水量等情况直接或间接影响预处理工艺的选择、循环水处理工艺的选择、凝汽器管材的选择、循环水运行控制指标等多个方面，尤其是目前天然水体污染日趋严重、水资源匮乏等诸多问题引起的补充水水质恶化，水体富营养化，循环水运行浓缩倍率较高，水质指标波动，循环水运行监督不能用常规的控制指标等问题日益突出。因此，补充水水质等相关资料的收集十分重要。

对地表水，应了解历年丰水期和枯水期的水质变化规律以及可能被污染的情况，取得相应的水质全分析资料；对受海水倒灌或农田排灌影响的水源，应掌握由此而引起的水质变化情况；对石灰岩地区的地下水，应了解其水质的稳定性；对于再生水、矿井排水等回用水，应掌握其原水的来源组成，了解其处理设施的情况；对于海水应按照现行国家标准《火力发电厂海水淡化工程设计规范》（GB/T 50619—2010）的要求掌握相关资料。

一、地表水

目前，补充水水质指标波动已经成为一个不可忽视的问题。根据《发电厂化学设计规范》（DL 5068—2014）规定，以江、河湖、水库等地表水作为循环水补充水的火电厂每季度应取样并分析，分析的水质项目见表 13-4。

根据补充水水质和循环水运行的浓缩倍率可以估算出循环水水质，在凝汽器管材、辅机管材、循环水管道、冷却塔材料等设计选择等方面应考虑以最差水质作为校核依据。

表 13-4   补充水水质分析项目表

水样外观：
取样地点水温：
取样日期：
报告日期：

分析项目	单位	数量	分析项目	单位	数量
K^+	mg/L		NH_4^+	mg/L	
Na^+	mg/L		SO_4^{2-}	mg/L	
Ca^{2+}	mg/L		CO_3^{2-}	mg/L	
Mg^{2+}	mg/L		HCO_3^-	mg/L	
Cu^{2+}	mg/L		OH^-	mg/L	
$Fe^{2+}+Fe^{3+}$	mg/L		Cl^-	mg/L	
Mn^{2+}	mg/L		NO_2^-	mg/L	
Al^{3+}	mg/L		NO_3^-	mg/L	
PO_4^{3-}	mg/L		油类	mg/L	
S^{2-}	mg/L		溶解固体	mg/L	
电导率	μS/cm		$COD_{Cr/Mn}$	mg/L	
pH 值	—		总硬度	mmol/L	
悬浮物	mg/L		总碱度	mmol/L	
浊度	NTU		碳酸盐硬度	mmol/L	
溶解氧	mg/L		全硅（以 SiO_2 计）	mg/L	
游离 CO_2	mg/L		总磷（以 PO_4^{3-}计）	mg/L	
氨氮	mg/L		BOD_5	mg/L	

二、再生水及矿井水

1. 再生水及矿井水作为补充水的影响

再生水及矿井水作为补充水时，由于其水质指标的某些特殊性，可能会对循环水系统产生诸多影响。

（1）微生物的大量滋生繁殖。由于再生水中的氮源、磷源充足，可以为微生物生产提供丰富的营养源，造成微生物的大量滋生繁殖。

（2）黏泥和污垢附着加剧。黏泥的生成是以微生物为基础的，随着微生物的生长和繁殖，微生物形成的生物膜不断增厚，大量的微生物在新陈代谢中分泌出的黏液与循环冷却水中的悬浮物、有机物及少量的盐类黏合，使无附着力的物质黏附、截留、沉积形成黏泥。

采用再生水作为循环水系统补充水时，微生物生长、繁殖条件适宜，很容易形成黏泥事故。

（3）细菌对金属设备产生腐蚀。再生水中细菌含量高，组成复杂，其中的铁细菌、硫细菌、硫酸盐还原菌和硝化细菌等都对金属设备的腐蚀造成威胁。

（4）循环水有机物含量高，对系统材质的腐蚀加剧。再生水中的有机物主要来源于人类排泄物及生活活动产生的废弃物、动植物残片等，主要成分是碳水化合物、蛋白质与尿素及脂肪，组成元素是碳、氢、氧、氮和少量的硫、磷、铁等。再生水经二级处理后，其有机物主要为不可生物降解的残留有机物及未完全生物降解的有机物。

再生水作为补充水时将有机物带入循环水系统，在循环水系统浓缩，再加上循环水系统有利的微生物生长、繁殖条件，以有机物为部分营养，加剧生长并增加循环水中有机物的含量；在循环水系统内营养物质充足的条件下，二者互为促进。

有机物是微生物的营养源，主要通过微生物及其降解时产生的酸性气体实现对系统内材质的腐蚀。

（5）悬浮物含量高、浊度高。再生水悬浮物主要由有机物、微生物代谢分泌黏性物质、少量无机类悬浮物形成，与微生物的腐蚀有密切关系；当循环水悬浮物升高时，循环水有机物含量也相应升高，循环水中微生物生化反应加剧，循环水系统微生物腐蚀的概率增加。

2. 再生水及矿井水的预处理

再生水及矿井排水等回收水源作为循环水补充水，应根据水质特点选择采用生化处理、杀菌、过滤、石灰凝聚澄清、超（微）滤处理等工艺。对于水处理容量较大、碳酸盐硬度高的再生水宜采用石灰凝聚澄清处理，石灰药剂宜采用消石灰粉，石灰处理系统出水应加酸调整 pH。

3. 再生水及矿井水作为补充水的水质要求

（1）再生水及矿井水水质较差，选用再生水及矿井水作为补充水水源时，应通过水源水质结垢性和腐蚀性的评价分析，每月取样并进行分析，分析的水质项目见表 13-5。

（2）若再生水及矿井水水质变化大时，应考虑对不同时段取样分析，考察水质的稳定性，特别注意水质指标中碱度、硬度、氯离子、硫酸根、COD、BOD、氨氮、总磷、细菌总数的分析。

（3）为了减少再生水及矿井水回用作循环冷却水时的众多运行故障，再生水的水质指标应满足表 13-5 要求。当指标高于表 13-5 中要求时，应进行深度处理后回用，确保循环水运行的经济性和安全性。

（4）再生水处理系统的进水水质应符合《城镇污水处理厂污染排放标准》（GB 18918—2002）中的二级标准或《污水综合排放标准》（GB 8978—1996）中的一级标准。

（5）再生水处理工艺的选择应结合全厂水处理工艺，根据再生水的水质及补充水量、循环冷却水质指标、浓缩倍数和凝汽器的材质、结构形式等条件，进行技术经济比较，并借鉴类似工程的运行经验或试验确定。

表 13-5 再 生 水 水 质 要 求

项目	单位	指标	项目	单位	指标
pH 值		6.0~9.0	氨氮	mg/L	≤5
浊度	NTU	≤10	总磷（以 P 计）	mg/L	≤1
BOD_5	mg/L	≤10	细菌总数	个/mL	≤500
COD_{Cr}	mg/L	≤50	悬浮物	mg/L	10

（6）再生水作为补充水时，循环水的浓缩倍数应根据再生水水质、循环冷却水水质控制指标、药剂处理配方和凝汽器材质等因素，通过模拟试验确定。

第三节　不锈钢和钛管的腐蚀与防护

凝汽器腐蚀是影响火力发电厂机组安全经济运行的主要问题之一。凝汽器管的腐蚀泄漏会引起凝结水、给水、蒸汽及整个水汽系统汽水品质恶化，造成水冷壁、省煤器等金属表面的腐蚀、结垢和汽轮机叶片上积盐，严重时会造成锅炉腐蚀爆管和汽轮机效率降低。

因此，凝汽器管防腐是火电厂循环水系统的重点工作之一，其防腐目标是凝汽器管均匀腐蚀速率低于《工业循环冷却水处理设计规范》（GB 50050—2017）中的要求：铜合金和不锈钢管材腐蚀速率小于 0.005mm/a，碳钢腐蚀速率小于 0.075mm/a。确保凝汽器管使用寿命达到设计年限（一般为 20 年以上），同时防止局部腐蚀造成凝汽器穿孔现象的发生。

为防止凝汽器管腐蚀，可以采取多种手段和措施：依据《发电厂凝汽器及辅机冷却器管选材导则》（DL/T 712—2010），根据循环水水质情况合理选材，添加铜缓蚀剂，电化学保护，涂刷防腐涂料，成膜保护，添加杀菌灭藻剂，进行胶球清洗等措施保证凝汽器管内表面清洁，防止微生物腐蚀等。

一、不锈钢管

1. 不锈钢管特性

近几年，随着不锈钢管管材价格的降低和钢管管材价格的增长，且不锈钢管的耐蚀性优于铜管，不锈钢管已经成为内陆采用淡水作为冷却水时凝汽器管材的首选。相对于火电厂凝汽器铜合金换热管，不锈钢材质具有以下优点：

（1）不锈钢的抗拉强度和机械强度大于铜合金，提高了换热管在运行过程中对汽侧高速蒸汽及水滴的抗冲击能力。

（2）不锈钢的线膨胀系数低于普通铜管，可减少来自内部的应力。

（3）由于不锈钢的惯性矩和振动阻尼值均大于铜合金，因此不锈钢管的抗振动特性在相同条件下优于铜管。

（4）不锈钢管采用表面光洁的板材卷制焊接而成，管壁光滑，污垢相对不易沉积在换热器表面，因此能较长时间保持较高的清洁系数。

（5）在相同水质条件下，TP304、TP316、TP316L、TP317、TP317L 等材质的不锈钢，

其抗蚀性能均要优于铜合金。

2. 影响不锈钢管的腐蚀因素

不锈钢管也不是在任何情况下都具有良好的耐蚀性，在一定条件下也可能出现点蚀、缝隙腐蚀、应力腐蚀等现象。影响火电厂凝汽器不锈钢管腐蚀的因素主要包含以下几个方面。

（1）氯离子。氯离子是引起不锈钢产生点蚀的主要因素之一。由于 Cl^- 等卤素离子具有很强的穿透性，对不锈钢的钝化膜会产生破坏作用。钝化膜破坏处的金属基体呈活化状态，而钝化膜处为钝态，这样就形成了活性－钝态腐蚀电池。由于阳极面积相对阴极要小很多，因此作为阳极的金属会逐渐产生点蚀。

一般来说，随水中 Cl^- 浓度的增加，Cr—Ni 不锈钢的应力腐蚀开裂也随之加剧，特别是 $MgCl_2$ 最易引起应力腐蚀破裂。不同氯化物对不锈钢的腐蚀影响程度依次为：

$$Mg^{2+} > Fe^{3+} > Ca^{2+} > Na^+$$

虽然不锈钢材质具有良好的耐氨蚀能力，但由于氯化物引起不锈钢点蚀而最终导致管材发生应力腐蚀破裂也是有可能发生的。

《发电厂凝汽器及辅机冷却器管选材导则》（DL/T 712—2010）中规定，凝汽器采用 TP316L 不锈钢管材，循环水中的 Cl^- 含量应小于 1000mg/L。但在含有溶解氧的冷却水中，即使含量不高的 Cl^- 也会对不锈钢管产生较为严重的腐蚀。这是因为在不锈钢管壁有可能产生腐蚀的缝隙或坑孔中，会导致 Cl^- 富集，在该区域内，Cl^- 浓度很高，产生严重的腐蚀。

（2）硫酸根。循环水中的硫酸盐对普通硅酸盐水泥有一定的侵蚀作用，对于不锈钢却有一定缓蚀作用。

试验表明，随着循环水中 SO_4^{2-} 含量的增加，不锈钢的点蚀电位也在逐步升高，说明其抗点蚀性能逐渐提高。

（3）pH 值。通常火电厂循环水的 pH 值在 8.0～9.0。在此范围内，不锈钢的腐蚀速率基本不受 pH 变化的影响。但当循环水系统采用加酸处理或凝汽器进行酸洗时，若运行控制不当，会对不锈钢表面的钝化膜产生破坏作用，导致管材发生较为严重的酸性腐蚀。而且在酸性介质条件下，不锈钢易发生应力腐蚀。

（4）溶解氧。在开式循环冷却水系统中，循环水中溶解氧处于饱和状态，一般为 6～8mg/L。溶解氧是冷却水中金属发生电化学腐蚀的主要阴极去极化剂。对于不锈钢而言，阳极过程为 $Fe \longrightarrow Fe^{2+} + 2e$，$Cr \longrightarrow Cr^{3+} + 3e$；阴极过程为 $O_2 + 2H_2O + 4e \longrightarrow 4OH^-$。

由于不锈钢表面一般都会形成钝化膜，只要钝化膜致密且牢固，循环水中的溶解氧一般不会直接对不锈钢产生腐蚀。但如果该钝化膜一旦遭到部分破坏，其裸露处就会发生氧的去极化作用。

另外，在黏泥和污垢下常常会因为氧的浓度差而形成腐蚀电池，贫氧区的金属作为阳极，发生腐蚀。

（5）换热管表面状态。无论选用何种金属材质作为凝汽器的换热管材，保持换热器表面的清洁都是非常重要的。因为污垢和黏泥的沉积首先会影响凝汽器的传热效率。其次，在附着物下易导致金属产生局部腐蚀。对于不锈钢而言，保持其表面的清洁状态，与在不锈钢表面形成均匀、致密的钝化膜同样非常重要。

较低的冷却水流速易导致水中的悬浮物质在换热管表面沉积。不锈钢具有优异的抗冲刷腐蚀能力，因此，换热管内应保证足够的冷却水流速（至少为 1.0～2.0m/s），并且采取完善的杀菌处理等措施。

（6）微生物。微生物腐蚀是指由于微生物的新陈代谢活动促进金属电化学腐蚀的过程，其原因可归结为以下三方面。

1）微生物的代谢产物对金属的腐蚀；

2）形成氧浓差电池腐蚀；

3）阴极去极化作用。

不锈钢不像铜合金具有一定的毒性和杀菌作用，因此，不锈钢管更易出现微生物的滋生问题。即使是含钼量达 4.5%的奥氏体不锈钢也会发生微生物腐蚀。微生物对于不锈钢的腐蚀特征是点蚀，主要表现为以下几个方面：① 好氧生物在生长过程中消耗溶解氧，产生 CO_2，形成氧浓差电池和碳酸，引起不锈钢腐蚀；② 有些微生物在代谢过程中产生部分酸性物质，在某些区域内可引起不锈钢管腐蚀；③ 有些微生物可使不锈钢先以晶间腐蚀开始，最终导致氯化物的应力腐蚀破裂。

微生物对于循环水系统的腐蚀还表现在微生物的代谢产物极易和水中的悬浮物和胶体物质形成黏泥、污垢而附着于换热管表面，导致附着物下的局部腐蚀。

（7）有机物。循环水中有机物含量高，会为水中异氧菌提供充足的营养源，造成菌类大量繁殖，促进微生物腐蚀。

（8）含盐量。一般来说，在相同 pH 值条件下，金属的腐蚀速率随水中含盐量的增加而升高。含盐量高则电导率大，产生电化学腐蚀的电子从阳极到阴极的传递速率加快，因此腐蚀加快。

3. 防止不锈钢腐蚀措施

（1）选材。不锈钢表面受到致密氧化膜的保护。当保护膜受到机械损伤后，在清洁空气和一定的湿度条件下，具有很强的自我修复能力。因此，不锈钢具有良好的防腐能力，其耐蚀性远高于铜管，发生腐蚀的概率远远小于铜管。在运行期间，不考虑添加缓蚀剂。但不锈钢管耐点蚀能力较差，水中的氯离子是发生点蚀的敏感离子，因此，应根据冷却水中氯离子浓度，依据《发电厂凝汽器及辅机冷却器管选材导则》（DL/T 712—2010）中的规定，选择合适的管材，并进行腐蚀试验。需要注意的是，选材时并不是耐点蚀的能力越高越好，在满足点蚀并有一定安全余量的条件下，应选用合金成分较低的材料。合金成分越好，耐点蚀能力越强，价格越高，导热系数越低，对管板产生电偶腐蚀越严重。

（2）质量标准。不锈钢凝汽器管一般使用焊接管。目前我国还没有凝汽器用不锈钢管焊接管的质量标准。美国材料和试验协会（ASTM）按照不同用途和类型的不锈钢管制定了不同标准。从凝汽器本身要求和奥氏体不锈钢焊接管的特点来看，订货时补充要求中的下列几条应指明：

1）水下空压试验（多数制造商制造时均进行此项试验）。

2）晶间腐蚀试验。如果不锈钢管焊接工艺不当或控制不严，有可能引起晶间腐蚀，不锈钢管与管板连接多数为只胀不焊。如果焊接连接，则必须严格控制焊接工艺。

3）焊缝腐蚀试验。焊接管的焊缝区通常是薄弱环节，容易发生腐蚀，ASTM A249 要求腐蚀率 $R \leqslant 1.25$，$R \leqslant 1$ 意味着焊缝处的耐蚀性能比母材还高。

4）特殊要求。要求焊缝和管壁平齐，从凝汽器胀接严密均匀性、胶球清洗角度考虑，焊缝应同管壁平齐。

（3）胀接。不锈钢的弹性模量比黄铜约高 1 倍，屈服强度约高 37%。不锈钢管管壁较铜管管壁薄，其冷作硬化现象比黄铜管严重。这些因素决定了不锈钢管的胀管工艺和参数与黄铜管有较大差别。不锈钢管胀管过程中，胀口受力部分的清洁、干燥、防污染是施工质量的重要影响因素，应防止不锈钢管胀口部位发生机械损伤。机械损伤部位的保护膜在循环水环境中很难自我修复，成为运行期间发生腐蚀的活化部分，导致后期运行时发生管口腐蚀。胀接质量的主要影响因素有管子与管板的材料、尺寸及其尺寸精度、形位精度、径向间隙、表面清洁度、管子与管板的硬度差、管孔的开槽、胀接方法及其设备、胀管率等，尤其是管子胀接的扩张程度的影响最为突出。扩胀率的选择成为胀接工艺中主要控制参数之一。

常用壁厚减薄量或 2 倍壁厚减薄量来表示，即

$$JE = 2 \times \left(1 - \frac{D_L - D_i}{2t}\right)$$

式中　JE ——管子胀接时的扩张率，此处为 2 倍壁厚减薄量；

D_L ——管板孔径；

D_i ——胀管后管子实际内径；

t ——胀管前管子壁厚。

各厂家取的 JE 值各不相同，有的悬殊较大。在保证不漏和有足够拉脱力的条件下，JE 应取较低值。美国、日本等国家常见的 JE 推荐值为 12%～14%。在正式胀管前，应进行试胀，每胀完一定数量的管子应进行测量和校正。

（4）运行控制。运行时，应根据本厂凝汽器管选用的管材型号，控制循环水中氯离子浓度低于该管材型号所能耐受的氯离子浓度。当不锈钢管表面不清洁、有污堵时，容易发生点蚀。

因此，不锈钢管的缓蚀处理应特别注意以下几点：

1）保证管材表面所需的清洁度。首先，保证凝汽器管中足够的流速，其次，胶球清洗正常投运，并保证投运次数和收球率。

2）保证循环水中氯离子浓度低于不锈钢管材所能耐受的浓度。

3）做好微生物控制工作。做好杀菌处理工作，防止发生微生物腐蚀。

做好上述几点工作，不锈钢管发生腐蚀的概率极低。

二、钛管

1. 钛管特性

和铜合金管、不锈钢管相比，钛具有优异的耐蚀性，适用于海水、污染海水和凝汽器空抽区氨蚀环境，且通过技术的改进，钛管凝汽器防腐问题已经得到了较好的解决。

（1）钛管具有良好的耐蚀性能，几乎可耐受各种形式的腐蚀，尤其对硫化物和氨的抗蚀性能极为突出。钛管能在最恶劣的工况条件下使用，在悬浮物和含沙量高的污染海水中也不易发生腐蚀。

（2）钛和钛合金在中性溶液中及无氧的情况下有较高的稳定性，但在生长藻类的海水中稳定性大大降低。曾有资料指出，富有藻类的钛和钛合金经过两年后缝隙腐蚀的深度可达 0.1mm。

（3）在弱酸性溶液和无氧的情况下，钛不易因形成钝化膜而使其电位变负，造成钛的缝隙腐蚀。

（4）钛金属对氢脆敏感，如进行阴极保护时不能将电极电位降得过低，否则会造成钛管管端因吸氢而脆化。

2. 防止钛管腐蚀措施

（1）凝汽器管选用钛管时，不必考虑添加缓蚀剂。

（2）保证管材表面所需的清洁度。

（3）保证足够的流速。

（4）采用完善的杀菌处理。

（5）加强胶球清洗，依靠胶球与钛管内壁的连续摩擦作用，将管壁上的附着物擦去，并防止新的附着物黏着在管壁上。

（6）增设二次滤网，防止海生物、藻类等进入并附着在凝汽器管中。

（7）停机时凝汽器放水风干，保证钛管在高富氧状态下停用，防止发生缝隙腐蚀。

（8）避免从海边直接取水，防止由于含沙量过高对钛管管口的冲刷腐蚀。

第四节　循环水系统阻垢处理

选择循环冷却水防垢处理方法时，应综合考虑水质情况、凝汽器管材、环保要求、水资源短缺情况、水价、药品供应等因素，因地制宜，选择有效、安全、经济、简单的方法。选择处理方法的同时，应注意节约用水，同时要兼顾凝汽器管的腐蚀和防护。

一、循环水处理方法的比较

表 13-6 为常见的 7 种循环水处理方法的使用条件及优缺点。

表 13-6　　　　　各种循环水处理方法的使用条件及优缺点

序号	处理方法	适用条件	处理特点	优点	缺点
1	排污法	适用于水源水量充足地区	控制循环水的浓缩倍率，满足补充水碳酸盐硬度和浓缩倍率的乘积小于循环水的极限碳酸盐硬度。	（1）方法最简单，不需要任何处理设备和药品；（2）运行维护工作量小	（1）受水资源限制；（2）排污水量大，造成水体的热污染
2	加酸处理	适用于碳酸盐硬度较高的补充水	使碳酸盐硬度转变为溶解度较大的非碳酸盐硬度，保证循环水碳酸盐硬度小于极限碳酸盐硬度	（1）设备较简单；（2）运行维护工作量较小	（1）加酸的系统和设备需防腐；（2）应注意防止硫酸钙沉积及高浓度 SO_4^{2-} 对普通硅酸盐水泥的侵蚀
3	阻垢分散处理（包括阻垢、分散、缓蚀剂复合）	适合水质范围广		（1）各种药剂复合作用完全、效率高；（2）设备较简单，基建投资少	（1）药品价格较高；（2）药剂浓度测定较复杂
4	加酸+阻垢分散剂	适用于碳酸盐硬度较高的补充水	降低水中的重碳酸根离子	（1）可在高浓缩倍率下运行；（2）循环水中的 SO_4^{2-} 浓度低于单一酸化处理	（1）运行控制较单一水质稳定剂或单一加酸处理复杂；（2）加酸的系统和设备需防腐，硫酸危险性较大，需采取完善的安全措施；（3）应注意防止硫酸钙沉积及高浓度 SO_4^{2-} 对普通硅酸盐水泥的侵蚀

序号	处理方法	适用条件	处理特点	优点	缺点
5	石灰处理法＋阻垢分散剂	适用于碳酸盐硬度高的补充水	去除水中暂硬、游离二氧化碳和镁的非碳酸盐硬度、铁和硅的化合物	可在高浓缩倍率下运行	（1）基建投资大；（2）需进行辅助处理，以确保处理效果
6	离子交换法＋阻垢分散剂	适用于水源紧缺，碳酸盐硬度较高的水质	去除水中的硬度和碱度	可在高浓缩倍率下运行	（1）基建投资大；（2）运行费用较高
7	反渗透处理法	适用于水源非常紧缺，含盐量高的水质	去除水中的溶解固形物	浓缩倍率很高	（1）基建投资大；（2）运行费用高

二、阻垢分散处理

阻垢分散处理是最常用的一种处理方式，具有操作简单、经济的特点。其他处理方式如加酸处理、石灰混凝处理、弱酸处理方式等一般不单独使用，都和阻垢分散处理联合使用，以提高循环水运行的浓缩倍率。

三、酸处理

加酸处理一般选用硫酸。通过加酸，一方面降低水的碳酸盐硬度，使碳酸盐硬度转变为溶解度较大的非碳酸盐硬度，另一方面降低重碳酸盐硬度，保持循环水的碳酸盐硬度在极限碳酸盐硬度之下，达到防止结垢的目的，其反应式为

$$Ca(HCO_3)_2 + H_2SO_4 \longrightarrow CaSO_4 + 2CO_2 \uparrow + 2H_2O$$

$$Mg(HCO_3)_2 + H_2SO_4 \longrightarrow MgSO_4 + 2CO_2 \uparrow + 2H_2O$$

加酸处理控制必须考虑水塔水泥材料的适用性和凝汽器管板材质耐阴离子腐蚀的能力，不能一味地提高浓缩倍率。

参照《岩土工程勘察规范》（GB 50021—2001），根据多年实际运行经验，硫酸根对混凝土腐蚀性评价参见表 13-7。

表 13-7　　　　　　　　　　　硫酸根对混凝土腐蚀性评价

硫酸根（mg/L）	腐蚀性评价
<600	安全区域
600~800	相对安全，但要注意检查混凝土工程情况
800~1500	应根据混凝土所处的地理环境和物理环境进行评定，并进行相关试验确定后，方可运行
>1500	建议采取其他措施

循环水 pH 值的控制：循环水 pH 值应控制在 8.0~9.0。加酸点的位置应尽量靠近配酸点，可将酸加入补充水中或循环水中。注意加酸点与循环水泵保持一定距离，以免腐蚀循环水泵。加酸点宜选择在循环水前池。

在补充水中加入硫酸的量的计算式为

$$G = \frac{G_{\mathrm{JD,Bu}} - \dfrac{G_{\mathrm{JD,X}}}{K}}{1000n} Q_{\mathrm{Bu}}$$

式中　G——硫酸加入量，kg/h；

$C_{\mathrm{JD,Bu}}$——补充水碱度，mg/L，以 $CaCO_3$ 计；

$C_{\mathrm{JD,X}}$——循环水控制碱度，mg/L，以 $CaCO_3$ 计；

n——工业硫酸的纯度，一般 $n = 0.90 \sim 0.95$；

Q_{Bu}——补充水量，m^3/h；

K——浓缩倍率。

实际过程中的影响因素较多。由于系统的复杂性，计算结果往往偏低，故应在理论计算的基础上，进行模拟试验，确定加酸量。宜采用直接加入法，加酸系统分为喷射器和计量泵。

四、石灰处理

补充水预处理方法中，石灰处理是采用最早且最经济的一种方法，适用于碳酸盐硬度高、非碳酸盐硬度较低的水质。石灰处理可以去除水中的部分碳酸盐硬度和游离二氧化碳，去除部分镁的非碳酸盐硬度、铁和硅化合物、重金属、细菌、有机物、氨氮等。石灰处理通常和阻垢剂处理联合使用，以提高循环水的浓缩倍率。由于石灰处理成本较低，因此广泛应用于补充水或循环水旁流处理，尤其是使用再生水及矿井水作为补充水时，石灰处理更为常见。石灰处理的重点是要求石灰纯度高，储运、配浆、计量机械化程度高。

1. 原理

石灰处理可以去除水中的重碳酸钙、重碳酸镁和游离二氧化碳，其反应式为

$$Ca(HCO_3)_2 + Ca(OH)_2 \longrightarrow 2CaCO_3 \downarrow + 2H_2O$$
$$Mg(HCO_3)_2 + 2Ca(OH)_2 \longrightarrow 2CaCO_3 \downarrow + Mg(OH)_2 + 2H_2O$$
$$CO_2 + Ca(OH)_2 \longrightarrow CaCO_3 \downarrow + H_2O$$

石灰还可和水中镁的非碳酸盐硬度发生反应，生成 $Mg(OH)_2$ 沉淀，其反应式为

$$MgCl_2 + Ca(OH)_2 \longrightarrow Mg(OH)_2 \downarrow + CaCl_2$$
$$MgSO_4 + Ca(OH)_2 \longrightarrow Mg(OH)_2 \downarrow + CaSO_4$$

此外，石灰还可以除去水中的部分铁和硅的化合物，其反应式为

$$Fe(HCO_3)_2 + 8Ca(OH)_2 + O_2 \longrightarrow Fe(OH)_3 \downarrow + 8CaCO_3 \downarrow + 6H_2O$$
$$Fe_2(SO_4)_3 + 3Ca(OH)_2 \longrightarrow Fe(OH)_3 \downarrow + 3CaSO_4$$
$$mH_2SO_4 + nMg(OH)_2 \longrightarrow nMg(OH)_2 \cdot mH_2SiO_3 \downarrow$$

2. 石灰加药量的确定

石灰加药量的计算分为根据原水水质和处理目的两种方法。

（1）根据原水水质确定石灰加药量。

水中 $(C_{\mathrm{YD}})_{\mathrm{Ca}} + G > (C_{\mathrm{YD}})$ 时，即

$$C_{\mathrm{CaO}} = 28[(C_{\mathrm{YD}}) + C_{\mathrm{CO_2}} + C_{\mathrm{Fe}} + G + \alpha]$$

水中 $(C_{\mathrm{YD}})_{\mathrm{Ca}} + G < (C_{\mathrm{YD}})$ 时，即

$$C_{\mathrm{CaO}} = 28[2(C_{\mathrm{YD}}) - C_{\mathrm{YD,Ca}} + C_{\mathrm{CO_2}} + C_{\mathrm{Fe}} + G + \alpha]$$

式中　C_{CaO}——石灰的加入量，mg/L；

$\quad$ 28——CaO 摩尔质量，mg/mmol（以 $1/2CaO$ 计）；

$\quad C_{YD}$——原水中的碳酸盐硬度，mmol/L（以 $1/2Ca^{2+} + 1/2Mg^{2+}$ 计）；

$\quad C_{CO_2}$——原水中的游离二氧化碳含量，mmol/L（以 $1/2CO_2$ 计）；

$\quad C_{Fe}$——原水中的含铁量，mmol/L（以 $1/3Fe^{3+}$ 计）；

$\quad G$——凝聚剂的加入量，一般为 0.1～0.2mmol/L；

$\quad \alpha$——石灰过剩量，一般为 0.1～0.4mmol/L（以 $1/2CaO$ 计）；

$\quad C_{YD,Ca}$——原水中的钙硬度，mmol/L（以 $1/2Ca^{2+}$ 计）。

（2）根据处理目的确定石灰加药量。

1）只要求去除水中的 $Ca(HCO_3)_2$ 时，即

$$C_{CaO} = 28[C_{Ca(HCO_3)_2} + C_{CO_2}]$$

2）要求同时去除水中的 $Ca(HCO_3)_2$ 和 $Mg(HCO_3)_2$ 时，即

$$C_{CaO} = 28[C_{Ca(HCO_3)_2} + C_{CO_2} + 2C_{Mg(HCO_3)_2} + C_{NaHCO_3} + \alpha]$$

式中　$C_{Ca(HCO_3)_2}$——$Ca(HCO_3)_2$ 在原水中的浓度，mmol/L；

$\quad C_{Mg(HCO_3)_2}$——$Mg(HCO_3)_2$ 在原水中的浓度，mmol/L；

$\quad C_{NaHCO_3}$——$NaHCO_3$ 在原水中的浓度，mmol/L。

以上为石灰加药量的理论计算值，实际的加入量可能和计算值稍有偏差，尤其是对再生水进行石灰处理的加药量的理论计算值和实际值有较大偏差。石灰还有去除部分重金属、细菌、有机物、氨氮等作用，但计算公式中并未涉及。因此，实际用量通常高于计算值。试验时，可以以计算值作为参考，以模拟试验值作为现场调试的依据。

3. 石灰处理后的水质

（1）pH 值和游离二氧化碳。石灰处理后的水的 pH 值一般在 10 以上，水中的游离二氧化碳可以全部去除。

（2）碱度。经石灰处理后水的残留碱度包括两个部分：一部分是 $CaCO_3$ 的溶解度，一般为 0.6～0.8mmol/L；另一部分是石灰的过剩量，一般控制在 0.2～0.4mmol/L（以 $1/2CaO$ 计）。$CaCO_3$ 的溶解度与原水中钙的非碳酸盐硬度（$CaCl_2$、$CaSO_4$）有关，它的含量越高，经石灰处理后，出水残留的钙含量越大，残留碱度越低，见表 13-8。

表 13-8　　　　　经石灰处理后可达到的残留碱度（t = 20～40℃）

出水残留钙含量（mmol/L）（$1/2Ca^{2+}$）	>3	1～3	0.5～1
残留碱度（mmol/L）	0.5～0.6	0.6～0.7	0.7～0.75

经石灰处理后，水的残留碱度一般在 $0.8mmol/LCO_3^{2-}$ ～ $1.2mmol/LCO_3^{2-}$。由于石灰处理效果和温度有关，该值还和石灰处理时的温度有关，见表 13-9。

表 13-9　　　　　　石灰处理时水温与残留碱度的关系

处理温度（℃）	5	25～35	120
水净化的总时间（h）	1.5	1～1.5	0.75～1
残留碱度（mmol/L）	1.5	0.5～1.75	0.3～0.5

（3）硬度。经石灰处理后，水的残留硬度的计算式为

$$C_{YD,C} = C_{YD,F} + C_{JD,C} + C_X$$

式中　$C_{YD,C}$——经石灰处理后的水的残留硬度，mmol/L（$1/2Ca^{2+} + 1/2Mg^{2+}$）；

$\quad\quad\quad C_{YD,F}$——原水中的非碳酸盐硬度，mmol/L（$1/2Ca^{2+} + 1/2Mg^{2+}$）；

$\quad\quad\quad C_{JD,C}$——经石灰处理后的水的残留碱度，mmol/L（$1/2CO_3^{2-}$）；

$\quad\quad\quad C_X$——絮凝剂剂量，mmol/L。

（4）硅化合物。用石灰处理时，水中硅化合物的含量会有所降低，当温度为 40℃时，硅化合物可降至原水的 30%～35%。

（5）有机物。采用石灰混凝处理时，水中的有机物可降低 30%～35%。

（6）其他。石灰处理对重金属有很好的去除效果，去除率可达到 90%以上；对氨氮和细菌也有一定的去除效果。

4. 加酸量

石灰处理后，加酸调节出水的 pH 值（通常用硫酸调节）在 6.8～7.5 范围内，加酸量通过模拟试验确定。

5. 助凝剂混凝剂的选用及投加量

应根据原水水质和循环水水质要求通过模拟试验确定，经过过滤器后，出水浊度应小于3NTU。

五、弱酸氢离子交换处理

在缺水地区设计大容量火电厂时，需要循环水在较高浓缩倍率下运行。往往采用弱酸氢离子交换处理补充水或处理部分循环水。弱酸氢离子交换处理方法稳定、可靠，可以大大提高循环水运行的浓缩倍率，但基建投资大，运行维护费用高，废液排放量大。弱酸树脂处理时应考虑以下几个问题：

1. 降低弱酸处理设备的投资

弱酸处理设备投资的主要部分为弱酸树脂，对于通常的单流式交换器，为了降低投资，在负荷要求的前提下，一般采用尽量减少弱酸树脂用量的办法，即采用低树脂层高（1.0～1.2m）的交换器。但目前生产厂常规的交换器，空间未得到有效利用，另一种措施就是采用双流式交换器。

双流式弱酸交换器与单流式交换器比较，具有以下优点：

（1）可提高设备出力，降低投资，由于比单台设备处理提高近 1 倍，使设备台数减少近一半，减少了占地面积，降低了投资。

（2）节省树脂 12.5%左右。双流式交换器中，在相同再生剂比耗下，残留失效树脂所占比例降低。此外，由于再生层高度约为运行树脂层的 2 倍，再生剂可以得到充分利用，这些都使相同比耗的条件下，双流交换器树脂的工作交换容量略高于单流式交换器，可节省树脂用量，同时降低再生剂比耗。

（3）自用水率低。由于出水区树脂的再生度较高，不会发生因再生作用，而减少了正洗水量，自用水率可由单流式的 7%左右下降到 5%左右。

2. 全部或部分弱酸处理问题

关于此问题，可以从以下几个方面进行比较：

（1）原水水质。当要求浓缩倍率在 4.0～5.0 倍时，原水碳酸盐硬度大于 6mmol/L 时，应采用 100%的弱酸处理系统。因为按理论计算，如采用 50%弱酸处理系统，假设弱酸出水平均碱度为 0.5mmol/L，则补充水的碳酸盐硬度约为 3.25mmol/L，按浓缩 5 倍计算，循环水的碳酸盐硬度可高达 16.25mmol/L。在目前靠处理剂稳定是无法做到的。因此，必须将经弱酸处理的水量增加到 70%以上，方可满足防垢的目的。由于经弱酸处理的水量所占比例很高，部分弱酸处理的意义不大。如原水的碳酸盐硬度小于 4mmol/L，采用 50%弱酸处理和加稳定剂的方案是可行的，此时采用部分弱酸处理比较经济。原水碳酸盐硬度在 4～6mmol/L 时，在进行综合比较后，确定采用全部弱酸处理或部分弱酸处理。

（2）投资。如将全部弱酸处理改为 50%弱酸处理，可节省基建投资 40%～50%。

（3）废水排放量。

（4）设备腐蚀。全部弱酸处理时，循环水碱度与中性盐的比值显然比部分弱酸处理时小，此比值小，说明腐蚀倾向大。目前已有几个全部弱酸处理的电厂反应，存在明显腐蚀问题，个别厂正在进行解决该问题的专题研究。

3. 是否设置除碳器

经弱酸处理后，水中的大部分碱度转变成游离二氧化碳，水的 pH 值较低，从某些电厂的运行情况看，交换器初期的出水 pH 值仅为 4～4.5，随运行时间的延长，出水 pH 值逐渐上升，周期平均出水 pH 值为 5.2～5.8，循环水 pH 值为 7.4～8.0。如果将补充水引至冷却塔上部，由于冷却塔具有良好的脱出二氧化碳的性能，显然在弱酸系统中无需设置除碳器，只需对交换器出口至冷却塔的补充水管道进行防腐处理即可。如果将补充水直接补至凝汽器冷却水的进水沟道，弱酸系统是否需设除碳器，应根据腐蚀试验情况确定，目前尚无此方面的数据。不论何种情况，都要控制好每台交换器的投运顺序，避免所有交换器均处于投运初期，造成补充水 pH 值偏低的情况发生。同时，在补水点应使补充水与循环水均匀混合。

六、旁流处理

1. 旁流处理的目的

旁流处理就是抽取部分循环水，按要求处理后，再返送回循环水系统的处理方法，旁流处理的目的有以下两点：

（1）循环冷却水在蒸发浓缩过程中，水质不断恶化，某些水质指标不能达到冷却水水质标准，要求进行旁流处理。例如循环水在冷却过程中，由空气带入的灰尘、粉尘等悬浮固体物的污染，使水中悬浮物的含量不断升高，既影响稳定处理的效果，还会加重黏泥的附着，往往要求进行旁流过滤处理。

再如，使用三级处理后的废水作为开始循环冷却系统的补充水时，由于水中的有机物含量很高，在循环过程中会产生较多的黏泥，也要求进行旁流过滤处理。

（2）提高循环水的浓缩倍率。当循环水中的某一项或几项成分超出允许值时，也可考虑采用旁流处理。

如果要降低循环水的硬度和碱度，则采用旁流软化，常用的方法为石灰处理、钠离子交换和弱酸氢离子交换来进行旁流软化。

当要求循环冷却系统"零排放"时，可以考虑采用反渗透旁流处理。

对于火电厂，目前旁流处理主要以旁流过滤为主。对于浓缩倍率大于 3 以及采用再生水作补充水的开式循环冷却系统,应考虑设置旁滤处理设备。

总之,旁流处理可以保证循环水水质在较高的浓缩倍率下安全、经济运行。

2. 旁流处理的计算

旁流处理分为旁流软化和旁流过滤两种形式。

(1) 旁流软化。旁流软化处理量依据标准《发电厂化学设计规范》(DL 5068—2014)中附录 M,其计算式为

$$Q_c = \frac{(Q_z + Q_f + Q_w)p_b - (Q_f + Q_w)p_m}{p_b + (w-1)p_b' - wp_b'}$$

式中　Q_c——旁流软化或除盐处理水量,m³/h;

Q_z——蒸发损失水量,m³/h;

Q_f——风吹损失水量,m³/h;

Q_w——排污损失水量,m³/h;

p_b——补充水中某物质含量,mg/L;

p_m——循环水中某物质允许含量,mg/L;

p_b'——旁流处理系统出水中某物质含量,mg/L;

w——旁流处理系统自耗水率,%。

(2) 旁流过滤。旁流过滤是对部分循环冷却水进行过滤,以去除水中的悬浮物、胶体,以保证其他处理方法的效果。一般情况下,控制循环水的浊度含量不超过 20NTU。

旁流过滤处理量依据标准《发电厂化学设计规范》(DL 5068—2014)中附录 M。其计算式为

$$Q_c = \frac{Q_b p_b + D - (Q_f + Q_w)p_m - Q_g p_b'}{p_m - p_b'}$$

式中　Q_c——旁流过滤处理水量,m³/h;

Q_b——循环冷却水系统补充水量,m³/h;

Q_f——风吹损失水量,m³/h;

Q_w——排污损失水量,m³/h;

D——空气带入水量,g/h;

p_b——补充水中悬浮物含量,mg/L;

p_m——循环水允许悬浮物含量,mg/L;

p_b'——过滤处理后水中悬浮物含量,mg/L;

Q_g——过滤器排水量,m³/h。

空气含 20%尘埃时,空气带入尘埃量的计算式为

$$D = 20\% \times Q_a \rho_a \times 20^{-3}$$

式中　Q_a——冷却塔空气流通量,m³(标准状态下)/h;

ρ_a——空气含尘量,mg/m³(标准状态下)。

七、循环水用阻垢剂阻垢性能评定方法

目前,添加阻垢剂的方法已经成为国内外凝汽器防垢处理的最常见、最有效的控制。因

此，阻垢剂的开发与合理利用是凝汽器防垢技术的关键问题。能否准确、快速地评定阻垢剂的阻垢性能非常重要。选择合理的评定方法，对于准确、全面地了解不同阻垢剂的性能与机理有着十分重要的指导意义。

目前，国内几种常见的评定阻垢剂的方法有碳酸钙沉积法、鼓泡法、电导率法、极限碳酸盐硬度法等。

1. 碳酸钙沉积法

碳酸钙沉积法的依据是《水处理剂阻垢性能的测定碳酸钙沉积法》（GB/T 16632—2008），是目前国内常使用的阻垢剂性能的评定方法，主要是用于阻垢剂的初步筛选。试验中，配置一定浓度的含有钙离子和碳酸氢根离子的水样，加入一定量的阻垢剂，在（80±1）℃加热条件下，促使碳酸氢钙加速分解为碳酸钙，达到平衡后测定试液中的钙离子浓度。用乙二胺四乙酸二钠（EDTA）标准溶液测定加热前后溶液中钙离子浓度的变化，同时进行未加阻垢剂的空白试验。阻垢剂的阻垢效果用阻垢率来表示，阻垢率越高，代表阻垢剂阻垢效果越好。

阻垢率的计算式为

$$\eta = \frac{C_{Ca,2} - C_{Ca,0}}{C_{Ca,1} - C_{Ca,0}} \times 100\%$$

式中　η——阻垢剂的阻垢率；

$C_{Ca,2}$——加入阻垢剂的试液加热后的钙离子浓度，mg/L；

$C_{Ca,0}$——未加阻垢剂的试液加热后的钙离子浓度，mg/L；

$C_{Ca,1}$——试验前水样中的钙离子浓度，mg/L。

水样经加热浓缩后，残留的 Ca^{2+} 浓度越高，说明生成的碳酸钙垢越少，阻垢剂的阻垢率越高。

（1）优点。碳酸钙沉积法方法原理简单，所需设备少，可以同时进行大批量阻垢剂性能的筛选，是实验室筛选阻垢剂的经典方法。

（2）缺点。

1）碳酸钙沉积法在试验过程中，由于水浴加热温度不均匀、锥形瓶口径大小不一致等条件的影响，加热后的水样浓缩倍率往往各不相同，但在计算式中，并没有考虑到浓缩倍率对阻垢率的影响会对最终的结果造成影响。

2）试验的重现性差。

3）水样配置的离子组成简单，和现场的水质条件差别较大。

4）试验温度定位 80℃，和现场循环冷却水运行的温度差别较大。

5）阻垢效果以阻垢率表示，只能对阻垢剂的阻垢性能进行筛选，不能得到极限碳酸盐硬度。

2. 鼓泡法

鼓泡法依据《水处理药剂阻垢性能测定方法鼓泡法》（HG/T 2024—2009）。鼓泡法以含有一定浓度的 $Ca(HCO_3)_2$ 的水样和阻垢剂制备成试液。当温度升高时，向溶液中鼓入一定量的空气，以带走反应式 $Ca(HCO_3)_2 \longrightarrow CaCO_3 \downarrow + CO_2 \uparrow + H_2O$ 中产生的二氧化碳，使反应的平衡向右移动，促使碳酸氢钙加速分解为碳酸钙，试液达到自然平衡时的 pH 值，此时试液中的钙离子浓度很快达到稳定浓度。鼓泡法以测定水样中钙离子的稳定浓度作为评定阻垢剂性能的指标。阻垢剂性能越好,溶液中钙离子的稳定浓度越大。

此种方法存在着检测时间较长(通常需要 6h 以上)、操作烦琐、重现性较差、对试验设定的稳定性(如空气流量等)要求高等缺点。

3. 电导率法

电导率法最早由 Drela 发明,通过测定一定过饱和度的碳酸钙溶液的电导率来评定阻垢剂对碳酸钙的阻垢效果。

测定原理:电导率是表征水中溶解盐类多少的指标。能溶于水的盐类都能电离出具有导电能力的离子,溶液的电导率与所含的离子的浓度有关。因此,测定溶液电导率是间接表示水中溶解盐类浓度最简便的方法。当溶液中有沉淀析出时,由于溶解盐类浓度的降低,电导率的值会急剧下降,由此即可计算出碳酸钙的过饱和度值。过饱和度值愈大,阻垢剂的阻垢效果愈佳。

试验步骤:将盛有一定浓度 $CaCl_2$ 水样的烧杯放入恒温槽中,以恒定速率搅拌被滴定溶液,温度控制在(25 ± 1)℃,用一定浓度的 Na_2CO_3 滴加在 $CaCl_2$ 溶液中,稳定后读取溶液的电导率值。以 Na_2CO_3 的体积为横坐标,电导率为纵坐标作图,比较未加阻垢剂和加入不同阻垢剂时 Na_2CO_3 的体积和电导率的变化,找出电导率急剧下降的点,计算碳酸钙的过饱和度,比较阻垢剂的阻垢效果。

虽然电导率法并未列入国标,但和碳酸钙沉积法相比,由于其试验条件容易满足,重现性较好,试验时间快,在评价阻垢剂效果时被各水处理工作者广泛应用。

4. 极限碳酸盐硬度法

循环水在冷却过程中不断蒸发浓缩,若水中没有沉淀析出,循环水的总碱度($C_{JD,X}$)和补充水的总碱度($C_{JD,B}$)关系式为

$$C_{JD,X} = K \times C_{JD,B}$$

循环水碱度应和浓缩倍率呈直线关系。实际循环水在不断浓缩的过程中,由于 CO_2 不断溢出,循环水的 pH 值增大,反应式 $Ca(HCO_3)_2 \longrightarrow CaCO_3\downarrow + CO_2\uparrow + H_2O$ 的平衡关系被破坏,$CaCO_3$ 沉淀析出,导致上式的线性关系被破坏。刚出现沉淀时所对应的循环水碱度成为极限碳酸盐硬度。加入阻垢剂后,碳酸钙晶粒在阻垢剂的作用下不易生成,浓缩倍数就会增大。因此,极限碳酸盐硬度越高,循环水所能维持的浓缩倍数也越高,阻垢剂的阻垢效果就越好。

该方法分为静态法和动态法,是目前电力系统常用的一种阻垢剂性能评定方法。《火电厂凝汽器管防腐防垢导则》(DL/T 300—2011)中把极限碳酸盐硬度法作为火力发电企业循环水阻垢剂评定的方法。

(1)静态法。取水样置于敞口容器内,并加入一定剂量的阻垢剂,搅拌均匀,温度控制在(45 ± 1)℃,水样蒸发浓缩的同时补入补充水(含有同样计量的阻垢剂),保持水位稳定。试验中,定期从容器中取样(相当于工业循环冷却水),测定总碱度、钙离子和氯离子浓度。为了保证容器内水质稳定剂浓度不变,每次取样后,再加入与取样体积相等且加有相同剂量阻垢剂的补充水,试验一直进行到达到极限碳酸盐硬度为止。

当 $\Delta A \geq 0.2$ 或 $\Delta B \geq 0.2$ 时,认为试验达到终点,其终点对应的碳酸盐硬度值即为极限碳酸盐硬度。达到极限碳酸盐硬度的终点判断可按下式计算,即

$$\Delta A = \frac{C_{\text{Cl,X}}}{C_{\text{Cl,Bu}}} - \frac{C_{\text{JD,X}}}{C_{\text{JD,Bu}}}$$

$$\Delta B = \frac{C_{\text{Cl,X}}}{C_{\text{Cl,Bu}}} - \frac{C_{\text{Ca,X}}}{C_{\text{Ca,Bu}}}$$

式中　　ΔA——适用于循环水阻垢剂处理方式；

　　　　ΔB——适用于循环水中阻垢剂和加酸联合处理方式；

　　$C_{\text{Cl,X}}$——循环水中 Cl^- 含量，mg/L；

　　$C_{\text{Cl,Bu}}$——补充水中 Cl^- 含量，mg/L；

　　$C_{\text{JD,X}}$——循环水中全碱度，mmol/L；

　　$C_{\text{JD,Bu}}$——补充水中全碱度，mmol/L；

　　$C_{\text{Ca,X}}$——循环水中 Ca^{2+} 浓度，mg/L；

　　$C_{\text{Ca,Bu}}$——补充水中 Ca^{2+} 浓度，mg/L。

1）优点。

① 试验水样可以从现场取样或按照现场水质配置，水样、试验水温和循环水实际用水、水温等条件较接近。常作为进行动态模拟试验前的阻垢剂筛选试验，具有一定的参考价值。

② 试验所需的仪器、设备简单，可以同时对多种阻垢剂的不同剂量进行筛选试验。

2）缺点。

① 静态法和实际运行过程中还有一定的差异，不能提出循环水现场运行的控制参数。

② 水样蒸发浓缩后测定碱度、氯离子、钙离子等项目取样量较小，尤其是原水碱度。钙离子较小时，试验误差大。

③ 由于试验并非连续测定，且试验失误较大，很难获得极限碳酸盐硬度等指标，甚至进行一组试验时，由于浓缩结垢，很难区分阻垢剂性能。

3）当原水中氯离子浓度较小时，由于氯离子是非结垢离子，可以在补充水中人为添加氯离子，增大氯离子浓度，减小试验中浓缩倍率的测定误差。

（2）动态模拟试验。动态模拟试验是实验室评定缓蚀阻垢配方的综合性测试方法。动态法是目前最接近现场循环水运行状况的试验方法，试验装置模拟了生产装置换热器的材质、壁温、冷却水的流动状态、蒸汽侧温度、换热器进出口水温、冷却过程等条件，可以测定腐蚀、结垢数据。

动态模拟装置的测量控制原理系统采用电加热水产生的饱和蒸汽作为热源。只是换热器用传热管来代替，传热管置于蒸汽发生炉内，使管子外围充满饱和蒸汽，以代替工艺热介质。冷却水由循环水泵提供手动调节流量。冷却水通过传热管内时带走热量，随后被送入冷却塔进行冷却，并回到凉水池中，再由循环水泵驱动进行循环运转。冷却水流经冷却塔时不断蒸发，达到所需的浓缩倍率后，手动调节排污以一定的流量连续排污，由浮球自动控制补水，经保持水池的水位恒定，根据试验的要求用感温元件作为传感器，经过测温电路测出蒸汽、进出口水温度，送入单片机控制器内，根据控制参数将温度控制在一定的范围内。并定时打印出运行温度和计算的瞬时污垢热阻。同时系统的计算参数、控制参数及所测点的温度均可修改或修正。

动态模拟装置保持冷却水的流量、进口水温、蒸汽温度不变，则污垢热阻可由冷却水进、出口温差变化计算，见下式：

171

$$R = \frac{0.86\pi DL}{G}\left(\frac{T-t_i}{t_0-t_i} - \frac{T-t_i'}{t_0'-t_i'}\right)$$

式中　R——瞬时污垢热阻，$m^2 \cdot ℃/W$；

　　　　D——传热试管的内径，m；

　　　　L——传热管的有效长度，m；

　　　　G——循环冷却水的流量；

　　　　T——蒸汽出口温度，℃；

　　t_i、t_0——冷却水瞬时进出口温度，℃；

　　t_i'、t_0'——冷却水清洁管的进出口温度，℃。

　　式中的参数 D 和 L 为定值，G 用流量计进行控制，对 T、t_i'、t_i 进行测量和控制，对 t_0、t_0' 仅进行测量，将这些参数代入式便可以计算出瞬时污垢热阻 R。

　　试验用水一般直接从现场取补充水或按现场水质配制，试验用的凝汽器管宜从现场抽取或采用相同材质。在静态阻垢试验、腐蚀试验药剂筛选的基础上，进一步确定运行参数和工艺条件，一般试验的周期为7～14天，有的长达一个月。试验结束后，将试验用凝汽器管取下剖管检查，测定腐蚀及结垢有关数据。

　　试验过程可分为两种方式进行。

　　1）一种是运行在极限碳酸盐硬度下的固定浓缩倍率下，运行 7 天，记录相关数据，确认结垢及腐蚀状况是否在允许范围内。

　　2）另一种方法是极限碳酸盐硬度测定法，即在循环水浓缩过程中，定时取样分析，当浓缩到一定程度，水中极限碳酸盐硬度达到最大值，随后即随着浓缩倍率的增大而降低，此时循环水中不结垢碳酸盐垢的最大碳酸盐硬度为极限碳酸盐硬度，计算方法同静态试验方法。另外，可通过挂片法称重测得该工艺条件下的腐蚀速率。

　　动态模拟试验时，采用阻垢剂性能评定方法中和现场运行状况最接近的试验方法，已经在电力系统得到了广泛采用。通过动态模拟试验，可以确定循环水运行的药剂种类、加药量、运行控制参数，对于指导现场循环水运行和监督具有重要意义，是循环水运行调试前必须进行的试验。

　　（3）两种方法的比较。通常情况下，静态法所得到的极限碳酸盐硬度和浓缩倍率的试验结果大于动态模拟试验的结果。这是由于两种方法的装置和试验过程不同，导致试验结果的差别，其主要原因分析如下：碳酸钙沉淀析出的主要原因是由于循环水中 CO_2 的溢出导致碳酸钙结垢析出。循环水动态试验装置的冷却曝气装置可以很好地模拟现场运行状况，循环水以水滴的形式和空气充分接触，曝气更充分，更接近实际运行状况，大于静态试验进依靠蒸发浓缩的曝气程度，CO_2 的溢出高于静态试验。动态试验过程中碳酸钙的结垢趋势大于静态试验方法，因此，药剂可维持的极限碳酸盐硬度和浓缩倍率较静态法低。

第五节　循环水杀菌灭藻处理及排污控制

一、循环水杀菌灭藻处理

1. 杀菌灭藻剂选择的原则

（1）不应与阻垢剂、缓蚀剂等相互干扰；

（2）不应对系统的金属有明显腐蚀作用；

（3）药剂的活性不应受水系统 pH 值、温度等因素的干扰；

（4）排放后的残余有毒物质应易于降解，符合地方的环保要求。

2. 杀菌灭藻剂的加药方式

氧化型杀菌灭藻剂采用连续投加和冲击加药都可以，非氧化型杀菌灭藻剂宜采用冲击式投加；应根据季节变化调整加药量和冲击加药的间隔时间；加药点宜设在循环水泵的进水口前。

3. 杀菌灭藻剂的使用方法

（1）氯和次氯酸盐。可采用连续投加或冲击投加方式。连续投加时，宜控制循环水中余氯为 0.1～0.3mg/L；冲击投加时，宜每周投加 1～3 次，每次投加宜控制水中余氯 0.3～0.8mg/L，保持 2～3h。

（2）二氧化氯。当细菌浓度在 10^5～10^6 个/mL 时，二氧化氯的加入浓度宜为 0.5mg/L。二氧化氯的杀菌灭藻效果不受水中 pH 值、氨及其他污染物的影响。在使用同时不产生氯化胺等有害物质，无二次污染。但其价格昂贵，稳定性差，故一般在现场采用二氧化氯发生设备制备并投加。

（3）季胺盐。市售商品用于循环水水处理的季胺盐活性物含量≥20%，季胺盐使用浓度通常为 50～100mg/L（按 20%商品计）。长期使用，微生物易产生抗药性，出现药效下降、使用剂量增大、药剂持续时间短、使用泡沫多等特点。

使用季胺盐时，应注意防止对药剂之间竞争吸附而失效。在被尘埃、油污和有机物严重污染严重的水系中，水中金属离子的大量存在会降低季胺盐的杀菌灭藻效果。季胺盐与其他杀菌剂如戊二醛、异噻唑啉酮和二硫氰基甲烷等复配使用可起增效作用，但不能与氯酚类杀菌灭藻剂共用，不宜与阴离子表面活性剂共用，可与消泡剂一同使用。

（4）异噻唑啉酮。市售商品异噻唑啉酮杀菌灭藻剂有效浓度≥1.5%，一般还复合适量季胺盐等，异噻唑啉酮杀菌灭藻力强，起泡少。通常使用浓度为 100～200mg/L（按 1.5%商品计）。纯的异噻唑啉酮毒性等级为中毒或高毒，降解后分解为乙酸，所以实际毒性很低。

投加异噻唑啉酮前应停止加氯，防止两者相互作用，降低杀菌灭藻效果。

（5）无机溴化物。无机溴化物宜经现场活化后连续投加，循环冷却水中余溴浓度宜为 0.2～0.5mg/L（以 Br_2 计）。

（6）氧化型杀菌灭藻剂加药量。氧化型杀菌灭藻剂连续投加时，加药量可按下式计算：

$$G_0 = \frac{Q_r \times g_0}{1000}$$

式中　G_0——氧化型杀菌灭藻剂加药量，kg/h；

　　　Q_r——循环冷却水量，m^3/h；

　　　g_0——每升循环冷却水氧化型杀菌灭藻剂加药量（mg/L），连续投加宜取 0.1～0.3mg/L，冲击投加宜取 0.3～0.8mg/L，以有效氯计。

（7）非氧化型杀菌灭藻剂加药量。非氧化型杀菌灭藻剂的投加次数，宜根据季节、循环冷却水中细菌总数、冷却系统黏泥附着程度确定，一般气温高的季节每月投加 1 次，气温低的季节每季投加 1 次；当细菌总数较高或黏泥附着程度较严重时，不论季节气温高低，每月均需投加 2 次。

非氧化型杀菌灭藻剂投加方式：根据计算用量一次性投加放在水池水流速度较高处。为避免菌藻产生抗药性，宜选择多品种交替使用。

每次加药量可按下式计算：

$$G_n = \frac{V \times g_n}{1000}$$

式中　G_n——非氧化型杀菌灭藻剂每次加药量，kg；

　　　V——系统水容积，m^3；

　　　g_n——每升循环冷却水非氧化杀菌灭藻剂加药量，mg/L。

二、循环水的排污控制

（1）应该连续均匀排污。

（2）当冷却水监测指标连续 2 次满足下列条件之一时，则应加大排污量：

1）浓缩倍数超过浓缩倍率控制值；

2）pH＞9.0；

3）ΔA（或 ΔB）＞0.2。

（3）当冷却水监测指标连续 2 次满足下列条件之一时，则应加减小排污量：

1）浓缩倍数低于最低设计值；

2）pH 值＜8.0。

（4）冷却水浊度＞20FTU（如杀菌灭藻期间）时，应加大排污量。杀菌灭藻剂投入超过12h 则应进行大排大补换水处理，将剥离下来的微生物黏泥及附着物排除循环水系统，避免二次附着现象的发生。

第六节　循环冷却水系统运行监控、腐蚀防护及评价

一、循环水水质控制指标及参考标准

循环水水质控制指标及参考标准见表 13－10。

表 13–10　　　　　　　　　　循环水水质控制指标及参考标准

项目	单位	参考标准	项目	单位	参考标准
pH 值		8.0～9.0	浓缩倍率		2～5
浊度	NTU	≤20	余氯（连续式）	mg/L	0.1～0.3
铜离子（凝汽器为铜管）	μg/L	≤40	余氯（冲击式）	mg/L	0.3～0.8
阻垢剂有效含量	mg/L	根据试验确定	ΔA[a]		＜0.2
总铁	mg/L	≤0.5	ΔB[a]		＜0.2
细菌总数	个/mL	≤1×10⁵			

注　ΔA 和 ΔB 适合于补充水水质稳定的条件。

二、循环水运行监督取样检测的项目和频度

循环水运行监督取样检测的项目和频度见表 13 – 11。

表 13–11 循环水运行监督取样检测的项目和频度

项目	频率	项目	频率	项目	频率
硫酸根	1 次/季	钙离子	1 次/日	总铁	1 次/月
浊度	1 次/日	碱度	1 次/日	氯离子	1 次/日
铜离子（凝汽器管材为铜管时）	1 次/月	阻垢剂有效含量	1 次/日	pH 值	4 次/日
COD	1 次/周	细菌总数	1 次/周	余氯	2 次/加药时
电导率	4 次/日	氨氮	需要时		

注 所有项目需同时测定补充水和循环水水质。

三、循环水水质稳定判断

1. 根据运行数据诊断

汽轮机在同一负荷下，将凝汽器出入口冷却水温度和凝结水温度按日画成曲线，如果凝汽器管中有垢物附着，凝结水和凝汽器出口冷却水的温差，就会逐渐增大，另外，还可将凝汽器的实际真空度与应有真空度进行比较，如果实际真空度低于应有真空度，说明凝汽器管中可能已附着垢物。需要注意真空度降低，结垢不是唯一因素。

2. 安定度试验

对于加酸处理、炉烟处理、补充水氢离子交换法处理等处理方式，即采用使水中结垢离子在不饱和状态的处理方法可以采用此试验判别。此试验是将水经大理石过滤，测定过滤前后的碱度变化来判断水样的安定性，以安定性指数 η 表示。

$$\eta = \frac{(JD)_{Qr}}{(JD)_{Qc}}$$

式中 η——安定性指数；

$(JD)_{Qr}$——碳酸钙过滤器入口水样的全碱度（OH^-，HCO_3^{3-}，$1/2CO_3^{2-}$），mmol/L；

$(JD)_{Qc}$——碳酸钙过滤器出口水样的全碱度（OH^-，HCO_3^{3-}，$1/2CO_3^{2-}$），mmol/L。

当 $\eta=1$ 时，说明水样是安定的。

$\eta>1$ 时，说明水样不安定，有析出碳酸钙的倾向。

$\eta<1$ 时，说明水样不安定，有侵蚀性。

由于测定有一定的误差，一般认为水样通过碳酸钙过滤器后，安定性指数在（1 ± 0.03）范围内水样是安定的。

3. 循环水不加酸只加阻垢缓蚀剂 ΔA 判断

循环水采用阻垢剂处理方式，未选用氯系杀菌剂，补充水水质稳定的条件下，控制循环水 $\Delta A<0.2$。以 ΔA 作为控制循环水日常运行监督的重要指标。当 $\Delta A>0.2$ 时，应及时排污

或调整加药量（按照动态模拟试验给出的阻垢剂加药量范围进行调整）。当 $\Delta A \leqslant 0.2$，水质稳定；当 $\Delta A > 0.2$，水质不稳定，有结垢倾向。

4. 循环水加酸和阻垢缓蚀剂联合处理 ΔB 判断

循环水采用阻垢剂加酸联合处理方式，补充水水质稳定的条件下，控制 $\Delta B < 0.2$。

以 ΔB 作为控制循环水日常运行的重要指标。当补充水水质不稳定时，应以动态模拟试验给出的循环水的极限碳酸盐硬度等指标作为循环水运行的控制指标。

四、循环水系统停运维护

1. 杀菌灭藻处理

机组在检修或停运时，停机前应降低循环水运行水位，进行彻底的杀菌处理。对于用氯系作杀菌灭藻剂的机组，应提高循环水中余氯含量至高限，并维持直至停机；对于采用非氧化型杀菌灭藻剂的机组，应一次性投加高限剂量的杀菌灭藻剂。

2. 放水、风干

机组停机一周以上，应将凝汽器放水、风干。

3. 清理

（1）机组停机期间，应清理凝汽器水室、冷却塔以及填料。

（2）机组投运前，应彻底清扫冷却水系统。冷却水沟道、管道及冷却塔内应无异物，拦污栅应完整，旋转滤网应能有效工作。

（3）凝汽器管内有黏泥或软垢附着时，可采用水冲洗、胶球擦洗方式清除。清洗方法应符合下列要求：

水冲洗：水流速为 $2.0 \sim 2.5 \mathrm{m/s}$。

胶球擦洗：用水带动胶球对凝汽器管逐根进行擦洗。

五、凝汽器化学检查内容

1. 水侧检查内容

（1）检查水室淤泥，杂物的沉积及微生物生长、附着情况。

（2）检查凝汽器管管口冲刷、污堵、结垢和腐蚀情况，检查管板防腐层是否完整。仔细检查钛管和不锈钢管的非焊接堵头是否松动或脱落。

（3）检查水室内壁、内部支撑构件的腐蚀情况，凝汽器水室及其管道的阴极（牺牲阳极）保护情况。

（4）记录凝汽器灌水查漏情况。

2. 汽侧检查内容

（1）检查顶部最外层凝汽器管的砸伤、吹损情况，重点检查受汽轮机启动旁路排汽、高压疏水等影响的凝汽器管。

（2）检查最外层隔板处的磨损或隔板间因振动引起的裂纹情况。

（3）检查凝汽器管外壁腐蚀产物的沉积情况。

（4）检查凝汽器壳体内壁锈蚀和凝汽器底部沉积物的堆积情况。

（5）检查空冷器排汽管、分配管、输水管腐蚀和腐蚀产物沉积情况，以及散热器鳍片腐蚀、沉积状况。

3. 抽管和探伤

（1）机组大修时凝汽器铜管应抽管检查。凝汽器钛管和不锈钢管一般不抽管，但不锈钢出现腐蚀泄漏时应抽管。

（2）根据需要抽 1～2 根管，并按以下顺序选择抽管部位：首先选择曾经发生泄漏附近部位，其次选择靠近空抽区部位或迎汽侧的部位，最后选择一般部位。

（3）对于抽出的管按一定长度（通常 100mm）上、下半侧剖开。如果管中有浮泥，应用水冲洗干净。烘干后通常采用化学方法测量单位面积的结垢量。管内沉积物的沉积量在评价标准二类及以上时，应进行化学成分分析。

（4）检查管内外表面的腐蚀情况。若凝汽器管腐蚀减薄严重或存在严重泄漏情况，则应进行全面涡流探伤检查。

4. 凝汽器管腐蚀、结垢评价标准

凝汽器管腐蚀评价标准用腐蚀速率或腐蚀深度表示，凝汽器管结垢评价标准用沉积速率或总沉积量或垢层厚度表示，具体评价标准见表 13－12。

表 13-12　　　　　　　　凝汽器腐蚀、结垢、积盐评价标准

部位		一类	二类	三类
凝汽器管	铜管	无局部腐蚀，均匀腐蚀速率＜0.005mm/a	均匀腐蚀速率 0.005～0.02mm/a 或点蚀深度≤0.3mm	均匀腐蚀速率＞0.02mm/a 或点蚀、沟槽深度＞0.3mm 或已有部分管子穿孔
	不锈钢管	无局部腐蚀，均匀腐蚀速率＜0.005mm/a	均匀腐蚀速率 0.005～0.02mm/a 或点蚀深度≤0.2mm	均匀腐蚀速率＞0.02mm/a 或点蚀、沟槽深度＞0.2mm 或已有部分管子穿孔
	钛管	无局部腐蚀，无均匀腐蚀	均匀腐蚀速率 0.000 5～0.002mm/a 或点蚀深度≤0.01mm	均匀腐蚀速率＞0.002mm/a 或点蚀深度＞0.01mm
		垢层厚度＜0.1mm 或沉积量＜8mg/cm^2	垢层厚度 0.1～0.5mm 或沉积量 8～40mg/cm^2	垢层厚度＞0.5mm 或沉积量＞40mg/cm^2

六、凝汽器化学清洗

1. 清洗条件

（1）当运行机组凝汽器因污垢导致端差超过运行规定值或端差大于 8℃时，应进行化学清洗。

（2）当运行机组凝汽器管水侧垢厚不小于 0.3mm 或存在严重沉积物下腐蚀时，应进行化学清洗。

2. 清洗方式

（1）凝汽器管沉积污泥可用高压水冲洗或其他的方法进行冲洗、清理，薄壁钛管不宜采用高压水进行冲洗。

（2）凝汽器化学清洗应按《火力发电厂凝汽器化学清洗及成膜导则》（DL/T 957—2017）标准执行。

（3）根据垢的成分、凝汽器设备的构造、材质，通过小型试验，并综合考虑经济、环保因素，确定合理的清洗介质和工艺条件。清洗介质和工艺条件参见表 13－13。

表 13–13　　　　　　　　　　　　凝汽器清洗介质和工艺条件

序号	工艺名称	工艺条件	添加药品	适用垢的主要种类	凝汽器材质	优缺点
1	盐酸清洗	温度：常温；流速：0.1～0.25m/s；时间：4～6h	HCl 1%～6%；缓蚀剂0.3%～0.8%；消泡剂适量还原剂适量	碳酸盐为主的垢、铜绿	黄铜、海军黄铜、白铜	清洗效果好，价格便宜，货源广、废液易于处理
2	盐酸清洗	温度：常温；流速：0.1～0.25m/s；时间：4～6h	HCl 1%～6%；缓蚀剂0.3%～0.8%；消泡剂适量；氧化剂适量	碳膜	黄铜、海军黄铜、白铜	清洗效果好，价格便宜，货源广、废液易于处理
3	氨基磺酸清洗	温度：50℃～60℃；流速：0.1～0.25m/s；时间：6～8h	NH$_2$SO$_3$H 3%～10%；缓蚀剂 0.2%～0.8%；消泡剂适量	碳酸盐、磷酸盐为主的垢	不锈钢、黄铜、海军黄铜、白铜、钛管	氨基磺酸具有不挥发、无臭味、对人体毒性小、对金属腐蚀量小、运输、存放方便的特点。对 Ca、Mg 垢溶垢速度快，对铁的化合物作用慢，可添加一些助剂，从而有效地溶解铁垢
4	硝酸氟化钠清洗	温度：常温；流速：0.1～0.25m/s；时间：6～8h	HNO$_3$ 2%～6%＋NaF 适量；缓蚀剂 0.2%～0.8%；消泡剂适量	碳酸盐垢和硅酸盐垢	不锈钢	对 Ca、Mg 垢和 SiO$_2$ 垢除垢能力强，造价高
5	碱液	温度：≤60℃；流速：0.1～0.25m/s；时间：4～8h	Na$_2$CO$_3$ 0.5%～2%；Na$_3$PO$_4$ 0.5%～2%；NaOH 0.5%～2%；乳化剂适量	油脂、黏泥硫酸盐垢转型	不锈钢、黄铜、海军黄铜、白铜、钛管	除油脱脂，成本低，加热要求高
6	除油剂	温度：≤50℃；流速：0.1～0.25m/s；时间：4～8h	1%～2%	油脂	不锈钢、黄铜、白铜、钛管	除油脱脂、造价高

注　凝汽器管内结大量碳酸盐垢时，经化学清洗后会产生大量泡沫。为防止酸箱溢流大量泡沫，影响环境，一般使用消泡剂，正确的使用方法是利用小型手持喷雾器向泡沫表面喷洒。

3. 化学清洗成膜质量指标

（1）清洗后的换热管内表面应清洁（黄铜管表面无残碳膜），基本上无残留硬垢，除垢率不小于90%为合格，除垢率不小于95%为优良。

（2）用腐蚀指示环测量酸洗的铜及铜合金平均腐蚀速率应小于 1g/（m^2·h），总腐蚀量应小于 10g/m^2，不锈钢和钛的平均腐蚀速率应小于 0.1g/（m^2·h），总腐蚀量应小于 1g/m^2。

（3）凝汽器管（黄铜管）成膜后，宏观检查膜应均匀致密。

第七节　凝汽器的泄漏监测与处理

一、凝汽器的泄漏监测

凝汽器泄漏是机组腐蚀、结垢、积盐爆管和限制出力的主要原因，是水汽质量监督的重要对象。凝汽器的监测分为在线水质分析仪器监测和离线监测。

1. 在线水质分析仪器监测

使用电导率表和钠表监测凝结水水质是最常见的方法。电导率表应注意使用氢离子交换柱以消除氨的干扰，否则凝汽器管泄漏的信号常被氨的变化隐蔽。使用钠表比电导率表更灵敏，前者可发现小于 0.01%泄漏率，后者可发现 0.05%泄漏率。

当凝汽器有明显泄漏时，由凝结水溶氧表可发现溶解氧含量增长，给水和减温水电导率、含钠量将增长。同时，炉水电导率有明显上升趋势，受炉水水质和减温水的影响，饱和蒸汽、过热蒸汽和再热蒸汽的氢电导率、含钠量及二氧化硅有所增长。

另外，大机组在凝汽器内部安装了凝汽器在线检漏装置，此装置也是通过监测凝汽器汽侧电导率的变化监督凝汽器是否泄漏，并能监测出泄漏的大概部位。

2. 离线监测

当凝汽器泄漏时，由凝结水硬度测定可进行辅助诊断，硬度用 μmol/L 来表示。在正常情况下，凝结水的硬度均为零，一旦发生泄漏情况，就会出现硬度。当凝汽器有明显的泄漏时，通过监测炉水的磷酸根可以发现炉水的磷酸盐明显降低，炉水 pH 也会下降。

由于凝汽器轻微泄漏时，凝结水硬度很小，一般只有几个 μmol/L，硬度测试很难判断，这是电厂中经常遇到的问题。可按以下两种方法解决此问题，一是采用低硬度指示剂代替酸性铬蓝 K 指示剂；二是凝结水硬度测定时，同时取蒸汽或除盐水作参照样，比照两者颜色差异进行判断，此法对凝汽器轻微泄漏监测，非常适用。

3. 诊断

当凝汽器由在线仪表（如电导率表、钠表）检测出有泄漏倾向时，首先要确认仪表有无故障：电导率表配备的氢离子交换柱是否失效、钠表的 pH 调节系统是否正常。确认无误后，运行人员应立即取样检查有无小硬度，并测试凝结水含氧量。

（1）在运行过程中，电导率和钠离子浓度同时上升，实测出现小硬度，硬度、钠离子有如下关系：

$$\frac{C_{\mathrm{YD},n}}{C_{\mathrm{YD,Xu}}} = \frac{C_{\mathrm{Na^+},n} - C_{\mathrm{Na^+},q}}{C_{\mathrm{Na^+,Xu}}}$$

式中　$C_{\mathrm{YD},n}$——凝结水硬度，μmol/L；

$C_{\mathrm{YD,Xu}}$——循环水硬度，μmol/L；

$C_{\mathrm{Na^+},n}$——凝结水 Na^+ 含量，μg/L；

$C_{\mathrm{Na^+},q}$——蒸汽 Na^+ 含量，μg/L；

$C_{\mathrm{Na^+,Xu}}$——循环水 Na^+ 含量，μg/L。

（2）当循环水漏进凝结水系统时，$C_{\mathrm{Na^+},q}$ 远小于 $C_{\mathrm{Na^+},n}$，上式可简化为：

则可诊断为凝汽器泄漏。

（3）机组在降负荷运行时，凝结水中的硬度随负荷的降低而增大，即 $C_{\mathrm{YD,H}} < C_{\mathrm{YD,L}}$（H 表示高负荷，L 表示低负荷），则可诊断为凝汽器泄漏。

（4）机组停运后，停凝结水泵（循环水系统不停），观察凝汽器热水井水位，若热水井水位有升高，则可诊断为凝汽器泄漏。

（5）准确诊断的应用。某 600MW 机组测试凝结水、循环水硬度分别为 40μmol/L、9.0mmol/L，凝结水、循环水钠离子分别为 210μg/L、60mg/L，饱和蒸汽的钠离子为 15.2μg/L。

1）凝汽器泄漏量确认

$$C_{\mathrm{YD}凝}/C_{\mathrm{YD}循} \approx C_{\mathrm{Na^+}凝}/C_{\mathrm{Na^+}循}$$

通过取样分析计算得到：

$$C_{YD,n}/C_{YD,Xu} = 40/9000 = 0.004\ 3$$
$$C_{Na^+,n}/C_{Na^+,Xu} = 210/60\ 000 = 0.003\ 5$$

$C_{YD,n}/C_{YD,Xu} \approx C_{Na^+,n}/C_{Na^+,Xu}$，可以判断凝汽器确实已发生泄漏。

2）循环水泄漏量的计算：

$$C_{Na^+,n} \times Q_n = C_{Na^+,zh} \times Q_{zh} + C_{Na^+,Xu} \times Q_{循环水泄漏量}$$

$$Q_{循环水泄漏量} = (C_{Na^+,n} \times Q_n - C_{Na^+,zh} \times Q_{zh})/C_{Na^+,Xu} = (210 \times 1260 - 15.2 \times 1500)/60\ 000 = 4(t/h)$$

二、凝汽器泄漏的处理

1. 确定测试的准确性

当发现水汽质量出现异常后，首先检查在线水质分析仪器是否出现故障，检查电导率表的氢离子交换柱是否失效；钠表的调节系统是否有问题。在离线测试项目中，注意铁、铜离子对硬度测试的干扰，以及取样冷却器漏入冷却水的可能。

2. 汽包锅炉凝汽器泄漏处理措施

（1）无凝结水精除盐装置汽包锅炉。

1）海水冷却或循环水电导率大于 1000μS/cm 的机组宜安装并连续投运凝汽器检漏设备，检漏设备应能同时检测每侧凝汽器的氢电导率。

2）发现凝汽器泄漏，凝结水氢电导率或钠含量达到一级处理值时，应观察检漏装置显示的氢电导率和手工分析相应的钠含量，分析判断哪个凝汽器泄漏，并通过加锯末等办法进行堵漏。同时加大炉水磷酸盐加入量，必要时混合加入氢氧化钠，以维持炉水 pH 值；加大锅炉排污，以维持炉水电导率和 pH 值尽量合格。

3）凝结水氢电导率或钠含量达到二级处理值时，并且凝汽器检漏装置检查某一侧凝汽器氢电导率大于 1.0μS/cm，应该申请降负荷凝汽器半侧查漏，同时避免使用给水进行过热、再热蒸汽减温。

4）凝结水氢电导率或钠含量达到三级处理值时，应立即降负荷凝汽器半侧查漏。

5）用海水或电导率大于 5000μS/cm 苦咸水冷却的电厂，当凝结水中的含钠量大于 400μg/L 或氢电导率大于 10μS/cm，并且炉水 pH 值低于 7.0，应紧急停机。

（2）有凝结水精除盐装置汽包锅炉。

1）海水冷却或循环水电导率大于 1000μS/cm 的机组，宜安装并连续投运凝汽器检漏设备，检漏设备应能同时检测每侧凝汽器的氢电导率。

2）一旦发现凝汽器泄漏，应确认凝结水精处理旁路门全关，全部凝结水经过精处理进行处理，并且阳树脂应氢型方式运行，以使给水氢电导率满足标准值。

3）凝结水氢电导率或钠含量达到一级处理值时，应观察检漏装置显示的氢电导率和手工分析相应钠含量，分析判断哪个凝汽器泄漏，并通过加锯末等办法进行堵漏。

4）凝结水氢电导率或钠含量达到二级处理值时，并且凝汽器检漏装置检测某一侧凝汽器氢电导率大于 2.0μS/cm，应该申请降负荷凝汽器半侧查漏。同时加大炉水磷酸盐加入量，必要时混合加入氢氧化钠，以维持炉水的 pH 值；加大锅炉排污，以维持炉水电导率和 pH 值尽量合格。

5）凝结水氢电导率或钠含量达到三级处理值时，凝汽器检漏装置检测某一侧凝汽器氢电导率大于 4.0μS/cm，应立即降负荷凝汽器半侧查漏。当给水氢电导率超过 0.5μS/cm 时，应避免使用给水进行过热、再热蒸汽减温。

6）用海水或电导率大于 5000μS/cm 苦咸水冷却的电厂，当凝结水中的含钠量大于 400μg/L 或氢电导率大于 10μS/cm，并且炉水 pH 值低于 7.0，应紧急停机。

7）处理过泄漏凝结水的精处理树脂，应该采用双倍剂量的再生剂进行再生。

3. 直流锅炉凝汽器泄漏处理措施

（1）海水冷却或循环水电导率大于 1000μS/cm 的湿冷机组，宜安装并连续投运凝汽器检漏设备，检漏设备应能同时检测每侧凝汽器的氢电导率。

（2）一旦发现凝汽器泄漏，应确认凝结水精处理旁路门全关，全部凝结水经过精处理进行处理，并且阳树脂以氢型方式运行，以使给水氢电导率满足标准值。

（3）凝结水氢电导率或钠含量达到一级处理值时，应观察检漏装置显示的氢电导率和手工分析相应钠含量，分析判断哪侧凝汽器泄漏，并通过加锯末等方法进行堵漏。

（4）凝结水氢电导率或钠含量达到二级处理值，并且凝汽器检漏装置检测某一侧凝汽器氢电导率大于 1.0μS/cm 时，应该申请降负荷凝汽器半侧查漏。

（5）凝结水氢电导率或钠含量达到三级处理值时，应立即降负荷凝汽器半侧查漏。

（6）用海水或电导率大于 5000μS/cm 苦咸水冷却的电厂，当凝结水中的含钠量大于 400μg/L 或氢电导率大于 10μS/cm，并且给水氢电导大于 0.5μS/cm 时，应紧急停机。

（7）处理过泄漏凝结水的精处理树脂，应该采用双倍剂量的再生剂进行再生。

第十四章 发电机内冷水监督

发电机在运转过程中，有部分动能会转换成热能。这部分热能如不及时导出，会引起发电机的定子、转子绕组过热甚至烧毁，因此，需要用冷却介质冷却发电机的定子、转子和铁芯。

发电机所用冷却介质一般有四种：空气、油、氢气和水。由于空气有摩擦损耗大、冷却能力小、油的黏度大、表面传热慢、容易发生火灾等缺点。因此，以上四种冷却介质中，目前普遍使用氢气和水作为发电机的冷却介质。

第一节 发电机冷却方式与水质要求

一、三相交流发电机的基本原理

发电机包括转子与静子两部分，分别绕有导线制成的线圈。转子线圈内通以直流电，产生磁场，并形成一对南北磁场；静子线圈分成三组，即三相，沿圆周相隔 120°布置。转子转动时磁场随着旋转，每转动一圈，磁力线顺次切割静子的每相线圈，产生电压。当北极磁场经过线圈时，产生正电压；当南极磁场经过线圈时，则产生负电压。因此，转子每转一周，静子每相线圈的电压方向变化一次即由零→正的最大值→零，然后改变方向，再以零→负的最大值→零。这样的变化每秒 50 次，在三相线圈中，就产生频率为 50Hz 的三相交流电压。

二、发电机的冷却方式

汽轮发电机都是三相交流发电机，它的转速大多为 3000r/min，应用电磁感应原理，把机械能转为电能。发电机的冷却方式通常是按定子绕组、转子绕组和铁芯的冷却介质区分的。例如：定子绕组水冷、转子绕组氢冷、铁芯氢冷就叫水–氢–氢冷却方式。如果定子绕组水冷、转子绕组水冷、铁芯氢冷就叫水–水–氢冷却方式等。

随着高参数、大容量发电机组的增多，发电机采用水冷方式也越来越多。水内冷是指将发电机定子或转子铜导线线圈做成空心，水在里面通过的闭式循环冷却方式。水连续地通过空心铜导线，带走线圈热量。进入铜导线的水来自内冷水箱，内冷水箱的水通过泵升压后送入冷却器、过滤器和汇集管进入定子或转子绕组，然后从定子或转子绕组回到水箱，将定子或转子绕组的热量带到水箱。当采用水内冷时，要求水质纯度高，内冷水箱的水（包括补水），一般是处理合格的除盐水，也有的是凝结水或高速混床出水。

为防止内冷水系统的腐蚀与结垢，保证发电机定子或转子线圈冷却效果及绝缘性能，还必须对内冷水进行适当处理，以使其符合有关标准的要求。当水不需要经过线圈时，可以经旁路管使冷却系统进行外循环运行、冲洗和清洗，同时可以对水进行处理。

三、水内冷存在的问题

发电机水内冷方式虽然优点很多，也得到了广泛应用，但空心铜导线的腐蚀问题比较突出。一方面空心铜导线腐蚀会引起内冷水中铜离子增加，导致发电机泄漏电流的增加；另一方面腐蚀产物在空心铜导线内沉积，有可能使空心铜导线内部发生堵塞，从而导致铜导线的温度上升，绝缘受损，甚至烧毁。空心铜导线的腐蚀产物只有少部分留在腐蚀部位的管壁上，绝大部分脱落到冷却介质中，这些腐蚀产物在定子线棒中被发电机磁场吸引而沉积，从而会堵塞发电机水内冷的循环通道，引起严重的后果。

近年来，国内外大容量发电机中空导线堵塞问题时有发生，这种堵塞并不一定会发展到损坏发电机的地步，但往往会造成线棒温升，被迫降负荷或停机检修，严重时烧毁发电机。1998 年 6 月某电厂 1 号机组（英国 GEC 公司生产 362MW 机组）就是因为内冷水水质问题造成发电机严重损坏事故；1993 年至 1995 年国内 300MW 机组发电机本体发生事故 53 起，由于内冷水回路堵塞、断水等原因造成的事故 29 起；法国电力公司 EDF 在 2003 年的一份报告中提到，1990 年至 1994 年法国电力公司的机组由于中空导线堵塞非计划停用 400 天。研究认为发电机中空导线堵塞的主要原因是由于内冷水的铜离子超过了它的溶解度，产生氧化铜沉淀而引起的。

四、内冷水的质量标准

（1）对内冷水的水质要求。内冷水用于发电机导线内部的冷却，应首先要求具有良好的绝缘性能；由于导线内部水的通流面积很小，一般只有 2mm×4mm 左右，因此要求水中无机械杂质，绝对不允许出现堵塞；对水质应没有可造成沉积物产生的条件，即不结垢；另外应严格控制腐蚀情况的发生，加强对 pH 值的调整和铜含量的监督。

鉴于对水质的上述要求，此项工作涉及两个专业，即发电机和化学专业。前者从冷却效果和绝缘角度及系统流通情况对化学专业提出要求，而化学专业则考虑既要满足发电机安全运行的需要，又要把系统不结垢、不腐蚀等问题同时解决。现行的发电机内冷水质量标准主要有《火力发电机组及蒸汽动力设备水汽质量》（GB/T 12145—2016）和《大型发电机内冷却水质及系统技术要求》（DL/T 801—2010）。

（2）《火力发电机组及蒸汽动力设备水汽质量》（GB/T 12145—2016）标准。

1）空心铜导线的水内冷发电机的冷却水质量可以按表 14-1、表 14-2 控制。

表 14-1　　　　　　　发电机定子空心铜导线冷却水水质控制标准

溶解氧（μg/L）	pH 值（25℃）		电导率（25℃）（μS/cm）	含铜量（μg/L）	
	标准值	期望值		标准值	期望值
—	8.0～8.9	8.3～8.7	≤2.0	≤20	≤10
≤30	7.0～8.9	—			

表 14-2　　　　　　　双水内冷发电机内冷却水水质控制标准

pH 值（25℃）		电导率（25℃）（μS/cm）<5.0	含铜量（μg/L）	
标准值	期望值		标准值	期望值
7.0～9.0	8.3～8.7		≤40	≤20

2）空心不锈钢导线的水内冷发电机的冷却水控制电导率小于 1.5μS/cm。

（3）《大型发电机内冷却水质及系统技术要求》（DL/T 801—2010）标准按表 14-3～表 14-5 控制。

表 14-3　　　　　　　　发电机定子空心铜导线冷却水水质控制标准

溶解氧（μg/L）	pH 值（25℃）	电导率（25℃）（μS/cm）	含铜量（μg/L）
—	8.0～8.9	0.4～2.0	≤20
≤30	7.0～8.9		

表 14-4　　　　　　　　双水内冷发电机内冷却水水质控制标准

pH 值（25℃）		电导率（25℃）（μS/cm）	含铜量（μg/L）	
标准值	期望值	<5.0	标准值	期望值
7.0～9.0	8.0～9.0		≤40	≤20

表 14-5　　　　　　　发电机定子不锈钢空心导线内冷却水水质控制标准

pH 值（25℃）	电导率（25℃）（μS/cm）
6.5～7.5	0.5～1.2

第二节　发电机空心铜导线的腐蚀机理

一、发电机空心铜导线的腐蚀机理

铜在含有二氧化碳和溶解氧的水中，腐蚀速率会大大增加，反应生成氧化铜，所以铜导线按下述反应发生腐蚀：

阳极反应（铜被氧化溶解）：

$$Cu \longrightarrow Cu^+ + e$$
$$Cu \longrightarrow Cu^{2+} + 2e$$

阴极反应（溶解氧被还原）：

$$O_2 + 2H_2O + 4e \longrightarrow 4HO^-$$

进一步反应：

$$2Cu^+ + H_2O + 2e \longrightarrow Cu_2O + O_2$$
$$Cu^+ + H_2O + 2e \longrightarrow CuO + O_2$$
$$4Cu^+ + O_2 + 4e \longrightarrow 2Cu_2O$$
$$2Cu^+ + O_2 + 2e \longrightarrow 2CuO$$

反应结果是，氧化铜在铜的表面形成了一层覆盖层。铜的腐蚀率取决于水的含氧量和

pH 值。

图 14-1 是腐蚀试验的结果，这些结果是在模拟运行条件下和生成覆盖层的情况下，经过约 10 000h 的长时间试验得出的结果。

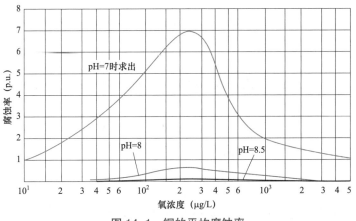

图 14-1 铜的平均腐蚀率

从图 14-1 中可知，含氧量在 200ug/L 和 300ug/L 的纯水中，铜的腐蚀率最大；pH 值上升，腐蚀率降低，pH 值为 8.3 时，铜的腐蚀率已经降得非常低，可以说腐蚀被抑制了。

二、影响空心铜导线腐蚀的因素

（1）电导率。电导率对内冷水系统的影响主要表现在电流泄漏损失上，电导率越大，水的绝缘性能越差，水的电阻越小，泄漏电流越大。所以，从这个角度说，水的电导率越小越好。

但是，电导率对铜导线的腐蚀有一定影响，从对铜的腐蚀保护来看，内冷水的电导率过低是不利的，电导率降低，腐蚀速率上升。因此，降低发电机内冷水电导率的控制值，不会改善铜导线腐蚀状况，发电机内冷水电导率的控制主要不是腐蚀决定，而是由绝缘要求决定的。

（2）溶解氧。内冷水中的溶解氧具有双重性质：一方面，溶解氧作为阴极去极化剂会引发空心铜导线的腐蚀，促进不稳定的氧化物生成；另一方面，在一定条件下，氧与铜反应，在铜导线表面形成一层保护膜，阻止铜导线的进一步腐蚀。但是，如果溶解氧含量很高，则铜腐蚀速率仍较大，因而不能指望通过提高内冷水中的溶解氧含量来抑制铜导线的腐蚀。因此，应控制内冷水中溶解氧的含量在一定范围。

（3）pH 值。在内冷水系统中，氧腐蚀铜导线的产物主要是氧化铜和氧化亚铜，属于两性氧化物，pH 过高或过低都会导致它们溶解，因而使铜导线发生腐蚀。水偏酸性，氧化铜和氧化亚铜作为碱性氧化物被溶解成 Cu^{2+}，此时铜导线表面很难形成保护膜，处于被腐蚀状态。水呈强碱性，氧化铜和氧化亚铜作为酸性氧化物被溶解成 CuO_2^{2-} 和 CuO_2^-，此时铜导线表面也不能形成保护膜，处于被腐蚀状态。只有当 $6.94 < pH < 12.8$ 时，氧化铜和氧化亚铜的溶解度很小，会在铜导线表面形成保护膜，腐蚀性很小。

（4）二氧化碳。内冷水中二氧化碳对铜导线的危害主要有两方面：一方面二氧化碳溶解于水中会降低水的 pH 值，破坏铜导线表面保护膜，使铜导线腐蚀；另一方面，在有氧的情况下，氧会直接参与化学反应，使保护膜中的 Cu_2O 转化为碱式碳酸铜 $[CuCO_3 \cdot Cu(OH)_2]$，该物质比较脆弱，在水中的溶解度也比较大，在水流冲刷下容易脱落堵塞空心铜导线，还会造成内冷水中铜含量上升。

（5）水温。通常认为，内冷水系统中，水温上升，铜的腐蚀速度加快，使铜导线腐蚀加剧。另外，在不严密的内冷水系统中，内冷水温度升高，溶解的腐蚀性气体（如 O_2、CO_2）溶解度降低，气体含量减少，使腐蚀速度下降。

（6）流速。内冷水的流动对腐蚀产生两方面的影响：一是水的流速越高，机械磨损越大；二是水的流速越高，腐蚀速率越大。

第三节　发电机内冷水的处理

目前，国内内冷水的处理方法较多，归纳起来主要有两种：中性处理和碱性处理。

一、中性处理

（1）除盐水换水处理法。除盐水换水处理就是当内冷水的指标超标时，采用新鲜的合格除盐水置换内冷水的方法，使内冷水的各项指标达到合格。这是一种消极的处理方式，没有从根本上抑制腐蚀，只是掩盖了发生的腐蚀。

（2）小混床旁路处理法。就是将内冷水系统中的旁路小混床内装有阴阳两种离子交换树脂，分别用来除去水中的阴离子和阳离子，达到净化水质的目的。它的处理量一般是内冷水流量的 10%。这种方法能使内冷水的电导率和铜含量合格，但出水偏酸性，仍然没有从根本上抑制腐蚀。

二、碱性处理

（1）单床离子交换微碱化法。这种处理方法的原理是在内冷水系统上装上离子交换柱，根据系统水质特点，离子交换器内装载由 RH、RNa、ROH 型树脂配制的微碱化离子交换树脂。离子交换器缓慢释放出微碱性物质进入内冷水箱，对内冷水进行微碱化处理，将内冷水 pH 调节到 7.0～9.0，同时保持电导率不超过 2μS/cm，这种处理方式的优点就是水的电导率控制非常好，运行人员工作量少，但并不能完全控制其系统的腐蚀倾向。

（2）离子交换–加碱碱化法。发电机内冷水系统设置一台离子交换器。在离子交换器出口处设置碱化剂加药点。碱化剂采用优级氢氧化钠，用除盐水配制成 0.1～0.5%的溶液备用。采用计量加药泵，将内冷水 pH 控制在 8.0～8.9 范围内。

（3）氢型混床–钠型混床处理法。发电机内冷水旁路处理系统中设置两台离子交换器，分别为钠型混床（RNa/ROH）和氢型混床（RH/ROH）。两台离子交换器并联连接。适当调节氢型混床和钠型混床的处理水量，维持内冷水循环系统的 pH 值为 8.0～8.9，电导率不超过 2μS/cm。

（4）凝结水与除盐水协调处理法。当内冷水 pH 偏低时，通过水箱排污和补充凝结水的方式提高 pH；当内冷水电导率偏高时，过水箱排污和补充除盐水的方式降低电导率，维持系统内 pH 值为 8.0～8.9，电导率不超过 2μS/cm。

总之，机组容量不同，内冷水的冷却方式不同，发电机材质不同，内冷水的处理方式就会不同，我们应当根据发电机内冷水系统的实际情况，以防止系统材质腐蚀为目的，选用合适的内冷水处理方法。

第十五章　在线水质分析仪器监督

用于检测火力发电厂水汽品质的在线水质分析仪器在电力生产中是实施大机组技术诊断、建立专家系统的技术手段，为此搞好在线水质分析仪器的量值传递工作是提高测量结果的准确性、应用的可靠性，提高化学技术监督水平，防止发电机组水汽系统发生腐蚀、结垢和积盐等问题，保证发电机组安全、经济运行的重要措施之一。

随着我国电力工业的发展，电厂化学仪表化工作取得了显著成绩，大中型火电机组水汽品质指标基本实现了在线水质分析仪器检测，对安全经济运行起到了积极作用。随着火电机组向大容量、高参数发展的需要，机组对在线水质分析仪器质量和准确性的要求将越来越高。电厂在线水质分析仪器对热力设备特别是对电站锅炉的水汽品质的监督起着非常重要的作用，但目前有些电厂在线水质分析仪器人员配备上数量不足，队伍也不够稳定，技术力量不能适应服务对象的要求，使运行维护工作得不到保障。电厂在线水质分析仪器的计量管理是个薄弱环节，已不能完全满足安全生产和电力发展要求。为了提高火电厂在线水质分析仪器的测量准确性和可靠性，满足电力生产需要，在线水质分析仪器的量值传递（计量校准）已成为一个不可回避又必须尽快规范和落实的重要工作。

现在许多电厂汽水品质监测合格率很高，热力设备水汽系统腐蚀结垢和积盐情况却很严重。虽然在线水质分析仪器能够发现凝汽器严重泄漏等明显问题，但却不能发现低水平的污染，对机组的损害是长期的、严重的，积累到一定程度，其危害更大。忽视在线水质分析仪器工作，必将带来严重的后果。

第一节　在线水质分析仪器专业称谓

一、电力行业的习惯性统称

电力行业中的仪器仪表目前有电测仪表、热工仪表和化学仪表三个专业，统称仪器仪表。按照国内外仪器仪表专业分类惯例与仪器仪表科技管理分类方法和国内仪器仪表行业以"技术属性"进行技术专业划分的规定，原电厂化学仪表属于"分析仪器"专业范畴。

二、专业名称的演变

化学仪表创建于 20 世纪五十年代，由于化学仪表发展的盲目性、缺乏科学性与规范性管理，长期以来，化学仪表在现场使用中暴露出测量不准确、运行不可靠等问题严重，导致了化学仪表工作不尽人意、公信力不高问题，制约了化学仪表工作的发展。"化学仪表"称谓既无专业属性，又不科学、严谨，为此曾三次更命名，自 2010 年后已更名为与国内外并轨的《分析仪器》专业。

1999 年由中华人民共和国国家经济贸易委员会批准发布的电力行业标准《发电厂在线工业化学仪表检验规程》（DL/T 677）中提出：用于火力发电厂生产过程中化学监督专用的

在线工业流程式成分分析仪表，即为在线工业化学分析仪表。在电力行业中，为了区别电测仪表与热工仪表而称化学分析仪表，简称化学仪表。

2005 年由国家发展和改革委员会发布的电力行业标准《火电厂水质分析仪器质量验收导则》DL/T 913 中提出，将原电厂化学仪表专业名称，更名为"水质分析仪器"专业。

随着科技进步与电力发展，依据专业发展与国际接轨和国内仪器仪表行业保持一致的原则，目前将再次更名为："分析仪器"专业较为科学、合理。专业的正名，有益于专业参与国际技术交流并和国内仪器仪表行业保持一致，也有益于专业的标准化建设。

第二节 分析仪器专业知识

一、分析仪器

分析仪器是指："用于分析物质成分、化学结构及部分物理特性的仪器"。

分析仪器按照原理分类有电化学式分析仪器、光学式分析仪器、热力学式分析仪器、质谱式分析仪器、色谱式分析仪器、能谱和射线式分析仪器、物理式分析仪器以及其他分析仪器。

二、传感器

传感器是指"用于测量的，提供与输入量有确定关系的输出量的器件或器具"。它的作用就是将输入量按照确定的对应关系变换成易测量或处理的另一种量，或大小适当的同一种量再输出。

三、检测器

检测器是指"当超过关联量的阈值时，指示存在某现象、物体或物质的装置或物质。"

检测器是为了指示某个现象物体或物质是否存在，即反映该现象物体或物质的某特定量是否存在，或者是为了确定该特定量是否达到了某一规定的阈值的器件或物质。具有一定的准确度，但是不必提供具体量值的大小。

四、敏感器

敏感器又称敏感元件，是指"测量系统中直接受带有被测量的现象、物体或物质作用的测量系统的元件"。敏感元件是直接受被测量作用，能接受被测量信息的一个元件。

五、显示器

显示器是指"测量仪器显示示值的部件"。显示器通常位于测量仪器的输出端。

六、电子单元

电子单元是指可将传感器输出的测量电信号转换成规定的、成比例的输出信号的装置，在电厂常将电子单元称作"二次仪表"。

七、液接界电势

两种不同的电解质溶液相接触时，在液体接界区域，离子会从浓度高的一侧向浓度较低的一侧扩散。溶液中各种正负离子的扩散系数不同，扩散速率也不同，使界面两侧产生电势差，称为液接界电势。

八、流动电势

当电解质溶液在一个带电荷的绝缘表面流动时，表面的双电层自由带电荷粒子将沿着溶液流动方向运动。这些带电荷粒子的运动导致下游积累电荷，在上下游之间产生电势差，称为流动电势。

九、标准物质

标准物质是具有一种或多种足够均匀和很好确定的特性值，用以校准设备、评价测量方法或给材料赋值的材料或物质。

十、有证标准物质

有证标准物质是指：附有由权威机构发布的文件，提供使用有效程序获得的具有不确定度和溯源性的一个或多个特性值的标准物质。经政府计量行政部门批准的标准物质，称为有证标准物质。

有证书的标准物质不一定就是有证标准物质。

有证标准物质应具有以下基本特征：溯源性和不确定度声明；标准物质的制备、定值及认定符合由 ISO 指南 34 和指南 35 给出的有效程序，在我国已将上述指南等效转化为《标准物质研制（生产）机构通用要求》（JJF1342）和《标准物质定值的通用原则及统计学原理》（JJF1343），成为国家标准物质的评审、发布的技术依据。

第三节　分析仪器的计量特性

一、静态特性

静态特性是指输入量处于稳定状态时输入与输出的关系。

二、动态特性

动态特性是指测量设备对输入随时间变化的量的反映特性，即动态响应特性。

三、响应特性

响应特性是指"在确定条件下，激励与对应响应之间的关系"。激励就是输入量或输入信号，响应就是输出量或输出信号，而响应特性就是输入输出特性。

只有准确地确定了测量仪器的响应特性，其示值才能准确地反映被测量值。因此，可以说响应特性是测量仪器最基本的特性。

四、分辨力

分辨力是指"能有效辨别的显示示值间的最小差值"。也就是说，分辨力是指指示或显示装置对其最小示值差的辨别能力。

五、鉴别阈

鉴别阈是指"引起相应示值不可检测到变化的被测量值的最大变化"。

在实际操作上，对指针式测量仪器，常采用引起相应示值可检测到变化的被测量值的最小变化作为鉴别阈。它是指当测量仪器在某一示值给以一定的输入，这种激励变化缓慢从单方向逐步增加，当测量仪器的输出产生有可觉察的响应变化时，此输入的激励变化称为鉴别力。

六、死区

死区是指"当被测量值双向变化时，相应示值不产生可检测到的变化的最大区间"。在增大输入时，没有响应输出；或者在减少输入时，也没有响应变化，这一不能引起响应变化的最大的输入变化范围为死区，相当于不工作区或不显示区。

产生死区的原因：机构零件的摩擦、零部件之间的间隙、弹性材料的变形、阻尼机构的影响等。

七、稳定性

稳定性是指"测量仪器保持其计量特性随时间恒定的能力"。通常稳定性是指测量仪器的计量特性随时间不变化的能力。稳定性可以进行定量的表征，主要是确定计量特性随时间变化的关系。

八、示值误差

示值误差是指"测量仪器示值与对应输入量的参考量值之差"，也称为测量仪器的误差。

九、灵敏度

灵敏度是指"测量系统的示值变化除以相应的被测量值变化所得的商"。

灵敏度是反映测量仪器被测量变化引起仪器示值变化的程度。如被测量（输入量）变化很小，而引起的示值（输出量）改变很大，则该测量仪器的灵敏度就高，反之则低。

十、重复性

重复性是指"在相同测量条件下，重复测量同一个被测量，测量仪器提供相近示值的能力"。

十一、最大允许误差

最大允许误差是指"对给定的测量仪器、规范、规程等所允许的误差极限值"。

十二、准确度等级

准确度等级是指"在规定工作条件下，符合规定的计量要求，使测量误差或仪器不确定度保持在规定极限内的测量仪器或测量系统的等别或级别"。也就是说，准确度等级是在规定的参考条件下，按照测量仪器的计量性能所能达到的允许误差所划分的仪器的等别或级别，它反映了测量仪器的准确程度。

十三、分析测量

分析测量是分析仪器应用的最终目的，在进行对象组分分析的同时还进行了特定组分的含量（浓度）的测量。

分析仪器在工作中，同时进行分析与测量的双重任务。严格地说，分析仪器在应用中并非只是"分析"，也不单是"测量"，实际上是分析和测量同时进行的，简称"分析测量"。

第四节　在线水质分析仪器的使用条件

一、参考工作条件

参考工作条件：为测量仪器或测量系统的性能评价或测量结果的相互比较而规定的工作条件。这是指测量仪器在进行检定、校准、比对时的使用条件，参考条件就是标准工作条件或称为标准条件。测量仪器的基本计量性能就是这种标准条件下所规定的。

二、额定工作条件

额定工作条件：为使测量仪器或测量系统按设计性能工作，在测量时必须满足的工作条件。额定操作条件就是指测量仪器的正常工作条件。在使用测量仪器时只有满足这些条件时，才能保证测量仪器其测量结果的准确可靠性。

三、极限工作条件

极限工作条件：为使测量仪器或测量系统所规定的计量特性不受损害也不降低，其后仍可在额定工作条件下工作，所能承受的极端工作条件。这是指测量仪器能承受的极端条件。承受这种极限条件后，其规定的计量特性不会受到损坏或降低，测量仪器仍可在额定操作条件下正常运行。通常测量仪器所进行的型式试验，其中有的项目就属于是一种极端条件下对测量仪器的考核。

四、稳态工作条件

稳态工作条件：为使由校准所建立的关系保持有效，测量仪器或测量系统的工作条件，即使被测量随时间变化。

第五节　量值传递与量值溯源

计量目的是为了实现单位统一、量值准确、可靠，进行的一项科技、法制和管理活动。

准确性、一致性、溯源性和法制性是计量工作的基本原则。

一、量值传递

量值传递是指"通过对测量仪器的校准或检定，将国家测量标准所实现的单位量值通过各等级的测量标准传递到工作测量仪器的活动，以保证测量所得的量值准确一致"。

也就是说，我国的量值传递是以国家计量基准（或国际计量基准）为"源点"，自上而下按国家有关规定强制逐级的进行传递。

二、量值溯源

量值溯源是指"通过连续的比较链，使测量结果或测量标准的值能够与规定的参考标准，通常是国家测量标准或国际测量标准联系起来的特性"。

随着市场经济的发展，用户对校准的需求逐渐增大，开始自主寻求溯源。这种自下而上根据实际需要自愿地寻求溯源，称"量值溯源"（它是量值传递的逆过程）。

三、量值传递与量值溯源的必要性

《中华人民共和国计量法》第一条规定了计量立法宗旨，要保障国家计量单位制的统一和量值的准确可靠。为达到这一宗旨而进行的活动中最基础、最核心的过程就是量值传递和量值溯源。

四、检定

检定是指"查明和确认计量器具是否符合法定要求的程序，它包括检查、加标记和（或）出具检定证书"。

五、检定的目的

检定的目的是查明和确认计量器具是否符合有关法定要求，确保量值的统一和准确可靠。法定要求是指按照《计量法》对依法管理的计量器具的技术和管理要求。对每一种计量器具的法定要求反映在相关的国家计量检定规程以及部门、地方计量检定规程中。

六、检定工作内容

依据国家计量检定系统表所规定的传递关系，将被检对象与计量基准、标准进行技术比较，按照计量检定规程中规定的检定条件、项目和方法进行实际操作和数据处理。

依据计量检定规程规定的计量性能和通用技术要求进行验证、检查和评价，对计量器具是否合格，是否符合哪一准确度等级做出检定结论。

结论为合格的，出具检定证书或加盖合格印；不合格的出具检定结果通知书。

七、校准

校准是指"在规定条件下，为确定测量仪器或测量系统所指示的量值，或实物量具或参考物质所代表的量值，与对应的测量标准所复现的量值之间关系的一组操作"。

八、校准的目的

校准的目的是确定被校准对象的示值与对应的计量标准所复现的量值之间的关系，以实现量值的复现性。

九、校准工作的内容

校准工作的内容是按照合理的溯源途径和国家计量校准规范或其他经确认的校准技术文件所规定的校准条件、项目和方法，将被校准对象与计量标准进行比较和数据处理。

十、不确定度

不确定度是指"由于被测量定义中细节的有限说明所产生的测量不确定度分量"。

十一、仪器不确定度

仪器不确定度是指"由所用测量仪器或测量系统引入的测量不确定度的分量"。

第六节　在线水质分析仪器测量原理及其应用

本节主要介绍目前国内电力行业最常用的在线水质分析仪器以及涉及的基本原理、仪表的组成、常见故障和日常维护等。

一、在线电导率仪

在线电导率仪是火力发电厂中应用的最多的一种在线水质分析仪器，结构简单、使用方便、维护量小。

（一）仪器的基本原理

在线电导率仪用于测量电解质溶液电导率，电导率仪采用的测量原理是电导分析法。

（二）仪器的组成

在线电导率仪主要由电子单元和传感器单元两部分组成。电子单元通常包括信号发生器、测量单元（交流电桥或比例放大器）、检波器、显示器部分等。另外还有实现电导池常数调节、温度补偿和测温功能的单元。传感器单元主要包括电导池，通常还带有温度传感器，用以实现电信号在溶液和电子单元之间的传输，并测量溶液温度。

（三）仪器的使用

在线电导率仪的结构非常简单，样品不需要任何处理，使用起来十分方便。

（四）影响测量的因素

在线电导率仪在长期运行实践中是一种投入率非常高的在线水质分析仪器，一般不容易出故障，但在实际测量时有一些因素会影响测量的准确性。

1. 被测溶液的温度

这是受溶液电导率温度系数影响所致。目前采取的解决方法是在仪表的测量电路中设置温度补偿电路来消除温度影响。温度补偿的方法比较多，但一般的温度补偿措施只是减少温度的影响，很难达到完全补偿。最好的办法是把水样温度恒温到（25±1）℃。

2. 电极极化

极化包括浓差极化和化学极化，都是因为电极上所加的电压是直流电压而引起，采用交流电源可以有效地减小电极极化带来的测量误差。

3. 电极系统的电容

这是因为当电导池用交流电作电源时，电导池就不能看作是一个纯电阻元件，还要呈现出电容的性质。增设电容补偿电路和尽量缩短变送器输送电缆的长度均可较好地减小对电导率测量的影响。

4. 一些可溶性气体

当被测溶液中溶入一些气体，如氨、二氧化碳、一氧化氮等，它们与水分子作用后会发生化学反应，使溶液的酸碱度发生变化，影响电导率的准确测量。

（五）需定期开展的工作

定期对电导电极和流通池进行清洗、保持电极表面清洁；定期对电导电极常数进行标定；定期对整机示值误差进行比对测量工作；按周期每年需进行计量校准工作。

二、在线 pH（酸度）计

（一）仪器的基本原理

在线 pH（酸度）计采用的测量原理是电位式分析法。

（二）仪器的组成

在线 pH（酸度）计是一种电化学分析仪器，主要用来测量水溶液的 pH 值。主要由测量电极和电计（二次仪表）两部分组成。电计由阻抗转换器、放大器、功能调节器和显示器等部分组成。测量电极包括指示电极和参比电极。

（三）仪器的使用

在线 pH（酸度）计使用比较简单，但要注意以下几点要求：

（1）新测量电极在投运前必须先将测量电极进行活化处理，即将测量电极置于除盐水中浸泡 24h；参比电极需要取下内充液灌口橡胶塞，陶瓷滤芯应保持畅通；固体参比电极应在 KCl 溶液或除盐水中浸泡 24h。

（2）测量电极、二次仪表和传输电缆应按说明书正确完整地接地和仪表公共地。

（3）仪表投用前必须经过标定，标定一般采用两点标定法，两种标准溶液的 pH 值之差不能大于 3 个 pH 值。

（四）影响测量的因素

1. 温度

当待测溶液温度变化时，能斯特公式的温度系数斜率项也随之变化，它受溶液中离子活度的影响，造成溶液温度变化时对 pH 值（或离子活度）测量的影响。

解决水样温度变化对测量值的影响，其一是对水样进行恒温，其二是温度补偿。水样恒温是比较理想的方法，但是恒温装置能正常投运的不是很多。当测量超纯水时就显得很困难。影响超纯水 pH 值测量的因素很多，因此需要采取一些措施才能保证测量的准确性。

2. 测量池材料的选择

测量池可以选择不锈钢材料制作，它可以防止各种电参量干扰和电极上的静电干扰。

3. 水样流量维持稳定在 100～200mL/min，可以将流动电势的影响减至最小

注：理论上纯水的 pH 值只有在 25.0℃时才为 7.00，因此在样水温度变化时纯水的 pH 值将随之变化。最好的办法是把水样温度恒温到（25±1）℃。

（五）需定期开展的工作

电极定期活化处理；定期进行两点标定工作；定期对整机示值误差进行比对测量工作；按周期每年需进行计量校准工作。

三、在线钠离子计

在线钠离子计用于监督汽水品质、凝汽器泄露和监测阳离子交换器运行工况，具有准确、可靠、迅速等特点。

（一）仪器的基本原理

在线钠离子计采用的测量原理是电位分析法。

（二）仪器的组成

在线钠离子计用于水中钠离子含量的连续测量。

仪器通常由电计系统（二次仪表系统）和电极系统（传感器系统）两部分组成。电极系统包括钠离子选择电极、参比电极和温度探头。

在线钠离子计测量管道中流动水质的钠离子含量时，电极系统应当接地，以降低流动电势的影响，并用碱化剂调节水质 pH 值，以降低氢离子对测量的干扰。

（三）影响测量的因素

1. 碱化效果的影响

钠离子计被测样水正常被碱化后的 pH 值应大于 10.50，当被测样水的钠离子小于 $1.00\mu g/L$ 时碱化后的 pH 值应大于 11.00。

2. 钠电极和参比电极寿命的影响

一般钠电极的寿命在 12 个月到 18 个月之间，随着使用日期的延长，其电极的斜率及灵敏度不断下降，电极的寿命是从出厂之日算起，这就要求电极的订货到使用是有计划的进行，水质分析仪器维护人员与有关部门及时沟通，做好记录，定期进行标定和更换电极。

（四）需定期开展的工作

钠电极定期活化处理；定期进行两点标定工作；定期对整机示值误差进行比对测量工作；按周期每年需进行计量校准工作。

（五）注意事项

电极的保养，如仪表长期停备用时，应取出钠电极和参比电极。钠电极冲洗洁净后套上塑料电极帽进行干式保存。

参比电极：在塑料电极帽内加少许 KCl 溶液后在套到参比电极上湿法保存。

四、在线溶解氧测定仪

在线溶解氧测定仪用于连续监测锅炉汽水中溶解氧的含量，是大中型发电机组必须配置的在线水质分析仪器。

（一）仪器的基本原理

在线溶解氧测定仪采用的测量原理有原电池式、极谱式和荧光法三种。

（二）仪器的组成

在线溶解氧测定仪由溶解氧传感器（或称溶解氧探头）和电子单元（或称二次仪表）组成。

（三）仪器的使用

运行时必须保持充分和恒定的水样流速；溶解氧电极安装透气膜时必须严格按照使用说明书进行，透气膜与阴（金）极应紧密覆盖，结合面之间应该没有气泡；不管采用空气标定还是采用化学标定必须严格按照仪表说明书进行；在线溶解氧测定仪校准前（空气校准），建议将汽水取样间的门打开通风至少 2h 以上，使汽水取样间的含氧量同大气中的含氧量保持一致后，再进行校准。

（四）影响测量的因素

1. 水样温度变化

采用恒温装置把水样温度恒温到（25±1）℃。

2. 水样流量变化

流量过小时会在溶解氧电极透气膜表面形成浓度梯度，造成不稳定。

3. 电极的污染

为防止溶解氧电极被污染应尽量考虑增设过滤器。

（五）定期需开展的工作

过滤器必须经常定期清洗，保证仪表用充足的流量；溶解氧电极更换溶氧膜或更换电解液后，必须带电运行一段时间方能进行标定，以消除溶解氧电极本底电流的影响；为保证在线溶解氧分析仪测量的准确性，必须定期对仪表进行标定；按周期每年需进行计量校准工作。

五、在线硅酸根分析仪

在线硅酸根分析仪用于监督汽水和炉水、阴离子交换器、混床、凝结水精处理出口水中硅酸根含量的分析仪器。

（一）仪器的测量原理

在线硅酸根分析仪测量原理是水中的可溶硅在一定条件下，与显色剂发生反应而显色，根据朗伯-比尔定律，当一束平行单色光通过含有吸光物质的有色溶液后，光的一部分被吸收，当吸收层厚度不变时，吸光度与吸光物质的浓度成正比，通过光电检测装置将光信号转换为电信号，经微处理器后，显示硅酸根含量。

（二）仪器的组成

仪器主要由光源系统、分光系统、样品室、检测系统等部分组成。

（三）仪器的使用

仪器自动化程度比较高，应选择原装试剂或能够使仪器正常运行的试剂。

（四）仪器影响测量的因素

光源损坏、比色皿脏污、电磁阀损坏、蠕动泵管磨损或变形；试剂泵、试剂管堵塞；使用的试剂存在质量问题等。

（五）需定期开展的工作

定期检查光源、电磁阀是否损坏；定期检查比色皿是否脏污、蠕动泵管是否磨损或变形、试剂泵试剂管是否堵塞等；试剂更换后必须进行零点＋斜率标定工作；按周期每年需进行计量校准工作。

（六）注意事项

在线硅酸根分析仪试剂更换一定要成组更换；在线硅酸根分析仪使用的试剂尽量使用原装试剂或者优级纯，来减少因试剂质量问题引起硅酸根分析仪试剂管路和试剂泵堵塞，使仪表无法正常测量；试剂更换后必须进行零点+斜率标定工作。

第七节　水质分析仪器质量验收的监督

电力行业标准《火电厂水质分析仪器质量验收导则》DL/T 913 强化了电厂水质分析仪器的质量检查验收工作，规定了水质分析仪器质量检查验收的操作程序、提出了技术要求与检查验收的内容和实施操作方法。在电力行业中对进口水质分析仪器的质量检查验收与实施技术监督管理办法，弥补了对进口水质分析仪器监督管理方面的技术漏洞。

一、水质分析仪器的选型

应根据国家能源集团各发电厂企业水质分析仪器的实际使用效果和集团公司化学计量标准实验室量值传递和量值溯源（检定/校准）情况进行仪表选型。

二、水质分析仪器的验收条件

采购的水质分析仪器的订货合同应该符合我国相关法律、法规及标准并有明确质量要求的条款或技术协议。

供货方应随同产品向用户提供符合要求的随机文件、资料。

对于外购进口水质分析仪器应按照《中华人民共和国进口计量器具监督管理办法》的规定进行。

对于购买已列入《中华人民共和国依法管理计量器具目录》中的产品，供货方应该向用户提供产品所取得的法定资质证明材料。

新购入的分析仪器所进行的测量应能溯源到国家标准或国际标准，对于无法开展量值传递或量值溯源的仪器，不宜进入质量验收程序。

供货方所提供的配套传感器一般不超过一年，电位式分析仪器中应用的离子选择性电极的生产日期距向用户提供的时间：国产电极不宜超过 6 个月，进口电极不宜超过 8 个月，对于没有生产日期或已超过期限的电极均不能进入质量检查验收程序。

三、水质分析仪器的验收程序

新购置的在线水质分析仪器应依次经过形式检验、性能测试（校准）及实用性考核等质量验收程序。

（一）形式检验

符合验收条件各项规定的水质分析仪器可以进入形式检验操作程序。

形式检验以外观检查为主，由用户单位负责进行，形式检验结束后应填写形式检验报告，报告格式见表 15-1。

表 15-1 在线水质分析仪器形式检验报告

设备名称		规格/型号		
生产厂家		仪器编号		
配套传感器型号		传感器编号		
序号	检验项目	检验结果		备注
1	验收条件	符合要求□	不符合要求□	
2	标志、包装、运输、贮存	符合要求□	不符合要求□	
3	仪器外观检查	符合要求□	不符合要求□	
4	发货装箱清单与实物核对	符合要求□	不符合要求□	
5	产品质量检查合格证	符合要求□	不符合要求□	
6	说明书及图纸资料	符合要求□	不符合要求□	
7	进口仪器技术文件	符合要求□	不符合要求□	
形式检验结论意见	符合形式检验质量验收要求，可以进入性能测试验收程序□ 不符合形式检验质量验收要求，不能进入性能测试验收程序□			

质量负责人： 检验员： 检验时间： 年 月 日

形式检验要求：到货仪器的标志、包装、运输、贮存应符合 GB 191、GB/T 15464 的规定。随机文件应与实际供货仪器相符，说明书应符合 GB 9969.1 的规定。

（二）性能测试（计量校准）

性能测试（计量校准）应由国家能源集团化学计量机构和具有国家能源集团化学计量岗位证书的人员进行，具体校准项目参照国家相关计量检定规程/校准规范、电力行业标准《火电厂水质分析仪器质量验收导则》(DL/T 913)及《发电厂在线化学仪表检验规程》(DL/T 677)。

（三）实用性考核

通过性能测试（计量校准）符合要求的在线水质分析仪器可以进入实用性考核操作程序。

实用性考核就是在现场以检查在线水质分析仪器实用性为目的的一项考核内容，具体的考核时间与技术要求见表 15-2。

表 15-2 实用性考核时间与技术要求

分析仪器形式	考核时间	技术要求
在线水质分析仪器	连续运行 168h	不同性质的异常次数不大于 2 次且无故障发生

实用性考核应该由具有国家能源集团化学计量岗位证书的人员进行，实用性考核结束后应填写实用型考核报告，报告格式见表 15-3。

表 15-3 在线水质分析仪器实用性考核报告

设备名称		规格/型号	
生产厂家		仪器编号	
配套传感器型号		传感器编号	
现场考核单位		测量对象	

续表

在线水质分析仪器	投入考核运行时间	年 月 日 时 分
	停止考核运行时间	年 月 日 时 分
	连续运行时间	年 月 日 时 分
	实用性考核期间共发生异常次，故障次	
实用性考核检查验收意见	符合实用性考核质量验收要求，可以进入质量验收结束程序□ 不符合实用性考核质量验收要求，不能进入质量验收结束程序□	
质量负责人：	实用性考核人： 考核时间： 年 月 日	

四、水质分析仪器质量验收结束

在进行形式检验、性能测试（计量校准）与实用性考核程序验收全部通过的在线水质分析仪器，可以进入质量验收结束操作程序。

质量验收结束程序是对质量验收全过程的书面总结，将质量验收报告上报有关部门并归档，质量验收操作程序由用户单位负责。报告格式见表15-4。

表 15-4 在线水质分析仪器质量检查验收报告

设备名称				规格/型号		
生产厂家				仪器编号		
配套传感器型号				传感器编号		
程序检验	形式检验		合格□ 不合格□	报告编号		
	性能测试（计量校准）		通过□ 不通过□	证书编号		
	实用性考核		合格□ 不合格□	报告编号		
单项检验	一般性外观检查结果	符合要求□ 不符合要求□		随机文件检查结果	符合要求□ 不符合要求□	
	安全性能测试结果	绝缘电阻		主要技术指标检验结果	符合要求□ 不符合要求□	
		耐压试验				
	主要功能检验结果	符合要求□ 不符合要求□		硬件接口与通信协议检验结果	符合要求□ 不符合要求□	
结论意见	经质量检查，被检在线水质分析仪器符合水质分析仪器的选型与验收规程的规定□ 处理意见：同意履行商务合同并报技术监督网备案□ 经质量检查，被检在线水质分析仪器不符合水质分析仪器的选型与验收规程的规定□ 处理意见：退货□更换新仪器□返厂修理□					
附件	1. 形式检验报告：No 2. 性能测试（计量校准）证书：No 3. 实用性考核报告：No					
批准：	验收质量负责人： 验收责任人： 报告时间： 年 月 日					

五、水质分析仪器验收内容

（一）形式检验验收内容

（1）供货方所提供产品的包装、运输、贮存应符合 GB 191 和 GB/T 15464 的规定。对于精密性仪器（含传感器），还应具有可靠的防振、防水、防潮、防冰、防腐、防毒等保护性措施。到货仪器的外包装应完整、无明显损坏。

（2）每台在线水质分析仪器本体的明显位置上应装有固定的铭牌，铭牌标志应符合我国计量器具规定。

（3）仪器内部元器件的安装位置、馈接导线的相互连接、终端端子的安装要求应保持具有与随机文件相一致的标志符号，所设标志、符号应符合 GB/T 4026 的规定。

（二）随机文件

供货方在交货时应随同产品向用户提供以下随机文件：

发货装箱清单；

产品质量检验合格证；

产品的安装、使用（操作）说明书和相关图纸资料、说明书应符合 GB 9969.1 的规定，向用户提供的图纸、资料应与所提供的产品实际相符；

其他附件可按照合同规定进行。

对于进口在线水质分析仪器应提供中文和外文两种版本的使用说明书和相关性图纸资料。

对于因操作使用不当可能危及人身安全或设备损坏的在线水质分析仪器，应有明显的警示标志和中文警示说明。

（三）性能测试验收内容

（1）绝缘电阻测试。在试验的标准大气条件下（环境温度 15℃～35℃；空气相对湿度：45%～75%RH；大气压力：0.860×10^5～1.060×10^5Pa），用开路电压为 1kV 的测试仪器测量在线水质分析仪器的电源（N 或 L）端对地（或金属外壳）之间的绝缘电阻应大于 20MΩ。

（2）耐压测试。在线水质分析仪器的电源对地之间应能承受 2kV、50Hz 正弦波交流试验电压（有效值），历时 1min 耐压试验应无击穿或闪络（飞弧）现象。

（3）硬件接口与通信协议。在线水质分析仪器应能提供标准的 RS－232 或 RS－485/RS422 硬件接口和通信协议。

（4）性能测试（计量校准）与技术要求。性能测试（计量校准）项目与技术要求参照国家相关计量检定规程/校准规范、电力行业标准《火电厂水质分析仪器质量验收导则》（DL/T 913）及《发电厂在线化学仪表检验规程》（DL/T 677）等执行。

（四）实用性考核检查验收内容

性能测试（计量校准）通过后的在线水质分析仪器应在两周内进行实用性考核检查验收。

在线水质分析仪器的考核期限：在现场连续运行 168h。

在实用性考核期间，只准许被检分析仪器出现两次性质不同的异常，并可通知供货方进行处理，但考核时间应重新计算。如果出现异常次数超过两次或出现一次故障，应停止运行并可判定实用性考核不合格。

六、水质分析仪器验收质量验收结论

质量验收结束内容涵盖形式检验、性能测试（计量校准）、实用性考核三个操作程序的质量检查验收结论和 6 个单项检验结果。

第八节　在线水质分析仪器普遍存在的问题

长期以来，在火电厂中投入运行的在线水质分析仪器测量误差大、数据不准确，仪表设备运行不可靠，在现场已经是个普遍存在的问题了。究其原因，第一是仪表产品不适用；二是应用技术欠缺；第三个原因就是专业技术与管理不到位。

目前市场上所提供的分析仪器产品，四十多年来一直都保持在第二代化学仪表产品基础上，产品的不适用性矛盾突出，同质化的国产化学仪表产品、不负责任的低价位招投标，加速了在线水质分析仪器市场的恶意竞争；在线水质分析仪器产品更新换代的严重缺失，降低了在线水质分析仪器专业的威信和现场的公信力，同时也伤害了仪表工作人员技术形象，不少人对专业的发展和未来失掉了信心。

一、国内在线水质分析仪器产业现状

目前，国内在线水质分析仪器市场丰富、产品种类繁多是个不争的事实，但是真正属于企业自主创新和质量有保证的、真正能参与国际市场竞争的产品却不多。理论分析认为，分析仪器，特别是电厂在线水质分析仪器在现场理应发挥出明显作用，但在实际使用中却大打折扣。特别是近些年来，低价位的无序市场竞争、粗制滥造的伪劣产品充斥市场，导致了国内在线水质分析仪器市场困难重重、举步维艰。

二、在线水质分析仪器存在的问题

（1）在线电导率仪电极斜率和电极常数设置存在严重偏差，表面上看电导率仪所测数据符合化学监督要求，实际上所测的数据为无效数据。

（2）在线酸度计所配电极老化、酸度计电极超期使用普遍存在，维护不到位仅进行过程标定、维护周期未按要求执行等。

（3）在线钠离子计所配电极老化、电极超期使用普遍存在，校准泵存在故障或者无校准泵、没有保证仪表正常运行调节试剂（二异丙胺）、维护不到位仅进行过程标定、维护周期未按要求执行等。

（4）在线溶解氧分析仪标定周期偏长、电极及流通池污染严重、测量灵敏度降低、电极老化现象普遍存在、维护周期未按要求执行等。

（5）在线硅酸根分析仪存在以下问题：试剂泵存在故障、校准泵存在故障、存在修正值、有的仪表都没有能保证仪表正常运行的试剂，更离奇的是仪表测的数据依然很理想。

（6）汽水取样系统恒温装置普遍存在故障，无法正常工作。

（7）存在人为干预数据的情况。

（8）在线水质分析仪器所配的流量计、过滤器质量存在问题，流量计浮动过大，无法控

制样水的流量。

（9）在线电导率仪使用的是有机玻璃流通池与电导电极不匹配，密封性差影响仪表正常测量。

（10）新购置的在线水质分析仪器验收工作没有得到重视。某电厂新购置的在线酸度计二次仪表示值误差、输入阻抗引起示值误差、温度补偿附加误差以及整机示值误差均存在超差现象。仪表选型很重要。

（11）维护工作分工不明确，仅停留在消缺的基础上，没有建立定期校准的长效机制。

（12）维护人员不稳定，不利于水质分析仪器正常运行。

（13）日常维护工作不到位，仪器存在的问题得不到及时处理，影响正常的化学监督。

（14）缺乏必要维护工作记录台账，缺乏必要的工作总结。

（15）电厂专业技术力量薄弱。仪器仪表维护人员未具备与其岗位相适应的基本技能和基础知识，仪表数量多而人员配置偏少。

（16）传感器的维护保养工作开展的不到位。

对电厂在线水质分析仪器进行量值传递（计量校准）过程中，发现部分在线水质分析仪器测量准确性偏低，甚至处于瘫痪状态的仪表所测的数据依然很理想，严重影响化学监督水平，对机组的运行存在重大安全隐患。

三、在线水质分析仪器测量结果的准确性偏低

客观上讲，在线水质分析仪器应当具有"连续、及时、准确、可靠"的技术特点，长期以来，在现场应用中只发挥了其中"连续、及时和快速"特点，而忽视了"准确、可靠"这一至关重要的技术关键。

众所周知，不准确的分析测量数据信息是毫无实际意义的。长期以来有不少电厂已经取消了人工化学分析，采用化学仪表的分析测量结果作为化学水专业现场操作调控和技术监督的依据，事实上却造成了"两高、一低问题"，其中"两高"，一高是指水汽质量监督报表显示的合格率高、二高是指在现场监督检查中却发现"沉积率与腐蚀速率"高；"一低"是指电厂的安全保障系数低。现实中的"两高、一低"问题对电厂的安全、经济生产构成严重威胁已成为不争的事实。

在线水质分析仪器测量结果的准确性偏低的主要原因：传统的在线水质分析仪器产品不适用电厂的实际需要；在线水质分析仪器产品质量不高且进入电力仪表市场的准入门槛低；现场工作人员的专业技术水平有待提高，特别是管理不善、计量管理不到位等。

四、科技创新与在线水质分析仪器升级换代的缺失

传统的第二代在线水质分析仪器在当时的环境条件下应用，所起到的历史作用是有目共睹和功不可没的，这也是无可非议的事实。直接原因是当时中小型机组对水汽质量要求不高且"锅炉设备的缓冲性"较大、对化学技术监督的要求不高。而近几年来新投产大机组的水汽质量标准已经有了大幅度的提高且"锅炉设备的缓冲性"很小，对化学技术监督的要求也有了大幅度提高。但由于传统的第二代水质分析仪器存在着诸多弊端和先天不足，目前已经不能适应电力发展与大机组在生产过程中的技术要求。在现场配置较多的第二代电导式与电

位式在线水质分析仪器在大机组中暴露出来的诸多技术问题尚未解决,生产制造厂家也不对传统产品进行必要的研发和升级改造,还在继续配置,其后果也是不难想象的。

五、专业人员的技术能力亟待提高

调查发现,国内在线水质分析仪器生产厂家大多都不具备科技创新与自主研发的技术条件和技术能力,而电力行业中的专门研究人才奇缺,再加上科研资金的投入不足等原因,使应用中暴露出来的诸多技术问题长期得不到解决。落后的第二代在线水质分析仪器很难满足大机组生产建设的实际技术需要,也无法向化学监督专业提供出准确、可靠的水汽质量分析检测数据信息,化学技术监督水平的提高也只能是一纸空谈。

众所周知,当代科技发展得很快、电力发展与建设长期保持增速态势。一些新知识、新技术、新概念接踵而来,而分析仪器专业人员的知识更新问题却不容乐观,专业人员的实际技术能力也亟待提高。但受体制和一些外部环境条件的制约,一些必要的学术活动与科技讲座也难以正常开展,在已进入信息时代的当前形势和高科技迅猛发展的大环境条件下,专业人员的知识更新、专业队伍的组织建设与技术水平的提高就显得尤为重要了。

六、在线水质分析仪器与化学技术监督关系

电厂在线水质分析仪器专业的主要工作就是对生产过程中的水汽品质进行不间断的自动分析测量,并向化学监督专业及时地提供出水汽品质分析检测的真实数据信息,为技术监督的决策、判断提供准确、可靠的技术数据信息。

化学技术监督专业的核心工作是"防腐、防垢",在线水质分析仪器专业向化学技术监督专业及时提供决策、判断的技术依据。在线水质分析仪器与化学监督是一个系统工程中的两个重要分支专业,在整个系统动作过程中,在线水质分析仪器是化学监督的基础、化学监督的技术需求就是在线水质分析仪器的发展方向。两个专业相辅相成、相得益彰。

七、计量管理与标准化方面的缺失

(1)采用实验室分析仪器为标准仪器进行在线水质分析仪器的校准依据。

(2)仅校准在线水质分析仪器电计部分而且采用的校准方法和操作不严谨、不规范。

(3)随意把在线水质分析仪器显示值整定到"合格"的范围值,使在线水质分析仪器分析测量结果长期偏低或偏高。

(4)专业知识欠缺、概念含糊,如对"比导"和"氢导"定义和作用不清楚,将溶解氧测定仪的工作原理误认为是"极谱法测量原理",对溶解氢测定仪的使用定义不了解等。

八、在线水质分析仪器在纯水中测量结果准确性差

随着电力技术的发展,大容量高参数机组的相继投产,以及水处理工艺发展与技术进步,化学水质分析仪器的测量对象和测量条件都有了较大的改变,特别是进入大电机时代之后,随着"纯水"的大量应用,给电厂在线水质分析仪器的分析、测量带来了一些新的、棘手的技术问题。例如目前在现场出现的分析、测量准确性差、可靠性不高的问题。一台在常规测量对象(常规水样)中使用正常的在线水质分析仪器,为什么在纯水中用就出现了不适用?

经分析认为大致原因如下：

（一）被测对象溶液电阻值的大幅度提高对分析测量准确性的影响

"纯水"的电阻值很高（约 $18M\Omega \cdot cm$），我们从物理层面分析测量对象实际上已进入了高绝缘状态，这样就给采用"电化学分析"原理的在线水质分析仪器传感器与二次仪表之间的阻抗匹配方面带来问题，造成测量误差增大。

（二）痕量分析对测量准确性的影响

"纯水"中的含盐量极低、水溶液中各种离子的含量极少，在线水质分析仪器的监测对象已由常规水中的"微量"分析测量，进入"痕量"级分析测量之中，这样势必会增加在线水质分析仪器在保证测量准确性方面的技术难度。

（三）静电对分析测量准确性的影响

鉴于纯水绝缘电阻的大幅度提高，水样在流动测量时由于水分子在高绝缘条件下运动过程中的相互摩擦而产生"静电"，这种静电的产生与静电堆积的随机性，影响了分析测量结果的可靠性与准确性。

（四）水样温度变化对分析测量准确性的影响

水样温度的变化不单对溶液中各种离子的溶解度影响较大，而且还直接影响着离子淌度的变化，在现场由于被测水样温度变化的随机性，就出现了水溶液中各种离子溶解度与离子淌度变化的不可控性。为此，在分析测量中水样的温度变化，将直接影响着分析测量结果的准确性和一致性。

据调查，目前已投入运行的"水汽集中取样架"中的水样恒温设备的使用效果还不太尽人意，普遍存在着恒温效果差、恒温设备故障率高等问题。在线水质分析仪器虽然具有温度自动补偿功能，但仪表的"温度补偿附加误差"指标普遍偏大。总之，被测水样温度变化对纯水测量准确性的影响是个不容忽视的棘手难题。

（五）信息传输中干扰信号对分析测量准确性的影响

在现场就地在线水质分析仪器与计算机（终端）机房并没有安装在一起，这样就出现了一个测量信息的相互传递问题。据调查，现场大多采用模拟量输出方式，在测量信息传输过程中的共模干扰与串模干扰对测量准确性的影响较大。尤其是在纯水（痕量）分析测量时，由于水样中的离子含量少，实际测量的信号又很微弱，干扰信号却很强大，往往是干扰信号覆盖了实际测量信号，而在线水质分析仪器却没有这种自动识别功能，为此也就无法保证分析测量结果的准确性了。

第九节 在线水质分析仪器的监督管理

在线水质分析仪器测量准确性和可靠性直接关乎着发电企业化学技术监督的关键，加强对在线水质分析仪器的监督管理可以大幅度提高发电企业化学技术监督的有效性和可靠性，提高化学技术监督水平，及时发现水汽品质控制上的问题并加以解决，对集团系统内发电机组的安全经济运行、节能降耗具有重要的意义。

一、在线水质分析仪器班组监督管理

各单位需单独设立在线水质分析仪器班组，至少确保有专职的在线水质分析仪器管理、维护、检修人员。

二、持证上岗监督管理

要特别重视在线水质分析仪器人员的培训与业务考核，仪表人员必须具备适应岗位要求的业务水平并持证上岗。

三、新购置仪器监督管理

新购置的在线水质分析仪器（化学仪表）必须进行计量校准，应直接或间接溯源至国家基准。严格把关，质量存在问题的在线水质分析仪器不能进入验收程序。

四、现役仪器监督管理

在线水质分析仪器的校准项目参照相关国家计量检定规程/校准规范及电力行业标准《发电厂在线化学仪表检验规程》（DL/T 677）；同时，加强集团公司化学计量量值传递（溯源）体系建设，确保在线水质分析仪器的配备率、投入率、准确率。

五、需建立的管理制度

各单位应建立在线水质分析仪器运行操作规程和检修规程，明确计量校准周期和维护的时间间隔，保证已有在线水质分析仪器连续投入运行并准确可靠。在线水质分析仪器的投入率与准确率均不得低于95%。在线电导率仪的投入率与准确率要达到100%。

六、加强对在线水质分析仪器技术监督管理

发电机组水汽系统发生腐蚀、结垢和积盐等问题比较严重，甚至发生锅炉爆管的机组，需对在线水质分析仪器运行情况进行调查。

七、加强对在线水质分析仪器重要性的认识

提高对电厂在线水质分析仪器工作的重视程度是搞好在线水质分析仪器工作的前提。随着高参数大容量机组的不断投入运行，化学监督依赖在线水质分析仪器的程度越来越高。忽视在线水质分析仪器工作，必将带来严重的后果。

八、建立标准化和制度化的在线水质分析仪器量值传递制度

电厂应结合目前的实际情况，建立标准化和制度化的在线水质分析仪器量值传递制度，这是科学统计仪表"准确率"、体现在线水质分析仪器各项工作有效性最直接的方法，是保证在线水质分析仪器准确性的唯一保障。

九、加强化学监督对在线水质分析仪器管理工作的监督考核

电科院在对电厂进行化学监督检查时，对电厂在线水质分析仪器的管理工作应进行严格的监督和考核，要对在线水质分析仪器资料管理情况和现场在线水质分析仪器运行情况进行认真检查，逐渐规范和完善电厂在线水质分析仪器的各项管理工作。

十、建立齐备和规范的在线水质分析仪器管理台账

（一）在线水质分析仪器管理台账

1. 仪器采购台账

包括仪器厂家、型号、性能、数量等仪表基本信息，以备查询。

2. 备品备件台账

包括：备品备件生产日期、更换日期、数量等。

3. 仪器维护台账

包括：仪器维护记录、仪器故障保修记录、仪器检修卡等。

（二）技术资料

包括：仪器厂家提供的使用说明书和相关的文献资料等。

（三）标准和规范的配备

包括最新公布的国家相关计量检定规程/校准规范、集团公司相关管理制度或实施细则、电厂化学设计规程、监督导则等与水质分析仪器有关的指导性文件。

（四）技术报告

技术报告主要指定期的仪器校准证书、故障分析报告等。

（五）人员培训计划

技术人员档案、培训记录、培训总结等。

十一、加大维护费用的投入

一般在线酸度计、钠离子计电极的寿命在 12 个月到 18 个月之间，随着使用日期的延长，其电极的斜率及灵敏度在不断下降，电极的寿命是从出厂之日算起，而不是从使用之日算起。应定期对在线酸度计、钠离子计所配的电极进行更换。

第十节　在线水质分析仪器计量管理

随着电力工业发展，我国已进入了大电机（大容量、高参数）时代，现代电力技术的发展需要电厂在线水质分析仪器提供必要的技术支持。

当代科学技术进步，特别是信息技术与数字化建设需要电厂在线水质分析仪器专业发展与进步。

电厂在线水质分析仪器的应用现状已经不能满足电力生产的实际需要，为此，在线水质分析仪器专业应进行改革、重新搭建发展平台——将专业纳入计量管理。

一、纳入计量管理的必要性

现在许多电厂汽水品质监测合格率很高，热力设备水汽系统腐蚀结垢和积盐情况却很严重。虽然在线水质分析仪器能够发现凝汽器严重泄漏等明显问题，但却不能发现低水平的污染，对机组的损害却是长期的、严重的，积累到一定程度，其危害更大。这造成目前国内火力发电机组普遍存在不同程度的腐蚀、结垢和积盐问题。

电厂在线水质分析仪器对热力设备特别是对电站锅炉的水汽品质监督起着非常重要的

作用，但目前有些电厂在线水质分析仪器人员配备上数量不足，队伍也不够稳定，技术力量不能适应服务对象的要求，使运行维护工作得不到保障。电厂在线水质分析仪器的计量管理是个薄弱环节，已不能完全满足安全生产和电力发展要求。为了提高火电厂在线水质分析仪器的测量准确性和可靠性，满足电力生产需要，在线水质分析仪器测量准确性的计量校准工作已成为一个不可回避又必须尽快规范和落实的重要工作。

近年来，多台600MW机组相继发生的汽轮机严重积盐现象，造成了巨大的经济损失。这与机组在线水质分析仪器没有及时发现汽水品质异常问题有很密切的关系。

二、纳入计量管理的依据

根据《中华人民共和国计量法》的规定，电厂在线水质分析仪器本身就属于计量器具，既然是计量器具，就理应按照我国有关计量管理的法律、法规规定，纳入计量管理范畴。

三、量值传递的作用

通过对在线水质分析仪器进行量值传递（计量校准）工作，可以解决集团系统内在线水质分析仪器测量结果的可靠性和准确性偏低等问题，保障了集团公司系统内在线水质分析仪器单位制的统一和量值准确可靠，使化学监督水平整体得到进一步提升，保障集团公司火力发电机组经济、环保、安全运行。

根据国家相关计量检定规程/校准规范、集团公司化学技术监督实施细则、电力行业标准《化学监督导则》(DL/T 246)、《火电厂水质分析仪器质量验收导则》(DL/T 913)等的规定每年对在线水质分析仪器进行量值传递（计量校准），同时加强对在线水质分析仪器的日常维护工作，提高在线水质分析仪器测量结果的准确性和可靠性，提高化学监督水平，及时发现水汽品质控制上的问题并加以解决，对集团系统内发电机组的安全经济运行、节能降耗具有重要的意义。

第十六章 停用设备保护及锅炉化学清洗

第一节 停用设备保护的要求与方法

电厂由于调试、计划检修及临发性事故等原因，热力设备少则停用数小时，多则停用数月，在设备停用期间如不采取有效的保护措施，很容易使设备受到腐蚀，对设备有时会造成严重损伤。而且在设备投运后，锈蚀产物的迁移将对水汽质量及高热负荷区域的沉积等产生一系列严重影响。调研情况表明，近年来由于设备停用保护措施不当，已造成多起低温再热器停用期间腐蚀穿孔，也成为锅炉水冷壁运行中低 pH 腐蚀穿孔甚至氢脆爆管的起因。

热力设备的停用保护，包括对锅炉、汽轮机本体及其辅机设备加热器、凝汽器等的保护。设备在运行与停运期间产生的腐蚀产物，因不能及时排除而留在设备内部，它们在高温状态下是去极化剂，会进一步加速产生新的腐蚀与结垢物，形成典型的恶性循环。不少机组都有因设备停运防护工作不够重视、措施不力而造成设备腐蚀，甚至在短时间内出现设备大面积严重腐蚀的情况。因此，对热力设备停用保护是电厂水汽监督的一个重要方面。

一、对停用设备的防护要求

1. 防锈蚀率及其要求

对停用（备用）热力设备的防锈蚀率及防锈蚀合格率，应达到如下要求：

停（备）用设备的防锈蚀率应达到 80%，如无特殊说明，本节中的停用也包括备用在内，防锈蚀率按下式计算

$$\eta = (\mathrm{d}f / \mathrm{d}t) \times 100\%$$

式中　η——防锈蚀率；

　　　$\mathrm{d}f$——防锈蚀时间，d；

　　　$\mathrm{d}t$——停（备）用时间，d。

2. 防锈蚀合格率要求

防锈蚀合格率应达到 90%。防锈蚀合格率是指主要监督指标的合格率。根据所采用的防锈蚀方法，主要监督指标可以是溶氧浓度、除氧剂浓度、缓蚀剂浓度、pH 值、相对湿度、氮气压力和纯度等。按有关标准规定要求取样，并能提供准确的检测结果，是电厂水汽监督工作的基础，它贯彻到水汽监督的全过程及各项具体工作中，也是评价停用保护效果的主要依据。

二、设备停用期间防锈蚀方法原理与选择原则

1. 防锈蚀方法原理

热力设备停用期间的腐蚀是金属在潮湿状态下的氧腐蚀，发生腐蚀的必要条件是氧、水分和合适的 pH 值。根据腐蚀发生的机理，热力设备金属部件停用期间的防锈蚀措施的基本原理是：阻止空气进入热力系统设备内部或金属表面形成保护膜隔离空气和水分；降低热力

设备水汽系统内部的相对湿度；加入碱化剂提高并连续维持金属表面的 pH 值使铁基金属表面状况处于钝化区。这些措施正确使用其中任何一种，即可保护设备避免或减缓停用期间的腐蚀损坏。

2. 防锈蚀方法的选择原则

根据热力设备停用期间的防锈蚀所处状态，防锈蚀方法一般分为干法及湿法两大类。选择方法的原则是：机组的参数与类型；机组给水、炉水处理方式；停用时间的长短与性质；现场条件、可操作性与经济性。另外还应考虑下述诸因素：如停用所采用的方法不会破坏与运行期间的化学水工况之间的兼容性；防锈蚀方法不影响机组按电网要求随时启动运行；有废液处理设备，处理后排出液应符合有关标准规定；兼顾当地地理与自然条件，如海滨电厂的盐雾环境或寒冷地区冬季的低温冰冻。

三、停用设备防锈蚀方法

1. 停用设备防锈蚀保护方法

根据《火力发电厂停（备）热力设备防锈蚀导则》（DL/T 956）和停（备）用保护实践，常用停（备）用保护方法见表 16-1。

表 16-1　　　　　　　　停（备）用热力设备的防锈蚀保护方法

防锈蚀方法		适用状态	适用设备	防锈蚀方法的工艺要求	停用时间					备注
					≤3 天	<1 周	<1 月	<1 季度	>1 季度	
干法防锈蚀保护	热炉放水余热烘干法	临时检修、C 级及以下检修	锅炉	炉膛有足够余热，系统严密	√	√	√			应无积水
	负压余热烘干法	A 级及以下检修	锅炉汽轮机	炉膛有足够余热，配备有抽气系统，系统严密		√	√	√		应无积水
	干风干燥法	冷备用、A 级及以下检修	锅炉汽轮机凝汽器，高、低压加热器，烟气侧	备有干风系统和设备，干风应能连续供给			√	√	√	应无积水
	热风吹干法	冷备用、A 级及以下检修	锅炉汽轮机	备有热风系统和设备，热风应能连续供给			√	√	√	应无积水
	氨水碱化烘干法	冷备用、A 级及以下检修	锅炉、无铜给水系统	停炉前 4h 加氨提高给水 pH 值至 9.6～10.5，热炉放水，余热烘干	√	√	√	√	√	应无积水
	氨、联氨钝化烘干法	冷备用、A 级及以下检修	锅炉、给水系统	停炉前 4h，无铜系统加氨提高给水 pH 至 9.6～10.5，有铜系统给水 pH 至 9.1～9.3，联氨浓度加大到 0.5～10mg/L，炉水联氨 200～400mg/L，热炉放水，余热烘干	√	√	√	√	√	应无积水
	传统气相缓蚀剂法	冷备用、封存	锅炉、高低压加热器、凝汽器	要配置热风气化系统，系统应严密，锅炉、高、低压加热器应基本干燥			√	√	√	应无积水

续表

防锈蚀方法		适用状态	适用设备	防锈蚀方法的工艺要求	停用时间					备注
					≤3天	<1周	<1月	<1季度	>1季度	
干法防锈蚀保护	无机氨气相缓蚀剂法	非停、冷备用、封存	锅炉，高、低压加热器，凝汽器（空冷岛）	要配置热风气化系统（专用气化装置），系统基本严密、基本无积水	√	√	√	√	√	尽量少积水
	干燥剂去湿法	冷备用、封存	小容量、低参数锅炉汽轮机	设备相对严密，内部空气相对湿度应不高于60%				√	√	应无积水
	通风干燥法	冷备用、A级及以下检修	凝汽器水侧	备有通风设备			√	√	√	应无积水
湿法防锈蚀保护	蒸汽压力法	热备用	锅炉	锅炉保持一定压力	√	√				
	给水压力法	热备用	锅炉及给水系统	锅炉保持一定压力，给水水质保持运行水质	√	√				
	维持密封、真空法	热备用	汽轮机、再热器、凝汽器汽侧	维持凝汽器真空，汽轮机轴封蒸汽保持使汽轮机处于密封状态	√	√				
	加氨提高pH值、氨水法	冷（热）备用、封存	锅炉，高、低压给水系统	无铜系统，有配药、加药系统	√	√	√	√	√	
	氨－联氨法	冷（热）备用、封存	锅炉，高、低给水系统	有配药、加药系统和废液处理系统	√	√	√	√	√	
	充氮法	冷备用、封存	锅炉，高、低给水系统，热网加热器汽侧	配置充氮系统，氮气纯度应符合要求，系统有一定严密性		√	√	√	√	
	成膜胺法	冷备用、A级及以下检修	机组水汽系统	配有加药系统，停机过程中实施				√	√	直流炉慎用
	表面活性胺	冷备用、A级及以下检修	机组水汽系统	配有加药系统，停机过程中实施				√	√	

2. 停用设备防锈蚀效果评价

对停用设备防锈蚀效果是依据机组启动时的水汽质量及热力设备腐蚀检查结果来进行评价。

（1）停用机组启动时的水汽质量。保护效果良好的机组在启动过程中，冲洗时间短，水汽质量符合如下要求。

1）锅炉启动后，汽轮机冲转前的蒸汽质量，可参照表16－2的规定控制，且在8h达到正常运行标准值。

表 16-2　　　　　　　　　　　汽轮机冲转时的蒸汽质量标准

炉型	过热蒸汽压力（MPa）	电导率（μS/cm）25℃	二氧化硅（μg/kg）	铁（μg/kg）	铜（μg/kg）	钠（μg/kg）
汽包炉	3.8～5.8	≤3.0	≤80	—	—	≤50
	5.9～18.3	≤1.0	≤60	≤50	≤15	≤20
直流炉	—	≤0.5	≤30	≤50	≤15	≤20

2）锅炉启动时，给水质量应符合表 16-3 的规定，且在 8h 达到正常运行标准值。

表 16-3　　　　　　　　　　　锅炉启动时给水质量标准

炉型	过热蒸汽压力（MPa）	电导率（μS/cm）25℃	硬度（μmol/L）	铁（μg/kg）	溶氧（μg/L）	钠（μg/kg）
汽包炉	3.8～5.8	—	≤10	≤150	≤50	—
	5.9～12.6	—	≤5.0	≤100	≤40	—
	12.7～18.3	≤1.0	≤5.0	≤75	≤30	—
直流炉	—	≤0.5	≈0	≤50	≤30	≤30

（2）机组停运期间热力设备检查。机组停运检修期间，应对重点热力设备进行保护效果检查。如对锅炉受热面进行割管检查，汽包、除氧器、凝汽器、高低压加热器、汽轮机低压缸进行目视检查，这些部位应无明显停用腐蚀现象，应将检查结果与上一次检查结果和其他机组检查结果相对照比较，完善停用保护措施。

关于停用机炉设备的各种防锈蚀保护方法的技术要点、保护方法的实施、监督与注意事项，在新修订的电力行业标准中均有详细规定，本书不拟复述。

停用设备的防锈蚀保护往往不被重视，即使采取某些措施，既不严格，也不规范，试验人员多重视运行设备而忽视停用设备的监督，这种情况应该引起有关电厂的注意。停用设备保护不力，往往在较短时间内就会造成设备大面积锈蚀甚至局部腐蚀造成设备穿孔情况，从而给机组的安全经济运行带来巨大隐患与威胁。

3. 停（备）用保护实用方法简介

从理论角度看，表 16-1 所列的停（备）用保护方法在适用条件满足的情况下均可达到较好的保护效果，但从历年实践的情况看，实施效果良莠不齐，总体情况并不理想，主要是以下原因造成的：

（1）热炉放水放不净。由于现代大型火力热力系统非常复杂，实践证明，锅炉、汽轮机系统如果没有专门配备负压抽干设备，锅炉的 U 形布置受热管的下部、水平布置受热管的中间下垂部位、汽轮机给水系统的 U 形管道等设备在带压热炉放水后仍存有大量积水。

（2）机组非停后无适当的应对措施。

（3）充氮的局限性。对于大多数已投产的机组，由于设备的严密性问题无法维持氮气压力而达不到保护效果。

（4）有机成膜胺的危害。有机胺成膜法只适合小型机组，对于大型机组使用时存在诸多危害，一是不均匀成膜会造成局部严重的电化学腐蚀；二是残留的成膜氨及其助剂在机组启动阶段如果不能彻底冲洗出系统，高温分解产物可能造成给水、炉水 pH 值降低的严重后果；三是在机组启动初期会污染凝结水精处理树脂，或延误精处理混床投运的最有效时机。

（5）干风系统的局限性。干风系统存在投资高、系统复杂、操作难度大等问题，难以推广实施。

而近年逐步开发、推广的无机氨气相缓蚀法技术和专用设备基本克服了上述局限性，达到了良好的效果，现简介如下。

保护原理。按照腐蚀与防护分类，本技术可以归类为气相保护法，是在传统的气相缓蚀剂封存技术的基础上研制出适合于结构复杂、容积较大的锅炉等热力系统的专门技术。是基于气相缓蚀剂受热易挥发或分解出有效成分的特点，先将洁净的压缩空气加热，利用热空气的加热功能使缓蚀剂挥发或分解出有效气体成分，同时利用压缩空气的携带功能将气相缓蚀剂充满热力系统，起到对热力系统的保护作用。

对于不同的金属类型可以选用相应的气相缓蚀剂。对于工业设备使用最广泛的碳钢设备系统来说，氨的无机化合物是一种性能优良、价格低廉的缓蚀剂。由氨化合物分解产生的氨溶解于水时生成 NH_4OH，OH^- 可以使碳钢的表面 pH 值达到 10 以上而处于钝化状态，从而避免金属在潮湿状态下的氧腐蚀。

适用范围广。该方法适用于不同容积、结构复杂的热力系统，对于不同容积的热力系统只是充气时间不同而已，对于结构复杂的系统选择合适的充气点和排出点就可使所有金属内表面处于保护状态。实践证明，本技术对于锅炉等热力系统的严密性并不要特殊要求，空气进入或少量保护气体外泄对于金属表面的整体钝化环境没有影响。对于大型复杂系统（如电站锅炉的立式过热器、再热器）停用以后放不尽的存水同样不会对保护效果造成不良影响，这是因为这些残留的水分可以溶解氨而使与水接触的金属处于钝化的 pH 范围。本技术也可以用于空冷机组空冷岛的长周期保护。由于高浓度的氨会对铜及其铜基合金造成严重腐蚀，对于铜基合金的换热器等设备需要进行隔离。

操作简单、方便。在使用中只需要选择合适的充气点和排放口即可在短时间内完成保护作业。对于大型电站锅炉，充气点一般选择在省煤器和水冷壁的底部放水联箱，排气口可根据充气进程依次打开汽包、过热器、再热器的空气门排放，当检测到这些空气门排出气体含有氨气后逐级关闭即可。实施保护和机组停用时间、参数没有关联。保护周期长、费用低。对于正常停用的机组在一般严密性情况下，一次加药后的保护周期可达 90 天以上，90 天以后可以打开空气门检测，如检测到 pH≥10 可以继续延长保护周期，否则再次充入保护气体即可。对于碳钢系统一般使用的保护剂为普通化学品，费用价廉。

第二节　锅炉化学清洗的要求与方法

锅炉化学清洗是指采用一定的清洗工艺，通过化学药剂的水溶液与锅炉水汽系统中的腐蚀产物、沉积物和污染物发生化学反应而使锅炉受热面内表面清洁，并在金属表面形成良好钝化膜的方法。这是保证水汽质量、减少结垢与腐蚀、提高热效率的重要措施。因此，对锅炉的化学清洗监督也就成为电厂水汽监督的一个重要方面的工作。

对于在投运前、运行中以及由于结垢腐蚀而造成水冷壁爆管或泄漏的锅炉，均要按《火力发电厂锅炉化学清洗导则》（DL/T 794）的相关规定进行。

一、锅炉化学清洗的要求

1. 新建锅炉的化学清洗

直流炉和过热蒸汽出口压力为 9.8MPa 及以上的汽包炉，在投产前必须进行化学清洗；压力在 9.8MPa 以下的汽包炉，当垢量小于 150g/m² 时，可不进行酸洗，但必须进行碱洗或碱煮。

（1）再热器一般不进行化学清洗。出口压力为 17.4MPa 及以上机组的锅炉，冉热器可根据情况进行化学清洗，但必须有消除立式管内的气塞和防止腐蚀产物在管内沉积的措施，应保持管内清洗流速在 0.2m/s 以上。

（2）过热器垢量或腐蚀产物量大于 100g/m² 时，可选用化学清洗，但应有防止立式管产生气塞和腐蚀产物在管内沉积的措施，并应进行应力腐蚀试验，清洗液不应产生应力腐蚀。

（3）机组容量为 200MW 及以上新建机组的凝结水及高压给水系统，垢量小于 150g/m² 时，可采用流速大于 0.5m/s 的水冲洗；垢量大于 150g/m² 时，应进行化学清洗。机组容量为 600MW 及以上机组的凝结水及给水管道系统至少应进行碱洗，凝汽器、低压加热器和高压加热器的汽侧及其疏水系统也应进行碱洗或水冲洗。

2. 运行锅炉的化学清洗

（1）在大修时或大修前的最后一次检修时，应割取水冷壁管，测定垢量。当水冷壁管内的垢量达到表 16-4 规定的范围时，应安排化学清洗。当运行水质和锅炉运行出现异常情况时，经过技术分析可安排清洗。

（2）以重油和天然气为燃料的锅炉和液态排渣炉，应按表 16-4 中的规定提高一级参数锅炉的垢量确定化学清洗，一般只需清洗锅炉本体。蒸汽通流部分的化学清洗，应按实际情况决定。一旦发生因结垢而导致水冷壁管爆管或蠕胀时，应立即进行清洗。

（3）当锅炉清洗间隔年限达到表 16-4 规定的条件时，可酌情安排化学清洗。

（4）当过热器、再热器垢量超过 400g/m²，或者发生氧化皮脱落造成爆管事故时，可进行酸洗。但应有防止晶间腐蚀、应力腐蚀和沉积物堵管的技术措施。

表 16-4   确定需要化学清洗的条件

炉型	汽包锅炉				直流炉
主蒸汽压力（MPa）	<5.9	5.9~12.6	12.7~15.6	>15.6	——
垢量（g/m²）	>600	>400	>300	>250	>200
清洗间隔年限（a）	10~15	7~12	5~10	5~10	5~10

注 表中的垢量是指在水冷壁管垢量最大处、向火侧 180° 部位割管取样测量的垢量。

3. 锅炉清洗质量

锅炉及其热力系统化学清洗的质量应达到如下要求：

（1）清洗后的金属表面应清洁，基本上无残留氧化物和焊渣，不应出现二次锈蚀和点蚀，不应有镀铜现象。

（2）用腐蚀指示片测量的金属平均腐蚀速度应小于 8g/（m²·h），腐蚀总量应小于 80g/m²。

（3）运行炉的除垢率不小于 90% 为合格，除垢率不小于 95% 为优良。

（4）基建炉的残余垢量小于 $30g/m^2$ 为合格，残余垢量小于 $15g/m^2$ 为优良。

（5）清洗后的设备内表面应形成良好的钝化保护膜。

（6）固定设备上的阀门、仪表等不应受到腐蚀损伤。

二、锅炉化学清洗方法

锅炉化学清洗的范围与要求，随锅炉机组参数、锅炉是基建炉还是运行炉、对清洗工艺的要求不同而要采取不同的清洗方法。

由于基建炉各部位都可能存在杂质，清洗的范围除锅炉本体的水汽系统外，还应包括清洗过热器及炉前系统。即从凝结水泵出口，经由除氧器，直至省煤器的全部水管道。而省煤器、水冷壁及汽包则属于锅炉本体水汽系统。

运行锅炉进行化学清洗，一般仅限于锅炉本体水汽系统。基建炉化学清洗对象为电厂主要设备，范围大、工序多，历来受到各方面的重视。新建锅炉在投运前清洗质量，直接关系到锅炉的安全经济运行，而且还有助于改善锅炉启动时的水汽质量，使之能大大缩短新机启动到正常水汽品质的时间，同时也有助于锅炉投入正常运行后水汽质量保持合格稳定。

应用广泛的清洗剂有盐酸、氢氟酸、柠檬酸、EDTA、羟基乙酸＋加酸等。应根据锅炉的具体情况，选择合适的清洗工艺，并创造实施清洗的条件。

锅炉清洗时要使用多种化学药剂，针对不同要求采取不同的配方。所用的药剂主要包括清洗剂、缓蚀剂、添加剂等。既达到清洗的目的，又防止金属腐蚀并有助于钝化成膜。

1. 清洗用药剂

（1）清洗剂。通常锅炉清洗用清洗剂包括无机酸及有机酸两大类，常用的无机酸主要为盐酸、氢氟酸；有机酸为柠檬酸、EDTA、羟基乙酸＋甲酸等。

1）盐酸。盐酸是最常见的清洗剂，它除垢力强、反应快、价格低廉，还可以剥离水冷壁管中的氧化铁垢。盐酸作为清洗剂也有其不足之处：是盐酸中的 Cl^- 会促使奥氏体不锈钢发生应力腐蚀；它对硅酸盐垢清洗能力差，需外加氟化物添加剂。

2）氢氟酸。高参数锅炉蒸汽中对 SiO_2 含量的要求很严，因而锅炉化学清洗时必须尽可能多地除去系统中的硅酸盐垢，对高参数锅炉特别是硅酸盐垢较大的锅炉来说，氢氟酸可选用为清洗剂。氢氟酸是一种弱无机酸，它对硅化合物有很强的溶解能力；另一方面，它对氧化铁也有很强的去除作用。HF 在水中电离产生的 F^-，还能与铁离子产生络合作用，从而达到去除氧化铁的目的。此外，HF 还可以用于清洗由奥氏体钢制造的锅炉部件。这样清洗时不用拆卸水汽系统中的有关部件，减少工作量又缩短化学清洗时间。应用氢氟酸作清洗剂；清洗费用将较高，氢氟酸清洗废液处理环保要求高。

3）柠檬酸。柠檬酸 $H_3C_6H_5O_7$ 是大型锅炉化学清洗的一种常用清洗剂。它的主要优点是：对铁垢及铁锈的清除能力强，反应产物是易溶的络合物，对金属铁的腐蚀性小；可以清洗奥氏体钢等。其缺点是：清除沉积物的能力不及盐酸，对钙、镁水垢及硅化物清洗能力差；药品价格较贵；清洗工艺控制不当，容易产生柠檬酸铁沉淀沉积到受热面，造成清洗事故。

4）EDTA。EDTA 即乙二胺四乙酸，也是一种有机酸，它难溶于水，但它的钠盐或铵盐，则在水中溶解性大大增加，作为清洗剂，它能与沉积物中铁、铜、钙、镁等金属氧化物反应形成稳定的络合物转入溶液而具有较强的除垢能力；清洗中产生的沉渣少，系统不易堵塞；

对铁的腐蚀性小，而且对奥氏体钢没有危害；清洗后金属表面光洁，具有耐蚀性，清洗钝化一步完成；它较适合锅炉的整体清洗。缺点是 EDTA 价格高，增大了清洗成本；高温 EDTA 清洗温度高，增加了工艺实施的难度。

5）羟基乙酸＋甲酸。依靠其有机酸络合能力除垢，腐蚀速率小，属于小分子酸，易降解，清洗废液宜处理，加入甲酸大大增加溶解氧化铁的能力。缺点是羟基乙酸价格昂贵，清洗成本高。

（2）缓蚀剂。锅炉化学清洗过程中，在去除水垢和腐蚀产物的同时，酸会对金属基体产生腐蚀，严重时会伴生氢脆现象。因此，在酸洗液中应加入抑制酸对金属腐蚀的缓蚀剂，以最大限度地抑制金属基体遭受酸的腐蚀。

缓蚀剂种类繁多，按化学组成分类，分为无机缓蚀剂和有机缓蚀剂。无机缓蚀剂绝大多数是无机盐，常用的无机缓蚀剂有亚硝酸盐、铬酸盐、硅酸盐、聚磷酸盐等；这类缓释剂的作用一般是和金属发生反应，在金属表面生成钝化膜或生成致密的金属盐保护膜，阻止金属的腐蚀。有机缓蚀剂是含有 O、N、S、P 等元素的有机物质，如胺类、季铵盐类、醛类、杂环化合物、有机硫化物、咪唑类化合物等；这类缓蚀剂的缓蚀作用是由于有机物质在金属表面发生吸附作用，覆盖金属表面或活性部位，从而阻止金属的电化学腐蚀。

缓蚀剂应具备如下性能：

1）高效。加入极少量，就能大大降低金属的腐蚀速度，但不会降低去除水垢及沉积物的能力，对于金属的焊接部位、有残余应力的地方以及不同金属接触处，都有良好的抑制腐蚀的能力。

2）水溶性好，不溶物少，不含有能附着在金属表面的沉积物，不会影响或降低清洗液去除腐蚀产物、沉积物的能力。

3）在正常清洗条件下不分解，缓蚀性能不受 Fe^{3+} 的影响而降低，缓蚀性能稳定。

4）不会扩大和加深原始腐蚀状态，不存在发生点蚀的危险；用于清洗奥氏体钢设备的缓蚀剂，其氯离子、氟离子等杂质含量应小于 0.005%，不会产生应力腐蚀和晶间腐蚀；对金属的机械性能和金相组织没有任何影响；保护金属不吸氢，不发生腐蚀破裂。

5）无毒性、使用安全、方便、排放的废液不会对环境产生污染。

6）在金属表面吸附速度快、覆盖率高；酸洗后，不残留有害薄膜，不影响后续清洗工艺。

7）与其他添加剂，如还原剂、掩蔽剂，有良好的相容性，不易与酸洗介质发生化学反应，不降低酸溶垢的能力，具有辅助溶垢去污能力。

8）在环境温度条件下可较长时间存放，不分解变质，性能稳定。

各种缓蚀剂都有最佳使用条件，这可通过试验室试验结果来加以确定。国内常用酸洗缓蚀剂见表 16-5。

表 16-5　　　　　　　　　　国内酸洗常用缓蚀剂

清洗介质	常用缓蚀剂
盐酸	IS-129、IS-156、SH-416、Lan-826、MC-5、CM-911、TSX-04 和若丁等
柠檬酸	若丁、SH-139、SH-146、Lan-826、、DDN-001 等
氢氟酸	F-102、MC-5、Lan-826、若丁、CM-911、SH-416、DDN-001、TPRI-Ⅲ等

清洗介质	常用缓蚀剂
氨基磺酸	Lan-826、TPRI-7、若丁、CM-911、SH-416、DDN-001 等
EDTA	Lan-826（90℃）、TPRI-6、若丁、乌洛托品+MBT+三乙醇胺+联氨等
羟基乙酸	Lan-826、若丁等
硫酸	N-105、SH-369、Lan-826、Lan-873 等
硝酸	Lan-826、Lan-5 等

注 若丁是一种缓蚀剂的工业产品名称，其组成物因生产厂家而异。使用前应先了解化学组分及适用性。

（3）添加剂。

1）还原剂。在化学清洗的过程中，清洗液中会产生 Fe^{3+}、Cu^{2+} 等，它们能引起铁的腐蚀。Fe^{3+} 与 Fe 反应生成 Fe^{2+}，当 Fe^{3+} 大于 300mg/L 时，应加入还原剂，如联氨、抗坏血酸钠、氯化亚锡等。清洗液中 Cu^{2+} 较多时，铜就会在铁的表面上沉积析出，即产生镀铜现象；因此，清洗液中要加入某些还原剂或掩蔽剂，如氯化亚锡、硫脲等，以消除它们的影响。

2）助溶剂。当水汽系统的沉积物中含有较多硅酸盐及铜垢时，各种清洗剂不易溶解，故在清洗液中要加入适量的助溶剂。如少量的 NaF 以加快溶解速度，同时氟化物在清洗液中产生氢氟酸，可以促进硅酸盐水垢的溶解，它又能与 Fe^{3+} 形成络合物，降低了 Fe^{3+} 含量，加快了氧化铁垢的溶解。

3）表面活性剂。在化学清洗中，为提高清洗效果，加入少量的具有长链极性的有机化合物，它们可降低清洗液的表面张力，产生增溶去污、润湿渗透及乳化分散等一系列表面活性，从而提高了清洗效果。

2. 清洗系统流程

化学清洗方案必须依据热力系统的材质、腐蚀程度、结垢量、水汽系统结构、运行时间等状况制订，主要是在设备割管检查和小型试验的基础上，确定清洗系统和拟定化学清洗的工艺条件。化学清洗的工艺条件包括药品选择与浓度、清洗液温度与流速、清洗时间与清洗结果的检查标准、废液处理等。

锅炉化学清洗一般分为水冲洗、碱洗或碱煮、酸洗、漂洗、钝化等步骤。

（1）水冲洗。在锅炉清洗前，用清水将存在于水汽系统中残留物（新锅炉）及附着性不高的沉积物、腐蚀产物等（运行炉）用较高流速的清水冲洗掉，同时这还可以检验系统是否存在泄漏，加以消除。

（2）碱洗或碱煮。新建锅炉一般采用碱洗，以清除锅炉在制造、贮运、安装过程中沾染的油污等，从而有助于提高酸洗效果。

碱洗液通常用 Na_3PO_4、Na_2HPO_4 加至除盐水中配制成一定浓度，而且应将水温加热至90℃以上。

对运行中炉一般采用碱煮。因为碱煮有助于沉积物的松动，从而易于被清除。使用的碱通常为 Na_3PO_4 与 NaOH，碱煮过程中应反复进行补水及底部排污。碱煮必须锅炉点火，使锅内水煮沸，且汽压升高至一定压力时，维持压力下煮沸一定时间。碱煮后待水温降低至80℃以下时，排出碱煮废液，并将系统内被煮洗下来的污物清理干净。

如果垢铜含量高，为避免镀铜现象以及减少其对金属的腐蚀，应进行氨洗，它将促进金属的腐蚀，氨洗结束，再用除盐水将系统冲洗干净，然后酸洗。

（3）酸洗。酸洗时，药液的配制分边循环边加药或在清洗箱中配制清洗液的方式。控制好酸洗条件，定时取样化验，当循环清洗液中铁离子含量无明显变化，则可结束酸洗。某电厂锅炉化学清洗系统如图 16-1 所示。

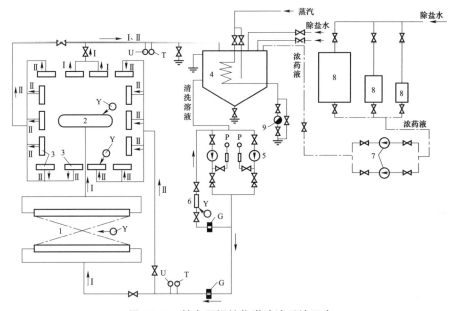

图 16-1　某电厂锅炉化学清洗系统示意

G—流量表；P—压力表；T—温度表；U—取样点；Y—腐蚀指示片安装处；1—省煤器；2—汽包；3—水冷壁下联箱；
4—清洗箱；5—清洗泵；6—监视管；7—浓药泵；8—浓药箱；9—疏水器

（4）漂洗。当用盐酸或柠檬酸作清洗液时，酸洗后先用除盐水冲洗后，一般还要用稀柠檬酸液对被冲洗系统进行漂洗，以利用柠檬酸（$H_3C_6H_5O_7$）具有与铁离子络合的能力，去除清洗系统中产生的浮锈和仍可能残存的铁离子。

这种柠檬酸漂洗时应加入少量的缓蚀剂，并用氨水调节 pH 值。控制好 pH 值、溶液温度、漂洗时间。漂洗后不再用水冲洗。

（5）钝化。锅炉经酸洗、水冲洗或漂洗后，裸露的金属表面暴露于大气中易受到腐蚀，故必须加以防腐处理。一般是采用化学药剂处理，使其金属表面上形成一层保护膜，这种处理工艺称为钝化。

钝化的方法有多种，如亚硝酸钠法、联氨法、多聚磷酸钠法、二甲基酮肟、双氧水等。各种处理方法各有利弊，具体工艺条件也不相同。

3. 锅炉清洗后的工作

（1）化学清洗废液的处理。盐酸废液用中和法处理；氢氟酸废液用石灰乳处理，使其生成 CaF_2 沉淀；有机酸废液用焚烧法处理，也可采用氧化降解的方式。

（2）清洗效果的检查。清洗结束后，要仔细检查水汽系统，凡能打开的部分应打开检查，并将其中残存物尽量清除干净。必要时，可割管检查水垢及腐蚀产物的清除以及成膜情况。结合清洗系统中所安装的腐蚀指示片的腐蚀速度、在启动期内水汽质量是否很快合格，以及在启动及运行过程中有没有发生异常、对化学清洗结果给予评价。

锅炉清洗完毕，清洗装置拆除后，锅炉应立即投入运行；如果不能立即投入运行，则应采取停炉保护措施。

三、锅炉酸洗实例

现以某电厂的超临界 1025t/h 的直流锅炉为例说明锅炉清洗流程、步骤与效果。

1. 清洗范围与工艺流程

（1）清洗范围。给水母管→省煤器→水冷壁。

（2）工艺流程。水冲洗→柠檬酸→顶排酸液及水冲洗→启动分离器、清洗箱及滤网清渣→水冲洗→柠檬酸漂洗→二甲基酮肟（商品简称 DMKO）钝化→热态排放，最后割管及打开人孔、手孔进行检查。

2. 清洗步骤与要求

（1）工业水冲洗。流量为 500～1000t/h，至出水无沉积物，呈透明状。

（2）除盐水冲洗。流量为 500～1000t/h，高流量冲洗至水质合格，硬度为零，电导率小于 10μS/cm，外观清澈无沉积物。

（3）柠檬酸洗。柠檬酸浓度为 3%～3.5%，pH3～3.5（小于等于 4.5），Fe^{2+} 小于等于 8000mg/L，Fe^{3+} 小于等于 300mg/L，TSX－04 为 0.5%，温度为 95～98℃，流速为 1.0～1.5m/s，时间为 4～6h。

（4）水冲洗。顶排及冲洗开始时除盐水温度为 80～100℃。以 500～1000t/h 的流量开路冲洗至 pH 为 4～4.5，Fe^{2+} 及 Fe^{3+} 含量小于 50mg/L。

（5）柠檬酸漂洗。柠檬酸浓度为 0.3%～0.4%；总 Fe 为 200～500mg/L，≤500mg/L；温度为 75～90℃；流速为 0.5～1.0m/s（450t/h）；时间为 2h。

（6）钝化。该厂应用联氨及二甲基酮肟两种钝化剂进行钝化，并且对其工艺条件及成膜效果进行了对比，确认二甲基酮肟后作为钝化剂，具有更好的效果。表 16－6 中，列出了采用联氨及二甲基酮肟作钝化剂时，锅炉清洗工艺条件的比较。表 16－7 则为采用不同钝化剂钝化成膜的情况比较。

表 16-6 采用不同钝化剂对锅炉清洗工艺条件比较

钝化方法	药品名称	钝化液浓度	温度（℃）	时间（h）
联氨	N_2H_4	300～500mg/L，用 NH_3 调 pH 至 9.5～10	90～95	24～50
二甲基酮肟	DMKO	400～500mg/L，用 NH_3 调 pH 至 9.5～10	80～90	24

表 16-7 采用不同钝化剂钝化成膜的情况比较

钝化膜	膜颜色	致密性	均匀性	成膜管样在自然环境下的情况
联氨膜	棕色	疏松	均匀	维持 14 天以上不生锈
DMKO 膜	灰色	致密	均匀	维持 20 天以上不生锈

根据该厂进行的小型及中型试验，认为二甲基酮肟作为钝化剂工艺控制简单，钝化时间短（一般为 24h），成膜质量好，无毒性；缺点是药品价格高，酸洗钝化费用要略高于联氨法。

锅炉化学清洗是电厂的一项常规性工作，各厂均有较多的实际经验，故不再多述。锅炉清洗效果如何，对保证水汽质量、节能降耗，防止爆管及腐蚀等方面有着直接而且重要的影响。做好新建及运行锅炉化学清洗监督是电厂水汽监督中的一个重要组成部分，必须严格按照 DL/T 794 有关规定对锅炉进行化学清洗，并在清洗全过程中，加强对锅炉化学清洗的监督，并确保达到预期的清洗效果。

第四篇　火力发电厂油气监督技术

第十七章　变压器油监督

第一节　变压器油的特性

对变压器油的基本特性有透彻的了解，将会有助于对用油设备运行的管理和维护。为了能很好地发挥变压器油在绝缘、传热以及灭弧等多方面的功能作用，油质本身必须具备良好的化学、物理和电气等方面的基本特性。

一、化学特性

（一）成分组成特性

变压器油是由石油精炼而成的一种精加工产品，其成分组成主要为碳氢化合物，即烃类。它包括烷烃、环烷烃和芳香烃。对于变压器绝缘油来说，由于它的使用环境条件大多用在户外的设备上，所以必须能经受各种气候条件的考验，特别是低温环境的适应性（如零下40℃左右），而环烷基石油则具备了低凝点的条件，因而采用环烷基原油精炼的产品较好。然而客观上环烷基原油很稀少，世界上只有五处油田生产环烷基原油，即美国的得克萨斯、阿肯萨斯、加利福尼亚和委内瑞拉及中国的克拉玛依油田。

油中芳香烃成分也应有一定控制，虽然某些类型的芳香烃具有天然抗氧化剂的功能，能提高油的安定性，但是含量太高又会降低绝缘或冲击强度，并增大对浸于油中的许多固体绝缘材料的溶解能力。

此外变压器油中还含有少量的非烃类（即杂环化合物），它们也有类似烃类的骨架，只是其中的部分碳原子被硫、氧或氮所取代。它们在油中的含量经过精炼加工处理后仅有0.02%左右，一般对油品的特性影响不大，新油中铁和铜的含量也极少。

（二）中和（或酸）值

经过精加工处理的变压器油中要求总的酸值含量必须低，以减少电导和对金属的腐蚀，并使绝缘系统的寿命达到最长。

（三）氧化稳定性

变压器油在长期的使用过程中，不可避免地会与氧接触而发生氧化反应过程。同时由于温度、电场、水分及各种金属材料和金属化合物等杂质的催化作用而加速其氧化过程。此处从油本身的成分和纯度来考虑氧化稳定性，它是新油的一项重要性能。

在变压器油的炼制过程中虽然经过了一定的精制工艺，但所得成品油中也还会含有少量的胶质物等杂质，所以必须进行深度精制，将其中的有害杂质成分去掉，从而提高成品油的氧化稳定性。一般来讲，石油中原本含有一定的"天然抗氧化剂"，对油品的氧化稳定性有好处，但在进行精制的过程中，也会将这一部分"天然抗氧化剂"除掉了，所以国内一般在变压器成品油中加入一定量人工合成的"抗氧化剂"，以提高油品的抗氧化能力。因此，在进行新油的质量评价时，氧化稳定性是一项重要指标。

二、物理特性

对于新的变压器油，其所具备的物理特性包括以下性能。

（一）黏度

黏度被认为是油流动阻力的度量标准。变压器油的功能之一是进行热传导的冷却作用，并填充于绝缘材料的缝隙之间，所以变压器油的黏度应该较低才能充分发挥出这种功能作用。

（二）密度

油品的密度与温度有关，因此需要根据不同的温度予以校正。变压器油的密度一般不宜太大，这是为了避免在含水量较多时而又处于寒冷气候条件下可能出现的浮冰现象。通常情况下，变压器油的密度为 $0.8\sim0.9g/cm^3$。

（三）凝固点

变压器油（或称绝缘油）的这个特性是相当重要的。对于气候寒冷的地区，低凝固点具有特别的重要意义。因为低凝固点的变压器油将能保证油在这种气候条件下仍可进行循环，从而起到它的绝缘和冷却作用，特别是对于断路器那样的执行机构动作很有好处。我国变压器油的牌号分类，则是根据凝固点的不同而划分为 10 号、25 号和 45 号三种牌号。根据我国各地区纬度的不同和最寒冷时的气温条件，用户可选用上述不同牌号的油。在最新标准《电工流体变压器和开关用的未使用过的矿物绝缘油》（GB 2536—2011）中，虽然取消牌号划分，但是增加了最低冷态投运温度（LCSET）下变压器油最大黏度和最高倾点与 GB 2536—2011 中牌号的对应关系。

一般来讲，借助于油品的凝固点有助于鉴别不同类型的油基。例如：大多数环烷基油其凝固点低，而石蜡基油凝固点高。然而，近年来由于环烷基石油的油源紧缺，不少炼油厂家借助于人工合成的降凝添加剂（如聚甲基丙烯酸酯）加入以石蜡基油的成品油中，达到降低凝固点的作用。

（四）闪点

油品的挥发性实际是与变压器油在使用环境条件下的安全性有一定的内在联系。具体说，它是在一定温度、时间及火焰大小的条件下的闪点和着火点或燃点。这里必须指出，闪点和着火点不是一个等同的概念。闪点是指当油品加热到有足够的油气产生，并在其上外加一个火焰，使油－气在一瞬间就着火的最低温度；着火点（燃点）则是当油品加热到有足够的油气连续产生，外加火焰于其上能维持 5 秒钟燃烧时的最低温度。在我国变压器油的标准中只有闪点一项，而没有着火点（燃点）。

一般情况下，环烷基油的挥发性要比石蜡基油高，这从我国的变压器油的标准中也可看出。如：45 号变压器油的闪点要比 25 号、10 号油的闪点低 5℃左右，因为我国的 45 号变压器油主要是以新疆克拉玛依的原油炼制而成。

（五）界面张力

界面张力对反映油质劣化产物和从固体绝缘材料中产生的可溶性极性杂质是相当敏感的。所谓界面张力，是指在油－水两相的交界面上，由于两相液体分子都受到各自内部分子的吸引，且各自都力图缩小其表面积，这种使液体表面积缩小的力称为表面张力。习惯上将被试液体表面与空气接触时（气－液相）所测得的力称为表面张力，而将被试液体与其他液相接触时（液－液相）所测得的力称为界面张力。

如果纯净的油通常在水相的界面上部而产生 40～50mN/m 的力，由于油的氧化产物和其他杂质是亲水性的，也就是说，它既对水分子有吸引力，又对油分子有吸引力。那么在油和水的界面之间形成了纵向的联系，从而减弱了油和水界面之间的横向联系，于是界面便不明显，其界面张力也就减小了，所以油的界面张力值是与油的氧化程度密切相关的。

用界面张力值高低这一特性数字，可以反映出新油的纯净程度和运行油老化状况。

三、电气性能

变压器油作为充填于电气设备内部的一种介质，它必须具备良好的电气性能，才能充分发挥其应有的作用。新油的主要电气性能包括：

（一）绝缘强度

变压器油的介电强度或击穿电压，是衡量它在电气设备内部能耐受电压的能力而不被破坏的尺度，也就是检验变压器油性能好坏的主要手段之一。干燥清洁的油品具有相当高的击穿电压值，一般国产油的击穿电压值都在 40kV 以上，有的可达 60kV 以上，但当油中含有游离水、溶解水分或固形物时，由于这些杂质都具有比油本身大的电导率和介电常数，它们在电场（电压）作用下会构成导电桥路，而降低油的击穿电压值。应该说此试验可以判断油中是否存在有水分、杂质和导电微粒，但它不能判断油品是否存在有酸性物质或油泥。

对于新变压器油而言，此性能指标的好坏反映了油中是否存在有污染杂质。当然，实际应用时，在将油注入设备之前，都必须经过适当的设备处理至符合要求后，才能注入电气设备中，这是为了充分保证电气设备在投运时的安全性。物质的介电常数见表 17-1。

表 17-1　　　　　　　　　　物 质 的 介 电 常 数

物质	介电常数	物质	介电常数
空气	1.0	瓷制品	7.0
矿物油	2.25	水（纯水）	81.0
橡皮	3.6	冰（纯）	86.4
纸	4.5（平均）		

（二）介质损耗因数

介质损耗因数主要是反映油中泄漏电流而引起的功率损失，介质损耗因数的大小对判断变压器油的劣化与污染程度是很敏感的。对于新油而言，介质损耗因数只能反映出油中是否含有污染物质和极性杂质，而不能确定存在于油中的是何种极性杂质。一般来讲，新油中的极性杂质含量甚少，所以其介质损耗因数也很小，仅为 0.01～0.1%。但当油氧化或过热而引起劣化时，或混入其他杂质时，随着油中极性杂质或充电的胶体物质含量增加，介质损耗因数也会随之增大，高的可达 10%以上。根据这一事实就不难理解，在许多情况下，当新油的介质损耗因数是合格的，但一注入设备以后，即使没有带负荷运行，即不存在过热而引起油质劣化的问题，却发现油的介质损耗因数大大增高。这可能是油注入设备后，对设备内的某些绝缘材料，如橡胶、油漆及其他有关的材料等具有溶解作用，而形成某些胶体杂质影响的结果，也就是油与材料的相容性问题。

对于新的变压器油而言，如果介质损耗因数超过 0.5%（90℃下），则需要查明原因，采取适当的处理方式，以保证在规定的合格范围之内。对用于超高压设备的油，其介质损耗因数要求更加严格，不能超过 0.2%（90℃）。

这里需要指出：油的介质损耗因数值随温度的不同，而有很大的变化。因为介质的导电率随温度的升高而增大，相应地其泄漏电流和介质损耗因数也会增大。为了排除油中水分对介质损耗因数的影响，现在一般规定测高温情况下的介损，如各国普遍采用测 90℃下的介损，我国的标准已与国际上通用的方法标准接轨。在西方的个别国家还有采用测 100℃下的介损，如美国的 ASTM 标准规定，这样或许能更直接地反映出油中污染物质的存在。

（三）在电场作用下产生气体的倾向

变压器油在受到电应力场的作用下，部分烃分子会发生裂解而产生气体，这部分气体以微小的气泡从油中释放出来。如果小气泡量增多，它们会互相连接而形成大气泡。由于气体与油之间的电导率有很大的差异，那么在高电场的作用下，油中会产生气隙放电现象，而有可能导致绝缘的破坏。这种现象在超高压输变电设备中显得尤为突出，为克服这种倾向，以对用于超高压设备的油品提出了更高的质量要求，要求超高压油应具有吸气性能。有的国家在标准中规定了此项性能指标，如英国 BS 标准、日本的 JIS 标准、美国的 ASTM 标准、IEC 标准等，我国近几年制订的超高压油标准也列入了这一项控制指标。但是目前世界上许多国家实际用于超高压设备的油品，均表现为吸气性倾向，油品的这种性能是与其内在的成分构成有关。一般来讲，芳香烃具有吸气能力。当油品中的芳香烃含量达到某一值时，油就表现为吸气性能。但是也应该看到，芳香烃既有吸气性能，又具有吸潮性，且表现为抗氧化能力较差。所以，对油品的性能指标应进行综合分析考虑，不能单纯强调某一方面。

四、石蜡基油与环烷基油的比较评价

虽然以环烷基油生产的变压器油比以石蜡基油生产的变压器油为佳，但由于环烷基油源的短缺，应用石蜡基油源生产变压器油也是势在必行，两种油源实际存在着一些差异。

（一）残炭杂质的沉降速度

在油浸断路器（开关）设备中，在开断电流时，油会为电弧能量所分解而产生残炭，石蜡基油在开断后产生的残炭，由于其沉降速度较缓慢，在设备内的关键区域会使绝缘强度降低，有可能产生相对地的闪络。而环烷基油在开断后生成的残炭沉降速度很快，因而不会影响设备的绝缘。

（二）低温性能

石蜡基油在较低的温度下（0℃以下），会有蜡的结晶析出。由于蜡在油中呈溶解状态时对绝缘无不良影响，但当蜡从油溶液中沉析出来以后，蜡本身是一种不良的绝缘体，既影响到设备的绝缘，又妨碍传热。而环烷基油即使在零下 40℃时，都可以正常工作而不会影响

绝缘性能，所以，低温性能是环烷基油最显著的特性。

（三）酸的生成

在一般情况下，由石蜡基油生成的各种类型的酸明显地"强"于环烷基油。

（四）气体的析出

石蜡基油在高电场作用下会从油中释放出氢气，而许多环烷基油在相同条件下则会吸收氢气，这种特性对超高压设备用油品具有一定的意义。

第二节　变压器油的技术监督

技术规范是在一定时期内具有法规性的约束力，大家必须遵守的条文、条款和数字指标，但它也是随着技术的不断发展和进步而逐步修改、更新、补充和完善的。

由于电气设备向高电压、大容量方向发展，因而对变压器油的质量不仅要求其电气性能更加优越，而且对油的析气性、热稳定性和抗氧化安定性、抗腐蚀性等提出了更高的要求。

一、新变压器油质量验收

在新油交货时，应对全部油样进行监督，并进行外观检验，应按采样方法规定的程序进行采样，以防出现差错或带入脏物。国产新变压器油应按 GB/T 2536—2011 标准验收。对进口的变压器油则应按国际标准（IEC 60296）或合同规定指标验收。验收时的试验方法应按提供的标准，而不能只是指标按国外的，方法按国内的。国标方法虽大部分是等同或参照采用国际上的方法，但有些方法是有差异的。新油应按照 GB/T 2536—2011 标准验收，参见表 17-2。

表 17-2　　　　　　　　　　变压器和开关用的未使用过的矿物绝缘油

项　目		质量指标					试验方法
最低冷态投运温度（LCSET）		0℃	−10℃	−20℃	−30℃	−40℃	
	倾点（℃）不高于	−10	−20	−30	−40	−50	GB/T 3535
功能特性[1]	运动黏度（mm²/s）不大于						GB/T 265
	40℃	12	12	12	12	12	
	0℃	1800	—	—	—	—	
	−10℃	—	1800	—	—	—	
	−20℃	—	—	1800	—	—	
	−30℃	—	—	—	1800	—	
	−40℃	—	—	—	—	2500[2]	
	水含量[3]（mg/kg）不大于	30/40					GB/T 7600
	击穿电压（满足下列要求之一）（kV）不小于　未处理油　经处理油[4]	30　70					GB/T 507
	密度[5]（20℃）（kg/m³）不大于	895					GB/T 1884 和 GB/T 1885
	介质损耗因数[6]（90℃）不大于	0.005					GB/T 5654

续表

项　目		质量指标					试验方法
最低冷态投运温度（LCSET）		0℃	−10℃	−20℃	−30℃	−40℃	
精制/稳定特性[7]	外观	透明，无悬浮物和沉淀物					目视[8]
	酸值（以 KOH 计）（mg/g）不大于	0.01					NB/SH/T 0836
	水溶性酸或碱	无					GB/T 259
	界面张力（mN/m）不大于	40					GB/T 6541
	总硫含量[9]（质量分数）（%）	无通用要求					SH/T 0689
	腐蚀性硫[10]	非腐蚀性					SH/T 0804
	抗氧化添加剂含量[11]（质量分数）（%） 不含氧化添加剂油（U） 含微氧化添加剂油（T）不大于 含氧化添加剂油（I）	检测不出 0.08 0.08～0.40					SH/T 0802
	2−糠醛含量（mg/kg）不大于	0.1					NB/SH/T0812
运行特性	氧化安定性（120℃）						
	试验时间： （U）不含氧化添加剂油：164h （T）含微氧化添加剂油：332h （I）含氧化添加剂油：500h	总酸值（以 KOH 计）（mg/g）不大于	1.2				NB/SH/T0811
		油泥（质量分数）（%）不大于	0.8				
		介质损耗因[6]（90℃）不大于	0.500				GB/T 5654
	析气性（mm³/min）	无通用要求					NB/SH/T 0810
健康、安全和环保特性（HSE）	闪点（闭口）/℃不低于	135					GB/T 261
	稠环芳烃（PCA）含量（质量分数）（%）不大于	3					NB/SH/T0838
	多氯联苯（PCB）含量（质量分数）mg/kg	检测不出					SH/T0803

注　1."无通用要求"指由供需双方协商确定该项目是否检测，且测定限值由供需双方协商确定。

　　2. 凡技术要求中的"无通用要求"和"由供需双方协商确定是否采用该方法进行检测"的项目为非强制性的。

① 对绝缘和冷却有影响的性能。

② 运动黏度（−40℃）以第一个黏度值为测定结果。

③ 当环境湿度不大于 50%时，水含量不大于 30mg/kg 适用于散装交货；水含量不大于 40mg/kg 适用于桶装或复合中型集装容器（IBC）交货。当环境湿度大于 50%时，水含量不大于 35mg/kg 适用于散装交货；水含量不大于 45mg/kg 适用于桶装或复合中型集装容器（IBC）交货。

④ 经处理油指试样样品在 60℃下通过真空（压力低于 2.5kPa）过滤流过一个孔隙度为 4 的烧结玻璃过滤器的油。

⑤ 测定方法也包括用 SH/T 0604。结果有争议时，以 GB/T 1884 和 GB/T 1885 仲裁方法。

⑥ 测定方法也包括用 GB/T 21216，结果有争议时，以 GB/T 5654 位仲裁方法。

⑦ 受精制深度和类型及添加剂影响的性能。

⑧ 将样品注入 100mL 量筒中，在 20℃±5℃下目测，结果有争议时，按 GB/T 511 测定机械杂质含量为无。

⑨ 测定方法也包括 GB/T 11140、GB/T 17040、SH/T 0253、ISO 14596。

⑩ SH/T 0804 为必做试验。是否需要采用 GB/T 25961 方法进行检测由供需双方协商确定。

⑪ 测定方法也包括用 SH/T 0792。结果有争议时，以 SH/T 0802 为仲裁方法。

二、新油脱气后注入设备前的检验

当新油验收合格后，在注入设备前必须用真空脱气滤油设备进行过滤净化处理，以脱除油中的水分、气体和其他杂质，在处理工程中进行油品的检验，以达到表 17-3 的要求且滤油循环不少于 3 个循环后才能停止真空脱气处理。

表 17-3　　　　　　　　　　　　　　　新 油 净 化 后

项目	设备电压等级/kV					
	1000	750	500	330	220	≤110
击穿电压（kV）	≥75	≥75	≥65	≥55	≥45	≥45
水分（mg/L）	≤8	≤10	≤10	≤10	≤15	≤20
介质损耗因数（90℃）	≤0.005					
颗粒污染度（粒）[①]	≤1000	≤1000	≤2000	—	—	—

① 100mL 油中大于 5hm 的颗粒数。

三、新油注入设备进行热循环后的检验

新油经真空过滤净化处理达到要求后，应从变压器下部阀门注入油箱内，使氮气排尽，最终油位达到大盖以下 100mm 以上，油的静置时间应不小于 12h，经检验油的指标应符合表 17-3 规定。真空注油后，应进行热油循环，热油经过二级真空脱气设备由油箱上部进入，再从油箱下部返回处理装置，一般控制净油箱出口温度为 60℃（制造厂另外规定除外），连续循环时间为三个循环周期。经过热油循环后，应按以下规定进行试验。对于 500kV 及以上变压器还应该进行油中颗粒度测试。热油循环后见表 17-4。

表 17-4　　　　　　　　　　　　　　　热 油 循 环 后

项目	设备电压等级（kV）					
	1000	750	500	330	220	≤110
击穿电压（kV）	≥75	≥75	≥65	≥55	≥45	≥45
水分（mg/L）	≤8	≤10	≤10	≤10	≤15	≤20
油中含气量（%）（体积分数）	≤0.8	≤1	≤1	≤1	—	—
介质损耗因数（90℃）	≤0.005					
颗粒污染度（粒）[①]	≤1000	≤2000	≤3000	—	—	—

① 100mL 油中大于 5hm 的颗粒数。

四、投运前或运行中变压器油的监督

经过真空脱气注入设备后通电前的油，即投运前的油。

新油脱水处理后充入电气设备，即构成设备投运前的油。它的某些特性由于与绝缘材料接触溶有一些杂质而较新油会有所改变，其变化程度视设备状况及与之接触的固体绝缘材料

性质的不同而有所差异。因此，设备投运前的油既不同于新油，也不同于运行油。控制指标按《运行中变压器油质量》（GB/T 7595—2017）中"投入运行前的油"进行。

运行中变压器油的监督根据按《运行中变压器油质量》（GB/T 7595—2017）中"运行油"的要求执行。运行中矿物变压器油质量标准见表 17–5。

表 17–5　　　　　　　　　运行中矿物变压器油质量标准

测定项目	设备电压等级（kV）	投入运行前的油	运行油	试验方法
外观	各电压等级	透明，无杂质或悬浮物		目视
色度（号）	各电压等级	≤2.0（2008 年标准没有要求）		GB/T 6540
闪点（闭口）[②]（℃）	各电压等级	≥135		GB/T 261
水溶性酸或碱	各电压等级	＞5.4	≥4.2	GB 7598
酸值[①]（以 KOH 计）（mg/g）	各电压等级	≤0.03	≤0.1	GB/T 264
水分[③]（mg/L）	330～1000	≤10	≤15	GB/T 7600
	220	≤15	≤25	
	≤110	≤20	≤35	
界面张力（25℃），mN/m	各电压等级	≥25	≥35	GB/T 6541
介质损耗因数（90℃）	500～1000	≤0.005	≤0.020	GB/T 5654
	≤330	≤0.010	≤0.040	
击穿电压（kV）	750～1000	≥70	≥65	GB/T 507
	500	≥65	≥55	
	330	≥55	≥50	
	66～220	≥45	≥40	
	35kV 及以下	≥40	≥35	
体积电阻率[④]（90℃）（Ω·m）	500～1000	≥6×10^{10}	≥1×10^{10}	DL/T 421
	≤330		≥5×10^9	
油中含气量[⑤]（体积分数）（%）	750～1000	≤1	≤2	DL/T 703
	330～500		≤3	
	电抗器		≤5	
油泥与沉淀物[⑥]（质量分数）（%）	各电压等级	—	≤0.02（以下可忽略不计）	GB/T 8926
析气性	≥500	报告		NB/SH/T 0810
带电倾向[⑦]（pC/mL）	各电压等级	—	报告	DL/T 385
腐蚀性硫[⑧]	各电压等级	非腐蚀性		DL/T 285
颗粒污染度（粒）[⑨]	1000	1000	3000	DL/T 432
	750	2000	3000	
	500	3000	—	
抗氧化添加剂含量 k（质量分数）（%）含氧化添加剂油	各电压等级	—	大于新油原始值的60%	SH/T 0802

续表

测定项目	设备电压等级（kV）	投入运行前的油	运行油	试验方法
2-糠醛含量（mg/kg）	各电压等级	报告	—	NB/SH/T 0812 DL/T 1355
二苄基二硫醚（DBDS）含量（质量分数）（mg/kg）	各电压等级	检测不出[⑩]	—	IEC

① 测试方法也包括 GB/T 28552，结果有争议时，以 GB/T 264 为仲裁方法。

② 测试方法也包括 GB/T 1354，结果有争议时，以 GB/T 261 为仲裁方法。

③ 测试方法也包括 GB/T 7601，结果有争议时，以 GB/T 7600 为仲裁方法。

④ 测试方法也包括 GB/T 5654，结果有争议时，以 DL/T 421 为仲裁方法。

⑤ 测试方法也包括 DL/T 423，结果有争议时，以 DL/T 703 为仲裁方法。

⑥ "油泥与沉淀物"按照 GB/T 8962（方法 A）对"正戊烷不溶物"进行检测。

⑦ 测试方法也包括 DL/T 1095，结果有争议时，以 DL/T 385 为仲裁方法。

⑧ DL/T 285 为必做试验，是否还需要采用 GB/T 25961 或 SH/T 0804 方法进行检测可根据具体情况确定。

⑨ 100mL 油中大于 5μm 的颗粒数。

⑩ 检测不出指 DBDS 含量小于 5mg/kg。

五、储存的变压器油的监督

变压器油储存应按照《变压器油储存管理导则》（DL/T 1552）进行。变压器油宜单独存放，如果无法单独存放时，应该根据油品的种类、性质分区、分类储存，并明确标识。同一储存区内不得存放与油品化学性质相抵触或灭火方法不同的物品。

储存区应建立出入库管理制度，储存过程中应做好密封，定期检查储罐及油桶的外观、锈蚀及渗漏情况。定期对储存的油品进行油质检验，应保持油质处于合格备用状态。储存油品的检验周期和项目见表 17-6。

表 17-6　　　　　　　　　　储存油品的检验周期和项目

储存方式	周期	项目	指标
室内储存	1 次/年	外观、颜色、耐压、介损、水分、酸值	与入库检测结果无明显差异
露天储存	1 次/半年		

第三节　变压器油监督检测周期和要求

一、电力变压器、电抗器、互感器、套管油中溶解气体组分含量的检测周期和要求

投运前，应至少作一次检测。如果在现场进行感应耐压和局部放电试验，则应在试验后再做一次检测。制造厂规定不取样的全密封互感器不做检测。

投运时油中溶解气体组分含量的检测，新的或大修后的变压器和电抗器至少应在投运后1d（仅对电压 330kV 及以上的变压器和电抗器、容量在 120MVA 及以上的火电企业升压变压器）、4d、10d、30d 各做一次检测，若无异常，可转为定期检测。

对出厂和新投运的设备气体含量应符合表 17-7 的要求。运行中设备油中溶解气体组分含量的定期检测周期见表 17-8。

表 17-7 　　　　　　　　　　对出厂和新投运的设备气体含量的要求 （μL/L）

气体	变压器和电抗器	互感器	套管
氢	<10	<50	<150
乙炔		未检出	
总烃	<20	<10	<10

表 17-8 　　　　　　　　运行中设备油中溶解气体组分含量的定期检测周期

设备名称	设备电压等级和容量	检测周期
变压器和电抗器	电压 330kV 及以上 容量 240MVA 及以上 所有火电企业升压变压器	3 个月一次
	电压 220kV 及以上 容量 120MVA 及以上	6 个月一次
	电压 66kV 及以上 容量 8MVA 及以上	1 年一次
	电压 66kV 及以下 容量 8MVA 以下	自行规定
互感器[①]	电压 66kV 及以上	1～3 年一次
套管		必要时

① 　对于制造厂规定不取样的全密封互感器，一般在保证期内不做检测，在超过保证期后，应在不破坏密封的情况下取样分析。

二、定期检测项目及周期

变压器油定期检测项目及周期按表 17-9 进行，控制指标按照 GB/T 7595—2017《运行中变压器油质量》。

表 17-9 　　　　　　　　　　　　变压器油检验周期及项目

设备类型	设备电压等级	检验周期	检验项目
变压器、电抗器	330～1000kV	投运前或大修后	外观、色度、水溶性酸、酸值、闪点、水分、界面张力、介损、耐压、电阻率、含气量、颗粒度、糠醛
		1 年至少 1 次	外观、色度、水分、介损、耐压、含气量
		必要时	水溶性酸、酸值、闪点、界面张力、电阻率、油泥与沉淀物、析气性、带电倾向、腐蚀性硫、颗粒度、T501、糠醛、二苄基二硫醚含量、金属钝化剂
	66～220kV	投运前或大修后	外观、色度、水溶性酸、闪点、水分、界面张力、介损、耐压、电阻率、糠醛
		1 年至少 1 次	外观、色度、水分、介损、耐压
		必要时	水溶性酸、酸值、界面张力、电阻率、油泥与沉淀物、带电倾向、腐蚀性硫、T501、糠醛、二苄基二硫醚含量、金属钝化剂
	≤35kV	3 年至少 1 次	水分、介损、耐压

设备类型	设备电压等级	检验周期	检验项目
断路器	>110kV	投运前或大修后	外观、水溶性酸、耐压
		1年1次	耐压
	≤110kV	投运前或大修后	外观、水溶性酸、耐压
		3年1次	耐压

注 对于制造厂规定不取样的全密封互感器，一般在保证期内不做检测，在超过保证期后，应在不破坏密封的情况下取样分析。

当设备出现异常情况时（如气体继电器动作，受大电流冲击或过励磁等），或对测试结果有怀疑时，应立即取油样进行检测，并根据检测数据，适当缩短检测周期。

第四节 试验结果分析及采取的相应措施

变压器油在运行中劣化程度和污染状况应根据试验中所测得的所有试验结果同油的劣化原因及确认的污染来源一起考虑，方能评价油是否可以继续运行，以保证设备的安全可靠。

一、油质超标应采取的相应措施

对于运行中变压器油的所有检验项目超过质量控制极限值的原因分析及应采取的措施见表17-10，同时遇到下列情况应该引起注意。

（1）当试验结果超出了所推荐的极限值范围时，应与以前的试验结果进行比较，如情况许可时，在进行任何措施之前，应重新取样分析以确认试验结果无误。

（2）如果油质快速劣化，则应进行跟踪试验，必要时可通知设备制造商。

（3）某些特殊试验项目。如击穿电压低于极限值要求，或是色谱检测发现有故障存在，则可以不考虑其他特性项目，应果断采取措施以保证设备安全。

表17-10 运行中变压器油超极限值原因及对策

测定项目	极限值		可能原因	采取对策
外观	不透明，有杂质或油泥沉淀物		油中含有水分或纤维、炭黑及其他固形物	脱气脱水过滤或再生处理
色度（号）	>2.0		可能过度劣化或污染	再生处理或换油
闪点（闭口）（℃）	<135 并低于新油原始值10℃以上		a）设备存在严重过热或电性故障； b）补错了油	查明原因，消除故障，进行真空脱气处理或换油
水溶性酸（pH值）	<4.2		a）油质老化； b）油质污染	a）与酸值比较，查明原因； b）再生处理或换油
酸值（以KOH计）（mg/g）	>0.1	≤0.03	a）超负荷运行； b）抗氧化剂消耗； c）补错了油； d）油被污染	再生处理，补加抗氧化剂

续表

测定项目	极限值		可能原因	采取对策
水分（mg/L）	330～1000kV	＞15	a）密封不严、潮气侵入； b）运行温度过高，导致固体绝缘老化或油质劣化	a）检查密封胶囊有无破损，呼吸器吸附剂是否失效，潜油泵是否漏气； b）降低运行温度； c）采用真空过滤处理
	220kV	＞25		
	≤110kV	＞35		
界面张力（25℃），（mN/m）	＜25		a）油质老化，油中有可溶性或沉析性油泥； b）油质污染	再生处理或换油
介质损耗因数（90℃）	500～1000kV	＞0.020	a）油质老化程度较深； b）杂质颗粒污染； c）油中含有极性胶体物质	再生处理或换油
	≤330kV	＞0.040		
击穿电压（kV）	750～1000kV	＜65	a）油中水分含量过大； b）杂质颗粒污染； c）有油泥产生	a）真空脱气处理； b）精密过滤； c）再生处理
	500kV	＜55		
	330kV	＜50		
	66～220kV	＜40		
	35kV及以下	＜35		
体积电阻率（90℃）（Ω·m）	500～1000kV	＜1×10^{10}	同介质损耗因数原因	再生处理或换油
	≤330kV	＜5×10^{9}		
油中含气量（%）（体积分数）	750～1000kV	＞2	设备密封不严	与制造厂联系，进行设备的严密性处理
	330～500kV	＞3		
	电抗器	＞5		
油泥与沉淀物（%）（质量分数）	＞0.02		a）油质深度老化； b）杂质污染	再生处理或换油
油中溶解气体组分含量（μL/L）	见DL/T 722		设备存在过热或放电性故障	进行跟踪分析，彻底检查设备，找出故障点，消除隐患，进行真空脱气处理
腐蚀性硫	腐蚀性		a）精制程度不够； b）污染	再生处理，添加金属钝化剂或换油
颗粒污染度（粒）	750～1000kV	＞3000	a）油质老化； b）杂质污染； c）油泵磨损	a）再生处理； b）精密过滤； c）换泵
2-糠醛含量（mg/kg）	—		绝缘纸热老化	做聚合度试验，考虑降负荷运行或更换变压器
二苄基二硫醚（DBDS）含量（质量分数）（mg/kg）	—		腐蚀性硫	再生处理、添加金属钝化剂或换油

注　1. 按照 GB/T 8962—2012（方法 A）对"正戊烷不溶物"进行检测。

　　2. 100mL 油中大于 5μm 的颗粒数。

二、变压器油中溶解气体色谱分析

（1）变压器油中溶解气体色谱分析法，能够尽早地发现充油电气设备内部存在的潜伏性故障，是监督与保障设备安全运行的一个重要手段。色谱分析结果对照相应的注意值，结合运行状况、其他试验项目检测结果以及设备构造，参考《变压器油中溶解气体分析和判断导则》（DL/T 722—2014）进行全面分析。运行中设备油中溶解气体的注意值和设备中气体增长率注意值见表 17-11 和表 17-12。

表 17-11　　　　　　　　变压器、电抗器和套管油中溶解气体含量注意值　　　　　　　（μL/L）

设备	气体组分	含量	
		330kV 及以上	220kV 及以下
变压器和电抗器	总烃	150	150
	乙炔	1	5
	氢	150	150
	一氧化碳	（见 DL/T 722.10.3）	（见 DL/T 722.10.3）
	二氧化碳	（见 DL/T 722.10.3）	（见 DL/T 722.10.3）
套管	甲烷	150	150
	乙炔	1	2
	氢	500	500

注　该表所列数值不适用于从气体继电器放气嘴取出的气样；关于 330kV 及以上电抗器的判断方法见 DL/T 722 9.1.3.8。

表 17-12　　　　　　　电流互感器和电压互感器油中溶解气体含量的注意值　　　　　　（μL/L）

设备	气体组分	含量	
		220kV 及以上	110kV 及以上
电流互感器	总烃	100	100
	乙炔	1	2
	氢	150	150
电压互感器	总烃	100	100
	乙炔	2	3
	氢	150	150

仅仅根据分析结果的绝对值是很难对故障的严重性做出正确判断的。因为故障常常以低能量的潜伏性故障开始，若不及时采取相应的措施，可能会发展成较严重的高能量的故障。因此，必须考虑故障的发展趋势，也就是故障点的产气速率。产气速率与故障消耗能量大小、故障部位、故障点的温度等情况有直接关系。具体情况参考 GB/T 7252 及 DL/T 722 标准。变压器和电抗器绝对产气速率的注意值如表 17-13 所示。相对产气速率也可以用来判断充油电气设备内部的状况。总烃的相对产气速率大于 10%时，应引起注意。对总烃起始含量很低的设备，不宜采用此判据。

表 17-13　　　　　　　　　变压器和电抗器绝对产气速率注意值　　　　　　　　　（mL/d）

气体组分	开放式	隔膜式
总烃	6	12
乙炔	0.1	0.2

续表

气体组分	开放式	隔膜式
氢	5	10
一氧化碳	50	100
二氧化碳	100	200

注　当产气速率达到注意值时，应缩短检测周期，进行追踪分析。

（2）产气速率在很大程度上依赖于设备类型、负荷情况、故障类型和所用绝缘材料的体积及其老化程度，应结合这些情况进行综合分析。判断设备状况时，还应考虑到呼吸系统对气体的逸散作用。

产气速率计算公式：

$$R_a = (C_2 - C_1)m/\Delta t \times \rho$$

式中　R_a——气体产气速率，ml/d；

　　　C_2——第二次取样油中某中气体含量；

　　　C_1——第一次取样油中某中气体含量；

　　　m——设备总油量；

　　　Δt——两次取样间隔天数；

　　　ρ——油密度。

气体含量及产气速率注意值的应用原则如下：

1）气体含量注意值不是划分设备内部有无故障的唯一判断依据。当气体含量超过注意值，应缩短检测周期，结合产气速率进行判断。若气体含量超过注意值但长期稳定，可在超过注意值的情况下运行。另外，气体含量虽低于注意值，但产气速率超过注意值，也应缩短检测周期。

2）对 330kV 及以上电压等级设备，当油中首次检测到 C_2H_2（$\geqslant 0.1\mu L/L$）时应引起注意。

3）当产气速率突然增长或故障性质发生变化时，须视情况采取必要措施。

4）影响油中 H_2 含量的因素较多，若仅 H_2 含量超过注意值，但无明显增长趋势，也可判断为正常。

5）注意区别非故障情况下的气体来源。

对怀疑气体含量有缓慢增长趋势的设备，使用在线监测仪随时监视设备的气体增长情况是有益的，以便监视故障发展趋势。

第五节　变压器油的维护

运行中变压器油质量的好坏直接关系到充油电气设备的安全运行和使用寿命，虽然油质的老化是不可避免的，但是加强对油质的监督和维护，采取合理而有效的防劣措施，能够延缓油质的老化进程，延长油的使用寿命和保证设备的健康运行。由于在运行中受到水分、氧气、热量以及铜、铁等材料的催化作用，而使油发生一系列的化学变化过程，因此在进行变压器油的维护时，主要是针对水分、氧气的危害性而采取一些机械、物理和化学上的方法对策。

在进行维护时，首先应对设备中的油质情况有基本的评估，并应注意对几种防劣措施的配合使用和加强有关监督以发挥协同效应。

一、运行中变压器油的分类概况

根据我国变压器油的实际运行经验，运行油可按其主要特性指标评价，大致可分为以下几类：

第一类：可满足变压器连续运行的油。此类油的各项性能指标均符合 GB 7595 中按设备类型规定的指标要求，不需采取处理措施，而能继续运行。

第二类：能继续使用，仅需过滤处理的油。这类一般是指油中含水量、击穿电压超出 GB 7595 中按设备类型规定的指标要求，而其他各项性能指标均属正常的油品，此类油品外观可能有絮状物或污染杂质存在，可用机械过滤去除油中水分及不溶物等杂质，但处理必须彻底，处理后油中水分含量和击穿电压应能符合 GB 7595 中的标准要求。

第三类：油品质量较差，为恢复其正常特性指标必须进行油的再生处理。此类油通常表现为油中存在不溶物或可沉析性油泥，酸值或界面张力和介质损耗因数超出 GB 7595 中的规定要求，此类油必须进行再生处理或者更换。

第四类：油品质量很差，多项性能指标均不符合 GB 7595 标准中的要求。从技术角度考虑应予报废。

为了正确地对运行中变压器油进行维护和管理，油质化验人员和管理者应掌握《运行中变压器油维护管理导则》（GB/T 14542）的有关要求，才能保证用油设备的安全经济要求。

美国 IEEE（电力与电子工程协会）将运行油分为以下四类：

第Ⅰ类——运行油良好，能够继续使用。

第Ⅱ类——油必须经处理后才可继续使用。

第Ⅲ类——油质差，需进行再生处理或废弃。

第Ⅳ类——油质极差，不能再使用的废油。

二、变压器油防护措施

为延长运行中的变压器油的寿命，应采取必要的防护措施，主要为：安装油保护装置（包括呼吸器和密封式储油柜），以防止水分、氧气和其他杂质的侵入；安装油连续再生装置（净油器），以消除油中存在的水分、游离碳和其他劣化产物；在油中添加抗氧化剂（T501），以提高油的氧化安定性；在油中添加静电抑制剂（主要是 BAT），抑制或消除油中静电荷的积累。

维护措施应根据充油电气设备的种类、形式、容量和运行方式等因数来选择。

（一）安装油保护装置

1. 空气除潮

（1）安装呼吸器：充油电气设备一般应安装呼吸器，这种设备结构简单，大型或特大型电力变压器所采用的空气除潮装置，其干燥呼吸器一般装在油枕前。

在油枕中，油面以上的空气一般是经过干燥的，当油温升高时，变压器油膨胀，使油面以上的空气受到挤压，部分空气经过排气管排入内部装有吸水性良好的吸潮剂（如硅胶、分子筛等）的干燥装置（呼吸器），再排入大气。吸潮剂是通过油封（U形管）与外界空气隔离的。当油温下降时，经过干燥装置吸入干燥除潮的空气。吸附剂使用失效时应及时更换。

（2）热电式冷冻除湿器。这种除湿器既能防止外界水分的侵入，又可消除设备内部的水分。通常与普通型油枕配合使用，其热电制冷组件具有足够的功率，且能实现自动除雷操作。装有冷冻除湿器的变压器油枕（储油柜）内的空气相对湿度，一般能够经常保持在10%以下。

一般情况下在受潮严重的变压器上运行时宜采用冰点运行方式，以加速排除受潮变压器内的水分，尽快恢复绝缘纸的干燥状态，当绝缘水平较高时，可采用露点运行方式，此时干燥仪的目的主要是防止潮湿空气的侵入。

2. 隔膜密封

防止油品氧化的根本办法是能够有效地阻止水分和氧的侵入，使变压器油不受潮和延缓油氧化的早期发生，延长绝缘材料的使用寿命。

隔膜密封是在油枕的油面上放一个耐油橡胶制成的气袋，使油面与空气隔绝开来，变压器通过气袋内部的容积空间来呼吸。由于这项措施结构简单、维护方便、效果显著，因而，目前在国内外得到广泛的应用。国内外大型电力变压器基本上采用隔膜密封的油枕。

运行中应经常检查隔膜袋内气室呼吸是否畅通，如吸潮器堵塞应及时排除，以防溢油。并注意油位变化是否正常，如发现油位忽高忽低时，说明油枕内可能存有空气，应想办法排除。运行中，油质应按规程要求定期检验并测定油中含气量和含水量，当发现油质明显劣化或油中含气、含水量增高时，应仔细检查隔膜袋是否破裂并采取相应措施。变压器在运行条件下，由于油质劣化和绝缘材料的老化会产生水分和其他劣化产物，所以应定期通过净油器净化油质及真空脱气处理。

（二）油连续再生装置（净油器）

净油器可分为吸附型和精滤型两种。

1. 吸附型净油器

吸附型净油器是利用吸附剂对变压器油进行连续吸附净化的一种装置，它具有结构简单、使用方便、维护工作量少、而对油防劣效果好等优点，所以它在变压器上得到广泛的使用，成为变压器油防劣的一项有效措施。

（1）吸附净油器的分类。根据净油器的循环方式，净油器可分为两类：热虹吸净油器和强制循环净油器。热虹吸器是利用温差产生的虹吸作用，使油流自然循环净化；强制循环净油器则是借强迫油循环的油泵，使油循环和净化。热虹吸器用于油浸自冷风冷式变压器，而强制循环净油器则用于具有强迫油循环水冷与风冷式的变压器。因此，可根据变压器的具体情况选用不同的净油器。

（2）吸附剂的准备与填装。热虹吸器及强制循环净油器中装填的吸附剂一般选用硅胶（用得最多），还可选用活性氧化铝、人造沸石或分子筛等。在选用吸附剂时，要求吸附剂应：① 颗粒适当、大小均匀。一般选用4～6mm大小的球状颗粒，小于3mm或大于7mm的颗粒应筛选除掉。② 机械强度应良好，应不易破碎。③ 吸附能力要强。一般应选用比表面积较大的粗孔硅胶，要求吸附剂的吸酸能力应不小于5mgKOH/g。

对筛选好的吸附剂在装入净油器前应在150～200℃下干燥4h，经烘干后的吸附剂要用密封容器盛装或用干燥的新油浸泡，防止吸附剂受潮或污染。在装入净油器时，应将吸附剂层铺平、压实，并注意靠近器壁处不能有空隙。为能有效地排除吸附剂内的空气，应从净油器底部进油，使油充满整个吸附剂层，以彻底驱除内部的空气。

（3）使用中的维护和监督。净油器在投入运行时应切换重气体继电器、改接信号，并应随时打开放气塞（或放气门），以排尽内部的气体。投运期间按"变压器油运行质量标准"的规定检验周期化验油质变化情况，每次检验，应在净油器进、出口分别取样，当发现油中的酸值、介损有上升趋势时，说明吸附剂已失效，应及时更换新的吸附剂。在更换吸附剂时，应注意检查净油器下部滤网是否完好，如发现破损，应即修理或更换，以避免吸附剂漏入系统中的危险。对于失效的吸附剂，有必要时可检查其吸附的油中劣化产物的含量，以判明该吸附剂的实际净化效果，失效的吸附剂还应收集或进行再生处理以便继续使用，不得随意抛扔，造成环境的污染。

2. 精滤型净油器

精滤型净油器是利用精密滤层对设备内的油进行精滤，主要应用于小油量的设备及自动调压开关装置中，以吸附油中的碳粒和油泥等物质。

（三）油中添加 T501 抗氧化剂

在我国对变压器油来讲，普通使用的是 T501 抗氧化剂，过去使用的胺类抗氧剂，基本上已完全淘汰了。T501 的正式学名为：2.6－二叔丁基对甲基酚，为白色粉状晶体，是烷基酚抗氧化剂系列中抗氧化能力最好的一种，英文缩写字母为 DBPC。

1. T501 抗氧化剂的质量及其性能优点

T501 抗氧化剂是以甲酚和异丁烯为原料进行烷基化反应，再经中和、结晶而制得的。由于工艺条件和原料纯度，在反应过程中会有许多烷基酚的同系物或异构体生成，以及残留的甲酚存在。烷基酚同系物其各自的抗氧化能力是大不相同的，所以我们在购买 T501 时，应对其质量进行检验。必须保证添加的是合格产品，如有必要时还可以在添加 T501 后开展抗氧化安定性试验，以确认其产品质量。同时还应注意产品的保管，因 T501 见光、受潮或存放时间过长，会使产品的颜色发黄而降低质量。

T501 抗氧化剂可以大大地延缓油的老化，延长油的使用寿命，是运行中变压器油防劣的一项有效措施，具有效果好、费用省、操作简便、维护工作量少等优点，这一抗氧化剂在国内外得到了广泛的应用和认可。

2. 油中 T501 抗氧化剂的添加

（1）感受性试验。通过油的氧化（老化）试验，其结果若有一项指标较不加 T501 抗氧化剂的原油提高 20%～30%，而其余指标均无不良影响时，则认为此油对该抗氧化剂有感受性。实践证明，国产油对 T501 抗氧化剂的感受性较好，而且成品油均添加了 T501 抗氧化剂。使用单位若需补加抗氧化剂油时，一般只需测定 T501 的含量和油质老化情况决定添加，而不必再做感受性试验。但是，对不明牌号的新油、进口油，以及各种再生油和老化、污染情况不明的运行油，则应做感受性试验以确定是否适宜添加和添加时的有效剂量。

（2）抗氧化剂有效剂量的确定。对许多新油来说，T501 抗氧化剂在油中的添加量与油的氧化安定性有密切关系，一般是油的氧化寿命随着添加剂量的增加而增加，但对不同牌号的油，由于它的化学组成、精炼方法或精制深度的不同，添加抗氧化剂后的氧化寿命与添加剂量的关系并不相同。

对不同牌号的新油，要达到同一的老化寿命，T501 抗氧化剂的添加量是不相同的。若T501 超过 0.6%以后，对油的氧化寿命已提高不多，若低于 0.3%则油的氧化寿命却达不到

2000h。所以，T501 抗氧化剂合理的添加剂量应为 0.3%～0.5%。进一步研究发现，如有 T501 抗氧化剂的油在人工老化过程中油质的变化与 T501 的含量降低有一定规律性：① T501 含量降低小于原始加入量的 30%时，油质的变化不大明显（指酸值、介损）；② T501 含量降低到原始加入量的 30%～50%时，油质开始有变化；③ T501 含量降低到大于原始加入量的 50%时，则油质变化迅速，酸值和介损急剧升高。

由上述结果可得出：对运行中油 T501 抗氧化剂的含量应不低于 0.15%，同时在这一含量下进行 T501 的补加，效果较好。当然在进行补加时还应控制运行油的 pH 值不小于 5.0 为好。

（3）T501 抗氧化剂的添加方法。运行中油在添加 T501 之前应清除设备内和油中的油泥、水分和杂质。

具体加入方法为：

1）热溶解法：从设备中放出适量的油，加温至 60℃左右将所需量的 T501 加入，边加入边搅拌，使 T501 完全溶解，配制成一定浓度的母液（一般为 5%左右），待母液冷却到室温后，以压滤机送入变压器内，并继续进行循环过滤，使药剂充分混合均匀。

2）从热虹吸器中添加：将 T501 按所需要的量分散放在热虹吸器上部的硅胶层内，由设备内通向热虹吸器的热油流将药剂慢慢溶解，并随油流带入设备内混匀。

3. 添加 T501 抗氧化剂油的维护和监督

为了保证抗氧化剂能够发挥更大的作用，对添加抗氧化剂的油除按《运行中变压器油质量标准》中规定的试验项目和检验周期进行油质监督外，还应定期测定油中 T501 的含量，必要时还应进行油的抗氧化安定性试验，以掌握油质变化和 T501 的消耗情况。当添加剂含量低于规定值时，应进行补加。如设备补入不含 T501 抗氧剂油时，应同时补足添加剂量。每逢设备大修时，对设备应进行全面检查，若发现有大量油泥和沉淀物时，应加以分析是否含未溶解的添加剂，并查出原因采取措施进行消除。变压器同时投入热虹吸器，有利于发挥抗氧化剂的作用，对稳定油质更具有效果，但应注意及时更换失效的吸附剂。

（四）在油中添加静电抑制剂（BAT）

对于大型强油循环的变压器，油在循环流动中产生的静电已成为危害变压器安全运行的一个值得关注的问题。

1. 油流带电的机理

变压器的油流带电是发生在油与纸纤维的绝缘纸板之间的。由于绝缘纸主要由纤维素和木质素构成。纤维素是具有葡萄糖基的单元结构，每一个单元中含有三个羟基（－OH），木质素则除具有羟基外，还含有醛基（－CHO）和羧基（－COOH）。在油流动的不断摩擦下，这些基团中的不饱和电子会发生电子云的偏移。当油以一定速度流动时，双层电的电荷分离，形成堆积电流，随着油的不断循环流动，油中的正电荷越积越多，这些正电荷聚积到一定数量时，它便向绝缘纸板放电。

2. 影响变压器油流带电的主要因数

（1）变压器油精制工艺的影响。有研究认为，对环烷基油分别采用加氢精制和酸碱精制工艺，发现采用加氢精制而不添加抗氧化剂的油电荷密度比添加了抗氧化剂的油高。在不添加抗氧化剂的前提下，采用酸碱精制的油电荷密度比采用加氢精制的油低；在加氢精制的前提下，用白土处理后的油电荷密度比用溶剂抽提处理的油高。

（2）油流速度的影响。在变压器设备内，油流速度是影响油流带电的主要影响因素之一。一般情况下，油流带电的量以油流速度的二次方到四次方的比例增加。有研究数据表明：在油流速度低时，泄漏电流与油流速度成正比，而在油流速度高时，泄漏电流与油流速度的平方成正比。从而说明，高的油流速度会增大油流带电的危险性。

（3）油温的影响。随着油温的升高，油的流动带电倾向增加。因此，为控制油的流动带电，油温应控制在 30～60℃。

（4）油中水分的影响。油中的水分含量对油流带电有明显的影响。随着油中水分含量的增加，油流带电的倾向降低；如水分含量低于 15mg/kg 的油，它的油流带电倾向较高。但对于不同种类的油，由于油中其他物质的干扰影响，它们对油流带电的影响程度也不完全相同，但它们的影响规律是完全一致的。

（5）其他的影响因素。大型电力变压器的油流带电倾向还会受到诸如变压器的结构、固体绝缘材料的表面状态、设备的运行情况、油中的杂质以及油老化等因素的影响。固体绝缘材料表面越粗糙，其油流带电量就越大。如棉布的油流带电量要比层压纸板和绝缘牛皮纸的油流带电量高一个数量级以上。当变压器部件表面有损伤或毛刺时，油流带电量的变化会上升近一个数量级。在油的劣化初期阶段，油流带电量的变化相当大，经过劣化的中期和后期阶段，油流的带电量则明显增大。

综合上述各种因素，说明当今的高电压、大容量的变压器在运行中，油流带电是一种随时存在的问题，必须引起重视。

3. 抑制变压器油油流带电的措施

（1）避免油流速度过高。

（2）添加静电荷抑制剂 – 苯并三氮唑（BAT）。

BAT 的添加量一般为 10mg/kg 左右，但如果油中的油流带电是因为油中存在其他微量杂质的影响而发生的，则 BAT 的抑制作用很小。

三、补加油和混油

运行中电气设备由于多种原因，使设备充油量不足而需要补充加入另外的油时，就涉及混油的技术条件。在正常情况下，混油要求注意下述内容：

（1）补充的油最好使用与原设备内同一牌号的油，以保证运行油的质量和原牌号油的技术特性。我国目前只生产三个牌号的变压器油，即根据凝点划分的 10、20 号和 45 号油。用户选用一般是根据设备种类和地区环境温度条件而决定的。如使用同一牌号油进行补油，就保证了其运行特性基本不变。

（2）要求被混合油双方都添加了同一种抗氧化剂或双方都不含抗氧化剂。这是因为油中添加剂种类不同而混合后，有可能相互间发生化学变化而产生沉淀物等杂质，对于国产油只要牌号相同（国产油只添加 T501 抗氧化剂），则属于相溶性油品，可以任何比例混合使用，不会出现其他问题。

（3）被混合油的双方，质量都应良好，性能指标应符合运行油质量标准的要求。如果补充油是新油，则应符合相应的新油质量指标。只有这样，混合后的油品质量才能得到保证，一般不会低于原来的运行油的质量。

（4）如果运行油有一项或多项指标接近运行油质量控制标准的极限值时，尤其是酸值、水溶性酸（pH 值）、界面张力等能反映油品老化的性能已接近运行油标准的极限值，则如果要补充新油进行混合时，应慎重对待，对这种情况下的油应进行试验室混油试验，以确定混合油的性能是否满足需要。

（5）如果运行油的质量有一项或多项指标已不符合运行油质量控制标准时，则应进行净化或再生处理后，才能考虑混油的问题，决不允许利用补充新油手段来提高运行油的质量水平。

运行中变压器油已经老化时，由于老化油有溶解油泥的作用，油中的氧化产物尚未沉析出来，此时如加入一定量的新油或接近新油标准的用过的油时，因稀释作用，会使溶解于原运行油中的氧化产物沉析出来。如果这样混油，不仅未达到混油的目的，反而会产生油泥于设备中。这在过去几十年中是有过经验教训的。遇到此种情况，在混油前必须进行油泥析出试验，以决定能否相混。

（6）进口油或来源不明的油与运行油混合使用时，应预先进行各参与混合的单个油样及其准备混合后的油样的老化试验，如混合后油样的质量不低于原运行油时，方可进行混油，若参与混合的单个油样全是新油，经老化试验后，其混合油的质量不低于最差的一种新油，才可相互混油。这主要是因为进口油或来源不明的油中含有的添加剂，虽可粗略区分是氨类或酚类，但具体组分难以检测。有的运行变压器油中还掺有部分合成油，对这种油更应做混油老化试验。

第十八章 汽轮机油监督

第一节 汽轮机油的特性

为了使汽轮机—发电机组能可靠地运行，要求汽轮机油应具备能够满足下述条件的性能：

（1）能在一定的运行温度变化范围内和油质合格的条件下，保持油的黏度。

（2）能在轴颈和轴承间形成薄的油膜，以抗拒磨损并使摩擦减小到最低程度。

（3）能将轴颈、轴承和其他热源传来的热量转移到冷油器。

（4）能在空气、水、氢的存在以及高温下抗拒氧化和变质。

（5）能抑制泡沫的产生和挟带空气。

（6）能迅速分离出进入润滑系统的水分。

（7）能保护设备部件不被腐蚀。

一、黏温性能

油品的黏度是表示油品在外力作用下做相对层流运动时，油品分子间产生内摩擦阻力。油品的内摩擦阻力愈大，流动愈困难，黏度也愈大。润滑油的黏度对汽轮机—发电机组运行最为重要，油的黏度对轴颈和轴承面建立油膜、决定轴承效能及稳定特性都是非常重要的。黏度决定了油膜的厚度、油的流动能力和油支承负荷及传送热量的能力。设备应选择多大黏度的润滑油一般是由设备的转速和轴承的负载决定的，转速高、负载小，选择低黏度油；反之，转速低、负载大应选择高黏度油。

汽轮机–发电机组在选择黏度等级牌号时应遵照制造厂的建议。

油的黏度随温度而显著变化，正常运行温度范围内允许的变化是由汽轮机制造厂规定的。润滑系统启动前，油泵允许的最大黏度和最低油温，也是由汽轮机制造厂推荐的。

汽轮机–发电机组所用的润滑油具有相对低的额定黏度值，它可以减小轴承的摩擦力，并降低轴承的动力损失。虽然油在转轴高速运转时，能为轴颈与轴承间提供相当丰厚的油膜，可是在启动、盘车、停机时仍会发生金属对金属的接触。轴颈转速低时，为了保护轴承，必须保持轴承轻负荷，还应有适当的油膜强度，以最大限度地减小摩擦。汽轮机油可以形成高强度的油膜，以适应不同转速时的轴承润滑。汽轮机油的黏温性能是用黏度指数所表征的，黏度指数是表示油品黏度随温度变化这个特性的一个约定量值。黏度指数高，表示油品的黏度随温度变化较小，油的黏温性能好。黏度过低，则油膜厚度不够，支撑不起轴颈的质量，不能使之处于平衡状态，易倾斜，进而引起摩擦，增大设备的能耗；但黏度过大，又会增加油品的阻力，降低轴承的转速，增大轴承的动力损失。为此要求油品应具有适当的黏度。

黏度增数高即黏温特性好。油品在高温时，能保持满足润滑所需的最低黏度；在低温时，黏度也不致过高，增加设备的能耗。因此，黏度指数高的油品，在工作温度的范围内，始终能够保证油品对设备良好的润滑效果。

由此可见，在选用汽轮机油时，不但要考虑其黏度的大小，而且在相同的条件下，还应尽量选用黏度指数高的油品。

二、抗氧化能力

汽轮机油在油系统循环过程中，油流在紊流状态流向轴承、联轴器和排油口时，都会挟带空气。油能与氧反应形成溶解的或不溶解的氧化物。油的轻度氧化一般害处不大，这是由于最初生成物的量少，是以溶解态存在于油中，对油没有明显的影响。可是进步氧化时，则会产生有害的不溶性产物。继续深度氧化将在轴承通道、冷油器、过滤器、主油箱和联轴器内，形成胶质和油泥。这些物质的堆积，会形成绝热层限制轴承部件的热传导。这些可溶性的氧化物，在低温时又会转化为不溶性的物质沉析出来，积累在润滑系统的较冷部位，特别是在冷油器内。氧化也能导致复杂的有机酸形成，当有水分存在时这些氧化产物会加速腐蚀轴承和润滑系统的其他部件。

油的氧化速率取决于油的抗氧化能力。温度、金属、空气、水分、颗粒杂质的存在，都起着促进氧化的作用。质量差的油，抗氧化能力差，在恶劣条件下短期内就会产生沉淀。

油的抗氧化能力随着运行时间的延长而下降，这是由于添加的抗氧化剂在运行中被消耗，因此应及时进行抗氧剂的补加，并进行氧化安定性试验，测定其效果。

在新油验收和运行油的每年例检中，都应监测汽轮机油的旋转氧弹值以确定其抗氧化性能是否合格。

三、抗泡沫性能和空气释放性能

汽轮机油在运行过程中会不可避免地进入一些空气，特别是在激烈搅动的情况下进入的空气更多。此外，设备密封不严、油泵漏气或油箱中的润滑油过分的飞溅都会使空气滞留在油中。空气以溶解态、气泡和雾沫空气等形态存在于油中。油中较大的空气泡能迅速上升到油的表面，形成泡沫。而较小的气泡上升到油表面较慢，这种小气泡称为雾沫空气。

不论空气是以哪种形态存在于油中都会对设备运转带来不良影响，常见的是引起机械的噪声和振动，泡沫的积累还会造成油的溢流和渗漏。发电机轴承下的泡沫可能被吸入电气线圈，落在集流环上，会绝缘损坏、短路和冒火花。如果是在液压系统中，当有通过操纵元件时（如单向阀或转向阀），由于油压下降会使已经存在于油中的空气释放出来，形成气泡进入油箱，从而造成油泵运行不稳，影响自动控制和操作的准确性。此外，油中存在空气时还会造成润滑油膜的破裂以及润滑部件的磨损。

汽轮机油和液压油都应严格控制空气的存在。为此，对油制定了相应的控制指标：抗泡沫性、空气释放值。

雾沫空气从油中逸出的速度是用空气释放值来衡量的。它是在方法规定条件下，试样中雾沫空气的体积减少到 0.2%时所需要的时间，这个时间应是气体分离的时间，也就是通常所称的空气释放值。

油中产生泡沫的稳定性及消除速度用油的泡沫特性指标衡量，按照 GB/T 12597 方法进行测量。

四、抗乳化性

油和水形成乳化液后再分成两相的能力称为抗乳化性。油的破乳化时间越短，抗乳化性越好，反之油乳化时间越长，抗乳化性就越差。油的抗乳化性能会影响润滑油膜的强度。

汽轮机油在使用过程中不可避免地要与水或水蒸气机接触，为了避免油与水形成稳定的乳化液而破坏正常的润滑，要求汽轮机油应具有良好的与水分离的性能。

汽轮机油在生产过程中，由于精致程度不够或者在使用过程中发生氧化变质都会导致油品破乳化时间的延长。因此，对汽轮机油不但规定了新油的破乳化时间，而且对运行中油的破乳化时间也要加以控制。如果汽轮机油运行中的破乳化时间太长，所形成的乳化液不但会破坏润滑油膜，增加润滑部件的磨损，还会腐蚀设备，加速油品氧化变质。故抗乳化性是汽轮机油使用性能的一个重要指标。

五、防锈性

润滑油中有水存在，不但会使运转机件金属表面产生锈蚀，同时还会加速润滑油的氧化变质。如果油中同时还有水溶性酸存在，锈蚀的情况将更为严重，所以防锈性是汽轮机油的一项重要性能。汽轮机油是通过添加防锈剂来提高其防锈性能的。

六、低温流动性（凝点和倾点）

润滑油的凝点和倾点都是用来衡量润滑油低温流动性的指标，它们的高低与润滑油的组成有关，含烷烃（石蜡）较高的油凝点和倾点都高，在润滑油加工过程中经过脱蜡以后，凝点和倾点可以大幅度地降低。

凝点和倾点用来决定润滑油贮运和使用的温度，但是由于两者与使用时实际失去流动性的温度有所不同，因此对一些在低温下使用的润滑油，在规格指标上除了规定凝点和倾点外，有时还规定低温黏度。

由于润滑油的凝点和倾点测定方法和条件不同，因此对同一个油品所测定的两个结果是不同的，而且两者之间不存在一定的对应关系，并且根据油品的性能和组成的不同两者有明显的差别，在一般情况下倾点和凝点的差值为 -5～3℃。

七、使用性能（酸值）

酸值是润滑油使用性能的主要指标之一。润滑油在使用过程中由于氧化变质生成一些有机酸而使酸值增加。如果酸值过大，一方面造成设备的腐蚀，另一方面也会促使润滑油继续氧化生成油泥，都给设备运行带来不利后果。

八、安全性能（闪点）

闪点是项安全指标。要求汽轮机油在长期高温下运行，应安全稳定可靠。一般闪点越低，挥发性越大，安全性越小，故将闪点作为运行控制指标之一。在运行油质量指标中明确规定如下：运行油的闪点大于 180℃，且比前次测定值不低于 10℃。

九、清洁度

运行汽轮机油的清洁度指标是运行油的重要控制指标之一。清洁度的表征是以 100mL 油中所含固体物质颗粒在不同粒径范围内分布的总量，以级为表示单位。级数越低，表明油的清洁度水平越好。运行汽轮机油中的固体颗粒污染物不仅会加速机组转动部位的磨损，而且会堵塞元件的间隙和孔口，使控制元件动作失灵而引起系统故障，同时，颗粒污染物的沉积也会阻碍传热，造成局部过热加剧油品的劣化。因此，运行油中颗粒度的检测对确保油系统设备安全平稳运行至关重要。运行油标准中对 200MW 及以上机组规定为 SAE 4509 8 级（NAS1638 8 级）。

第二节　汽轮机油技术监督

一、油系统的验收

（1）汽轮机的油套管和油管、抗燃油管必须采取除锈和防锈蚀措施，应有合格的防护包装。

（2）油系统设备验收时，除制造厂有书面规定不允许解体的外，一般均应解体检查其清洁度。

（3）油箱在验收时要注意内部结构是否合理，在运行中是否可以起到良好的除污作用。油箱内壁应涂耐油防腐漆，漆膜如有破损或脱落需要补涂。经过水压试验后的油箱内壁要排干水并吹干，必要时进行气相防锈蚀保护。

二、新油的验收

新油的验收是保证运行汽轮机油的质量关键环节。新油验收取样按照 GB/T 4576 或 GB/T 7597 方法进行，并留样备查。检测项目应严格按照合同指定的新油标准（如《涡轮机油》G11120）逐项目进行，对进口油，严格按照合同规定的技术指标进行验收。严禁不符合标准的新油注入设备内，以免造成运行油快速劣化。由于汽轮发电机组的运行条件比较苛刻，若油品质量特别是油的抗氧化性能较差，会严重缩短油的使用寿命，可能使用不久就需要进行处理或更换，不仅造成经济损失而且会影响到机组的安全运行。

在《涡轮机油》（GB 11120—2011）中将汽轮机油分为 L-TSA 和 L-TSE 汽轮机油（含水轮机油）、L-TGA 和 L-TGE 燃气轮机油、L-TGSB 和 L-TGSE 燃气轮机油三个油种。

L-TSA 为含有适当的抗氧化剂和腐蚀抑制剂的精制矿物油型汽轮机油；L-TSE 是为润滑齿轮系统而较 L-TSA 增加了极压型要求的汽轮机油，适用于蒸汽轮机。

L-TGA 为含有适当的抗氧化剂和腐蚀抑制剂的精制矿物油型燃气汽轮机油；L-TGE 是为润滑齿轮系统而较 L-TGA 增加了极压型要求的燃气轮机油，适用于燃气轮机。

L-TGSB 为含有适当的抗氧化剂和腐蚀抑制剂的精制矿物油型燃气轮机油；较 L-TSA 和 L-TGA 增加了高温氧化安定性和高温热稳定性。L-TGSE 是具有极压型要求的耐高温氧化安定性和高温热稳定性的燃/气轮机油。主要适用于共用润滑系统的燃气-蒸汽联合循环涡轮机，也可单独用于蒸汽轮机或燃气轮机。L-TSA 和 L-TSE 汽轮机油技术指标见表 18-1。

表 18-1　　　　　　　　　　　L-TSA 和 L-TSE 汽轮机油技术指标

项　目	质量指标							试验方法
	A 级			B 级				
黏度等级（GB/T 3141）	32	46	68	32	46	68	100	
外状	透明			透明				目测
色度（号）	报告			报告				GB/T 6540
运动黏度（40℃）（mm²/s）	28.8～35.2	41.4～50.6	61.2～74.8	28.8～35.2	41.4～50.6	61.2～74.8	90.0～110.0	GB/T 265
黏度指数不小于	90			85				GB/T 1995①
倾点②（℃）不小于	-6			-6				GB/T 3535
闪点（开口杯）（℃）	186		195	186		195		GB/T 3536
密度（20℃）（kg/m³）	报告			报告				GB/T 1884 和 GB/T 1885③
酸值（以 KOH 计）（mg/g）不大于	0.2			0.2				GB/T 4945④
水分（质量分数）（%）不大于	0.02			0.02				GB/T 11133⑤
泡沫性（泡沫倾向/泡沫稳定性）⑥（mL/mL）不大于 程序Ⅰ（24℃） 程序Ⅱ（93.5℃） 程序Ⅲ（后 24℃）	450/0 50/0 450/0			450/0 100/0 450/0				GB/T 12579
空气释放值（50℃）（min）不大于	5	6	5	6	8	—		SH/T 0308
铜片腐蚀（100℃，3h）/级 不大于	1			1				GB/T 5096
液相锈蚀（24h）	无锈			无锈				GB/T 11143（B 法）
抗乳化性（乳化液达到 3mL 的时间）（min）不大于 54℃ 82℃	15 —	30 —	15 —	30 —	— 30			GB/T 7305
旋转氧弹⑦（min）	报告			报告				SH/T 0193
氧化安定性（以 KOH 计）(mg/g) 1000h 后总酸值：不大于 总酸值达 2.0 的时间（h）：不小于 1000h 后油泥（mg）：不大于	0.3 3500 200	0.3 3000 200	0.3 2500 200	报告 2000 报告	报告 2000 报告	报告 1500 报告	— 1000 —	GB/T 12581 GB/T 12581 SH/T 0565
承载能力⑧ 齿轮机试验/失效级不小于	8	9	10	—				GB/T 19936.1
过滤性 干法（%）　不小于 湿法	85 通过			报告 报告				SH/T 0805

项 目	质量指标							试验方法
	A 级			B 级				
黏度等级（GB/T 3141）	32	46	68	32	46	68	100	
洁净度^⑨（NAS1638）级 不大于	—/18/15			报告				GB/T 14039

注 L－TSA 类分 A 级和 B 级，B 级不适用于 L－TSE 类。

① 测定方法也包括 GB/T 2541，结果有争议时，以 GB/T 1995 为仲裁方法。

② 可与供应商协商较低的温度。

③ 测定方法也包括 SH/T 0604。

④ 测定方法也包括 GB/T 7304 和 SH/T 0163，结果有争议时，以 GB/T 4945 为仲裁方法。

⑤ 测定方法也包括 GB/T 7600 和 SH/T 0207，结果有争议时，以 GB/T 11133 为仲裁方法。

⑥ 对于程序 I 和程序 III，泡沫稳定性在 300s 时记录，对于程序 II，在 60s 记录。

⑦ 该数值对使用中油品监控是有用的，低于 250min 属于不正常。

⑧ 仅适用于 TSE，测定方法也包括 SH/T 0306，结果有争议时，以 GB/T 19936.1 为仲裁方法。

⑨ 按 GB/T 18854 校正自动粒子计数器（推荐采用 DL/T 432 方法计算和测量粒子）。

L－TGA 和 L－TGE 汽轮机油技术指标见表 18－2。

表 18-2 　　　　　　　　　　L－TGA 和 L－TGE 汽轮机油技术指标

项 目	质量指标						试验方法
	L－TGA			L－TGE			
黏度等级（GB/T 3141）	32	46	68	32	46	68	
外状	透明			透明			目测
色度（号）	报告			报告			GB/T 6540
运动黏度（40℃）（mm²/s）	28.8~35.2	41.4~50.6	61.2~74.8	28.8~35.2	41.4~50.6	61.2~74.8	GB/T 265
黏度指数不小于	90			85			GB/T 1995^①
倾点^②（℃不小于）	−6			−6			GB/T 3535
闪点（开口杯）（℃不低于） 开口 闭口	186 170			186 170			GB/T 3536
密度（20℃）（kg/m³）	报告			报告			GB/T 1884 和 GB/T 1885^③
酸值（以 KOH 计）（mg/g） 不大于	0.2			0.2			GB/T 4945^④
水分（质量分数）（%不大于）	0.02			0.02			GB/T 11133^⑤
泡沫性（泡沫倾向/泡沫稳定性）^⑥（mL/ml）不大于 程序 I（24℃） 程序 II（93.5℃） 程序 III（后 24℃）	450/0 50/0 450/0			450/0 500/0 450/0			GB/T 12579
空气释放值（50℃）（min） 不大于	5		6	5		6	SH/T 0308
铜片腐蚀（100℃，3h）（级） 不大于	1			1			GB/T 5096

续表

项 目	质量指标						试验方法
	L-TGA			L-TGE			
黏度等级（GB/T 3141）	32	46	68	32	46	68	
液相锈蚀（24h）	无锈			无锈			GB/T 11143（B 法）
旋转氧弹⑦（min）	报告			报告			SH/T 0193
氧化安定性（以 KOH 计）（mg/g） 1000h 后总酸值：不大于 总酸值达 2.0 的时间（h）：不小于 1000h 后油泥（mg），不大于	0.3 3500 200	0.3 3000 200	0.3 2500 200	0.3 3500 200	0.3 3000 200	0.3 2500 200	GB/T 12581 GB/T 12581 SH/T0565
承载能力⑧ 齿轮机试验/失效级不小于	—			8	9	10	GB/T 19936.1
过滤性 干法（%） 不小于 湿法	85 通过			报告 报告			SH/T 0805
洁净度⑨（NAS1638）级不大于	—/17/14			—/17/14			GB/T 14039

注 L-TSA 类分 A 级和 B 级，B 级不适用于 L-TSE 类。

① 测定方法也包括 GB/T 2541，结果有争议时，以 GB/T 1995 为仲裁方法。

② 可与供应商协商较低的温度。

③ 测定方法也包括 SH/T 0604.

④ 测定方法也包括 GB/T 7304 和 SH/T 0163，结果有争议时，以 GB/T 4945 为仲裁方法。

⑤ 测定方法也包括 GB/T 7600 和 SH/T 0207，结果有争议时，以 GB/T 11133 为仲裁方法。

⑥ 对于程序Ⅰ和程序Ⅲ，泡沫稳定性在 300s 时记录，对于程序Ⅱ，在 60s 记录。

⑦ 该数值对使用中油品监控是有用的，低于 250min 属于不正常。

⑧ 仅适用于 TSE，测定方法也包括 SH/T 0306，结果有争议时，以 GB/T 19936.1 为仲裁方法。

⑨ 按 GB/T 18854 校正自动粒子计数器（推荐采用 DL/T 432 方法计算和测量粒子）

L-TGSA 和 L-TGSE 汽轮机油技术指标见表 18-3。

表 18-3   L-TGSA 和 L-TGSE 汽轮机油技术指标

项 目	质量指标						试验方法
	L-TGSA			L-TGSE			
黏度等级（GB/T 3141）	32	46	68	32	46	68	
外状	透明			透明			目测
色度（号）	报告			报告			GB/T 6540
运动黏度（40℃）/（mm²/s）	28.8～ 35.2	41.4～ 50.6	61.2～ 74.8	28.8～ 35.2	41.4～ 50.6	61.2～ 74.8	GB/T 265
黏度指数不小于	90			85			GB/T 1995①
倾点②（℃不小于）	-6			-6			GB/T 3535
闪点（开口杯）（℃不低于） 开口 闭口	200 190			200 190			GB/T 3536
密度（20℃）（kg/m³）	报告			报告			GB/T 1884 和 GB/T 1885③
酸值（以 KOH 计）（mg/g 不大于）	0.2			0.2			GB/T 4945④
水分（质量分数）（%不大于）	0.02			0.02			GB/T 11133⑤

项 目	质量指标						试验方法
	L–TGSA			L–TGSE			
黏度等级（GB/T 3141）	32	46	68	32	46	68	
泡沫性（泡沫倾向/泡沫稳定性）[⑥]（mL/ml）不大于 程序Ⅰ（24℃） 程序Ⅱ（93.5℃） 程序Ⅲ（后24℃）	450/0 50/0 450/0			50/0 50/0 50/0			GB/T 12579
空气释放值（50℃）（min）不大于	5	5	6	5	5	6	SH/T 0308
铜片腐蚀（100℃，3h）（级）不大于	1			1			GB/T 5096
液相锈蚀（24h）	无锈			无锈			GB/T 11143（B 法）
抗乳化性（54℃乳化液达到 3mL 的时间）（min）不大于	30			30			GB/T 7305
旋转氧弹（min）不小于	750			750			SH/T 0193
改进旋转氧弹[⑦]（%）不小于	85			85			SH/T 0193
氧化安定性： 总酸值达 2.0（以 KOH 计）（mg/g）的时间（h）；不小于	3500	3000	2500	3500	3000	2500	GB/T 12581
高温氧化安定性（175℃，72h） 黏度变化（%） 酸值变化（以 KOH 计）（mg/g） 金属片重量变化（mg/cm²） 钢 铝 镉 铜 镁	报告 报告 ±0.250 ±0.250 ±0.250 ±0.250 ±0.250			报告 报告 ±0.250 ±0.250 ±0.250 ±0.250 ±0.250			ASTM D4636[⑧]
承载能力[⑨] 齿轮机试验/失效级不小于	—			8	9	10	GB/T 19936.1
过滤性 干法（%）不小于 湿法	85 通过			报告 报告			SH/T 0805
洁净度[⑩]（NAS1638）级不大于	—/17/14			—/17/14			GB/T 14039

注 L–TSA 类分 A 级和 B 级，B 级不适用于 L–TSE 类。

① 测定方法也包括 GB/T 2541，结果有争议时，以 GB/T 1995 为仲裁方法。

② 可与供应商协商较低的温度。

③ 测定方法也包括 SH/T 0604。

④ 测定方法也包括 GB/T 7304 和 SH/T 0163，结果有争议时，以 GB/T 4945 为仲裁方法。

⑤ 测定方法也包括 GB/T 7600 和 SH/T 0207，结果有争议时，以 GB/T 11133 为仲裁方法。

⑥ 对于程序Ⅰ和程序Ⅲ，泡沫稳定性在 300s 时记录，对于程序Ⅱ，在 60s 记录。

⑦ 取 300mL 油样，在 121℃下，以 3L/h 的速度通入清洁干燥的氮气，经 48h 后，按照 SH/T 0193 进行试验，用所得结果与未经处理的样品所得结果的比值的百分数表示。

⑧ 测定方法也包括 GB 563，结果有争议时，以 ASTM D 4636 为仲裁方法。

⑨ 测定方法也包括 SH/T 0306，结果有争议时，以 GB/T 19936.1 为仲裁方法。

⑩ 按 GB/T 18854 校正自动粒子计数器（推荐采用 DL/T 432 方法计算和测量粒子）。

三、新油注入设备后的监督

当新油注入设备后，应在油系统内进行油循环冲洗，并外加过滤装置过滤。

在系统冲洗过滤过程中，应取样测试颗粒污染等级，直至测试结果达到标准要求或设备制造厂的要求，方能停止油系统的连续循环。取样检验颗粒污染等级合格方可停止过滤，同时取样进行油质全分析试验，结果应符合《电厂运行中矿物涡轮机油质量》（GB/T 7596—2017）要求，如果新油和冲洗过滤后的样品之间存在较大的差异，应分析调查原因并消除。此次分析结果应作为以后的实验数据的比较基准。新机组投运 24h 后取样分析，测试项目和质量指标见表 18-4。

表 18-4 测试项目和质量指标

测试项目		质量指标
外观		清洁、透明
色度		≤5.5
运动黏度（40℃）（mm²/s）	32 号油	28.8～35.2
	46 号油	41.4～50.6
水分（mg/L）		≤100
破乳化度（40-37-3）mL 54℃（min）		≤30
泡沫特性（mL/mL）	24℃	≤500/10
	93.5℃	≤100/10
	后 24℃	≤500/10
洁净度（NAS1638）（级）		≤7

四、运行汽轮机油的监督

运行中汽轮机油的监督按照电厂用运行中汽轮机油质量标准（GB/T 7596—2017）和电厂用运行矿物汽轮机维护管理导则（GB/T 14541—2017）进行检验。

（1）油系统检修后，取样分析，测试项目和质量指标见表 18-5。

表 18-5 检修后矿物汽轮机油的监督指标

测定项目		质量指标
运动黏度（40℃）（mm²/s）	32 号油	28.8～35.2
	46 号油	41.4～50.6
水分（mg/L）		≤100
酸值（mgKOH/g）		≤0.3
破乳化度（40-37-3）mL 54℃（min）		≤30
泡沫特性（mL/mL）	24℃	≤500/10
	93.5℃	≤100/10
	后 24℃	≤500/10
洁净度（SAE AS4059F）（级）		≤7

（2）补油后，油系统循环 24h 后，取样分析，进行油质全分析，质量符合《电厂运行中矿物涡轮机油质量》（GB/T 7596—2017）要求。运行中矿物涡轮机油质量标准见表 18-6。

表 18-6　　　　　　　　　　　运行中矿物涡轮机油质量标准

项　目		质量指标	试验方法
外状		透明、无杂质或悬浮物	DL/T 429.1
色度		≤5.5	GB/T 6540
运动黏度[①]（40℃）（mm²/s）	32	不超过新油测量值 5%	GB/T 265
	46		
	68		
闪点（开口杯）（℃）		≥180，且比前次测定值不低于 10℃	GB/T 3536
颗粒污染等级[②]　SAE AS4059F，级		≤8	DL/T 432
酸值（以 KOH 计）（mg/g）		≤0.3	GB/T 264
液相锈蚀[③]		无锈	GB/T 11143（A 法）
破乳化度[③]（54℃）（min）		≤30	GB/T 7605
水分[③]（mg/L）		≤100	GB/T 7600
泡沫性（泡沫倾向泡沫稳定性）（mL/mL）不大于	24℃	500/10	GB/T 12579
	93.5℃	100/10	
	后 24℃	500/10	
空气释放（50℃）（min）		≤10	SH/T 0308
旋转氧弹值（150℃）（min）		不低于新油的 25%，且汽轮机、水轮机油≥100，燃气轮机≥200	SH/T 0193
抗氧剂含量（%）	T501 抗氧剂	不低于新油原始测定值的 25%	GB/T 7602
	受阻酚类或芳香胺类抗氧剂		ASTM D6971

① 32、46、68 为 GB/T 3141 中规定的 ISO 黏度等级；
② 对于 100mW 及以上机组检测颗粒度，对于 100mW 以下机组目视检查机械杂质；对于调速系统或润滑系统和调速系统共用油箱使用矿物涡轮机油的设备，油中颗粒污染等级指标参考设备制造厂提出的指标执行 SAE AS4059F 颗粒污染等级标准参见 GB/T 7596 附录 A；
③ 对于单一燃气轮机用矿物涡轮机油，该项指标可不用检测。

第三节　汽轮机油监督检测周期和要求

正常运行过程汽轮机油的监督试验项目及周期应参考《电厂用运行矿物汽轮机油维护管理导则》（GB/T 14541—2017）中规定，见表 18-7。

表 18-7 运行中汽轮机油监督项目及周期

测定项目	投运 1 年内			投运 1 年后		
	蒸汽机	燃气轮机	水轮机	蒸汽机	燃气轮机	水轮机
外状	1 周	2 周		1 周		2 周
色度	1 周	2 周		1 周		2 周
运动黏度（40℃）（mm²/s）	3 个月		6 个月	6 个月（不超过新油的 5%）		1 年
闪点（开口杯）（℃）	必要时			必要时（与新油原始值不低于 15℃）		
酸值（mgKOH/g）	3 个月	1 个月	6 个月	3 个月（≤0.3）	2 个月	1 年
水分（mg/L）	每月			3 个月（≤100mg/L）		
破乳化度（54℃）（min）	6 个月			6 个月（≤30）		
起泡沫试验（mL）	6 个月	1 年		1 年		2 年
液相锈蚀	6 个月			6 个月		
T501 含量	1 年	6 个月	1 年	1 年	6 个月	1 年
洁净度（SAE AS4059）（级）	1 个月			3 个月（≤8 级）		
旋转氧弹值（min）	1 年	6 个月	1 年	1 年	6 个月	1 年
空气释放值（50℃）（min）	必要时			必要时		

注 新油验收检验项目至少：外观、色度、黏度、黏度指数、倾点、密度、闪点、酸值、水分、泡沫、空气释放值、铜片腐蚀、液相锈蚀、破乳化、旋转氧弹、颗粒度；同时应该向供应商索取氧化安定性、承载能力、过滤性检测结果。按照 GB 11120 标准要求；如果怀疑有污染，则测定闪点、破乳化、泡沫、空气释放值。

标准中的检验周期，只能作一般性的规定，不能适合所有单位的机组运行情况。应结合本厂机组的运行状况，制定较详细的检验周期，因为有的机组运行条件较好，漏气漏水比较少，甚至不漏，也没有过热现象，检验周期就应适当延长。反之，有的机组运行条件比较恶劣，大量漏气漏水，主油箱容积比较小，增加了油的循环次数，势必加速油的老化。在这样的情况下，应加强监督，缩短检验周期的时间间隔，标准中也对大量漏气漏水的机组作了规定，要求必须增加检验次数和采取相应措施。

第四节　试验结果分析及采取的相应措施

对油质结果进行分析，如果油质指标超标，应查明原因，采取相应处理措施。运行涡轮机油油质指标超标的可能原因及参考处理方法参照表 18-8，在原因分析时还应考虑到补油（注油）或补加防锈剂等因素及可能发生的混油等情况。

表 18-8 运行中涡轮机油油质异常原因及处理措施

项目	警戒极限	异常原因	处理措施
外状	1）乳化不透明； 2）有颗粒悬浮物； 3）有油泥	1）油中含水或被其他液体污染； 2）油被杂质污染； 3）油质深度劣化	1）脱水处理或换油； 2）过滤处理； 3）投入油再生装置或必要时换油

续表

项目		警戒极限	异常原因	处理措施
颜色		1）迅速变深； 2）颜色异常	1）有其他污染物； 2）油质深度劣化； 3）添加剂氧化变色	1）换油； 2）投入油再生装置
运动黏度（40℃）（mm²/s）		比新油原始值相差±5%以上	1）油被污染； 2）油质严重劣化； 3）加入高或低黏度的油	如果黏度低，测定闪点，必要时进行换油
闪点（开口杯）（℃）		比新油高或低测 15℃以上	油被污染或过热	查明原因，结合其他试验结果比较，考虑处理或换油
颗粒污染等级 SAE AS4059F，级		>8	1）补油时带入颗粒； 2）系统中进入灰尘； 3）系统中锈蚀或部件有磨损； 4）精密过滤器未投运或失效； 5）油质老化产生软质颗粒	查明和消除颗粒来源，检查并启动精密过滤装置、清洁油系统，必要时投入油再生装置
酸值(以 KOH 计)（mg/g）		增加值超过新油0.1以上	1）油温或局部过热； 2）抗氧化剂耗尽； 3）油质劣化； 4）油被污染	1）采取措施控制油温并消除局部过热； 2）补加抗氧化剂； 3）投入油再生装置； 4）结合旋转氧弹结果，必要时考虑换油
液相锈蚀[①]		有锈	防锈剂消耗	添加防锈剂
破乳化度[①]（54℃）（min）		>30	油污染或劣化变质	进行再生处理。必要时进行换油
水分[①]（mg/L）		>100	1）冷油器泄漏； 2）油封不严； 3）油箱未及时排水	检查破乳化度，启用过滤设备，排出水分，并注意观察系统情况消除设备缺陷
泡沫性（mL）不大于	24℃及后24℃	倾向性>500 稳定性>10	1）油质劣化； 2）消泡剂缺失； 3）油质污染	1）投入油再生装置； 2）添加消泡剂； 3）必要时换油
	93.5℃	倾向性>100 稳定性>10		
空气释放值（min）		>10	油污染或劣化变质	必要时考虑换油
旋转氧弹值（150℃）（min）		小于新油原始测定值的25%，或小于100min	1）抗氧剂消耗； 2）油质劣化	1）补加抗氧化剂； 2）再生处理，必要时换油
抗氧剂含量		小于新油原始测定值的25%	1）抗氧剂消耗； 2）错误补油	1）补加抗氧化剂； 2）检测其他项目，必要时换油

① 表中除水分、液相锈蚀和抗乳化性试验项目外，其余项目适用于燃气涡轮机油。

第五节 汽轮机油的维护

运行中汽轮机油难免发生劣化，为了保持油质处于良好的状态，延长油的使用寿命，保证动系统设备的安全运行，在运行中必须加强油系统的污染控制和运行油的防劣化处理。污染控制的主要目的是获得与保持油及油系统的清洁度，其工作主要涉及设备的安装、运行及检修等环节，因此应进行全过程的监督与维护。运行油的防劣化处理是在保持油及油系统清洁度的前提下对运行油进行在线再生以及添加化学添加剂，以达到改善油的性能的目的。

一、油系统在基建安装阶段的污染控制

对制造厂供货的设备。在交货前应加强对设备的监造，以确保油系统设备尤其是套装式油管道内部的清洁。

到货验收时，除制造厂有书面规定不允许解体的部件外，一般都应解体检查其组装的清洁程度，包括有无残留的铸沙、杂质和其他污染物，对不清洁的部件应进行彻底清理。

常用的清洗方法有人工擦洗、压缩空气吹洗、高压水冲洗、大流量油冲洗、化学清洗等，清理方法的选择应根据设备结构、材质、污染物的性质、分布情况等因素而定，一般擦洗只适合于能够达到的表面。对于系统内分布较广的污染物常用冲洗的方法，如果采用化学清洗，事先须征得制造厂的同意，并做好相应的措施。

对油系统设备验收时，要注意检查出厂时的防护措施是否完好。在设备存放与安装阶段，对出厂有保护涂层的部件，如发现涂层起皮或脱落，应及时补涂，保持涂层完好；对于无保护层的易生锈的金属部件，应喷涂防锈剂（油）进行防锈保护并定期检查。

在施工中及时清理钻孔、气割及焊接产生金属屑、氧化皮、焊渣等。在油系统管道未接通前，对管道、设备的敞开部分应注意临时密封，施工中保持现场干净，确保已清理干净的油系统、设备不再受到污染。

二、油系统冲洗

新机组在安装完成投运之前须进行油系统大流量冲洗过滤，使油系统设备和油的清洁度合格。大流量冲洗的设备应使冲洗油有较高的流速，不低于油系统额定流速的 2 倍，使系统回路所有冲洗区段内的油流都应达到紊流状态。冲洗系统应有合适的加热与冷却设施，以便采用适当升温与降温的变温操作方式，提高冲洗效果。在冲洗过程中外加高精度大流量的过滤设备，对冲洗油进行过滤，及时去除冲洗出来的杂质。

（一）冲洗前的准备

在对油系统进行大流量冲洗前，应首先对润滑油系统管路进行适当的改装，设置临时滤网和仪表等，增加临时管路和阀门以减少冲洗时油系统的阻力。油系统中有些装置在出厂前已进行组装、清洁和密封，不参与冲洗，以免冲洗中进入污染物，冲洗前应将其隔离或旁路直到系统其他部分的清洁度合格为止。应确保冲洗管路和设备安装可靠，不得有泄漏。

（二）冲洗方法过程

在循环冲洗过程中，为了缩短冲洗时间和提高冲洗效果，一般采用大流量高速冲洗，变温（30～70℃）、变流速冲洗等方法。在冲洗过程中从管道的上游开始沿管路对焊口、法兰、接头等部位进行敲击，必要时通入压缩空气产生气击等措施，以便于附着在油系统中的氧化皮、焊渣等杂质的脱落。

大流量高速冲洗能够将设备表面及拐角处的机械杂质冲刷下来；冷热交替的冲洗会使设备随油温的变化产生膨胀、收缩，使氧化皮及附着物易于脱落；变流速冲洗增加了对金属表面的冲刷力度，容易冲走剥落的机械杂质。

油冲洗一般分三个阶段进行：

（1）第一阶段。通常采用低温（30～40℃）大流量高速冲洗，主要去除较大的机械杂质。启动冲洗油泵后向供油管路、主油泵轴承箱供油冲洗，期间可通过调节阀控制油系统中各部

位冲洗油的流量和流速。冲洗一定时间后将主油箱中的冲洗油排入临时油箱，对主油箱和冲洗滤网进行清理。

（2）第二阶段。将临时油箱中的冲洗油通过滤油机倒回主油箱，装上油系统各部位的相应滤网，采用 30～40℃ 和 60～70℃ 两个温度范围反复交替冲洗，期间应注意检查各滤网的压差，并及时清理或更换。当取样后，无肉眼可见机械杂质时，停止冲洗。

将冲洗油排入临时油箱，再次清理主油箱，清理或更换油系统中各部位的选网，拆除临时管路、阀门、滤网、仪表等，恢复油系统设备、管路、滤网的正常连接。

（3）第三阶段。油系统投运前的最后一次冲洗。先将合格的新油或运行油通过滤油机注入油箱，先后投入盘车油系、电动油泵，在 50～60℃ 进行恒温、恒流冲洗，同时投入外接滤油机进行过滤，直到油的颗粒污染度达到要求（SAE AS4059F 级以内），注意在油的颗粒污染度指标合格前不得盘动转子，以免损伤轴颈轴瓦。

为了提高过滤效率，除清理或更换油系统及滤油机的滤网外，可以在系统冲洗一段时间后，停止冲洗，在主油箱和临时油箱间通过滤油机倒换几次，并根据情况清理油箱，以加快过滤速度。最终油系统的颗粒污染度达到 SAE AS4059F 级以后可结束冲洗过滤。

对于大修后的机组油系统的冲洗过滤方法与新建机组基本相同。油系统冲洗的具体技术要求和注意事项可参照 GB/T 14541 的附录。

三、运行油的污染控制

（一）运行中的污染控制

在对运行油油质进行定期检测的同时，应将汽轮机轴封和油箱上的油气抽出器（抽油烟机）以及所有与大气相通的门、孔、盖作为污染源来检查。当发现运行受到水分、杂质污染时，应检查这些装置的运行状况或可能存在的缺陷，如有问题应及时处理。当在油系统及附近进行可能对油品产生污染的作业时，要做好防护措施，不让油系统部件工作面暴露在易受污染的环境中。为了保持运行油的清洁度，应对油净化过滤装置进行监督，确保油净化过滤装置处于良好的工作状态，能及时去除油中可能出现的杂质。

（二）检修过程中的污染控制

当油系统进行检修需要将油转移到临时油箱时，应事先将临时油箱彻底清理，通过滤油机将油系统中的油打入临时油箱，尽量避免油转移过程中造成的污染。

油系统排油，尽量将油系统的残油排放干净，对油箱、油泵、冷油器、滤油器等内部的污染物进行检查及取样分析，查明污染物的成分和可能来源，并采取相应的处理措施，如清理污染物、油净化处理、更换或检修有问题的部件等。在检修时应注意工艺质量及防护措施，防止外界灰尘污染物、金属杂质等浸入油系统等。对油系统能够清理到的地方必须采用适当的方法清理，清理时的擦拭物应干净、不起毛，清洗时所用的有机溶剂如酒精、丙酮等应洁净，并注意对清洗后的残留液的清除，清理后的部件应用洁净油冲洗，必要时用防锈剂（油）保护。清理时不宜用化学方法、热水或蒸汽清洗，因为残留的清洗药剂、水分会使运行油发生变质，导致金属部件锈蚀甚至损坏。

（三）检修后系统的冲洗

检修工作完成后油系统是否需要进行全面冲洗，应根据对油系统状态和油质分析的结果综合考虑而定。

四、油净化处理

运行油的净化处理设施作为油系统的油质改善和控制手段,形式多样。常用的有颗粒过滤、重力沉降、离心分离、水分聚结/分离、真空脱水和吸附再生净化等各种装置。其净化的工作原理和特点各不相同,应根据他们各自的特点和适用范围并结合油质具体情况进行选用。

不同形式的油净化装置都有各自的局限性。如离心分离法与离心力有关,即可分离水分、又可分离杂质,其去除杂质的效率取决于颗粒大小、颗粒杂质与油的密度差、油的黏度等因素;机械式过滤器不能有效脱除水分;聚结/分离式设备主要是除水,但其效率受油的精度、油中固体污染物、油的老化产物、表面活性剂存在的影响;不管是离心分离法还是聚结/分离法脱水,都不能去除油中的溶解水;真空脱水对油的脱水效率不高,但经多次循环,可脱除油中的溶解水;吸附再生法可以去除油中的老化产物,从根本上改善油的性能,但同时会吸附油中的添加剂,再生完毕需要补加添加剂。因此大容量机组常选具有再生过滤脱水综合功能的设备,滤油设备的选用及安装应在保证安全的前提下以能最高效率为机组提供合格的油为原则。

五、添加化学添加剂

油中添加化学添加剂是防止油质劣化,保障油系统设备运行的一项有效措施,其功能主要是提高油的抗氧化性能,抑制油的老化变质;改善油的防锈性能、抗泡沫性能、抗乳化性能等。化学添加剂的种类繁多,对于矿物汽轮机油,使用最多的是抗氧剂和防锈剂。

添加剂与运行中的汽轮机油应具有良好的相容性,具体要求是:感受性良好,功能改善作用明显;能溶解于油中,而不溶于水,不宜从油中析出;对油的其他性能无不良影响。化学稳定性好,在运行条件下不受温度、水分及金属等作用发生分解。对油系统金属及其他材料物无侵蚀性等。按照上述要求,通过严格的规定试验选用添加剂。

添加剂的使用效果还与运行油的劣化程度、添加剂的有效剂量、油系统的清洁状况、运行油的补油率以及其他运行条件有关。为了提高添加剂的使用效果,除正确选用添加剂外,还应加强运行油的监督与维护,包括添加效果的评定、添加剂含量的测定、油系统污染的控制、补加添加剂等工作。

(一)添加抗氧化剂

T501是一种常用的抗氧化添加剂,学名2.6-二叔丁基对甲酚,它适合在新油(包括再生油)或轻度老化的运行油中添加使用。对于新油、再生油的添加剂量一般为0.3%~0.5%;对于运行油,其含量低于0.15%时,应进行补加。

含有其他抗氧化剂或与T501复合抗氧化剂的新涡轮机油,如果抗氧化剂含量低于新油的30%,则应进行补加,补加的抗氧化剂的类型与数量应咨询油品供应商或生产商。

运行油添加或补加抗氧化剂前,应先在试验室进行添加试验,评定添加效果。添加前对油进行再生净化处理,去除水分、油的老化产物和油泥等杂质后添加,其效果会更好。添加时先将抗氧化剂用热油配成5%~10%浓度的母液,通过滤油机打入运行油中。添加后对油进行循环过滤或随机组运行,使药剂与油混合均匀,并对油质进行检测,以便及时发现异常情况。

（二）添加防锈剂

运行汽轮机油中进入水分，会引起油质乳化和油系统内金属表面锈蚀，为了防止油系统锈蚀，运行汽轮机油中一般有防锈剂。目前电厂广泛使用的是 T746 防锈剂，学名十二烯基丁二酸，T746 防锈剂分子中含有非极性基团的烃基和极性基团羧基，具有极性集团的羧基易被金属表面吸附，而烃基则具有亲油性质易溶于油中，因此当 T746 防锈剂在油中遇到光洁的金属表面，就能有规则的吸附在金属表面，形成致密的分子膜，这样就阻止了水、氧气和其他侵蚀性介质的分子或离子渗入金属表面，而起到防锈作用。

1. 添加前的准备

T746 在汽轮机油中的添加量为油量的 0.02%～0.03%，可通过液相锈蚀试验确定油中是否含有防锈剂以及是否需要补加。当液相锈蚀试验试棒有锈时，说明油中无防锈剂或剂量不足，就需要补加。

为了使 T746 防锈剂更好地在金属表面形成牢固的保护膜，达到预期的添加效果，添加前应将油系统的各个管路、部件及主油箱等全部进行清扫或清洗，使油系统内露出洁净的金属表面，同时用滤油机将油中的水分和杂质过滤合格。

2. 添加过程

按运行油量计算出 T746 防锈剂的需要量，然后将 T746 防锈剂先用运行油配制成 5%～10%的浓溶液，配制时可将油温加热到 60～70℃进行搅拌，以便加快防锈剂的溶解，最后将配制好的浓溶液通过滤油机注入油箱内。继续循环过滤，使药剂与油混合均匀。

3. 补加

由于 T746 防锈剂在运行中会逐渐消耗，因此需要定期补加，补加时间一般由运行油的液相锈蚀试验确定，只要金属试棒上出现锈斑就应及时补加，补加量控制在 0.02%左右，补加方法与添加时相同。

（三）添加破乳化剂

对于漏汽、漏水的机组，必然发生油质乳化。添加破乳剂是改善油的破乳化度的方法之一。

1. 破乳化机理

汽轮机油在炼制过程中残留的天然乳化物和油质劣化时产生的低分子环烷酸皂、胶质作为乳化剂，当油中含水超过其饱和溶解量时，由于油在运行时轴承润滑以及循环流动产生的激烈搅拌作用，就会形成油水乳化液。

乳化剂和水的存在是油质乳化的物质因素。乳化剂通常都是表面活性物质，分子中含有极性基团（亲水基团）和非极性基团（亲油基团）。当油中含有过量的水时，乳化剂能在油水之间形成坚固的保护膜，使油水交融，难以分离。汽轮机油的乳化往往形成油包水的乳化液，这是由于水与界面膜之间的张力大于油与界面膜之间的张力，水相收缩成水滴均匀地分散在油相中，形成油包水状的乳化液。

如果能在油包水状乳化液中加入与乳化剂性能相反的另类表面活性物质"破乳化剂"使水与界面膜之间的张力变小或使油与界面膜之间的张力变大，最终使水与界面之间的张力等于油与界面之间的张力，这时界面膜破坏，水滴析聚，乳化现象消失，这就是乳化和破乳化的简单机理。

2. 汽轮机油对破乳化剂的要求：

（1）在常温下直接溶于油中，不需要有机溶剂。

（2）具有较好的化学稳定性，在空气中或高温下氧化安定性要好。

（3）几乎不溶于水。

3. **常用的破乳化剂种类**

（1）氧化烯烃类聚合物。分子量 50 万左右的氧化烯烃聚合物添加量在万分之一左右时，能使油的破乳化度下降到 2～4min，但其维持时间较短。

（2）十八醇或丙二醇做引发剂的氧化烯烃聚合物（SP 或 BP 型破乳化剂）：一般加入万分之一的剂量后，能使油的破乳化度下降到 5min 左右。但这类破乳化剂水溶性强，油溶性较差，因此随水排出损耗较大。

（3）聚氧化烯烃甘油硬脂酸酯（GPES 型破乳化剂）。该破乳化剂分子量在 2000～3000，其在油中的溶解度可以达到 0.5%添加效果，添加剂量一般在 19～20mg/kg。

4. **添加方法**

添加前对油系统进行过滤，除去油中的水分和杂质，根据试验确定添加剂的量，用运行油配成适当浓度的母液，通过滤油机加入油中，并使油循环与运行油混合均匀。

破乳化剂在运行过程中会逐渐消耗，需要定期补加。补加时间应根据破乳化度试验结果确定。当油的破乳化度大于 30min 时进行补加，补加量约为初次添加量的三分之二，补加方法与添加方法相同。

如前所述，乳化剂、水分和油循环的搅拌作用是油质乳化的三个前提，最关键的还是避免油中进水，去除油中存在的乳化剂，消除引起油质乳化的物质因素。

（四）添加消泡剂

1. **消泡剂的作用机理**

在汽轮机油中通常添加的消泡剂是二甲基硅油，这种消泡剂并不能预防汽轮机油产生泡沫，它的主要作用是吸附在油中的泡沫表面上，使泡沫局部表面张力降低，或浸入泡沫的膜使泡沫破裂，从而起到消泡的作用。

2. **汽轮机油对消泡剂的要求**

（1）表面张力要小。

（2）具有较好的化学稳定性，在高温下氧化安定性要好。

（3）凝点低，黏温性能好。

（4）蒸汽压低，挥发性小。

（5）几乎不溶于水和油。

3. **消泡剂的种类和应用**

汽轮机油的消泡剂主要有聚硅氧烷如二甲基硅油和非硅型消泡剂，如聚丙烯酸酯（T911、T912）两类。

（1）二甲基硅油的添加应用。二甲基硅油是在润滑油中应用最多的一种消泡剂，常用的黏度为 1000～10 000mm²/s，使用量一般为 5～50mg/kg，汽轮机油中二甲基硅油消泡剂的使用量在 10mg/kg 左右。

二甲基硅油在油中的分散状态对于油的抗泡沫效果影响很大，只有将二甲基硅油分散成 10μm 以下的粒子存在于油中才能得到良好的消泡效果，如果二甲基硅油分散粒子较大，由于其密度比油稍大，则沉降于油中，起不到消泡作用。

为了使二甲基硅油在油中分散良好，先用汽轮机油物硅油配成 5%～10% 的母液（用煤油配制消泡剂时收，消泡剂的分散性较好，但前提是煤油的使用量不得过大，以免影响润滑油的黏度和闪点）。用高速搅拌机或胶体磨强烈搅拌，得到 1～3μm 的硅油粒子，再添加到油中，混合均匀，可以取得较好的消泡效果。

（2）非硅消泡剂的应用。由于二甲基硅油消泡剂的油溶性不好，在油中难于分散均匀，影响了消泡效果，加大剂量（有的已增加到 20ppm）不仅增加成本，而且影响油品空气释放值，因此人们开发了非硅系消泡剂。T911 和 T912 都是聚丙烯酸酯共聚物，其不同点是 T911 的分子量比 T912 小，T911 在重质润滑油中效果较好，而在轻质油中效果不显著，T912 在轻质和重质润滑油有较好的效果。非硅消泡剂最大优点是易溶于油，抗泡效果比较稳定，不影响油品空气释放值，但加剂量较大，故有的配方采用二者复合调配进行改良。缺点是添加量比硅油稍大（10～500μg/g）。

（五）各类添加剂的复合添加

为了改善汽轮机油的多种使用性能，同时需要添加两种或两种以上的添加剂，这称为复合添加。

多种添加剂复合添加前，除通常按规定进行的复合添加剂感受性试验外，还应与单一添加剂的油品进行理化性能和使用性能比较，以便确定添加剂量，全面判断添加效果以及对油品性能的影响。通常要求复合添加后对油的理化性能如抗氧化性、防锈性、抗乳化和抗泡沫性能等无不良影响，且绝对不允许有沉淀物产生，复合添加后的效果不应低于单一添加剂相同剂量的添加效果。

目前应用较多的是抗氧剂和防锈剂的复合添加剂。

运行汽轮机油中含有抗氧化剂和防锈剂，若运行中机组漏水，造成油质乳化，还需添加破乳化剂等添加剂。复合添加和补加时，可以每种添加剂单独配成母液，分别加入，也可以混合配制母液一起加入。添加前应清扫油系统，对油进行过滤净化合格后加入并运转油系统或旁路过滤，使添加剂与油混合均匀。添加前后应取样检测油质，进行对比，确认添加效果。

六、混油（油的相容性）

（1）汽轮机、水轮机、燃气轮机等发电设备需要补油时，应补加与原设备中油的规格牌号相同而且同一添加剂类型的新油或符合运行油质量标准的合格油品。由于新油与已老化的运行油对油泥的溶解度不同，当向运行油特别是已严重老化的油中补加新油或接近新油质量标准的油时，就可能导致油泥在油中析出，以致破坏汽轮机油的润滑、散热或调速特性，威胁机组的安全运行。因此补油前必须按 DL/T 429.7 先进行混合油样的油泥析出试验（DL/T 429.7 油泥析出测定法），无油泥析出时方可允许混油。

（2）参与混合的油，混合前其各项质量指标必须经检验合格。

（3）不同牌号的汽轮机油原则上不宜混合使用，因为不同牌号的油钻度范围是不相同的，黏度是汽轮机油的一项重要指标。不同类型、不同转速的机组，使用不同牌号的油，在设计选用上是有严格规定的，一般不允许将不同牌号的油混合使用。在特殊情况下必须混用时，应先按实际混合比例进行混合油样黏度的测定，并征得汽轮机专业人员或设备制造厂方的认可后，进行油泥析出试验，以最终确定是否可以混合使用。

（4）对于进口油或来源不明的汽轮机油，若与不同牌号的油混合时，应将混合前的单个油样和混合油样分别进行黏度检测，如黏度在各自的合格范围内，并且混合油样的黏度值又征得了汽轮机专业人员或制造方认可后，再进行混油老化试验，老化后混合油的质量应不低于未混合油中质量最差的一种油，方可决定使用。

（5）试验时，油样的混合比例应与实际的比例相同；如果无法确定实际混合比例时，则按 1:1 比例进行混油试验。

（6）矿物汽轮机油与用作润滑、调速的合成液体（如磷酸酯抗燃油）有着本质上的区别，切勿将两者混合使用。

第十九章 抗 燃 油 监 督

第一节 磷酸酯抗燃油的性能

为了提高发电厂的防火能力，降低消防成本，大型汽轮机调节系统已广泛采用磷酸酯抗燃油作为液压工作介质。

通常人们所熟悉并大量使用的润滑油和液压油是从石油中提炼的，称之为矿物油。而抗燃油是用化工原料通过化学合成的方法制备的，称之为合成润滑剂或合成液压液，因为具有一定的抗燃特性，我们日常应用中习惯称之为抗燃油。具有抗燃性的合成润滑剂和液压液种类繁多，如油－水乳化液、卤代烃液压液、多元醇酯、水乙二醇液压液等。电力系统用的抗燃油主要成分为三芳基磷酸酯，应准确的称为三芳基磷酸酯抗燃液，简化称为磷酸酯抗燃油。

磷酸酯抗燃油并非不燃或难燃。此处所谓的抗燃是指在特定的条件下难以燃烧的程度以及如果燃烧的话，火焰不致传播的趋势。

磷酸酯抗燃油的基本特性与矿物油的差别很大，其抗燃性、抗磨性、热氧化安定性等远优于矿物油，但黏温特性较差，适用于某些高温、高压以及防火要求较高的特殊场合，以替代矿物油。

一、黏温性能

黏度是润滑油的最重要的指标，它决定着润滑油膜的厚度以及相对运动机械部件间的机械效率、发热等。所以应当将运行油的黏度控制在一定的范围内，以满足设备的润滑要求。

磷酸酯抗燃油的黏度随温度的变化很大，黏温性较差，在 20℃以下其黏度随温度变化很大。运行磷酸酯抗燃油的理想工作温度在 30～60℃之间，在此区间磷酸酯抗燃油具有最好的润滑特性，无论作为液压液或润滑液，可充分满足系统设备的使用要求。

二、抗燃性

磷酸酯抗燃油的抗燃性用其自燃点指标来表征。磷酸酯抗燃油在较高的温度下不发生自燃（如热板试验的着火点达到 700～800℃），当温度更高，燃烧条件又很充分时，磷酸酯抗燃油即使燃烧，也不传播火焰，当切断热源后，火焰会自动熄灭，燃烧停止。

磷酸酯的抗燃机理在 20 世纪七十年代就已提出，该理论认为，磷酸酯受热后首先分解生成酸所生成的酸进一步加热聚合生成聚合酸。该聚合酸是种强脱水剂，特别是对于含羟基的物质，会促使其脱水生成碳化物，产生大量的水分，从而阻止了燃烧。除此之外，还会生成不挥发的磷氧化合物作为炭渣的熔剂而遮蔽火焰。因此在切断热源之后，火焰会自动熄灭。

另外，也有研究表明，磷酸酯在燃烧时最终形成 PO 类型的裂片。这些 PO 裂片在火焰的热域里通过与氢原子催化再结合，从而阻滞了火焰，其主要反应为：

$$PO+H（在 H_2O 和 N_2 存在下）\longrightarrow HPO+POH$$

$$HPO \text{ 或 } POH + H \longrightarrow H_2 + PO$$

磷酸酯的抗燃性不能用测石油产品的闪点、燃点的方法判断，而用它的自燃点来衡量。所谓自燃点就是在规定的加热条件下，油品不接触明火自发着火的温度。由于磷酸酯的热稳定性好，不易分解，挥发性低，所以其自燃点较高。

电力行业用的磷酸酯抗燃油一般为三芳基磷酸酯的混合物，自燃点一般在 530℃ 以上，而矿物汽轮机油的自燃点只有 350℃ 左右。现代大型火电厂的蒸汽温度都在 540℃ 以上，而汽轮机调节系统大都靠近过热蒸汽管道，如果采用汽轮机油作为调节系统的工作介质，一旦发生泄露，必然着火，引起火灾。而使用磷酸酯抗燃油作为调节系统的工作介质，则可以大幅度地降低因油泄露面引起火灾的危险性。

三、电阻率

对汽轮机调节系统伺服阀的损坏研究表明，引起伺服阀内漏量增加主要是由于伺服阀的腐蚀磨损引起的，而伺服阀的电化学腐蚀与磷酸酯抗燃油的电阻率变化密切相关。

磷酸酯抗燃油用作电液调节系统工作介质时应具有较高的电阻率。提高磷酸酯抗燃油的电阻率可以防止因电化学腐蚀而引起的伺服阀等调节系统部件的损坏。

磷酸酯抗燃油电阻率的大小与本身的化学组成和油中所含的可导电物质或极性化合物等因素有关。引起磷酸酯抗燃油电阻率降低的因素主要包括以下几方面：

（1）极性污染物：如氯离子，水或油的酸性降解物（如酸式磷酸一酯、二酯或磷酸盐）。

（2）脏物或颗粒杂质：例如磨损的金属碎屑、空气中灰尘污染等。

（3）添加剂：许多合成润滑油中的添加剂是极性物质，例如防锈剂、金属钝化剂等，这些物质即使用量很少，也可以对电阻率产生不利的影响。例如加入 0.1% 的酸性抑制剂，就可以使三芳基磷酸酯的电阻率从 $1.9 \times 10^{10} \Omega \cdot cm$ 下降到 $0.55 \times 10^{10} \Omega \cdot cm$。

（4）油的温度：虽然系统中油的温度一般控制在 40～60℃，但是伺服阀中的油温可能高得多。其电阻率随温度变化很快，对三芳基磷酸酯的试验表明，当温度从 20℃ 上升到 90℃，电阻率则由 $1.2 \times 10^{11} \Omega \cdot cm$ 下降到 $6 \times 10^8 \Omega \cdot cm$。而压力和黏度对电阻率的降低不会起很大作用。

（5）补加了电阻率不合格的磷酸酯抗燃油所引起油的电阻率下降。

（6）新油的电阻率水平：新油注入系统前应严格控制油的电阻率。

（7）新油注入系统前的系统清洁状况，注油前的油系统应认真进行冲洗过滤，除去因制造或安装过程中向油系统中引入的污染物。

（8）抗燃油在运行过程中，随着使用时间的延长，油的老化、水解以及可导电物质的污染等都会导致电阻率降低。

抗燃油在运行过程中，应投入旁路再生装置，及时将油老化产生的极性物质或外来污染物除去，使油的电阻率控制在较高水平。

如果油的电阻率低于运行油标准，通过旁路再生装置还不能恢复到合格范围，应采取换油措施，以免引起伺服阀等系统的精密金属部件被腐蚀而危及发电机组的安全运行。

四、水解安定性

磷酸酯抗燃油具有较强的极性，在空气中容易吸潮。在合适的条件下，如剧烈搅拌和酸性物质的存在下，与水分子作用会发生水解。条件不同，水解的程度不同，可生成酸性磷酸二酯、酸性磷酯一酯和酚类物质等，水解产生的酸性物质对油的进一步水解产生催化作用，完全水解后生成磷酸和酚类物质。

对磷酸酯水解过程机理的研究还表明，路易斯酸（如三氯化铁、或二氧化锡、氯化锌等）作为催化剂，比无机酸（如盐酸、磷酸）更能加速磷酸酯的水解，另外高的温度和水分含量都会加速磷酸酯的水解。

磷酸酯水解后产生的酸性磷酸酯氧化后不但会产生油泥、胶质等沉淀，而且还会促使磷酸酯进一步水解，导致酸值升高，从而引起油系统金属零部件的腐蚀，严重水解会使油发生变质，直接危及电液调节系统的安全运行。因此良好的水解安全性对于保持运行中抗燃油的油质稳定和机组安全运行是非常重要。

磷酸酯抗燃油水解安定性的好坏取决其分子结构和分子量，三芳基磷酸酯的水解安定性稍好于烷基芳基磷酸酯；在烷基磷酸酯中，正构烷基的水解安定性比异构烷基差；特别是烷基β碳原子上的氢被有机基团取代后，受空间位阻效应的作用，其抗水解性提高；而对于芳基烷基磷酸酯，当烷基链的长度增加时，水解安全性略有改善。三芳基磷酸酯的水解安定性不但取决于分子量，而且和分子结构有很大关系，如甲基位于邻位时，其水解安定性比位于间位和对位的低得多。三芳基磷酸酯的水解安定性大大优于硅酸酯和硼酸酯，而略低于有机酸酯，混合酯比同一取代基酯的水解安定性要高。

用于润滑系统的磷酸酯抗燃油，更要特别注意水解安定性性能，它对于抵抗水解，延长油的使用寿命非常重要。

五、颗粒污染度

磷酸酯抗燃油的颗粒污染度是指油中存在的固体颗粒杂质的数量及其尺寸分布。虽然颗粒污染度与磷酸酯的结构和组成并无直接关系，但是磷酸酯抗燃油在应用于调节系统时，对其颗粒污染度要求极其严格，所以此处作为一种特性予以介绍。

由于汽轮机调节系统的工作压力很高，其伺服阀等精密工作部件的阀套、阀芯间的间隙很小，固体颗粒污染会直接导致伺服阀磨损、卡涩。所以运行磷酸酯抗燃油的颗粒污染度是现场运行中需要关注的首要问题，油中颗粒污染般来源于油系统部件的磨损、精密过滤器的破损失效，或外界污染源的污染等。

一般情况下运行磷酸酯抗燃油的颗粒污染度级别应控制在 NAS1638 标准 6 级以内比较安全，有些电厂为了保证生产安全，在企业标准中将颗粒污染度级别控制在 NAS1638 – 5 级以内。由于颗粒污染分级标准 NAS 1638 已被 SAE AS 4059D 取代，2017 年修订的《电厂用磷酸酯抗燃油运行与维护导则》修改为 SAE AS 4059D 6 级。

六、空气释放特性和泡沫特性

运行中的汽轮机组的油系统，由于各种原因，难免会进入一些空气，这些空气在油中表现为气流和雾沫空气两种形式。油中较大的空气泡能迅速上升到油表面并形成泡沫；而较小气泡上升至油表面比较缓慢，称为雾沫空气。

空气释放特性指弥散在油中的雾沫空气从油中析出的能力，以空气释放值指标表示。泡沫特性是油和空气混合产生的泡沫发生在油品表面的现象，即生成泡沫的倾向及其泡沫的稳定性，以泡沫体积表示。

如果空气进入油中后不能及时得到分离，会对机组的安全运行构成较大的危害。如：

（1）改变了油的可压缩性。由于油系统运行压力较高，油中空气的含量随压力升高而增加。当油通过动作元件（如伺服阀或转向阀）时，由于节流所造成的局部区域内的油压下降或油压不稳，均会使电液控制信号失准，影响操作和控制的准确性。

（2）在高压下，油中空气泡发生破裂，造成油系统压力波动，引起噪声和气蚀振动而损坏设备。

（3）在高压下，气泡破裂时产生瞬间高能及气泡中的氧造成油的氧化劣化。

（4）空气会破坏润滑油膜，可能产生机械的干摩损。

（5）泡沫会使油箱中出现假油位，造成供油不足，有时甚至会造成跑油事故。

磷酸酯抗燃油的空气释放性和泡沫特性变差一般是由于油的老化、水解变质或油被污染造成的。在运行中应避免磷酸酯抗燃油中引入含有 Ca^{2+}、Mg^{2+} 的化合物，因为 Ca^{2+}、Mg^{2+} 与油劣化产生的酸性产物作用生成的皂化物会严重影响油的空气释放特性和抗泡沫特性。

磷酸酯抗燃油组成馏分变窄时，泡沫特性和空气释放值会得到改善；油系统的回油管路压力对泡沫的产生和空气气释放有明显影响（特别是脱气速度）。压力降为 $0.1\sim2.0$MPa 时，泡沫破裂速度比压力降为 2.0MPa 以上时快得多。如果采用空气分离器可以提高油的脱气的速度，泡沫问题可通过向油中添加消泡剂解决。在有些情况下，通过再生处理也可改善油的泡沫特性，但需要通过试验确定其可行性。

油中添加消泡剂（如聚甲基硅油）可以加速泡沫破裂，消除泡沫，改善油的泡沫特性。但是由于含硅消泡剂呈细分散状态分布于油中，附着在空气泡的表面，阻碍了空气泡的接近、合并和变大，降低了空气泡的上升速度，从而会影响油的空气释放性。近年来研制的非硅型消泡剂，对消除油面泡沫和油中气泡均有良好的效果。不仅消除油面泡沫效果良好，而且对空气释放性也无影响。由于消泡剂不是溶解于油中，随着油运行时间的延长，消泡剂在油中的分散状态可能会发生变化，从而会影响消泡效果的持续性，因此研究长效消泡剂是磷酸酯抗燃油消泡研究的主要方向之一。

七、润滑性

磷酸酯具有优良的润滑性，它常用作矿物润滑油的极压抗磨添加剂，所以磷酸酯用作抗燃液压油时，不须添加任何其他极压抗磨剂即可满足系统的润滑要求。磷酸酯的抗磨性能在于它在金属表面形成良好的油膜，当金属间产生摩擦时会对金属表面起到化学抛光作用；而且因摩擦引起局部过热时，磷酸酯还会和金属表面发生作用，形成磷酸盐膜，进一步分解为磷酸亚铁极压润滑膜，从而避免擦伤和烧（黏）结。

八、热稳定性和氧化安定性

磷酸酯的热稳定性和氧化安定性与其结构有关，三芳基磷酸酯最好，烷基芳基磷酸酯次之，三烷基磷酸酯最差。

虽然磷酸酯具有较好的热稳定性和氧化安定性，但是，在运行过程中，不可避免地会与空气接触而发生氧化，而高温、水分、金属及油中杂质的存在，又会加速油的氧化。因此，在运行中应严格控制运行条件，保持油质洁净，这对于延长运行油的使用寿命非常重要。

九、挥发性

三芳基磷酸酯的挥发性很低，有侧链时其挥发性更低。在 90℃、6.5h 的动态蒸发试验中，三甲基磷酸酯失重为 0.22%，而 32 号矿物汽轮机油失重为 0.36%。说明磷酸酯抗燃油挥发性能比矿物汽轮机油好。

十、与非金属材料的相容性

磷酸酯对某些有机材料有较强的溶解或溶胀能力，在使用磷酸酯时要慎重选择与其配套使用的非金属材料。一般适合于矿物油系统的橡胶、涂料，如氯丁橡胶、丁腈橡胶、普通油漆和聚氯乙烯塑料等不适合于磷酸酯系统。而丁基橡胶、氟橡胶、聚四氟乙烯、环氧和酚醛涂料等可以与磷酸酯相适应。

从与矿物油的互换性考虑，磷酸酯抗燃油系统一般使用氟橡胶和聚四氟乙烯作为密封材料。

磷酸酯能软化、溶胀并最终溶解某些绝缘材料，如电缆常用的绝缘材料聚氯乙烯（PVC，磷酸酯常用作其增塑剂），会使其绝缘性能变差。因此，可能与磷酸酯接触的电缆绝缘材料不推荐使用 PVC。适用于矿物油的 PVC 软管不能用于输送磷酸酯抗燃油。因为溶胀或溶解的 PVC 进入油中会使油的氧含量升高，泡沫特性、空气释放值和电阻率变差。

磷酸酯与大多数油漆是不相容的。可推荐使用的油漆为环氧树脂漆、聚氨酯漆、酚醛树脂漆等高交联聚合物。

另外，磷酸酯对天然纤维（如棉、毛、麻）及其织品有良好的相容性；对合成纤维中的尼龙、丙烯腈及其织品也有良好的相容性。

由于磷酸酯具有较强溶剂效应，能溶解系统中的污垢，使之悬浮于油液中，因此在酸酯抗燃油系统中的一些关键部件都要安装过滤器。

十一、腐蚀性

三芳基磷酸酯对金属材料不具有腐蚀性，尤其中性酯不腐蚀黑色金属和有色金属。磷酸酯在金属表面上形成的膜还能够保护金属表面不受水的锈蚀。但是，磷酸酯的热氧化分解产物和水解产物对某些金属有腐蚀作用，如铜和铜合金。另外，有资料介绍不主张使用锌和锡，因为锌离子和锡离子会对磷酸酯的水解降解有催化作用。

十二、辐射安定性

三芳基磷酸酯的辐射安定性比矿物油差，在许多不同类型的射线照射下，磷酸酯均会分解。因此，它不宜用在直接受辐射的设备上。

第二节 磷酸酯抗燃油的使用安全

一、磷酸酯抗燃油的毒性

磷酸酯的结构不同，其毒性差异很大，如 2 - 乙基已基米基磷酸酯可用作食品包装袋或泡泡糖的增塑剂，完全无毒，而三甲苯磷酸酯的邻位异构体毒性很大。

历史上曾发生过多次误用邻位三甲苯磷酸酯中毒事故的报道。因此，在使用时，对磷酸酯抗燃油组成中的邻位异构体的含量有严格限制。一般要求邻位磷酸酯在总含量中要小于1%。三（二甲苯）磷酸酯是毒性较低的一种磷酸酯，二（叔丁基）苯基磷酸酯的毒性比三（二甲苯）磷酸酯更低。

为了预防磷酸酯的毒性，除严格控制他们的结构组成外，还可采取如下措施：

（1）减少与毒性高、危害大的邻位三甲苯磷酸酯的接触，防止经皮肤中毒。三甲苯基磷酸酯和三（二甲苯基）磷酸酯有较强的溶解力，都能透过皮肤进入血液。根据试验和计算确定，人手的皮肤和三芳基磷酸酯无害接触的时间如下（按手指皮肤面为 $100cm^2$ 计算）：含37%邻位异构体的三甲苯基磷酸酯为 3～5min/d；含 2%邻位异构体的三甲米基磷酸酯为 20～50min/d；三（二甲苯基）磷酸酯为50min/d，虽然上述数据表明，三（二甲苯基）磷酸酯和人手皮肤无害接触时间较长，但为了安全起见，操作人员应戴防护手套利穿工作服，短时间接触磷酸酯后应及时洗净。若在使用过程中不慎溅入人眼内，要立即用硼酸水冲洗。

（2）选用抗氧化剂。用一定剂量的胺型和酚型抗氧化剂可以降低磷酸酯的毒性。

二、磷酸酯抗燃油的安全使用

磷酸酯抗燃油分解或燃烧时，产生大量的烟气，这些气体是有刺激性的，并可能对人体有轻微的毒性。因为这些气体除了含有 CO、CO_2、水蒸气和有机分解物外，还可能含有五氧化二磷（P_2O_5），P_2O_5 在有湿气存在的情况下（如在肺中），可能形成磷酸，对人体是有害的。因此，从事接触磷酸酯抗燃油的工作人员，应注意以下事项：

（1）在工作时应穿防护工作服，戴手套和防护眼镜，工作现场不允许吸烟和饮食；

（2）加热抗燃油时，如测定闪点和自燃点，应在通风柜内进行。避免长时间待在抗燃油产生的烟气中。消防人员应配备自供氧装置，有效地防止吸入烟气。

（3）人体接触后的处理措施如下：

1）误食处理：一旦吞进磷酸酯抗燃油，应立即采取措施将其呕吐出来，然后到医院进一步诊治。

2）误入眼内：立即用大量清水或硼酸水冲洗，再到医院治疗。

3）皮肤沾染：立即用水、肥皂清洗干净。

4）吸入蒸汽：立即脱离污染气源，如有呼吸困难，立即送医院治疗。

5）生产和使用磷酸酯的场所应有良好的通风条件并定期进行空气检测。经常接触磷酸酯的人员应定期进行体检。

三、消防安全措施

磷酸酯抗燃油具有良好的抗燃烧性能，应采取如下措施：

（1）消除泄漏点，切断磷酸酯的连续流出。

（2）对油系统附着的保温层，应采取包裹或涂覆措施，覆盖绝热层，消除其多孔性表面，以免磷酸酯抗燃油渗入保温层中。

（3）将已泄漏的磷酸酯抗燃油通过导流沟收集。

（4）如果磷酸酯抗燃油渗入保温层并着火，使用二氧化碳及干粉灭火器灭火，不宜用水灭火。磷酸抗燃油燃烧会产生有刺激性的气体。因此，工作现场应配备防毒面具，防止吸入有害烟气等。

第三节 磷酸酯抗燃油技术监督

磷酸酯抗燃油的监督按照 DL/T 571—2014《电厂用磷酸酯抗燃油运行维护导则》执行，该导则中给出了新油、运行的质量标准以及新油验收、运行监督及维护管理的规定。

一、新磷酸酯抗燃油的验收

（一）新磷酸酯抗燃油质量标准

新油的质量是决定运行油的质量和使用寿命的重要因素之一。对新油的验收应按《电厂用磷酸酯抗燃油运行维护导则》（DL/T 571—2014）中新油质量标准逐项进行，严禁质量不合格的油注入设备运行。新油的质量标准见表 19-1。

表 19-1 　　　　　　　　　　　　　新磷酸酯抗燃油质量标准

项　　目		指　　标	试验方法
外观		透明，无杂质或悬浮物	DL/T 429.1
颜色		无色或淡黄	DL/T 429.2
密度（20℃）（g/cm³）		1130～1170	GB/T 1884
运动黏度（40℃），（mm²/s）	ISO VG32	28.8～35.2	GB/T 265
	ISO VG46	41.4～50.6	
倾点（℃）		≤-18	GB/T 3535
闪点（开口）（℃）		≥240	GB/T 3536
自燃点（℃）		≥530	DL/T 706
颗粒污染度（SAE AS4059F），级		≤6	DL/T 432
水分（mg/L）		≤600	GB/T 7600
酸值（mgKOH/g）		≤0.05	GB/T 264
氯含量（mg/kg）		≤50	DL/T 433 或 DL/T 1206
泡沫特性（mL/mL）	24℃	≤50/0	GB/T 12579
	93.5℃	≤10/0	
	后 24℃	≤50/0	
电阻率（20℃）（Ω·cm）		≥1×10¹⁰	DL/T 421
空气释放值（50℃）（min）		≤6	SH/T 0308
水解安定性（mgKOH/g）		≤0.5	EN 14833
氧化安定性	酸值（mgKOH/g）	≤1.5	EN 14832
	铁片质量变化（mg）	≤1.0	
	铜片质量变化（mg）	≤2.0	

（二）新油验收的取样

取样方法决定着新油验收时油样的代表性，磷酸酯抗燃油一般以桶装形式交货，取样的器具、取样方法应按《电力用油（汽轮机油、变压器油）取样方法》（GB/T 7597）最新发行标准的规定进行，用于颗粒度测试的容器应使用 250mL 专用取样瓶，样品不得进行混合，应对单一油样分别进行测试。

二、运行的磷酸酯抗燃油监督

（一）运行抗燃油质量指标

运行中的抗燃油质量应执行《电厂用磷酸酯抗燃油运行维护导则》（DL/T 571—2014）中的规定，见表 19-2。

表 19-2　　　　　　　　　　　　运行中磷酸酯抗燃油质量标准

项　目		指　标	试验方法
外观		透明、无杂质或悬浮物	DL/T 429.1
颜色		橘红	DL/T 429.2
密度（20℃）（g/cm³）		1130～1170	GB/T 1884
运动黏度（40℃）（mm²/s）	ISO VG32	27.2～36.8	GB/T 265
	ISO VG46	39.1～52.9	
倾点（℃）		≤-18	GB/T 3535
闪点（℃）		≥235	GB/T 3536
自燃点（℃）		≥530	DL/T 706
颗粒污染度（SAE AS4059F）（级）		≤6	DL/T 432
水分（mg/L）		≤1000	GB/T 7600
酸值（mgKOH/g）		≤0.15	GB/T 264
氯含量（mg/kg）		≤100	DL/T 433
泡沫特性（mL/mL）	24℃	≤200/0	GB/T 12579
	93.5℃	≤40/0	
	后 24℃	≤200/0	
电阻率（20℃）（Ω·cm）		≥6×10⁹	DL/T 421
空气释放值（50℃）（min）		≤10	SH/T 0308
矿物油含量（%）		≤4	DL/T 571 附录 C

（二）运行磷酸酯抗燃油监督试验项目及周期

运行磷酸酯抗燃油监督的试验项目及周期应符合 DL/T 571—2014《电厂用磷酸酯抗燃油运行维护导则》的规定，见表 19-3。

表 19-3   试验室试验项目及周期

序号	试验项目	第一个月	第二个月后
1	外观、颜色、水分、酸值、电阻率	两周一次	1 次/月
2	黏度、颗粒度		1 次/3 月
3	泡沫特性、空气释放值、矿物油		1 次/6 月
4	外观、颜色、密度、黏度、倾点、闪点、自燃点、颗粒度、水分、酸值、氯含量、泡沫特性、电阻率、空气释放值、矿物油		机组检修重新启动前、每年至少一次
5	颗粒度		机组启动 24h 后复查
6	黏度、密度、闪点、颗粒度		补油后
7	倾点、闪点、自燃点、氯含量、密度		必要时

如果油质异常，应缩短试验周期或加强对需要关注项目的监测，必要时取样进行全分析，查明油质异常原因。

（三）运行油的监督取样

运行油的取样遵循以下原则：

（1）取样前油箱中的油应在系统内正常循环至少 24h。

（2）常规监督测试的油样应从油箱底部的取样口取样。

（3）如发现油质被污染，必要时可增加取样点（如油箱内油液的上部、过滤器或再生装置出口等）取样。

（4）油箱内油液上部取样时，应先将人孔法兰或呼吸器接口周围清理干净后再打开，应按 GB/T 7597 最新发行标准的规定用专用取样器从存油的上部取样，取样后将人孔法兰或呼吸器复位。

（5）颗粒污染度取样方法严重影响测试结果的准确性，除取样容器采用专用取样瓶外，应注意取样现场清洁干净，取样时先用干净的绸布蘸酒精或丙酮溶剂擦洗取样口，再用溶剂冲洗后，打开、关闭取样阀 3～5 次冲洗取样阀及取样管路，在不改变取样阀液体流量的情况下，尽快接取油样 200mL 移走取样瓶并盖好，关闭取样阀。

三、机组检修期间的油质监督

（一）油循环期间油质监督

设备检修安装完毕后，应按照《电力建设施工技术规范 第 3 部分：汽轮发电机组》（DL 5190.3）标准及制造厂编写的冲洗规程制订冲洗方案，使用磷酸酯抗燃油对系统进行循环冲洗过滤。油循环期间每周取样测试颗粒度，直到颗粒污染度达到 SAE AS4509D 5 级以内，方可进行系统调试试验。由于系统调试试验时，油才进入油动机、伺服阀等部件，这些部件试验动作时，如果不够清洁，则有可能对油造成污染，所以系统调试期间外接的过滤设备应继续过滤，试验完毕应再次取样化验确认颗粒度合格才能停止，同时应从设备中取样进行一次全分析，掌握设备投运时的油质状况，供以后监督时参考。

（二）补油监督

（1）运行中的电液调节系统需要补加磷酸酯抗燃油时，应补加经检验合格的相同品牌、相同牌号规格的磷酸酯抗燃油。补油前应对混合油样进行油泥析出试验，油样的配比应与实际使用的比例相同，试验合格方可补加。

（2）不同品牌规格的抗燃油不宜混用，当不得不补加不同品牌的磷酸酯抗燃油时，应满足条件才能混用。

（3）应对运行油、补充油和混合油进行质量全分析，试验结果合格，混合油样的质量应不低于运行油的质量。

（4）应对运行油、补充油和混合油样进行开口杯老化试验，混合油样无油泥析出，老化后补充油、混合油油样的酸值、电阻率质量指标应不低于运行油老化后的测定结果。

（5）补油时，应通过抗燃油专用补油设备补入，补入前应从滤油机出口取样化验颗粒度，确认通过滤油机补入油的颗粒度是合格的，补油后应从油系统取样进行颗粒度分析，以确保油系统颗粒度指标合格。

（三）换油

运行中磷酸酯抗燃油因油质劣化需要更换新油时，油质监督应注意以下事项：

（1）所要更换注入的新油经化验符合新油标准。

（2）应将油系统中的油质劣化的旧油排放干净。

（3）检查油箱及油系统，应无杂质、油泥，必要时清理油箱，用冲洗油将油系统彻底冲洗。

（4）冲洗过程中应取样化验，冲洗后冲洗油质量不得低于运行油标准。

（5）将冲洗油排空，应更换油系统及旁路过滤装置的滤芯后再注入新油，进行油循环，循环期间取样检测油的颗粒度指标直到合格。

第四节　运行磷酸酯抗燃油的劣化原因及防劣化措施

一、运行抗燃油劣化原因

磷酸酯抗燃油在使用过程中劣化变质的机理不同于矿物汽轮机油。一般矿物汽轮机油由于添加了抗氧剂而具有较长的使用寿命，其劣化变质主要是热与氧作用下的自由基反应。而磷酸酯抗燃油除了氧化劣化外，在水的存在下，易发生水解，水解产生的酸性磷酸酯等产物会进一步加速磷酸酯的水解反应。因此，它的劣化机理更加复杂，需进一步研究。

运行抗燃油劣化变质原因，除了油本身质量因素外，还与油系统的设计、设备状况、运行操作及检修质量等有关。

（一）油系统的构造、参数

汽轮机组调节系统的构造、参数决定着磷酸酯抗燃油的运行工况，运行工况影响着油的劣化速度和使用寿命。

（1）油箱除了储存调节系统的全部抗燃油外，同时还起着分离油中空和各种污染物的作用。若油箱容量过小，则会使单位时间内油的循环次数增加，抗燃油在油箱中滞留时间过短，导致油箱起不到分离空气、杂质的作用；若油箱过大，则经济上又不太合理。所以，其容量大小应适宜，其结构应有利于分离油中的空气和机械杂质（如在回油口设置隔板与出油口拉长距离，并设置筛网）。

（2）回油流速不能过大，回油流速高，在油箱产生冲击，容易形成泡沫，导致抗燃油空气含量过高，会加快油的老化速度。

（3）油冷却器设计合理，应能使运行油温控制在 30～60℃。

（4）油系统应安装精密滤芯，磁性过滤器，除去油中颗粒杂质，以保证油的颗粒污染度。

（5）油箱顶部应安装空气滤清器并装入干燥剂，以防止水分和空气中的灰尘侵入。

（6）应安装旁路再生过滤装置，并与机组同步运行，以防止油质劣化和保证油质清洁。有的机组虽然装有旁路再生过滤装置，但并不经常投入使用；有的长期不更换再生芯，失去对油的再生作用。所以，应经常检查并及时更换再生芯。

（7）抗燃油系统的安装布置应尽量远离过热蒸汽管道，避免蒸汽管道对抗燃油系统部件及管路产生热辐射，引起局部过热，加速油的老化。

（二）机组启动前的冲洗

机组启动前油系统应按照《电力建设施工技术规范 第 3 部分：汽轮发电机组》（DL 5190.3）的要求制订系统冲洗方案，对系统进行冲洗和油循环。如果是新建机组，注入系统的新油在油循环后取样检验油质各项指标符合新油标准要求，颗粒污染度应达到 SAE AS4509D 5 级以内；如果是运行机组的抗燃油系统检修，应特别注意将系统中的残余不合格油彻底排空，将系统中的油泥清理并冲洗彻底，再注入新油，过滤至颗粒度污染度达到 SAE AS4509D 5 级以内。

（三）运行工况

运行温度对磷酸酯抗燃油老化影响较大，特别是在油系统有过热点存在或油管路距蒸汽管道太近时，会使抗燃油劣化加剧。老化试验证明，运行油温每升高 10℃ 老化速度加快一倍，所以运行中严格控制油的运行温度。若运行油温度超过规定时，应查明原因，并采取措施如调节冷油器冷却水流量等。

油系统受到各种不同的污染会造成磷酸酯抗燃油的劣化变质，可能污染运行抗燃油的因素主要有以下几方面。

（1）水分：会使磷酸酯水解产生酸性物质，不仅腐蚀设备，还会进一步加速磷酸酯的水解反应。水分来源主要是吸收空气中潮气，如油箱盖密封不严、油箱顶部空气滤清器干燥剂失效等。如发现水分超过标准要求，应立即查明原因，安排处理。

（2）固体颗粒：液压控制系统对油中的固体颗粒非常敏感。由于某些部件如伺服阀等运动部件之间的间隙很小，固体颗粒会在一些关键部位沉积、堵塞，使相应的元件其动作失灵。同时，当油以高速流动时，固体颗粒也会对设备部件造成磨损，改变其动作准确性。为了减少油中固体颗粒杂质含量，系统在启动前必须彻底冲洗洁净并将油过滤合格。在运行中应不间断地过滤净化，以保证运行油的颗粒污染度始终合格。

（3）氯含量：油中氯含量过高，会对油系统部件如伺服阀产生腐蚀并可能损坏某些密封材料，氯离子还会加速磷酸酯的水解降解劣化。氯污染通常由于使用含氯清洗剂造成的。所以，不能用含氯量≥1mg/L 的溶剂清洗油系统零部件。

（4）矿物油污染：抗燃油中混入矿物油会影响其抗燃性能；抗燃油会与矿物油中的添加剂作用可能产生油泥或沉淀，并导致系统中伺服阀卡涩；矿物油还会影响抗燃油的泡沫特性及空气释放性，而且抗燃油和矿物油极难分离。导致矿物油污染的原因可能是在补油时候误加入矿物油。

（四）系统检修质量

系统检修质量的好坏，对磷酸酯抗燃油的理化性能有很大影响。检修时，应彻底清洗油系统的污染物。伺服阀，错油门滑块和油动机有腐蚀点时，必须彻底清除，甚至更换部件，更换的密封材料必须与抗燃油相容。油箱、滤油网应擦洗干净，精密滤芯污染堵塞时应立即更换。在检修结束后，应进行充分的油循环过滤，保证油的颗粒污染度达到标准规定。

二、运行油油质指标异常的原因及处理措施

如果运行中磷酸酯抗燃油的油质指标出现异常，应及时查明原因。采取处理措施处理，以免因油质问题影响到设备的安全运行。表19-4给出了运行磷酸酯抗燃油油质异常的极限指标、常见原因及处理措施。

表19-4　　　　　　　　　运行中磷酸酯抗燃油油质异常及处理措施

项目	异常极限值	异常原因	处理措施
外观	浑浊、有悬浮物	1）油中进水； 2）被其他液体或杂质污染	1）脱水过滤处理； 2）考虑换油
颜色	迅速加深	1）油品严重劣化； 2）油温升高，局部过热； 3）磨损的密封材料污染	1）更换旁路吸附再生滤芯或吸附剂； 2）采取措施控制油温； 3）消除油系统存在的过热点； 4）检修中对油动机等解体检查、更换密封圈
密度（20℃）（g/cm³）	＜1130或＞1170	被矿物油或其他液体污染	换油
运动黏度（40℃）（mm²/s）	与新油牌号代表的运动黏度中心值相差超过±20%		
倾点（℃）	＞15		
矿物油含量（%）	＞4		
闪点（℃）	＜220		
自燃点（℃）	＜500		
颗粒污染度（SAE AS4059F）（级）	＞6	1）被机械杂质污染； 2）精密过滤器失效； 3）油系统部件磨损	1）检查精密过滤器是否破损、失效，必要时更换滤芯； 2）检修时检查油箱密封及系统部件是否有腐蚀磨损； 3）消除污染源，进行旁路滤油，必要时增加外置过滤系统过滤，直至合格
水分（mg/L）	＞1000	1）冷油器漏油； 2）油箱呼吸器的干燥剂失效，空气中水分进入； 3）投用了离子交换树脂再生滤芯	1）消除冷油器泄漏； 2）更换呼吸器的干燥剂； 3）进行脱水处理
酸值（mgKOH/g）	＞0.15	1）运行油温高，导致老化； 2）油系统存在局部过热； 3）油中含水量大，发生水解	1）采取措施控制油温； 2）消除局部过热； 3）更换吸附再生滤芯，每个48h取样分析，直至正常； 4）如果更换系统的旁路再生滤芯还不能解决问题，可考虑采用外接再生功能的抗燃油滤油机滤油； 5）润滑经处理仍不合格，考虑换油

项目		异常极限值	异常原因	处理措施
氯含量（mg/kg）		>100	含氯杂质污染	1）检查是否在检修或维护中用过含氯的材料或清洗剂等； 2）换油
泡沫特性（mL/mL）	24℃	>250/50	1）油老化或被污染； 2）添加剂不合适	1）消除污染源； 2）更换旁路吸附再生滤芯或吸附剂； 3）添加消泡剂； 4）考虑换油
	93.5℃	>50/10		
	后24℃	>250/50		
电阻率（20℃）（Ω·cm）		$<6 \times 10^9$	1）油质老化； 2）可导电物质污染	1）更换旁路吸附再生滤芯或吸附剂； 2）如果更换系统的旁路再生滤芯还不能解决问题，可考虑采用外接再生功能的抗燃油滤油机滤油； 3）换油
空气释放值（50℃）（min）		>10	油老化或被污染	1）更换旁路吸附再生滤芯或吸附剂； 2）考虑换油

第五节 磷酸酯抗燃油的运行维护

磷酸酯抗燃油在运行由于受温度、空中的氧、水分以及金属催化的影响，难免会发生氧化、水解等劣化，油的劣化产物又会对油的劣化起到催化加速作用，因此运行中抗燃油需采取一定维护措施以保持油质稳定，延长油的使用寿命，从而保障用油设备的安全运行。

一、运行温度控制

运行磷酸酯抗燃油中不可避免地溶解有一定的空气和水分，运行油的温度过高，油中溶解的氧会氧化油分子中芳基上的烷基取代基，使油发生氧化变质，导致油的酸值升高、颜色变深等，另外温度的升高也会加快油的水解，因此控制油的温度对于延长油的使用寿命十分重要。运行温度的控制不但要控制系统的运行油温，而且要消除系统中存在的局部过热点，我们在以往的工作中就发现有的电厂尽管运行油温正常，但油的老化速度又很快，甚至在油系统中有积炭出现的情况，经过检查，其原因无一例外是局部过热。

二、水分的控制

磷酸酯抗燃油在一定条件下遇水分会发生水解，产生酸性物质。酸性物质又会加速水解反应的进行，使油的酸值升高，电阻率降低，导致酸性腐蚀和电化学腐蚀问题，水分超标还可能引起抗燃油的乳化和起泡沫等问题。由于三芳基磷酸的分子结构特性，容易吸潮使油中的含水最上升。在沿海及空气湿度比较大的地区，及时更换油有顶部呼吸口空气滤清器中的干燥剂是防止含水量升高的一种方法，在运行中定期检在油箱呼吸器的干燥剂，如发现干燥剂失效，应及时更换，避免空气中水分进入油中。

抗燃油的脱水方法有真空法和吸附法两种。真空法的优点是脱水后油中水分含量较低，缺点是真空净油机的长期运行安全性不好，油位控制不当可能会发生跑油事故，而且抗燃油系统油量较少，所以真空脱水应慎重；吸附法是采用吸水滤芯（内装吸水吸附剂）通过过滤的方式滤除水分，长期运行、安全可靠、吸水剂性能稳定、脱水速度快，所以吸附脱水法是控制水分比较好的选择。

三、杂质

运行抗燃油系统对油的颗粒污染度要求很高，需要采用高精度的过滤设备过滤，一般用于抗燃油过滤的滤芯精度在 $\beta_3 \geqslant 200$ 以上，才可保证滤出油的清洁度在 SAE 4059D 5 级以内。

在选用合适精度滤芯的前提下，过滤的循环倍率越高，滤油效率越高。需要注意的是过滤设备中的非金属材料应与抗燃油有良好的相容性。

四、酸值、电阻率的控制

酸值、电阻率指标可以通过在线吸附再生处理合格。抗燃油系统一般都带有旁路吸附再生装置，过去旁路再生装置一般采用硅藻土作为吸附再生介质，但由于硅藻土的吸附容量小，当油质劣化比较严重时，难以满足使用要求，因此大部分已被淘汰，被复合氧化硅铝吸附剂和进口树脂吸附剂取代。树脂吸附剂有较好的除酸效果，但对于提高油的电阻率作用有限，而且在除酸的同时会向油中引入水分。相比之下复合氧化硅铝吸附剂对于除去油中的酸性产物和提高电阻率效果很好，获得了广泛的应用。

第二十章 辅机用油监督

电厂主机是指锅炉、汽轮机和发电机，除这三大主机以外的配套设备均是辅机，涉及的种类很多，如加热器、除氧器、凝气设备、磨煤机、空气预热器、空气压缩机等，其中使用到油品的辅机设备上要有各种水泵、风机、磨煤机、湿磨机、空气压缩机及空气预热器等。这些辅机所用的油品主要包括汽轮机油，齿轮油、液压油及空气压缩机油，见表20-1。

表 20-1   电厂辅机及用油类型

序号	辅机名称	用油名称	用油黏度等级	新油验收标准
1	水泵	汽轮机油	32、46	GB 11120
		液压油	32、46	GB 11118.1
		6 号液力传动油	6（100℃）	TB/T 2957
2	风机	汽轮机油	32、46、68、100	
		液压油	22、46、68	
3	磨煤机 湿煤机	齿轮油	150、220、320、460、680	GB 5903
		液压油	46、100	
4	空气预热器	齿轮油	100、150、320、680	
5	空气压缩机	空气压缩机油	32、46	GB 12691

第一节 齿轮油的监督

一、齿轮油的监督

（一）新油的验收

新齿轮油油验收时应按照 GB 5903 最新发行标准的规定进行，或者按供货合同规定的质量要求进行。建议入厂检测项目必须包括：外观、运动黏度（40℃）、运动黏度（100℃）、黏度指数、倾点、闪点（开口）、水分、机械杂质、抗泡特性、铜片腐蚀、抗乳化性、液相锈蚀、四球机试验及旋转氧弹值。

（二）运行中齿轮油的监督

1. 火电厂辅机用齿轮油的监督

电力行业《电厂用辅机用油运行及维护管理导则》（DL/T 290—2012）中就运行中齿轮油的检测项目、质量指标及检验周期做了规定。运行中齿轮油监督检测项目、质量指标及检验周期见表20-2。

表 20-2   运行中齿轮油监督检测项目、质量指标及检验周期

测定项目	质量标准	测试方法	检验周期
外状、颜色	透明、无机械杂质颜色无明显变化	目测	1 年或必要时

测定项目	质量标准	测试方法	检验周期
运动黏度（40℃）（mm²/s）	与新油原测定值偏离≤10%	GB/T 265	1年或必要时
闪点（开口杯）（℃）	不低于新油原测定值15℃	GB/T 267	必要时
机械杂质（%）	≤0.2	GB 511	1年或必要时
液相锈蚀（蒸馏水）	无锈	GB/T 11143	1年或必要时
水分（mg/L）	无	SH/T0257	1年或必要时
铜片腐蚀试验（100℃，3h级）	≤2b	GB/T 5096	必要时
极压性能（Timken试验机法）OK负荷值N（1b）	报告	GB/T 11144	必要时

2. 风力发电厂齿轮油的监督

由于风电机组的广泛应用，风力发电机的故障问题逐渐浮出水面。资料显示，由于齿轮箱和轴承损坏造成风电发电机组停机的原因占全部故障的70%。其中，由于润滑油存在问题而发生的润滑故障又占了较高的比例。风电机组齿轮油的用量占风力发电机总用油量的3/4，它能否正常运行将直接影响到齿轮箱是否能够安全和平稳的运行，也是齿轮箱系统可靠工作的重要保证。针对风力发电厂主齿轮箱用齿轮油，由于其运行条件的特殊性，电力行业制定了相应的标准，目前已经报批，还未正式颁布实施。

二、齿轮油的更换

工业齿轮油更换与齿轮磨合情况、齿轮的载荷、齿轮油的种类和质量、润滑部位在机械中的面要性等均有关。一般，用油量较少的齿轮箱可根据实践经验定期换油。如美国齿轮制造者协会（AGMA）规定正常情况下6个月换油。不与水直接接触的引进减速机使用按说明书规定4000～5000h换油，因运转条件不同也有短至2000h、长至8000h的。用油多、消耗量大的大型齿轮数量集中润滑系统，由于定期补油，常根据油品变质情况按质换油。在通常情况下，工业齿轮油使用者主要根据腐蚀、锈蚀、沉淀、油泥、黏度变化和污染程度等情况，决定是否更换新油。为了定期进行质量监控，石化行业标准NB/SH/T 0586规定了L-CKC、L-CKD工业闭式齿轮油的换油指标。

第二节 液压油的监督

一、液压油的监督

（一）新油的验收

为了保证运行中液压油的质量，对新油的验收是非常重要的一个环节，一定要严格把关，按照新油的标准逐项进行。有一项不符合标准，都不能注入设备内，避免给运行带来麻烦。其中入厂检测的项目必须包括运动黏度、密度、色度、外观、黏度指数、倾点、酸值、水分、机械杂质、铜片腐蚀、液相锈蚀、泡沫特性、空气释放值、抗乳化性、清洁度、旋转氧弹和硫酸盐灰分。

建议增加的检验项目包括闪点、皂化值、剪切安定性、密封适应性指数、磨斑直径、水解安定性、热稳定性、过滤性、齿轮机试验。

（二）运行中液压油的监督

电力行业运行中液压油的监督按照《电厂辅机用油运行及维护管理导则》（DL/T 290—2012）进行检验。具体指标、检验周期及试验方法见表 20-3。

表 20-3 　　　　　　　　　　　运行液压油监督质量指标及检验周期

测定项目	质量标准	测试方法	检验周期
外状、颜色	透明、无机械杂质颜色无明显变化	目测	1 年或必要时
运动黏度（40℃）（mm²/s）	与新油原测定值偏离≤10%	GB/T 265	
闪点（开口杯）（℃）	不低于新油原测定值 15℃	GB/T 267	必要时
酸值（mgKOH/g）	报告	GB/T 264	1 年或必要时
颗粒度（NAS1638 等级）	报告	DL/T 432	
水分（mg/L）	无	SH/T 0257	1 年或必要时
液相锈蚀（蒸馏水）	无锈	GB/T 11143	必要时
铜片腐蚀试验（100℃，3h 级）	≤2a	GB/T 5096	必要时

二、液压油的维护

（一）预防颗粒污染

造成油品颗粒污染的原因很多，主要包括外部污染和工作过程中系统产生的污染。预防颗粒污染的关键是对系统进行良好的维护，包括系统运行前的清洗、加强密封和空滤、保持环境清洁等。为了保证油系统的清洁，用户一般对油品进行过滤后再加注到系统中。

（二）预防水污染

液压油中的水污染主要来自空气中的冷凝水和冷却器中的水泄漏。水污染会增加对金属的侵蚀，加速油品变质，使油品的润滑性下降。针对液压油中的水污染，除采取一些预防措施，如加强密封、安装油箱呼吸孔干燥器、定期检修冷却器等，更为重要的是及时分离并去除被压油中混入的水分，如使用真空设备进行脱水处理。

（三）预防空气污染

当油箱中吸入管半露于最低液面或淹没深度不够，吸入段密封不限，或者回油管高出最低油面，这些情况都会使气体进入液压油中。空气进入液压系统会造成气蚀，产生噪声、振动和爬行，油温升高，润滑性能下降，空气中的氧气也会加剧油品的氧化变质，缩短油品的使用寿命。

针对液压油的空气污染，所采取的维护措施一般是设备维护，如经常检查吸油口的状况，必要时清洗或更换吸油过滤器；检查各吸油管部分接头、焊缝的密封；检查油箱液位；定期对液压缸及相关管路进行排气；条件允许时可配备除气装置等。

（四）控制液压油使用温度

油温过高是造成液压油失效的第二大原因，控制液压油的使用温度对油品的使用寿命十分重要。油温升高会加速油品的氧化变质，同时氧化生成的酸性物质也会导致金属元件的腐蚀，油温过高还会加速密封件的老化变形，造成漏油。

防止系统油温上升的措施是加强冷却，一般由系统冷却器实现。对于一般的液压系统温度，通常控制油温不超过 65℃，对于介质黏度比较低的液压系统，应控制油温更低些。如果利用冷却器不能达到上述效果，则可能需要清洗冷却器。但在实际工作过程中，由于过热只是发生在设备的局部位置，除非发生重大故障，油温一般不会发生剧烈的上升。因此，通过监测油液温度，很难发现过热问题。设计缺陷、颗粒污染、局部的腐蚀都会造成油品局部过热。排除系统的设计缺陷因素，油品局部过热问题是油品污染的综合体现，要想预防油品局部过热，最根本的措施还是加强对油液的检测和维护。

三、液压油的更换

当有其他油品混入，或由外界尘土、金属碎末、锈蚀粒子和水等物质引起液压油的污染时，都可以急剧地缩短液压油的使用寿命。液压油在使用一定时间后，由于空气、水、机械杂质的作用会产生氧化变质，需及时更换新油，否则会造成系统工作不正常，甚至会腐蚀和损坏液压系统元件。对运行液压设备中的液压油应定期取样化验，一旦油中的理化指标达到换油指标后（单项达到或几项达到）就要换油。石化行业标准 SH/T 0476 规定了我国 HL 液压油的换油指标，SH/T 0599 规定了 L－HM 液压油的指标。

第三节　空气压缩机油的监督

一、空气压缩机油的监督

（一）新油验收

DAA、DAB 新油验收时应按照 GB 12691 最新发行标准规定进行或者按供货合同规定的质量要求进行，对于回转式空气压缩机油验收，应按照 GB 5904 最新发行标准规定进行或者按供货人司规定的质量要求进行。建议入厂检测项目必须包括黏度、黏度指数、倾点、闪点、铜片腐蚀、泡沫特性、破如化性、液相锈蚀、残碳、机械杂质、旋转氧弹、水分、水溶性酸碱。

（二）运行中空气压缩机油的监督

电力行业《电厂辅机用油运行及维护管理导则》（DL/T 290—2012）中就进行中空气压缩机油的检测项目，质量指标及检验周期做了规定，详见表 20－4。

表 20－4　　　　　运行空气压缩机油的质量指标及检验周期

测定项目	质量标准	测试方法	检验周期
外状、颜色	透明、无机械杂质颜色无明显变化	目测	1 年或必要时
运动黏度（40℃）（mm²/s）	与新油原测定值偏离≤10%	GB/T 265	
颗粒度（NAS1638 等级）	报告	DL/T 432	
酸值（mgKOH/g）	与新油原始值比增加≤0.2	GB/T 264	
水分（mg/L）	无	GB/T 7600	
液相锈蚀（蒸馏水）	无锈	GB/T 11143	必要时
旋转氧弹（150℃，min）	≥60	SH/T 0193	必要时

二、压缩机油的更换

压缩机油的换油,随着压缩机的构造形式、压缩介质、操作条作、润滑油方式和润滑油质量不同而异。使用中应定期取样,观察油品颜色和清洁度,并定时分析油品黏度、酸值、正戊烷不溶物等油品的理化性能。轻负荷喷油回转式空气压缩机油指标 SH/T0538 要求。规定凡达到指标之一者,应更换新油。

第四节　辅机运行油油质异常及处理措施

根据运行油质量标准,对油质检验结果进行分析,如果油质指标异常,应查明原因并采取相应措施。辅机油质油油质异常原因及处理措施见表 20-5。

表 20-5　　　　　　　　　　　　　辅机油质油油质异常原因及处理措施

项目		异常原因	处理措施
外观		油中进水或被其他液体污染	脱水或换油
颜色		油温升高或局部过热,油品严重劣化	控制油温,消除油系统存在过热点,必要时滤油
运动黏度(40℃)		油被污染或过热	查明原因,结合其他试验结果考虑处理或换油
闪点			
酸值		运行油温高或油系统存在局部过热导致老化、油被污染或抗氧化剂消耗	控制油温,消除局部过热点,更换吸附再生滤芯作再生处理,每隔48h取样分析,直至正常
水分		密封不严,潮气进入	更换呼吸器的干燥剂,脱水处理,滤油
清洁度		被机械杂质污染、精密过滤器失效或油系统部件有磨损	检查精密过滤器是否破损、失效,必要时更换滤芯,检查油箱密封及系统部件是否有腐蚀磨损,消除污染源,进行旁路过滤,必要时外置过滤系统过滤,直至合格
泡沫特性	24℃	油老化或被污染,添加剂不合格	消除污染源,添加消泡剂,滤油或换油
	93.5℃		
	后24℃		
液相锈蚀		油中有水或防锈剂消耗	加强系统维护,脱水处理并考虑添加防锈剂
破乳化		油被污染或劣化变质	如果油呈乳化状态,应采取脱水或吸附处理措施

第二十一章　氢　气　监　督

第一节　氢气的主要理化性能

一、原子量

氢气的相对原子质量最轻，为 1.008，按质量计在地壳中只占 1%左右。氢气是一种无色、无嗅、无味、无毒的可燃性气体，在标准状态下其密度仅相当于同体积空气 1/14.5（或 6.96%），所以用氢气作发电机的冷却介质时，其通风损耗可减少到空气冷却时通风损耗的 6.96%，从而可使温升减少，发电效率提高。

二、导热性

在气体中，氢气的导热能力最好，其导热系数是空气的 6.69 倍；氢气具有很大的扩散速度，在距离漏点 0.25m 处氢气基本上已完全扩散。因此用氢气代替空气作发电机的冷却介质时，一方面可提高绝缘材料本身的导热能力，另一方面也能提高绝缘层间隙中的导热能力，从而提高发电机的冷却效果。

三、散热系数

氢气的表面散热系数大，是空气的 1.5 倍。表面散热系数越大，在相同温差下所散发的热量越多，这有利于降低表面温度差，提高冷却效果。

四、化学性质

氢气常温下化学性质不太活泼，主要是在标准状态下，氢分子的离解能很高，为 436kJ/mol。在高温、光照及催化剂存在的条件下，氢气是一种非常好的还原剂，它能将许多高价氧化物还原为低价氧化物甚至金属。

五、易爆性

用氢气作发电机的冷却介质时，也有一定的缺点，就是氢气与空气或氧气容易形成爆炸性气体，所以使用时要特别注意安全。

第二节　运行中氢气的监督

一、制氢站、发电机氢气及气体置换用惰性气体的质量标准

根据电力行业标准《化学技术监督导则》（DL/T 246—2015），制氢站、发电机氢气及气体置换用惰性气体的质量应满足表 21－1 的要求。

表 21-1 　　　　　制氢站、发电机氢气及气体置换用惰性气体的质量标准

项　　目	气体纯度（%）	气体中含氧量（%）	气体湿度（露点温度）
制氢站产品、发电机充氢、补氢用氢气（H₂）	≥99.8	≤0.2	≤−25℃
发电机内氢气（H₂）	≥96.0	≤1.2	发电机最低温度为5℃时：<−5℃；>−25℃；发电机最低温度≥10℃时：<0℃；>−25℃
制氢站气体置换用惰性气体（N₂）	≥99.5	≤0.5	
发电机气体置换用惰性气体（N₂或CO₂）	≥98.0	≤2.0	

注　制氢站产品或发电机充氢、补氢用氢气湿度为常压下的测定值；发电机内氢气湿度为发电机运行压力下的测定值

二、氢气使用过程中注意事项

电力行业标准《化学技术监督导则》（DL/T 246—2015）对氢气使用过程中注意事项作了如下规定：

（1）氢气在使用、置换、储存、压缩与充装、排放过程以及消防与应急处理、安全防护方面的安全技术要求应按照 GB 4962 执行。制氢系统的设计及技术要求应按照 GB/T 19774 和 GB 50177 的规定执行。

（2）氢气系统应保持正压状态，禁止负压或超压运行。同一储氢罐（或管道）禁止同时进行充氢和送氢操作。

（3）水电解制氢系统气密性试验介质应选用氮气，系统保持压力应为额定压力的 1.05 倍，保压 30min，检查各处连接处有无泄漏，满足 GB 50177 的要求。

（4）配制电解液的电解质应选用分析纯或优级纯产品，质量应符合 GB/T 2306、GB/T 629 的规定，溶剂应选用除盐水。

（5）电解制氢系统的气体置换应使用氮气，储气罐和供氢母管的气体宜采用氮气或二氧化碳。

（6）发电机的充氢和退氢应借助二氧化碳或氮气作为中间介质进行，置换时系统压力应不低于最低允许值。

（7）当发电机内氢气质量超标时，应及时对发电机内氢气进行补充处理（排出不合格氢气，补充合格氢气）。当发电机漏氢量超标时，应检查发电机氢气的相关系统并进行处理。

（8）氢气使用区域空气中氢气体积分数不应超过 1%，氢气系统动火检修，系统内部和动火区域的氢气体积分数不应超过 0.4%。

三、水电解制氢安全注意事项

（1）设备应良好接地，以防止产生静电引起氢气燃烧爆炸。

（2）电解槽四周的操作地面及整流柜前应放置一圈绝缘垫片。

（3）电解间应置防爆灯，室内应有良好的通风，并安装氢气报警装置。报警装置应设在监测点（释放源）上方或厂房顶端，其安装高度宜高出释放源 0.5~2m 且周围留有不小于 0.3m 的净空，以便对氢气浓度进行监测。

（4）保持电解槽表面清洁，严防任何金属导体或其他杂物掉到电解槽上，以免造成短路。严禁碱液掉到极板间或极板与拉紧螺栓之间。

（5）禁止在制氢间中或储罐近旁进行明火作业或能产生火花的工作。工作人员如必须在制氢站或者氢气管道附近进行焊接或动火工作，必须开一级动火票。事先进行氢量测定，证实工作区空气中氢气含量小于 1%，并经主管生产的领导（总工程师）批准后方可工作。

（6）制氢间内要关闭手机等通信工具，操作人员禁止吸烟。

（7）制氢间必须备有 2%～3%的硼酸溶液；在配制碱液时要戴上橡胶手套。

（8）操作人员不宜穿合成纤维、毛料等易引起静电火花的工作服。不准穿有钉的鞋，衣服不应有油脂。

（9）运行和检修期间所用的工具为铜质。

第二十二章 六氟化硫监督

第一节 六氟化硫的主要理化性能

一、物理特性

纯净的六氟化硫（SF_6）气体无色、无味、无臭、不燃，在常温下化学性能稳定，属惰性气体。在通常情况下有液化的可能性，在45℃以上才能保持气态。

二、绝缘特性

在均匀电场下，其绝缘性是空气的3倍，在4个大气压下，其绝缘性相当变压器油。

三、温室效应

SF_6气体是《联合国气候变化框架公约》公布的六种温室气体中温室效应最大（相当于CO_2的24 000倍）、物理寿命最长（自然环境下3000年）的温室气体。

四、SF_6分解物

SF_6气体在150℃以下不易与其他物质发生化学反应，化学性能稳定。国内外大量研究表明，当SF_6设备中发生绝缘故障时，放电产生的高温电弧使SF_6气体发生分解反应，生成SF_4、SF_3、SF_2、和S_2F_{10}等多种低氟硫化物。如果是纯净的SF_6气体，上述分解物将随着温度降低会很快复合、还原为SF_6气体。实际上纯净的SF_6气体很少存在，通常SF_6气体中总含有一定量的空气、水分、CF_4和$S_2F_{10}O$等杂质（目前我国各厂生产的SF_6气体杂质含量均能达到IEC标准和我国技术条件的要求）。如果SF_6气体不纯净，由于上述分解生成的多种低氟硫化物很活泼，即与SF_6气体中的微量水分和氧气等发生下列反应：

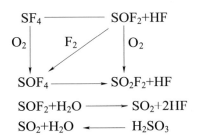

由于SF_6分解物与水分结合生成的HF和H_2SO_3、SO_2等化合物，均对设备内其他绝缘及金属材料有强腐蚀作用，进而加速绝缘劣化，最终导致设备发生突发性故障。

第二节 六氟化硫新气的监督

一、六氟化硫新气的质量监督

生产厂家提供的六氟化硫新气应具有生产厂家名称、气体净重、灌装日期、批号及质量检验单。

六氟化硫新气到货后 15 天内，应按照 GB/T 12022 中的分析项目和质量指标进行质量验收。

瓶装六氟化硫抽样检测应按照《工业六氟化硫》（GB/T 12022—2014）规定执行，应按表 22-1 的要求随机抽样检验，成批验收。当有任何一项指标的检验结果不符合标准技术要求时，应重新加倍随机抽样检验，如果仍有任何一项指标不符合技术要求时，则应判该批产品不合格。对检测结果存在争议时，应请第三方检测机构进行检测。

表 22-1   瓶装六氟化硫抽样检查

产品批量（瓶）	1	2～40	41～70	≥71
抽样瓶数（瓶）	1	2	3	4

验收合格后，应将气瓶转移到阴凉、干燥、通风的专门场所直立存放。

六氟化硫气体在储气瓶内存放半年以上时，使用单位充气于六氟化硫气室前，应复检其中的湿度和空气含量，指标应符合 GB/T 12022 标准。

六氟化硫新气应按合同规定指标或参照《工业六氟化硫》（GB/T 12022—2014）规定验收，指标应满足表 22-2 要求。

表 22-2   技 术 要 求

项目名称	指标
六氟化硫纯度（质量分数）（10^{-2}）	≥99.9
空气含量（质量分数）（10^{-6}）	≤300
四氟化碳含量（质量分数）（10^{-6}）	≤100
六氟乙烷含量（质量分数）（10^{-6}）	≤200
八氟丙烷含量（质量分数）（10^{-6}）	≤50
水含量（质量分数）（10^{-6}）	≤5
酸度（以 HF 计）含量（质量分数）（10^{-6}）	≤0.2
可水解氟化物（以 HF 计）含量（质量分数）（10^{-6}）	≤1
矿物油含量（质量分数）（10^{-6}）	≤4
毒性	生物实验无毒

二、六氟化硫气瓶的安全使用

电力行业标准《六氟化硫电气设备气体监督导则》（DL/T 595—2015）对六氟化硫气瓶使用过程中注意事项做了如下规定：

（1）六氟化硫气瓶的安全使用，应按照《六氟化硫气瓶及气体使用安全技术管理规则》中有关条例执行。

（2）应采购和使用有制造许可证的企业合格产品，不得使用超期未检验的六氟化硫气瓶，检查不合格的气瓶不得接收；气瓶应按照 GB/T 13004 的有关规定进行定期检验。

（3）使用气瓶前应按照 GB/T 13004 中的要求对气瓶进行安全状况检查，不符合安全技术要求的气瓶严禁入库或使用。

（4）气瓶搬运时应轻装、轻卸，严禁抛滑。使用时严禁使用温度超过 40℃的热源对气瓶进行加热，气瓶阀门出现冻结时禁止用火烤，可将气瓶移入室内或气温较高的地方，或用 40℃以下的温水冲洗，再缓慢地打开气瓶阀门。

（5）使用后的六氟化硫气瓶应关紧阀门，戴上瓶帽，防止气体泄漏。

第三节 运行中的六氟化硫气体监督

一、运行中六氟化硫气体的质量监督

按照《六氟化硫电气设备中气体管理和检测导则》（GB T 8905—2012）的要求，运行中六氟化硫气体的检测项目、检测标准和检测周期应符合表 22-3 的规定。

表 22-3 运行中六氟化硫气体的检测项目、检测标准和检测周期

序号	检测项目		检测标准	检测周期	检测方法
1	湿度（μL/L）	有电弧分解物的气室	300[①]	（1）投运前； （2）投运后 1 年内复测 1 次； （3）正常运行 3 年 1 次； （4）诊断检测	DL/T 506 或 DL/T 915
		无电弧分解物的气室	500[①]		
2	气体年泄漏率（%）		≤0.5（可按照每个检测点泄漏值≤30μL/L 执行）	（1）投运前； （2）诊断检测	GB/T 11023 或 DL/T 596
3	空气（质量分数）（%）		≤0.2	诊断检测	DL/T 920
4	四氟化碳（质量分数）（%）		≤0.1	诊断检测	
5	矿物油（μg/g）		≤10	诊断检测	DL/T 919
6	酸度（以 HF 计）（μg/g）		≤0.3	诊断检测	GB/T 8905
7	二氧化硫（μL/L）		≤2[②]	诊断检测	DL/T 1205
8	硫化氢（μL/L）		≤2[③]	诊断检测	DL/T 1205
9	可水解氟化物（μg/g）		≤1.0[④]	诊断检测	DL/T 918
10	氟化氢（μL/L）		≤2.0[⑤]	诊断检测	DL/T 1205

① 水分标准指 20℃和 101.3kPa 情况下，其他情况按照设备生产厂家提供的温、湿度曲线换算。

② 参考注意值。

③ 参考注意值。

④ 以氟化氢计。

⑤ 参考注意值。

运行中六氟化硫气体绝缘变压器的气体检测项目、检测标准和检测周期应按照 DL/T 914 执行。

六氟化硫气体湿度监督应符合下列要求：

（1）六氟化硫气体的湿度检测应按照 DL/T 915 中的要求执行。

（2）六氟化硫气体湿度超标的设备，应进行干燥、净化处理或检修更换吸附剂等工艺措施，直到合格，并做好记录。

（3）除异常时，充气后压力低于 0.35MPa 且用气量少的六氟化硫电气设备（如 35kV 以下的断路器），只要不漏气，交接时气体湿度合格，运行中可不检测气体湿度。

六氟化硫气体泄漏监督应符合下列要求：

（1）六氟化硫气体泄漏检测可结合设备安装交接、预防性试验或大修进行。

（2）六氟化硫气体泄漏检测应在设备充装六氟化硫气体 24h（或更长时间）后进行。

（3）设备运行中出现表压下降、低压报警时应分析原因，必要时应对设备进行全面泄漏检测，并进行有效处理。

（4）发现六氟化硫电气设备泄漏时应及时补气，所补气体应符合新气质量标准，补气时接头及管路应干燥。

符合新气质量标准的气体可以混合使用。

二、运行中六氟化硫气体的安全防护

运行中六氟化硫气体的安全防护应按照 DL/T 639 中的有关规定执行。

储存、使用六氟化硫气体的场所应通风良好，室内场所应有底部强制通风装置和六氟化硫泄漏报警装置，这些装置应定期校验。

三、设备检修、解体时的管理

（1）设备检修或解体前，应按 GB/T 8905 的要求对气体进行全面的分析，确定其有害成分含量，制定安全防护措施。

（2）设备解体大修前的气体检验，必要时可由技术监督机构复核检测并与设备使用单位共同商定检测的特殊项目及要求。

（3）设备解体前，应对设备内的六氟化硫气体进行回收，不得直接向大气排放。

（4）设备检修、解体时的安全防护应按照 DL/T 639 中的有关规定执行。

（5）进行六氟化硫电气设备解体检修的工作人员，应经专门的安全技术知识培训，佩戴安全防护用品，并在安全监护人员监督下进行工作。

（6）严禁在雨天或空气湿度超过 80% 的条件下进行设备解体。

四、六氟化硫气体的回收与净化处理

六氟化硫气体的回收：

（1）六氟化硫气体的回收装置应符合 DL/T 662 的要求。

（2）六氟化硫气体回收容器安全附件应齐全，内部应无油污、无水分。

（3）六氟化硫气体回收过程应符合相关工作规程要求。

（4）回收与净化处理后的气体，经检测合格后方可使用。

（5）若在室内工作，整个工作过程中需保持强力通风，且进入前需提前通风 15min 以上。

（6）在对 SF_6 气体回收时，尽可能达到 SF_6 回收装置的回收终压（欧盟规定的回收终压是＜20mbar　1bar＝100kPa）。

（7）设备解体检修前，应对 SF_6 气体进行检验。根据有毒气体的含量，采取安全防护措施。

（8）设备解体时，若表面有粉尘，需用专用的干式真空吸尘器吸附。

（9）发生大量 SF_6 泄漏等紧急情况时，人员应迅速撤出现场。若是室内，则需开启所有排风机进行排风。

五、氟化硫气体的净化处理：

（1）应按照相关规程对气体进行净化处理。

（2）净化处理后的气体应达到 GB/T 12022 中的要求。

（3）六氟化硫气体净化处理前应进行湿度、纯度、分解产物检测，应根据六氟化硫气体的质量状况制订相应的气体净化处理方案和保障措施。

（4）六氟化硫气体净化处理后的废气，应做无害化处理。

六、六氟化硫气体检测仪器的管理

（1）六氟化硫气体使用的检测、仪表和设备，应按相关标准和配置要求进行购置。

（2）对检测仪器应制定相应的安全技术操作规程。

（3）对六氟化硫气体检测仪表和仪器设备，应制定相应的使用、保管和定期检验制度，并应建立设备使用档案制度。

（4）六氟化硫气体检测仪器的校验周期应按照国家相关检定规程要求确定。暂无规定的宜每年校验一次。

第五篇　化　学　分　析　基　础

第二十三章　化　学　分　析

一、滴定分析法概述

滴定分析法又叫容量分析法，将已知准确浓度的标准溶液，滴加到被测溶液中（或者将被测溶液滴加到标准溶液中），直到所加的标准溶液与被测物质按化学计量关系定量反应为止，然后计量标准溶液消耗的体积，根据标准溶液的浓度和所消耗的体积，算出待测物质的含量。这种定量分析的方法称为滴定分析法，它是一种简便、快速和应用广泛的定量分析方法，在常量分析中有较高的准确度。

滴定分析通常用于测定常量组分，即被测组分的含量一般在 1%以上，有时也可用于测定微量组分，在较好的情况下，测定的相对误差不大于 0.2%。

（1）反应必须按方程式定量地完成，通常要求在 99.9%以上，没有副反应，这是定量计算的基础。

（2）反应能够迅速地完成（有时可加热或用催化剂加速反应）。

（3）共存物质不干扰主要反应，或用适当的方法消除其干扰。

（4）有比较简便的方法确定计量点（指示滴定终点）。

凡能满足上述四点要求的反应，都可用于直接滴定法中，对不能完全满足上述要求的反应，不能采用直接滴定法，遇到这种情况时，可采用下述几种方法进行滴定：反滴定法、置换滴定法和间接滴定法。

二、滴定分析法的分类

根据标准溶液和待测组分间的反应类型的不同，滴定分析方法可以分为四类：酸碱滴定法、络合滴定法、氧化–还原滴定法和沉淀滴定法。

第一节　酸　碱　滴　定　法

酸碱滴定法是指利用酸和碱在水中以质子转移反应为基础的滴定分析方法，该滴定法所涉及的反应是酸碱反应。

一、酸碱质子理论

酸碱反应的实质是质子的转移（得失），为了实现酸碱反应，作为酸的物质必须将它的质子转移到一种作为碱（能接受质子）的物质上。由此可见，酸碱反应是两个共轭酸碱对共同作用的结果，或者说是由两个酸碱半反应相结合而完成的。

水是一种两性溶剂，纯水的微弱电离是一个水分子能从另一个水分子中夺取质子而形成 H_3O^+ 和 OH^-，水分子之间存在着的质子传递作用成为水的质子自递作用。这个反应的平衡常数称为质子自递常数（简称为水的离子积），以 K_w 表示，即

$$K_w = [H^+][OH^-]$$

在 25℃时，$K_w = 1.0 \times 10^{-14}$，则

$$pK_w = -\lg K_w = 14.00$$

对于离解性的非水溶剂，同样存在着酸碱共轭关系，同样有溶剂的质子自递作用和质子自递常数，不同溶剂其自递常数各不相同。

二、水溶液中的酸碱强度

酸碱的强度取决于它给出质子和接受质子能力的强弱。给出质子能力愈强，酸性愈强；接受质子的能力愈强，碱性就愈强。

共轭酸碱对的 K_a 和 K_b 之间存在一定的关系，即

$$K_a K_b = K_w = 10^{-14} \text{ 或 } K_b = K_w/K_a$$

三、缓冲溶液

酸碱缓冲溶液是一种对溶液的酸度起稳定作用的溶液。如果向溶液中加入少量的酸或碱、溶液中的化学反应产生少量的酸或碱、或将溶液稍加稀释，都能使溶液的酸度基本上稳定不变。这种能对抗外来酸碱或稀释而使 pH 值不易发生变化的作用，称之为缓冲作用。

一般而言，缓冲溶液有三种情况：① 一定浓度的共轭酸碱对；② 高浓度强酸（pH＜2）、强碱溶液（pH＞12）；③ 不同类型的两性物质。

四、酸碱指示剂

酸碱滴定中，一般利用酸碱指示剂颜色的变化来指示滴定终点。常用的酸碱指示剂是弱有机酸、弱有机碱或酸碱两性物质。当溶液 pH 值改变时，指示剂由于结构上的变化而发生颜色的变化，从而指示酸碱滴定终点，表 23－1 列出了几种常见酸碱指示剂的变色范围。

表 23－1　　　　　　　　　几种常见酸碱指示剂的变色范围

指示剂	变色范围 pH 值	颜色变化	pK_{HIn}
百里酚蓝（第一变色点）	1.2～2.8	红－黄	1.7
二甲基黄	2.9～4.0	红－黄	3.3

指示剂	变色范围 pH 值	颜色变化	pK_{HIn}
甲基橙	3.1～4.4	红－黄	3.4
溴酚蓝	3.0～4.6	黄－紫	4.1
溴甲酚绿	3.8～5.4	黄－蓝	4.9
甲基红	4.5～6.2	红－黄	5.0
溴百里酚蓝	6.0～7.6	黄－蓝	4.9
中性红	6.8～8.0	红－黄橙	7.4
苯酚红	6.5～8.0	棕黄－紫红	8.0
酚酞	8.0～10.0	无－红	9.1
百里酚蓝（第二变色点）	8.0～9.6	黄－蓝	8.9
百里酚酞	9.3～10.5	无－蓝	10.0

第二节 络 合 滴 定 法

络合滴定法是以络合反应为基础的滴定分析方法。

无机配位剂能用于滴定分析的不多，这是因为许多无机络合物不够稳定，不能符合滴定反应的要求，在络合物形成过程中又有分级配位现象，而且各级稳定常数相差较小，反应不能按某一反应式定量进行。

有机络合剂可与许多金属离子形成很稳定的、组成一定的络合物。许多有机络合剂，特别是氨羧络合剂可与许多金属离子形成络合比为 1:1 的很稳定的络合物，反应速度很快，又有合适的指示剂指示滴定终点，目前大部分金属元素都可以用络合滴定法测定。

一、EDTA 与金属离子的络合物及其稳定性

EDTA 能与许多金属离子形成稳定的络合物。一般情况下，EDTA 与 1～4 价的金属离子都能形成 1:1，且易溶于水的络合物。

这样就不存在分步络合现象，且由于络合比简单，滴定分析结果的计算就非常方便。EDTA 分子中具有六个可与金属离子形成配位键的原子（二个氨基氮和四个羧基氧，氮、氧原子都有孤对电子，能与金属离子形成配位键），而大多数金属离子的配位数不大于六，因此，可以与 EDTA 形成 1:1 型具有五个五元环的螯合物。

从络合物的研究知道，具有五元环或六元环的络合物很稳定，因此 EDTA 与大多数金属离子形成的螯合物具有较大的稳定性。

络合物的稳定性是以络合物的稳定常数来表示的，不同的络合物有一定的稳定常数。络合物的稳定常数是络合滴定中分析问题的主要依据，从络合物的稳定常数大小可以判断络合反应完成的程度和它是否可以用于滴定分析。同类型的络合物，可通过 β_n（稳定常数）比较其稳定性。稳定常数越大，形成络合物越稳定。

络合物的稳定性主要取决于金属离子和络合剂的性质，同一络合剂（EDTA）与不同金属离子形成络合物的稳定性是不同的。在一定条件下，每一络合物都有其特有的稳定常数，EDTA 络合物的 $\lg\beta_n$ 值，见表 23－2。

表 23-2　　　　　　　　　　EDTA 络合物的 lgβ_n 值 (I=0.1，20℃)

金属离子	lgβ_n	金属离子	lgβ_n	金属离子	lgβ_n
Na$^+$	1.66	Ce^{3+}	15.98	Hg^{2+}	21.80
Li$^+$	2.79	Al^{3+}	16.10	Cr^{3+}	23.0
Ba^{2+}	7.76	Co^{2+}	16.31	Th^{4+}	23.2
Sr^{2+}	8.63	Zn^{2+}	16.50	Fe^{3+}	25.1
Mg^{2+}	8.60	Pb^{2+}	18.04	V^{3+}	25.90
Ca^{2+}	10.69	Y^{3+}	18.09	Bi^{3+}	27.94
Mn^{2+}	14.04	Ni^{2+}	18.67		
Fe^{2+}	14.33	Cu^{2+}	18.80		

二、络合滴定指示剂

络合滴定指示剂又称金属指示剂，它是一种有机络合剂，能和金属离子形成与指示剂本身颜色不同的络合物。

1. 作为络合滴定的金属指示剂必须具备的条件

（1）金属指示剂络合物 MIn 与指示剂 In 的颜色应有明显差别，使滴定终点时有易于辨别的颜色变化。金属指示剂大多是有机弱酸，在不同的 pH 范围可能呈现不同的颜色，因此必须在适当的 pH 范围使用。

（2）指示剂与金属离子的络合物稳定性要适当。MIn 的稳定性应比 MY 的稳定性弱，否则，临近化学计量点时，EDTA 不能夺取 MIn 中的金属离子，使 In 游离出来而变色，从而失去了指示剂的作用。但 MIn 的稳定性也不能太弱，以免指示剂在离化学计量点较远时就开始游离出来，使终点变色不敏锐，并使终点提前出现而产生较大的滴定误差。

（3）指示剂及指示剂络合物具有良好的水溶性，且指示剂与金属离子的反应必须迅速进行。

2. 使用络合滴定指示剂应避免的现象

（1）指示剂的封闭：当 MIn 的稳定性超过 MY 的稳定性时，临近化学计量点处，甚至滴定过量之后 EDTA 也不能把指示剂置换出来。指示剂因此而不能指示滴定终点的现象称为指示剂的封闭。

（2）指示剂的僵化：有些指示剂与金属离子形成的络合物水溶性较差，容易形成胶体或沉淀。滴定时，EDTA 不能及时把指示剂置换出来而使终点拖长的现象称为指示剂的僵化。

（3）指示剂的氧化变质：金属指示剂大多是含有双键的有机化合物，易被日光、空气所破坏，有些在水溶液中更不稳定，容易变质。

常用的金属批示剂及其主要应用，见表 23-3。

表 23-3　　　　　　　　　　常用的金属指示剂及其主要应用

指示剂	颜色		直接滴定离子	指示剂配制
	In	MIn		
铬黑 T	蓝	红	pH=10：Mg^{2+}、Zn^{2+}、Ca^{2+}、Pb^{2+}	1:100NaCl（固体）
二甲酚橙	黄	红	pH<1：ZrO^{2+} pH1-3：Bi^{3+}、Th^{4+} pH=5~6：Zn^{2+}、Pb^{2+}、Cd^{2+}、Hg^{2+}	0.5%水溶液

续表

指示剂	颜色		直接滴定离子	指示剂配制
	In	MIn		
PAN	黄	红	pH2～3：Bi^{3+}、Th^{4+} pH4～5：Cu^{2+}、Ni^{3+}	0.1%乙醇溶液
酸性铬蓝 K	蓝	红	pH=10：Mg^{2+}、Zn^{2+} pH13：Ca^{2+}	1:100NaCl（固体）
钙指示剂	蓝	红	pH12～13：Ca^{2+}	1:100NaCl（固体）
磺基水杨酸	无	紫红	pH1.5～2：Fe^{3+}	2%水溶液

三、络合滴定法在水分析、垢和腐蚀产物分析中的应用

1. 直接滴定

凡是 β_n 足够大、配位反应快速进行、又有适宜指示剂的金属离子都可以用 EDTA 直接滴定。如在酸性溶液中滴定 Fe^{3+}，弱酸性溶液中滴定 Cu^{2+}、Zn^{2+}，Al^{3+}，碱性溶液中滴定 Ca^{2+}、Mg^{2+}等都能直接进行，且有很成熟的方法。

2. 返滴定

如果待测离子与 EDTA 反应的速度很慢，或者直接滴定缺乏合适的指示剂，可以采用返滴定法。

3. 置换滴定

利用置换反应能将 EDTA 络合物中的金属离子置换出来，或者将 EDTA 置换出来，然后进行滴定。

第三节 氧化–还原滴定法

氧化还原滴定法是以氧化还原反应为基础的滴定分析方法，广泛应用于水质分析和其他样品的常量分析中。氧化还原滴定法应用广泛，可用来直接测定氧化性或还原性物质，也可以用来间接测定一些能与氧化剂或还原剂发生定量反应的物质。

氧化还原反应是基于电子转移的反应，其反应机理比较复杂。在氧化还原反应中，除了主反应外，还经常伴有各种副反应，且介质对反应也有很大的影响。因此，我们讨论氧化还原反应时，除了从平衡观点判断反应的可能性外，还应该考虑各种反应条件及滴定条件对氧化还原反应的影响，因此在氧化还原反应中要根据不同情况选择适当的反应及滴定条件。

根据所用氧化剂或还原剂不同，可以将氧化还原滴定法分为多种，常用的有高锰酸钾法、重铬酸钾法、碘量法及溴酸盐法等。

一、氧化–还原反应速度及其影响因素

不同的氧化还原反应，其反应速度的差别是非常大的，有的反应速度慢，有的反应虽然从理论上看是可以进行的，但是实际上由于反应速度太慢，可以认为他们之间不发生反应。

影响氧化还原反应速度的因素有以下几方面。

（1）反应物的浓度：一般来说，反应物的浓度越大，反应的速度越快。

（2）温度：通常溶液的温度每增加 $10℃$，反应速度提高 2～3 倍。在室温下，反应速度缓慢。如果将溶液加热，反应速度便大大加快，但不是所有情况下都可以通过提高温度加快反应速度的。

（3）催化剂的影响：有些反应需要在催化剂存在下才能较快地进行。

二、氧化－还原指示剂

自身指示剂：当标准溶液或滴定物质本身有颜色，可用以确定滴定终点。

特效指示剂：有的物质本身不具氧化还原性，但它能与氧化剂或还原剂作用产生特殊的颜色，因而可以指示氧化还原滴定的终点。

氧化还原指示剂：氧化还原指示剂大都是结构复杂的有机化合物，具有氧化还原性，而且，它的氧化态和还原态具有不同的颜色，因而可以指示滴定终点。

常用的氧化－还原指示剂，见表 23－4。

表 23-4　　　　　　　　　　常用的氧化-还原指示剂

指示剂名称	$\varphi_{In}^{o'}$（V）$[H^+]=1mol/L$	颜色变化		配制方法
		氧化态	还原态	
次甲基蓝	0.36	蓝	无色	0.05%水溶液
二苯胺	0.76	紫	无色	
二苯胺磺酸钠	0.84	紫红	无色	0.2%水溶液
邻苯胺基苯甲酸	0.89	紫红	无色	0.2%水溶液
邻二氮杂菲－亚铁	1.06	浅蓝	红	每 100mL 溶液中含 1.624g 邻二氮杂菲和 0.695gFeSO_4
硝基邻二氮杂菲－亚铁	1.25	浅蓝	紫	0.025mol/LFeSO_4100mL 配成

第四节　沉淀滴定法

沉淀滴定法是以沉淀反应为基础的一种滴定分析方法。虽然能形成沉淀的反应很多，但并不是所有的沉淀反应能用于滴定分析。

一、用于沉淀滴定法的沉淀反应必须符合的条件

（1）生成沉淀的溶解度必须很小；

（2）沉淀反应必须能迅速、定量地进行；

（3）能够用适当的指示剂或其他方法确定滴定终点。

由于上述条件的限制，能用于沉淀滴定法的反应就不多了。目前用得较广的是生成难溶银盐的反应，例如：

$$Ag^+ + Cl^- = AgCl \downarrow$$

$$Ag^+ + SCN^- = AgSCN \downarrow$$

这种利用生成难溶银盐反应的测定方法称为银量法。用银量法可以测定 Cl^-、Br^-、I^-、CN^-、SCN^-等离子。银量法分为直接法和返滴定法。直接法是用 $AgNO_3$ 标准溶液直接滴定被沉淀的物质；返滴定法是先加入一定量的 $AgNO_3$ 标准溶液于待测溶液中，再用 NH_4SCN 标准溶液来滴定剩余量的 $AgNO_3$ 溶液。

二、银量法滴定终点的确定

1. 摩尔法

用铬酸钾作指示剂的银量法称为摩尔法。

在含有 Cl^-的中性溶液中，以 K_2CrO_4 作指示剂，用 $AgNO_3$ 标准溶液来滴定。在滴定过程中，$AgCl$ 首先沉淀出来，待滴定到化学计量点附近，由于 Ag^+浓度迅速增加，达到了 Ag_2CrO_4 的溶度积，此时立刻形成砖红色 Ag_2CrO_4 沉淀，指示出滴定的终点。

2. 佛尔哈德法

用铁铵矾 $[NH_4Fe(SO_4)_2]$ 作指示剂的银量法称为佛尔哈德法。

在含有 Ag^+的溶液中，加入铁铵矾作指示剂，用 NH_4SCN 标准溶液来滴定，滴定过程中 SCN^-与 Ag^+生成 $AgSCN$ 沉淀。当滴定到化学计量点附近时，由于 Ag^+浓度迅速降低，SCN^-浓度迅速增加，过量的 SCN^-与 Fe^{3+}反应生成红色络合物，即为终点。

3. 法扬司法

用吸附指示剂指示滴定终点的银量法称为法扬司法。

吸附指示剂是一类有色的有机化合物。它被吸附在胶体微粒表面之后，可能由于形成某种化合物而产生分子结构的变化，因而引起颜色的变化。

银量法中常用的吸附指示剂，见表 23－5。

表 23–5　　　　　　　　银量法中常用的吸附指示剂

名称	待测离子	滴定剂	颜色变化	适用 pH
荧光黄	Cl^-	Ag^+	黄绿色（有荧光）→粉红色	7～10
二氯荧光黄	Cl^-	Ag^+	黄绿色（有荧光）→红色	4～10（一般为 5～8）
曙红	Br^-、I^-、SCN^-	Ag^+	橙黄色（有荧光）→紫红色	2～10（一般为 3～8）
酚藏红	Br^-、Cl^-	Ag^+	红色→蓝色	酸性
甲基紫	Ag^+、SO_4^{2-}	Ba^{2+}、Cl^-		1.5～3.5

第五节　质量分析法

质量分析法是将待测组分与试样中的其他组分分离，然后称重，根据称量数据计算出试样中待测组分含量的分析方法。

一、质量分析法分类

根据被测组分与试样中其他组分分离的方法不同，质量分析法通常可分为沉淀法、电解法和气化法。

（1）沉淀法：利用沉淀反应使待测组分以难溶化合物的形式沉淀出来，将沉淀过滤、洗涤、烘干或灼烧后称重。根据称得的质量，求出被测组分的含量。沉淀法是质量分析中最常用的方法。

（2）电解法：利用电解原理，使被测金属离子在电极上还原析出，电极增加的质量，即为被测金属的质量。

（3）气化法：利用物质的挥发性质，通过加热或蒸馏等方法使待测组分从试样中挥发逸出，然后根据气体逸出前后试样质量的减少来计算被测组分的含量。

质量分析法直接通过称量而求得分析结果，不需基准物质或标准溶液，因此对于常量组分的测定，其准确度较高，相对误差一般为 0.1%～0.2%。但是，质量分析法流程长、耗时多，不能满足快速分析的要求也不适用于低含量组分的测定。

在分析试液中加入适当的沉淀剂，利用沉淀反应，使被测组分以适当的沉淀形式沉淀出来。经过滤、洗涤、烘干或灼烧后成为称量形式，然后称量，再求出被测组分含量。沉淀形式和称量形式可以相同，也可以不相同。

二、沉淀质量法对沉淀形式和称量形式的要求

1. 对沉淀形式的要求

（1）沉淀的溶解度要小，以保证被测组分沉淀完全；

（2）沉淀要易于转化为称量形式；

（3）沉淀易于过滤、洗涤，最好能得到颗粒粗大的晶形沉淀；

（4）沉淀必须纯净，尽量避免杂质的沾污。

2. 对称量形式的要求

（1）称量形式必须有确定的化学组成，否则无法计算分析结果；

（2）称量形式要十分稳定，不受空气中水分、CO_2 等的影响；

（3）称量形式的摩尔质量要大，这样由少量被测组分得到较大量的称量物质，可以减小称量误差，提高分析准确度。

影响沉淀平衡的因素很多，如同离子效应、盐效应、酸效应、配位效应等。

同离子效应：当沉淀反应达到平衡后，若向溶液中加入含某一构晶离子的试剂或溶液，则沉淀的溶解度减小，这一效应称为同离子效应。

盐效应：在难溶电解质的饱和溶液中，由于加入了强电解质而增大沉淀溶解度的现象，称为盐效应。

酸效应：溶液的酸度对沉淀溶解度的影响，称为酸效应。

配位效应：由于溶液中存在的配位剂与金属离子形成络合物，从而增大沉淀溶解度的现象，称为配位效应。

温度：大多数沉淀的溶解度随着温度的升高而增大。对于溶解度较大的沉淀，温度对溶解度的影响显著。

溶剂：根据相似相溶原理，对于无机物的沉淀，加入有机试剂，能降低沉淀的溶解度。

沉淀颗粒的大小和结构：对于同种沉淀，颗粒越小，溶解度越大。因此在沉淀完成以后，通常将沉淀与母液一起放置一段时间，使小晶体转化为大晶体，以降低沉淀的溶解度。

第二十四章　仪　器　分　析

第一节　分　光　光　度　法

分光光度法是通过测定被测物质在特定波长处或一定波长范围内光的吸收度，对该物质进行定性和定量分析的方法。它具有灵敏度高、操作简便、快速等优点，是化学实验中最常用的实验方法。许多物质的测定都采用分光光度法。在分光光度计中，将不同波长的光连续地照射到一定浓度的样品溶液时，便可得到与不同波长相对应的吸收强度。

一、概述

1. 电磁辐射

光是电磁辐射，电磁辐射具有粒子的性质，也具有波动的性质，其波动性可用波长（λ）来表示。所谓波长即指波在传播路线上具有相同振动位相的相邻两点之间的距离。电磁辐射的粒子性的主要特征是每个光子具有能量 ε，其与波长之间的关系为：

$$\varepsilon = h\frac{c}{\lambda}$$

式中 h 为普朗克常数，其值为 $6.63 \times 10^{-34} J \cdot s^{-1}$。$c$ 为电磁辐射在真空中的传播速度，其值为 $2.997\,92 \times 10^8 m/s$。可见波长越长，其能量越小；波长越短，其能量越大。

电磁辐射按波长顺序排列，称为电磁波谱，见表 24-1。

表 24-1　　　　　　　　　　　　　　　电 磁 波 谱 区

波谱区名称	波长范围	频率范围（MHz）	光子能量 ε（eV）	跃迁能级类型
γ 射线	0.005～0.14nm	$6 \times 10^{14} \sim 2 \times 10^{12}$	$2.5 \times 10^6 \sim 8.3 \times 10^3$	核能级
X 射线	0.000 1～10nm	$3 \times 10^{14} \sim 3 \times 10^{10}$	$1.2 \times 10^6 \sim 1.2 \times 10^2$	内层电子能级
远紫外光	10～200nm	$3 \times 10^{10} \sim 1.5 \times 10^9$	125～6	内层电子能级
近紫外光	200～400nm	$1.5 \times 10^9 \sim 7.5 \times 10^8$	6～3.1	原子及分子的阶电子或成键电子能级
可见光	400～750nm	$7.5 \times 10^8 \sim 4.0 \times 10^8$	3.1～1.7	原子及分子的阶电子或成键电子能级
近红外光	0.75～2.5μm	$4 \times 10^8 \sim 1.2 \times 10^8$	1.7～0.5	分子振动能级
中红外光	2.5～50μm	$1.2 \times 10^8 \sim 6.0 \times 10^6$	0.5～0.02	分子振动能级
远红外光	50～1000μm	$6.0 \times 10^6 \sim 3 \times 10^5$	$2 \times 10^{-2} \sim 4 \times 10^{-4}$	分子转动能级
微波	0.1～100cm	$3 \times 10^5 \sim 3 \times 10^2$	$4 \times 10^{-4} \sim 4 \times 10^{-7}$	分子转动能级
射频	1～1000m	$3 \times 10^2 \sim 0.3$	$4 \times 10^{-7} \sim 4 \times 10^{-10}$	电子自旋、核自旋

2. 吸收光谱

在一般情况下，如果没有外能的作用，无论原子、离子或分子都不会自发产生光谱。但如果预先给原子、离子或分子以能量，使其从低能态过渡到高能态（激发过程），当其返回到低能态时就会产生与能量相对应频率的光谱。

同样，当辐射通过气态、液态或透明的固体物质时，物质中的原子、离子或分子将吸收与其内能变化相对应频率的辐射而由低能态过渡到高能态，这种因物质对辐射的选择性吸收而得到的原子或分子光谱，称为吸收光谱。

3. 比色法和吸光光度法

人们发现含有有色物质的溶液浓度改变时，溶液颜色的深浅度也就随着改变。溶液越浓颜色愈深，溶液越稀颜色愈浅。因此，可以利用比较溶液颜色深浅的方法来确定溶液中有色物质的含量，这种方法就称为比色分析法。用眼睛观察比较溶液颜色深浅来确定物质含量的分析方法称为目视比色法。利用光电效应测量通过有色溶液后透过光的强度，求得被测物质含量的方法称为光电比色法。

4. 分光光度法

分光光度法是以棱镜或光栅为分光器，并用狭缝分出很窄的一条波长的光，同样测量透过光的强度来求得被测物质的含量。由于光的波长范围窄，其测定的灵敏度、选择性和准确度都比比色法高。

二、朗伯－比尔定律及其影响因素

1. 朗伯－比尔定律

当一束平行的波长为 λ 的单色光通过一均匀的有色溶液时，光的一部分被比色皿的表面反射回来，一部分被溶液吸收，一部分则透过溶液。这些数值间有以下关系：

$$I_0 = I_a + I_c + I_t$$

式中　　I_0——入射光的强度；

　　　　I_a——被吸收光的强度；

　　　　I_c——反射光的强度；

　　　　I_t——透过光的强度。

在比色分析中采用同种质料的比色皿，其反射光的强度是不变的，由于反射所引起的误差互相抵消，上式可以简化为：$I_0 = I_a + I_t$，在入射光强度恒定的情况下，I_a 越大即说明对光吸收得越强，也就是透过光 I_t 强度越小，光减弱得越多。

实验发现透过光强度与单位体积有色溶液中吸光物质的分子数量 c 以及透过溶液的厚度 L 有关。其数学表达式为：

$$\log \frac{I_t}{I_0} = kcL$$

其中 k 为比例系数，其数值只取决于吸光物质的特性，而与吸收层厚度及浓度无关。式中 $\log I_t/I_0$ 又称为吸光度 A，上式又可以写为：$A = kcL$。

上式称为朗伯－比尔定律，是紫外－可见吸光光度法定量分析的基础。

2. 影响朗伯－比尔定律正确性的因素

朗伯－比尔定律一般来讲适用于低浓度的溶液以及单色光，影响其正确性主要的因素有：

（1）入射光非单色光：严格讲朗伯-比尔定律只适用于单色光。

（2）溶液中的化学反应：溶液中的吸光物质常因电离、缔合、形成新的化合物或互变异构体等的化学变化而改变了浓度，因而导致对朗伯-比尔定律的偏离。

（3）漫射：当介质的微粒不太小的情况下，将发生漫射，如胶体溶液、乳胶液和悬浮物等。

三、显色反应及其影响因素

分光光度法应用的显色反应，按反应类型，主要有氧化还原反应和络合反应两大类，其中络合反应是最主要的。

1. 分光光度法对显色反应的要求

对于显色反应，一般应满足下列要求：

（1）选择性好、干扰少或干扰容易消除；

（2）灵敏度高；

（3）有色化合物的组成恒定，符合一定的化学式；

（4）有色化合物的化学性质足够稳定，至少保证在测量过程中溶液的吸光度变化很小；

（5）有色化合物与显色剂之间的颜色差别要大。

2. 影响显色反应的因素

（1）显色剂的用量。显色剂用量对显色反应的影响是各种各样的，一般有三种可能出现的情况，如图 24-1 所示。其中（a）的曲线是比较常见的，开始时随着显色剂浓度的增加吸光度不断增加，当显色剂浓度达到某一数值时，吸光度不再增大，出现 ab 平坦部分，这意味着显色剂浓度已足够，因此可以在 ab 之间选择合适的显色剂浓度。图（b）与 24-1（a）不同的地方是曲线的平坦区域较窄，当显色剂浓度继续增大时，吸光度反而下降。图（c）与前两种情况完全不同，当显色剂的浓度不断增大时，吸光度不断增大。

（2）溶液的酸度。酸度对显色反应的影响主要有以下几方面：

1）影响显色剂的浓度和颜色：显色反应所用的显色剂不少是有机弱酸，显然，溶液的酸度将影响显色剂的电离，并影响显色反应的完全程度。同时，许多显色剂具有酸碱指示剂性质，即在不同的酸度下有不同的颜色。

2）影响被测金属离子的存在状态：大部分金属离子很容易水解，当溶液的酸度降低时，它们在水溶液中除了以简单的金属离子形式存在外，还可能形成一系列的羟基或多核羟基络离子。当酸度更低时，可能进一步水解生成碱式盐或氢氧化物沉淀。显然，这些水解反应的存在，对显色反应的进行是不利的。

3）影响络合物的组成：对于某些生成逐级络合物的显色反应，酸度不同，络合物的络合比不同，其色调也不同。

显色反应最适宜的酸度，通常是通过实验来确定的。具体的方法是固定溶液中被测组分与显色剂的浓度，调节溶液不同的 pH 值，测定溶液吸光度。用 pH 值作横坐标，吸光度作纵坐标，做出 pH 值与吸光度关系曲线，从中找出最适宜的 pH 值。吸光度与显色剂浓度的关系如图 24-1 所示。

（3）显色温度。在一般情况下，显色反应大多在室温下进行。但是，有些显色反应必须加热到一定温度才能完成。

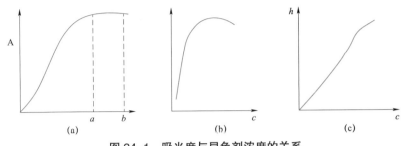

图 24-1 吸光度与显色剂浓度的关系

（4）显色时间。有些有色化合物能瞬间形成，颜色很快达到稳定状态，并在较长时间保持不变；有些有色化合物虽能迅速形成，但很快就开始褪色；有些化合物形成缓慢，需经一段时间后颜色才稳定。

（5）溶剂。有机溶剂会降低有色化合物的电离度，从而提高了显色反应的灵敏度。同时，有机溶剂还可能提高显色反应的速度，以及影响有色络合物的溶解度和组成。

（6）溶液中共存离子的影响。如果共存离子本身有颜色，则会造成干扰。如果共存离子和被测组分或显色剂生成无色络合物，这将降低被测组分或显色剂的浓度，从而影响显色剂与被测组分的反应，引起负误差。如果共存离子与显色剂生成有色络合物，则引起正误差。上述各种干扰情况可用下列几种方法消除：

1）控制溶液的酸度；

2）加入掩蔽剂；

3）利用氧化还原反应改变干扰离子的价态，以消除干扰；

4）利用校正系数；

5）利用参比溶液消除显色剂和某些有色共存离子的干扰；

6）选择适当的波长；

7）采用适当的分离方法。

四、显色剂

显色剂主要为无机显色剂和有机显色剂。

1. 无机显色剂

无机显色剂在比色分析中已经应用不多，主要因为生成的络合物不够稳定，灵敏度和选择性也不高。目前主要应用较多的有硫氰酸盐、铝酸铵和过氧化氢等。

2. 有机显色剂

大多数有机显色剂与金属离子生成极稳定的螯合物，而且具有特征的颜色，因此选择性和灵敏度都较高。不少螯合物宜溶于有机溶剂，可以进行萃取比色，这对进一步提高灵敏度和选择性很有利。

有机显色剂大都是含有生色团和助色团的化合物。在有机化合物分子中，一些含有不饱和键的基团，它们能吸收大于 200nm 波长的光，这种基团称为广义的生色团。有机显色剂的种类繁多，如 OO 型螯合显色剂、NN 型螯合显色剂、含 S 的显色剂、偶氮类螯合显色剂、三苯甲烷类螯合显色剂等。

五、分光光度计

任何类型的分光光度计都配备下列组成部分：光源、单色仪、吸收池、检测器和显示仪表等。国内比较常用的紫外—可见分光光度计有单光束和双光束两种类型。这些仪器的装置原理如图 24-2 和图 24-3 所示。

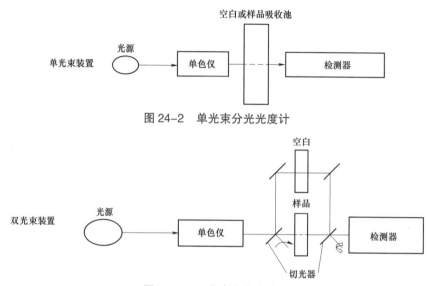

图 24-2　单光束分光光度计

图 24-3　双光束分光光度计

实验室常用的 721 型分光光度计就是单光束的分光光度计，岛津的 UV-2100 型分光光度计是双光束的分光光度计。

此外，双波长分光光度计在分析二组分混合物、分析混浊体系中微量吸收物质以及分析两种吸收物质浓度比值等工作中得到广泛应用，图 24-4 是双波长分光光度计原理示意。

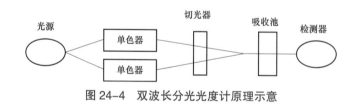

图 24-4　双波长分光光度计原理示意

第二节　电位分析法

一、电位分析法概述

电位分析法是一种利用电极电位和溶液中某种离子的活度（或浓度）之间的关系来测定被测物质活度（或浓度）的电化学分析方法。该方法以测量电池的电动势为基础，其中化学电池的组成是以被测试液作为电解质溶液，并于其中插入两支电极，一支是电位与被测试液的活度（或浓度）有定量函数关系的指示电极，另一支是电位稳定不变的参比电极，通过测量该电池的电动势来确定被测物质的含量。

根据测定原理的不同，电位分析法可分为直接电位法和电位滴定法两大类。直接电位法，是通过测量电池电动势来确定指示电极的电位，然后根据能斯特（Nernst）方程，由所测得的电极电位值计算出被测物质的含量。电位滴定法，是根据在滴定过程中指示电极电位的变化来确定滴定终点，再按滴定中消耗的标准溶液的浓度和体积来计算待测物质含量，它本质上也是一种容量分析法。

由于膜电极技术的出现，导致多种具有良好选择性的指示电极，即离子选择性电极（ISE）的诞生。电位分析法有如下特点：① 选择性好，在多数情况下，共存离子干扰很小，对组成复杂的试样往往不需经过分离处理就可直接测定。② 灵敏度高，直接电位法的相对检出限量为 $10^{-8} \sim 10^{-5}$ mol/L，特别适用于微量组分的测定。③ 电位分析只需用少量试液，可做无损分析和原位测量。④ 电位滴定法仪器设备简单，操作方便，分析速度快，便于实现分析的自动化。

二、离子选择性电极

离子选择性电极的基本构造包括三部分：

（1）敏感膜。

（2）内参液，它含有与膜及内参比电极响应的离子。

（3）内参比电极，通常用 Ag/AgCl 电极。

有的离子选择性电极不用内参液和内参比电极，它们在晶体膜上压一层银粉，把导线直接焊在银粉层上，或把第三层膜涂在金属丝或片上制成涂层电极。

根据敏感膜的类型，离子选择性电极的命名和分类，见表 24-2。

表 24-2　　　　　　　　　　　　离子选择性电极的命名和分类

离子选择性电极	原电极	晶体电极	均相膜电极	
			异相膜电极	
		非晶体电极	刚性基质电极（各种玻璃电极）	
			流动载体电极	带正电荷载体电极
				带负电荷载体电极
				中性载体电极
	敏化电极	气敏电极		
		酶电极		

三、离子选择性电极的性能参数

1. 线性范围和检测下限

离子选择性电极与参比电极组成的电池，其电动势为：

$$E = E^0 \pm \frac{2.303RT}{nF} \lg a$$

式中，E 是电池电动势（V），a 是离子活度（mol/L），阳离子取（＋）号，阴离子取（－）号。以 E 对 $\lg a$ 做图，得到一条斜率为 2.303RT/（nF）的直线。符合线性的响应称为能斯特响应，符合能斯特公式的响应区域，称为线性范围。一般来说，离子选择性电极的线性范围为 4～7 个数量级。对于性能良好的电极，其斜率接近理论值 ±1～±2mV。

2. 选择系数和选择比

电极的选择性主要是由电极膜活性材料的性质决定的。所有的离子选择性电极都不是专属的，在不同程度上都受到其他离子的干扰。离子选择性电极的选择性可用选择系数和选择比来表示。选择系数 $K_{i,j}$ 表示电极对要检测离子 i 的响应是电极对干扰离子 j 的响应的倍数。$K_{i,j}$ 的倒数 $K_{j,i}$ 即选择比，它表示的是，在溶液中干扰离子 j 的活度 a_j 与要检测离子 i 的活度 a_i 的比值为多大时，离子选择性电极对 i 和 j 这两种离子的响电位相等。

可用修正的能斯特方程来表示存在离子干扰影响时电极电位，如下：

$$E = E^0 - \frac{2.303RT}{n_i F} \lg\left(a_i + \sum_j K_{i,j} a_j^{n_i/n_j} \right)$$

式中，$K_{i,j}$ 可用实验方法测定，$K_{i,j} \ll 1$，意味着电极对要检测离子的选择性好。

3. 响应时间

响应时间是指从离子选择性电极与参比电极接触试液或试液中离子的活度改变开始时到电极电位值达到稳定（±1mV 以内）所需的时间，也可用达到平衡电位值 95% 或 99% 所需的时间 $t_{0.95}$ 或 $t_{0.99}$ 表示。响应时间的波动范围相当大，性能良好的电极响应是相当快的，响应时间可小于 1min。随着离子活度下降，响应时间将会延长。溶液组成、膜的结构、温度和搅拌强度等都会影响响应时间。

4. 稳定性和寿命

稳定性包括重现性和漂移。漂移是指在一组成和温度固定的溶液中，离子选择性电极和参比电极组成的测量电池的电动势随时间而缓慢改变的程度。电极电位的重现性指将电极从 10^{-3}mol/L 溶液转移至 10^{-2}mol/L 溶液中，反复转移三次所测得电位的平均偏差。

5. 电极内阻

电极的电阻越高，要求电位计的输入阻抗也越高，同时越容易受外界交流电场的影响，造成测量误差。

6. 不对称电位

不对称电位约为几毫伏，它会随时间而缓慢变化，开始时较大，然后趋向一个稳定值。

四、直接电位法

1. 标准曲线法

标准曲线法是离子选择性电极最常用的一种分析方法，它用几个标准溶液（标准系列）在与被测试液相同的条件下测量其电位值，再通过做图的方法求得分析结果。标准曲线法精确度较高，适合于批量试样的分析。

2. 标准加入法

如果试样的组成比较复杂，不宜用标准曲线法，此时可采用标准加入法。标准加入法又称增量法，它先对被测试液进行电位测定，再向试液中添加待测离子的标准溶液进行电位测定，将所测数据经过数学处理，即可求得分析结果。

3. 标准比较法

（1）单标准比较法。选择一个与待测试液中被测离子浓度相近的标准溶液，在相同的测定条件下，用同一支离子选择性电极分别测量两溶液的电极电位，表示如下：

$$E_x = K' \pm s \lg C_x$$

$$E_s = K' \pm s \lg C_s$$

E_x、E_s 分别表示待测试液和标准溶液的电极电位；s 为电极斜率，由实验测得。

两式相减得

$$E_x - E_s = \pm s(\lg C_x - \lg C_s)$$

$$\Delta E = \pm s \lg C_x / C_s$$

ΔE 表示测得的试液电位值和标准溶液的电位值之差，对上式取反对数，得：

$$C_x = C_s \times 10^{\pm \Delta E / S}$$

对阳离子取（＋）号，对阴离子取（－）号。测定时，标准溶液和试液的温度应一致，否则会造成测量误差。

（2）双标准比较法。这种方法是测量两个标准溶液 C_{s1} 和 C_{s2} 与试样溶液 C_x 的相应电位值 E_{s1}、E_{s2} 和 E_x 来计算。由两个标准溶液可得电极的斜率为

$$s = \frac{E_{s2} - E_{s1}}{\lg(C_{s2} / C_{s1})} = \frac{E_x - E_{s1}}{\lg(C_x / C_{s1})}$$

并取对数，得：

$$\lg C_x = \frac{\Delta E}{\Delta E_s} \times \lg \frac{C_{s2}}{C_{s1}} + \lg C_{s1}$$

五、电位滴定法

1. 直接滴定法

由指示电极和参比电极组成电池直接进行滴定，由指示电极的电位确定终点。直接滴定法终点的确定可分为三种类型：第一种是指示电极对试液中的被测离子敏感；第二种是指示电极对滴定剂敏感；第三种是电极对指示剂敏感。

2. 示差滴定法

这种方法基于浓差电池的原理。将两支相同的离子选择性电极，一支浸于被测溶液中，另一支浸入标准溶液中，再用盐桥连接两溶液构成浓差电池。若两个溶液的组成基本相同或都加入等量离子强度调节剂，则活度系数和液体接界电位相等，那么电池电动势与离子浓度的关系为：

$$E = \frac{2.303RT}{nF} \lg \frac{C_x}{C_s}$$

示差滴定法直接读出 $\Delta E / \Delta V$ 值，它最大时即为滴定终点。

3. 恒电流滴定法

恒电流滴定法又被称作双电位滴定法。在两个相同的指示电极上施加电压，使微小但是稳定的电流流过两个电极，以滴定过程中两个电极间的电位差确定终点。恒电流滴定法的优

点是，只要求被测物质或滴定剂之中有一个是电活性的。

4. 电位滴定法的准确度

一般来说，电位滴定法的准确度要优于直接电位法。影响电位滴定法准确度的主要因素有滴定反应的平衡常数、干扰离子的浓度，样品溶液中离子的起始浓度等。各种因素的影响集中表现在准确确定化学计量点上。

5. 电位分析法的应用

电位滴定可以完成以中和、沉淀、氧化还原以及络合等化学反应为基础的容量滴定，同样，电位滴定法还可用在有色或混浊的溶液和非水溶剂体系的分析上。但是，电位滴定法用于水溶液中的酸碱滴定时，只能用于电离常数大于 10^{-8} 的那些酸碱，太弱的酸或碱，在滴定时终点不明显，这种情况下如果选择合适的非水溶剂，就能使滴定时电位突跃明显增大。

第三节　离子色谱分析法

一、概述

离子色谱（简称 IC）是 1975 年提出的一种革命性的微量湿化学分析新技术，1977 年开始在水处理领域中采用。现在 IC 仪应用越来越广泛，精度越来越高，已逐渐推广到对蒸汽纯度做更精确的评价、对锅炉水处理的监督以及改善水中形成沉积物特性方面的研究中。

典型的离子色谱系统由储液罐、柱塞泵、进样阀、分离柱、抑制柱、检测器和数据记录处理系统等部分组成。分离柱中填充低容量薄壳型阳离子或阴离子交换树脂，当流动相（淋洗液）将样品带到分离柱时，由于各种离子对分离柱中离子交换树脂的相对亲合力大小不同，样品在分离柱上分离成不连续的谱带，并依次被淋洗液洗脱，测定溶液中多种离子应用总体性质检测器（如电导检测器），这种检测器灵敏而通用，所检测的电导率是溶液中离子的共性，在低浓度时是离子浓度的简单函数，并与之呈线性关系。对阴离子的分离，抑制柱填充常规强酸性（R—H）阳离子交换树脂，对阴离子的分离，填充常规强碱性（R—OH）阴离子交换树脂。抑制柱的工作过程起到将无选择总体性质检测器转变成选择性电导检测器的作用，并且增加待测离子的检测灵敏度。通常将抑制柱和电导检测器结合称为抑制型电导检测器。

二、离子色谱法的分离原理

根据分离方式的不同可将离子色谱分为高效离子色谱（简称 HPIC）、离子排斥色谱（简称 HPICE）和流动相离子色谱（简称 MPIC）三种。HPIC 的分离机理主要是离子交换，HPICE 主要是利用离子排斥原理，而 MPIC 则主要利用吸附和离子对的形成。

HPIC 的特点是用低交换容量（0.01～0.05mmol/g）、薄膜型、具有各种选择性的 S/DVB 离子交换树脂，HPIC 的选择性取决于树脂的颗粒大小、交联度和功能基团；HPICE 的特点是采用高交换容量（3～5mmol/g）的 S/DVB 树脂；MPIC 的特点是采用中性的 S/DVB 树脂（即用不含离子交换基团的多孔树脂）。HPIC 用于 F^-、Cl^-、NO_2^-、SO_4^{2-}、Na^+、NH_4^+、K^+、Mg^{2+}、Ca^{2+}、Fe^{3+}、Zn^{2+}、Ni^{2+} 等无机阴、阳离子、多价阴离子和碳水化合物的分离。

HPICE 用于有机酸和氨基酸等的分离，以及从有机物中分离无机组分。

MPIC 主要用于疏水性阴、阳离子的分离，以及金属络合物的分离。

在离子色谱法中，各种离子是根据对交换树脂的相对亲合力通过离子交换而分离开的。阴离子是在阴离子交换树脂柱（分离柱）上分离的，当阴离子分离柱的出水再流过一个阳离子交换树脂柱（抑制柱）时，阴离子就转变成其相应的酸；阳离子则是在阳离子交换树脂柱（分离柱）上被分离的。阳离子交换柱的出水再流经一个阴离子交换树脂柱（抑制柱）时，阳离子就转变成氢氧化物，而阴离子则转变成为低电导率的组分。

通常所用的离子交换树脂有两种：一种是强酸型阳离子交换树脂，例如 $R-SO_3H$ 或者简写 $R-H$，其中 H^+ 可与其他阳离子进行交换；另一种是强碱型阴离子交换树脂，例如 $R-CH_2N(CH_3)_3OH$（季胺型），或者简写为 $R-OH$，其中 OH^- 可与其他阴离子进行交换。

阳离子的交换反应

$$R-H+Na^+ \longrightarrow R-Na+H^+$$
$$2R-H+Ca^{2+} \longrightarrow R_2-Ca+2H^+$$
$$2R-H+Mg^{2+} \longrightarrow R_2-Mg+2H^+$$

阴离子的交换反应

$$R-OH+Cl^- \longrightarrow R-Cl+OH^-$$
$$2R-OH+SO_4^{2-} \longrightarrow R_2-SO_4+2OH^-$$

离子进行交换时，交换能力是不一样的，对于强酸型树脂来说，一些常见的阳离子的交换能力如下：$Li^+<H^+<Na^+<NH_4^+<K^+<Rb^+<Cs^+<Mg^{2+}<Ca^{2+}<Sr^{2+}<Ba^{2+}<Al^{3+}<Fe^{3+}$。

对于强碱型树脂来说，一些常见的阴离子的交换能力如下：$SO_4^{2-}>I^->NO_3^->CrO_4^{2-}>Br^->CN^->Cl^->OH^->F^->Ac^-$。

被测阴离子或阳离子与树脂的亲合力（被测离子与树脂的结合力）大小与被测离子半径和电荷数等因素有关。

1. 阴离子色谱分析

用于离子色谱中的离子交换树脂有两种：一种是作为分离用的，另一种是作为抑制用的（即作为流动相的淋洗液，通过抑制树脂后变成弱电解质或难溶电解质）。阴离子色谱分析系统的流程：淋洗液通过泵不断送入阴离子分离柱、阳离子抑制柱和电导率池，经电导率仪检测后排至废液桶中，在未进样之前，阴离子分离柱的树脂为 $R-HCO_3$ 型，淋洗液不与它作用，进到抑制柱（含 $R-H$ 树脂）时，则进行下述反应：$R-H+NaHCO_3 \longrightarrow R-Na+H_2CO_3$，即作为淋洗液的强电解质 $NaHCO_3$ 和 Na_2CO_3 经抑制柱后转化为弱电解质 H_2CO_3（包括 CO_2），电导率仪对它显示低的电导率（本底）。基线平稳后，用注射器通过进样阀注入试样，试样中的阴离子进入分离柱中被固定相（分离树脂）和流动相（淋洗液）进行无数次交换，洗脱，再交换，再洗脱过程，使阴离子得到有效的分离，分离后的物质进到阳离子抑制柱，柱中的树脂又将阳离子进行交换，产生与阴离子相应的酸。如此这样，试样中与阴离子相对应的盐经过抑制柱后，就转化为阴离子相应的酸，由此可以看出，抑制柱同时起到了抑制背景电导和增强被测组分信号电导的双重作用。由于交换能力是：$Cl^-<NO_3^-<SO_4^{2-}$，故 Cl^- 先流出，当 H^+ 和 Cl^- 通过电导池时，便在仪器上或记录仪上显示出较大的电导率或峰值，H^+、Cl^- 排完后，记录仪又回到基线，然后记录仪上又依次出现硝酸、硫酸的电导率所对应的响应峰（色谱峰）。被测离子含量越高，电导率越大，峰值也越大。对某物质进行定量分析时，先要注入该物质不同浓度的标准液，记下出峰时间和峰高（或峰面积）并做出工作曲线，然后注入未知

含量的试样，记下具有相同出峰时间的峰高（峰面积），从工作曲线可查出该离子的含量。

上述双柱离子色谱系统中，填充抑制柱运行一段时间后将失去抑制能力，需要再生，应用时可配两个抑制柱，通过转换阀把失效的树脂柱（抑制柱）再生，另一个继续运行。

2. 阳离子色谱分析

阳离子色谱分析系统中，淋洗液通过泵不断送入阳离子分离柱、阴离子抑制柱和电导池，经检测后排至废液桶中。未进样之前，阳离子分离柱的树脂为 R—H 型，淋洗液不与它作用，进到抑制柱时则与 R—OH 反应。

水是微弱电离的物质，电导率仪对它显示很低的电导率（即背景值很小），基线平稳后，和阴离子测定一样，用注射器通过进样阀注入试样，使阳离子在分离柱中得到有效的分离。分离后的物质进到抑制柱，柱中树脂将阴离子进行交换，产生相应的氢氧化物。由于交换能力是：$Na^+ < K^+ < Mg^{2+} < Ca^{2+}$，因此，排出先后的顺序是 Na^+、K^+、Mg^{2+}、Ca^{2+}，其相应氢氧化物的电导率也在不同的时间显示出来。同上述阴离子分析一样，阳离子的分析也要先作工作曲线，再测未知试样得出峰高（或峰面积）值，从工作曲线上查出该离子的含量。R—H 型阳离子抑制柱失效后也必须再生。阳离子色谱分析系统中抑制柱的作用与阴离子色谱分析系统相同。

三、离子色谱法的特点及其在电力工业中的应用

离子色谱最重要的优点之一是：试样用量少、灵敏度高、操作简单，不需要过多的辅助试剂，能准确、快速地顺序检测出多种离子。离子色谱的另一重大优点是：由于它是属于色谱学方面的技术，因而可以同任何具有峰值–积分软件的数据处理技术结合使用。离子色谱中的分离柱常受悬浮物污染，所以，进样时应先加以过滤（浓缩柱可起过滤器的作用）。胶体物是影响柱清洁度最大的物质。

近年来，离子色谱的技术解决了许多高纯水样品测定的实际难题。在电厂水处理分析中，离子色谱在痕量阴阳离子、过渡金属离子、有机酸和胺类物质的直接分析中得到了越来越多的应用。下面列举一些戴安（DIONEX）离子色谱技术在电厂水质分析中的应用实例。

1. 阴离子的测定

无机阴离子和有机酸阴离子（甲酸，乙酸等）是电厂用水中主要的腐蚀性阴离子，戴安离子色谱测定电厂给水、炉水、饱和蒸汽和凝结水中阴离子的含量，灵敏度可达 $0.1\mu g/L$，方法简便而快速。在电厂高纯水的分析中，当纯水中的 NH_3 含量达 $1mg/L$ 时，NH_3 似淋洗液会影响 Cl^- 的分析（约使测出的 Cl^- 含量降低 50%）。为解决这个问题，可使样品通过阳离子交换柱脱氨或将样品酸化。样品用盐酸、硫酸、磷酸或甲酸、乙酸等有机酸酸化。这在现场分析蒸汽纯度时是很重要的。

2. 阳离子的测定

在电厂中，碱金属和碱土金属（Li^+、Na^+、Ca^{2+}、Mg^{2+}等）及一些胺类物质的检测是必不可少的。戴安离子色谱在大量胺类物质存在的背景下可同时测定低 $\mu g/L$ 级的 Li^+、Na^+，方法灵敏而迅速。

近年来，一些胺类物质作为防腐剂在电厂热力系统中应用，测定系统中胺类物质的含量也是必要的。戴安的 IonPac CS14 分离性，能够快速有效地同时分离各种胺类物质、碱金属和碱土金属。

3. 过滤金属离子分析

电厂高纯水中过渡金属离子是造成设备腐蚀的重要原因之一。以 IonPac CS5 为分离柱，IPIC CS2 为浓缩柱，检测过渡金属离子的方法灵敏度可达 1×10^{-10}g/L。

第四节　原子吸收分光光度法

一、概述

1. 原子吸收分光光度法概要

原子吸收分光光度法是一种利用被测元素的基态原子对特征辐射的吸收程度进行定量分析的方法。它主要由光源、原子化器、单色器和检测器等部分组成。原子化器分火焰和非火焰原子化器。其分析的基本原理为：试样中被测元素的化合物在高温中被解离成基态原子，待测元素的空心阴极灯（HCL）辐射出该元素的特征谱线，该谱线通过原子化器的原子化区被待测元素的基态原子吸收，谱线强度减弱，试样中待测元素含量越高，光强减弱越大，即吸光度越大。经原子化器后出来的光，又经单色器进行分光，让该元素的特征谱线通过狭缝射到光电倍增管上，将光信号转变为电信号，再经放大、解调、对数转换变为吸光度，然后根据朗伯－比尔定律进行定量。

原子吸收分光光度法与通常的紫外可见光分光光度法在本质上都属于光谱分析的范畴，其不同在于前者是利用原子的吸收特征，是一种原子吸收光谱（线状光谱），而后者则利用分子的吸收特性，是一种分子吸收光谱（带状光谱）。两种方法各有特点，在仪器装置上都包含光源、吸收系统、分光系统和检测系统四个组成部分，只是组件和位置有所不同。

2. 原子吸收分光光度法的特点

（1）选择性高、干扰少。由于分析不同元素选用不同元素灯，而且共振发射与共振吸收对某一元素来说是特征的，因而基体和待测元素之间影响较小，提高了分析的选择性，准确度能达 1%～3%。

（2）灵敏度高。火焰原子吸收分光光度法可测到 10^{-13}mg/mL 数量级。

（3）测定范围广。原子吸收分光光度法能测 70 多种元素，既可作痕量分析也可作常量分析。

（4）操作简便。分析速度快，溶液用量少。

（5）原子吸收分光光度法的缺点：① 测定不同元素时需要更换光源灯，使用不太方便。② 每一元素的分析条件也各不相同，不利于同时进行多种元素的分析，对于多数非金属元素的测定，目前尚有一定的困难。

二、原子光谱的基本理论

1. 原子的发射和吸收

原子由原子核和核外电子组成，核外电子都按一定的量子轨道绕核旋转，并在一定空间内以不同的概率出现，形成电子云。每一个量子轨道都有各自确定的能量，离核越远的能级能量越高，离核越近的能级能量越低。在通常情况下，电子都处在各自最低的能级上，这时整个原子的能量最低而处在稳态，或称为基态，处于基态的原子叫基态原子。当基态原子受到外界能量作用时，电子就可能吸收能量而向高能量的量子轨道跃迁，这就是原子的吸收过程。

原子因获得能量而被激发，这种处于高能状态的原子称为激发态原子。处于激发态的原子很不稳定，常在 10^{-8}s 左右的时间内，电子又会从高能级跃迁回到基态，成为基态原子；同时将多余的能量以光辐射的形式释放出来，发射相应的光谱线，这种过程就是原子发射过程。原子被激发需要吸收的能量与从相应激发态跃迁回基态所发射的能量在数值上相等，都等于该两能级间的能量差。

发射光谱分析就是利用激发态原子跃迁至低能级时，根据其所发射的电磁辐射的波长和强度来进行定性分析和定量分析的。同理，原子吸收分析则是利用基态原子跃迁至高能级时，根据其对特征电磁辐射的吸收程度而进行分析的。基态原子吸收特征电磁辐射后将激发，当跃迁回基态时也会发射出相同频率的电磁辐射，这就是共振荧光。利用测定原子共振荧光的强度进行分析的方法称为原子荧光光谱分析。

原子发射光谱分析利用的是自发辐射，原子吸收分光光度法利用的是受激吸收过程，原子荧光分光光度法利用的是受激辐射过程，由此可见，原子吸收分光光度法和原子荧光分光光度法互为逆过程。

2. 共振线

由于原子结构很复杂，能级较多，故每种元素在跃迁过程中可以吸收的电磁辐射线或可发射的光谱线也较多。原子由第一激发态跃回基态时发出的谱线称为共振发射线；反之，原子中电子从基态跃迁到第一激发态吸收的谱线称为共振吸收线。以上这两种谱线都简称为共振线。

在原子吸收光谱法中，正是利用处于基态的待测原子蒸气对光源发射的共振线的吸收来进行分析的。

三、原子吸收分光光度计

原子吸收分光光度计的种类较多，可以分为单道单光束型、单道双光束型、双道双光束型以及多道型等。但其基本结构都是由光源、原子化系统、分光系统和检测系统四个部分所组成。

1. 光源

光源的作用是产生原子吸收所需要的足够窄的共振线。对原子吸收法的光源有下列要求：

（1）发射的必须是待测元素的共振线，不受充入气体及杂质元素线的干扰，背景要低；

（2）发射的共振线必须是锐线，半峰宽要远窄于吸收线，一般要求不能宽于 $5\times10^{-4}\sim 2\times10^{-3}$nm；

（3）共振线的强度要高且稳定，这才能保证有较高的信噪比，使测定具有一定的准确度和更低的检出限。

常见的光源主要为空心阴极灯。

2. 原子化系统

原子化系统的作用是将试样中的待测元素转化成吸收特征辐射线的基态原子。这一实现过程称为原子化，使试样原子化的方法，有火焰原子化法和无火焰原子化法两种。

（1）火焰原子化系统。现今火焰原子化系统大都采用由燃气、助燃气和雾化液充分混合，然后导入燃烧器燃烧，这种火焰燃烧均匀、稳定、气溶胶分散度高，原子化比较完全、噪声小、重现性好。

（2）火焰的结构和原子化过程。预混火焰（燃气、助燃气和雾化液充分混合后再导入燃烧器中燃烧所得的火焰），层次分明，不同高度区的温度和气体成分是各不相同的。原子吸收法所用的火焰，只要温度能使待测元素解离成基态原子就可以了，若超过了所需的温度，激发态原子将增加，电离度增大，基态原子减少，这对原子吸收是很不利的，因此在确保待测元素充分解离为基态原子的前提下，低温火焰比高温火焰具有较高的灵敏度。但对某些元素来说，若温度过低，则盐类不能解离，反而使灵敏度降低，并且还会发生分子吸收，干扰可能会增大。

（3）火焰的类型及燃烧状态。火焰温度取决于火焰的类型，并与燃气和助燃气的流量有关。火焰的类型关系到测定灵敏度、稳定性和干扰等，因此对不同的元素应选用不同的火焰，原子吸收法常用的火焰有空气－乙炔火焰和氧化亚氮－乙炔火焰。还有空气－氢火焰、氩－氢火焰和空气－煤气火焰等。

（4）无火焰原子化器。近代发展了几种无火焰原子化器，如石墨管原子化器、石墨棒及石墨杯原子化器、钽片原子化器和阴极溅射原子化器等。石墨管上有三个小孔，直径1～2mm，试样溶液从中央小孔注入，为防止试样及石墨管氧化，要在不断地通入惰性气体（氮或氩）的情况下进行测定，气体从三个小孔进入石墨管，再从两端排出，用10～15V，400～600A的电流通过石墨管进行加热。试样溶液加入量1～10μL，测定时分干燥、灰化、原子化和净化四个阶段，干燥的目的是蒸发除去试液中的溶剂；灰化的作用是在不损失待测元素的前提下，进一步除去有机物和低沸点的无机物，以减少基体组分对待测元素的干扰；原子化就是使待测元素成为基态原子。最后升温至3300K的高温数秒、净化，以便除去残渣。这种电热原子化装置的特点就是原子化效率和灵敏度都比火焰法高得多，灵敏度可高达10^{-9}～10^{-14}g。试样用量少，而且可直接测定黏稠试样和固体试样。其缺点是精密度比火焰法差，测定速度也较火焰法慢，装置复杂。

3. 分光系统

它的作用是将欲测的共振线与干扰谱线分开，以便只让共振线被检测。分光系统主要由色散元件（如棱镜、衍射光栅）、透镜（如准直镜和物镜，前者将入射光变成平行光，后者将平行光聚焦）和狭缝（包括入射狭缝和出射狭缝）所组成，这样的系统简称为单色器。原子吸收分光光度计中单色器的作用是将待测元素的共振线与邻近线分开。在原子吸收用的光谱发射线中，除了测定元素的共振线外，还有该元素的其他非吸收线，以及空心阴极灯中充入气体、杂质元素和杂质气体的发射线。如果不将它们分开，就会受到背景发射的影响。这将降低灵敏度，使工作曲线过早弯曲，增加干扰。单色器的色散元件可用棱镜或衍射光栅。

4. 检测系统

主要由检测器（光电倍增管、交流放大器、对数变换、指示仪表、记录仪、数字显示或数字打印等）所组成。

四、原子吸收分光光度法分析应用

1. 定量方法：标准曲线法、标准加入法和内标法

（1）标准曲线法。主要适用于共存组分互无干扰的试样。标准曲线的绘制与紫外可见光光度法相似，即用一系列浓度不同的标准溶液在相同实验条件下，测定吸光度，以吸光度对应浓度绘制标准曲线。

（2）标准加入法。标准加入法也称直线外推法，是一种常用来消除基体干扰的测定方法。其作用是取若干份体积相同的试样溶液，从第二份起分别按比例加人不同量的待测元素的标准溶液，然后用溶剂稀释至一定体积，分别测得其吸光度为 A_x、A_1，A_2，A_3 和 A_4，以加入被测元素的浓度（0，c_0，$2c_0$，$3c_0$，$4c_0$）为横坐标，以其对应的吸光度为纵坐标绘制 $A-c$ 曲线，直线与横坐标交于 c_x，则 c_x 即为所测试样待测元素的浓度。

（3）内标法（适用于双道双光束系统）。在一系列标准溶液和试样中加入一定量的在试样中不存在的内标元素，同时测定出待测元素和内标元素的吸光度（记为 A_i，A_{nb}）。以 A_i/A_{nb} 对 c_i 做工作曲线，再查出 A_x/A_{nb} 相应的 c_x。

2. 准确测定条件的确定

（1）吸收谱线的选定。元素的各个基态原子吸收辐射能量后产生许多条谱线。对于谱线简单的元素来说，其最强的吸收线相当于最强的发射线，也就是共振线。对于复杂的元素，最好利用亚稳态开始的吸收线。

（2）狭缝宽度。采用的狭缝宽度与待测元素性质和空心阴极灯类型有关，也与仪器单色器的色散率有关。在有邻近线时，狭缝宽度的选择至关重要，选择的原则应以谱线能分开和有一定的强度为宜。

（3）空心阴极灯电流。在灯电流低时，谱线变宽很小，不产生自蚀，光输出较稳定，但强度下降。对此，可适当地放宽狭缝以提高检测的灵敏度，满足测定需要。

（4）火焰。要根据待测元素选择适当火焰，许多元素可用空气-乙炔火焰进行测定。对于火焰中易形成难解离化合物的元素，或氧化物稳定、难解离成原子的元素，测定时采用高温火焰和还原气氛的火焰，采用高温火焰时要注意电离现象。

（5）喷雾器的调节。火焰中能产生吸收的原子数越多，其灵敏度越高。在一定程度上喷入火焰的试液量越多越好，但若过了适当的限度，吸收强度反而下降，因此应调节到最佳的喷雾量。

第二十五章　误差基本知识及数据处理

第一节　概　　述

进行每一项测量工作中，都会产生误差，不同的测量误差的来源也可能不同。分析化学的三要素是：测定方法、被测样品和测定过程。因此，化学分析结果的误差主要来源就是这三方面。

一、研究误差的意义

（1）正确认识误差的性质，分析误差产生的原因，以消除或减小误差。

（2）正确处理数据，合理计算所得结果，以便在一定条件下得到更准确可靠的数据。

（3）正确组织实验，合理选用方法和仪器，以便在最佳条件下得到理想结果。

二、名词术语和定义

（1）精密度：在规定条件下，相互独立的测试结果之间的一致程度。

（2）准确度：测试结果与被测量真值或约定真值间的一致程度。

（3）重复性：在重复性条件下，相互独立的测试结果之间的一致程度。

（4）重复性条件：在同一实验室，由同一操作者使用相同设备，按相同的测试方法，并在短时间内从同一被测对象取得相互独立测试结果的条件。

（5）重复性限：一个数值，在重复性条件下，两次测定结果的绝对差值不超过此数的频率为95%。重复性限符号为 r。

（6）再现性：在再现性条件下，测试结果之间的一致程度。

（7）再现性条件：在不同的实验室，由不同的操作者使用不同的设备，按相同的测试方法，从同一被测对象取得测试结果的条件。

（8）再现性限：一个数值，在再现性条件下，两次测定结果的绝对差值不超过此数的频率为95%。再现性限符号为 R。

（9）误差：测量结果减去被测量的真值。当有必要与相对误差区别时，此术语有时称为测量的绝对误差。注意不要与误差的绝对值相混淆，后者为误差的模。

（10）相对误差：测量误差除以被测量的真值，以%表示。

（11）偏差：一个值减去其参考值。

（12）相对偏差：偏差除以其参考值，以%表示。

（13）（实验）标准（偏）差：对同一被测量作 n 次测量，表征测量结果分散性的量 s，是总体标准偏差 σ 的估计值。

$$s = \sqrt{\frac{\sum_{i=1}^{n}(x_i - \overline{x})^2}{n-1}}$$

式中　x_i——第 i 次测量的结果；

　　　$\bar{x}$——所考虑的 n 次测定结果的算术平均值。

（14）变异系数：（实验）标准（偏）差 s 除以 n 次测定结果的算术平均值，以%表示，也称相对标准偏差。

（15）测量不确定度：表征合理地赋予被测量之值的分散性，与测量结果相联系的参数。

（16）标准滴定溶液：已知准确浓度的用于滴定分析的溶液。

（17）基准溶液：用于标定其他溶液的作为基准的溶液。

第二节　误差的类型及产生的原因

一、系统误差

系统误差是由某种固定的原因所造成的误差，使测定结果系统地偏高或偏低，当进行重复测定时，它会重复出现，系统误差决定着测定结果的准确度，其特点是它的大小和正负是可以测定的，至少在理论上是可以测定的，重复测定不能减小和发现系统误差，只有改变试验条件才能发现系统误差的存在。产生系统误差的原因主要来自以下三方面。

（1）方法误差。这是由于方法本身所造成的。例如在质量分析中，由于沉淀的溶解、共沉淀现象、灼烧时沉淀的分解或挥发等；在滴定分析中，反应进行不完全、干扰离子的影响、副反应的发生等，系统地影响测定结果偏高或偏低。

（2）仪器和试剂误差。仪器误差来源于仪器本身不够精确，如砝码质量、容量器皿的刻度和仪器刻度不准确等。试剂误差则来源于试剂不纯，例如试剂和蒸馏水中含有被测物质或干扰物质，使分析结果系统地偏高或偏低，如果基准物质不纯，同样使分析结果系统地偏高或偏低，则其影响程度更严重。

（3）操作误差。操作误差是指分析人员掌握操作规程与正确的实验条件稍有出入而引起的误差。

根据具体情况，系统误差可能是恒定的，也可能随着试样质量的增加或被测组分含量的增高而增加，甚至可能随外界条件的变化而变化，但它的基本特性不变，即系统误差只会引起分析结果系统地偏高或偏低，具有"单向性"。

二、随机误差

随机误差是由一些难以控制的偶然原因造成的，故也称偶然误差。这类由随机原因引起的误差称为随机误差。既然随机误差是由一些随机原因所引起的，因而是可变的，有时大，有时小，有时正，有时负。

随机误差在分析操作中是无法避免的。随机误差难以找出确定的原因，似乎没有规律性，但如果进行很多次测定，便会发现数据的分布符合一般的统计规律：

（1）正误差和负误差出现的概率相等。

（2）小误差出现的次数多，大误差出现的次数少，个别特别大的误差出现的次数很少。

根据误差理论，在消除系统误差的前提下，如果测定次数越多，则分析结果的算术平均值越接近于真值，采用"多次测定、取平均值"的方法，可以减小随机误差。

三、过失误差

过失是指测定工作中出现差错，工作粗枝大叶，不按操作规程办事等原因造成的。在分析工作中当出现很大误差时，应分析原因，如确定过失所引起，则在计算平均值前舍去。过失误差是完全可以避免的。

第三节　提高分析结果的准确度

一、选择合适的分析方法

各种分析方法的准确度和灵敏度是不相同的。例如质量分析和滴定分析，灵敏度虽然不高，但对于高含量组分的测定，能获得比较准确的结果，相对误差一般在千分之几。相反，对于低含量组分的测定，质量分析和滴定分析的灵敏度一般达不到；现场快速分析和实验室分析结果的误差也不相同，现场目视比色的误差要大于实验室的分光光度法测量的误差；对于低含量组分的测定，因为允许有较大的相对误差，所以这时采用仪器分析法是比较合适的。

二、减小测量误差

要保证分析结果的准确度，应尽量减小测量误差。

例如在质量分析中使用分析天平，应尽量减小称量误差，一般分析天平的称量误差为 $\pm 0.000\,2\mathrm{g}$，为了使测量时的相对误差在 0.1% 以下，试样质量就不能太小，通过计算：

$$相对误差 = （绝对误差/试样质量）\times 100\%$$
$$试样质量 = 绝对误差/相对误差 = 0.000\,2/0.1\% = 0.2\mathrm{g}$$

可见试样质量必须在 0.2g 以上。当然，最后得到的沉淀质量也应在 0.2g 以上，只有这样，才能保证前后称重的总的相对误差在 0.2% 以下。

在滴定分析中，滴定管读数常有 $\pm 0.01\mathrm{mL}$ 的误差，在一次滴定中，需要读数两次，这样可能造成 $\pm 0.02\mathrm{mL}$ 的误差。所以，为了使测量时的相对误差小于 0.1%，消耗滴定剂的体积必须在 20mL 以上。

应该指出，提高分析的准确度也是在一定的条件下实现，例如滴定分析时，标准滴定溶液的消耗量太少会增加相对误差，如果要增加标准滴定溶液的消耗量，势必要增加被测物质的量，这会使被测溶液的体积过大而难以操作。不同的分析工作要求不同的准确度，有些微量组分的测定，一般允许较大的相对误差，因此对于其中各测量步骤的准确度只要求与该方法的准确度相适应就够了，如某比色分析法的相对误差为 2%，称取试样 0.5g，则试样的称量误差不大于 $0.5 \times 2\% = 0.01\mathrm{g}$ 就行了，如果强调标准至 $\pm 0.000\,1\mathrm{g}$，是无意义的。

三、增加平行测定次数，减小随机误差

在消除系统误差的前提下，平行测定次数愈多，平均值愈接近真实值。因此增加测定次数可以减小随机误差。在一般的化学分析中，已掌握标准分析方法的情况下，对同一试样，通常要求平行测定 2～3 次，取算术平均值为测定值。在使用该方法进行分析时，如两次平行测定结果的差值超过允许差，则要进行第三次测定。若第三次测定值与前两次测定值的差

值都小于允许差，则取三次测定结果的算术平均值为分析结果的报告值。若第三次测定值与前两次测定值中某一数值的差值小于允许差，则取该两数值的算术平均值作为分析结果的报告值，另一测定值舍弃。若三次平行测定值之间的差值均超过允许差，则数据全部作废，查找原因后再进行测定。

四、消除测量过程中的系统误差

消除测量过程中的系统误差，往往是一件非常重要而又比较难以处理的问题。首先应发现是否存在系统误差，在分析工作中，必须十分重视系统误差的消除。造成系统误差有各方面的原因，因此，需要根据具体情况，采用不同的方法检验和消除系统误差。

1. 对照试验

进行对照试验时，常用已知结果的试样与被测试样一起进行对照试验，或用其他可靠的方法进行对照试验，也可由不同人员、不同单位进行对照试验。用有证标准物质进行对照试验时，尽量选择与试样组成相近的标准物质进行对照分析。根据标准物质的分析结果，即可判断试样分析结果有无系统误差。

如果要进行对照试验而对试样组分又不完全清楚时，可采用"标准加入回收法"进行对照试验。这种方法是向试样中加入已知量的被测组分，然后进行对照试验，看看加入的被测组分能否定量回收，以此判断分析过程是否存在系统误差。

2. 空白试验

由试剂和器皿带进杂质造成的系统误差，一般可做空白试验来消除。所谓空白试验，就是在不加试样的情况下，按照试样分析同样的操作手续和条件进行分析试验。试验所得结果称为空白值。从试样分析结果中扣除空白值，就得到比较可靠的分析结果。这种做法在水分析中是普遍采用的。

空白值一般不应很大，否则扣除空白时会引起较大的误差。遇到这种情况下，就应考虑提纯试剂和改用其他适当的器皿来解决问题。

3. 校正仪器

仪器不准确引起的系统误差，可通过校准仪器来减小其影响。除了按照仪器的操作规程使用仪器并进行日常维护工作外，应由有资格的计量检定部门对仪器定期进行检定，取得计量检定合格证书，方能投入使用。

4. 分析结果的校正

分析过程中的系统误差有时可采用各种方法进行校正，有时试样中存在干扰成分引起系统误差，并知道是何种成分引起干扰但又难以消除，这时可通过实验确定干扰成分对分析结果带来误差的校正系数，利用校正系数，即可对测定结果进行校正。

第四节　水质分析结果的校核

对于水质分析的结果和使用水质分析数据时可根据水中各成分间的相互关系进行校核。检查是否符合水质组成的一般规律，从而判断分析数据是否正确。校核的主要内容如下：

一、阴阳离子电荷总数的校核

按照电中性原则，水中阳离子正电荷总数等于阴离子负电荷总数，即：

$$\sum K = \sum A$$

$$\sum K = K^+ + 2K^{2+} + 3K^{3+}$$

$$\sum A = A^- + 2A^{2-} + 3A^{3-}$$

$$\delta = \frac{\sum K - \sum A}{\sum K + \sum A} \times 100\% \leqslant \pm 2\%$$

式中 K^+、K^{2+}、K^{3+}——分别表示水中 1 价、2 价和 3 价阳离子的物质的量浓度，mmol/L；

      A^-、A^{2-}、A^{3-}——分别表示水中 1 价、2 价和 3 价阴离子的物质的量浓度，mmol/L；

      δ——阳阴离子电荷总数之间的允许差值。

二、含盐量与溶解固体的校核

$$含盐量 = \sum K_1 + \sum A_1$$

$$RG' = (SiO_2)_q + R_2O_3 + \sum K_1 + \sum A_1 - \frac{1}{2}HCO_3^-$$

$$\delta = \frac{RG' - RG}{1/2(RG' + RG)} \times 100\%$$

式中 $\sum K_1$——原水中除铁、铝离子外的阳离子含量总和，mg/L；

      $\sum A_1$——原水中除二氧化硅外的阴离子含量总和，mg/L；

      RG——原水中溶解固体的实测值，mg/L；

      RG'——原水中溶解固体的计算值，mg/L；

   $(SiO_2)_q$——水样中全硅含量（经过滤测定），mg/L；

      δ——溶解固体的实测值与溶解固体的计算值之间的允许差值。对于含盐量＜100mg/L 的水样，δ 的绝对值≤10%是允许的；对于含盐量＞100mg/L 的水样，δ 的绝对值≤5%是允许的。

三、pH 的校核

对于 pH＜8.3 的水样，其 pH 可根据水样中的全碱度和游离二氧化碳的含量进行近似计算而得出。

$$pH' = 6.37 + \lg[HCO_3^-] - \lg[CO_2]$$

$$\delta = pH - pH'$$

式中   pH——原水 pH 的实测值；

    pH'——原水 pH 的计算值；

  $[HCO_3^-]$——原水中重碳酸根浓度，mmol/L；

[CO₂]——原水中游离二氧化碳浓度，mmol/L；

δ ——原水 pH 的实测值与原水 pH 的计算值的差值，δ 绝对值≤0.2 是允许的。

四、总硬度、碱度、离子间关系的校核

总硬度（YD）为碳酸盐硬度（YD_T）与非碳酸盐硬度（YD_F）之和。

$$YD = YD_T + YD_F$$

（1）当有非碳酸盐硬度时，应没有负硬度存在，此时 $C(Cl^-) + C\left(\dfrac{1}{2}SO_4^{2-}\right) > C(K^+) + C(Na^+)$。总硬度＞总碱度。

（2）当有负硬度存在时，应没有非碳酸盐硬度存在，此时 $YD_总 = YD_碳$，负硬度＝总碱度－总硬度。

$$C\left(\frac{1}{2}Ca^{2+}\right) + C\left(\frac{1}{2}Mg^{2+}\right) < C(HCO_3^-)$$

$$C(Cl^-) + C\left(\frac{1}{2}SO_4^{2-}\right) \leqslant C(K^+) + C(Na^+)$$

（3）钙、镁离子总和等于总硬度。

如上述计算和实测值相差较大，一般可认为总硬度和钙值分析是正确的，据此修正镁值。此外，在一般清水中，钙含量皆大于镁含量，甚至会大出几倍，如果发现相反现象，应注意检查校正。

第二十六章　水汽采样技术要求

第一节　环境水体采样要求

根据水体特性，主要是均匀性程度，可分为瞬时水样、混合水样（同一采样点不同时间的水样）、综合水样（不同采样点的瞬时水样）。

根据水体特点及采样目的确定采集哪种水样。

生水样：综合水样。

水汽系统水样：瞬时水样。

一、采样点

取样水体确定取样断面（2～3 个），同时在同一断面不同水深处设取样点。

不同水深河流的采样要求，见表 26-1。

表 26-1　　　　　　　　　　　　不同水深河流的采样要求

水深	采样点数	说　　明
≤5m	1 点（距水面 0.5m）	水深不足 1m 时，在 1/2 水深处，冰冻期，在冰下 0.5m 处，水质均匀，可减少采样点数
5m～10m	2 点（距水面 0.5m，河底以上 0.5m）	
>10m	3 点（距水面 0.5m，1/2 水深，河底以上 0.5m）	

二、水样量

水样采集量视所用试验方法、待测组分浓度及试验项目多少确定。采集的水样量应满足试验和复核的需要。

水质全分析根据试验目的不同，需要进行 10～30 项试验。采样量按实际情况分别计算，再过量 20%～50%，测试项目实际采样量见表 26-2。

表 26-2　　　　　　　　　　　　水质试验（单次）的水样用量

试验项目	pH	碱度	电导	悬浮物	残渣	硬度	溶氧	COD	氯	硫酸盐	油
水样量（mL）	50	100	100	250	250	100	300	50	100	50	1000

每个采样点采集（1～2）L 水样，将各点所采水样混合而成综合样，水质全分析水样不少于 5L，单项试验，从综合样取样不少于 0.5L。做比对试验，取样量双倍。

三、采样工具

采样瓶的要求：① 惰性物质，不与水溶液发生反应。② 抗破裂。③ 易清洗，可反复使用。④ 开启性好，方便操作，容器瓶能塞紧，不得使用橡胶塞、软木塞（防渗性差，水样有受到外来物质污染的可能）。⑤ 容积大小合适，太大，操作不便；太小，多次取样，操作麻烦，费时费力。常用取样瓶的特点，见表 26-3。

表 26-3　　　　　水样瓶通常可用硬质硼硅玻璃瓶或高密度聚乙烯瓶

取样瓶名称	优　点	缺　点
硬质硼硅玻璃瓶	无色透明，可加热灭菌，洗涤方便	运输不便，玻璃含氧化硅、钾、钠、硼、铝等易溶出。有些玻璃瓶成分中还含有锑、砷也易溶出
高密度聚乙烯瓶 聚丙烯瓶	耐冲击、轻便、方便运输，对许多试剂都很稳定	吸附磷酸根离子及有机物的倾向，易受有机溶剂侵蚀，易引起藻类繁殖，不如玻璃瓶易于清洗、检查、校验体积

硬度、硅、碱度、氯离子、pH、电导率、磷酸根测定用水样，宜采用聚乙烯瓶；有机物、生物、铁、铜水样宜使用玻璃容器。

电厂化学监督人员、水汽试验人员普遍存在重试验轻采样的情况，在水汽试验中，采样是第一步，也是关键的一步。

水样采集中常见的问题：① 综合水样采样点少；② 怎么方便怎么采，如水面采，悬浮物低，含油量高；③ 采样与存样容器不符合要求；④ 采样不贴标签造成混淆。

第二节　锅炉用水及蒸汽取样要求

一、采样点

应设置人工取样点的部位：补给水箱出口、凝结水泵出口、除氧器进口、出口、省煤器进口、炉水、饱和蒸汽、过热蒸汽、凝汽器热水井、凝结水处理设备出口、再热器进出口、高（低）压加热器疏水、轴承冷却、连续排污扩容器等部位。

二、采样要求

锅炉用水：高温高压管路必须安装减压装置及冷却器，水样温度低于 40℃，水样流量 500～700mL/min。

蒸汽：测定蒸汽电导率，取样温度应为 25℃；测定溶解气体，取样温度应为 20℃以下；测定稳定的元素成分时，取样温度最高可以提高至 30℃。蒸汽样品取样瓶建议使用 10g/L 氢氧化钠处理过的硬质玻璃瓶。

第三节　水 样 的 保 存

一、水样保存方法

（1）冷藏法。水样置于 4℃冰箱内，抑制微生物活动，减缓物理化学反应速度。如测定电导率、硬度、酸碱度、硫酸盐、悬浮物等，采用冷藏法保存。

（2）化学法。对于电厂主要是加酸处理，防止水中的金属元素被容器吸附或产生沉淀。

加酸调节至 pH 小于 2，令金属元素处于溶解状态。通常加入浓硫酸或硝酸（一级品）2mL/1000mL 水样。

二、水样的保存时间

水样的保存时间，见表 26-4。

表 26-4　　　　　　　　　　　水 样 的 保 存 时 间

水质测试项目	水样测试可保存的时间
温度、色度、二氧化碳、溶解氧、臭氧	现场测试
浊度、pH、DD、余氯	最好现场测试
亚硝酸盐、悬浮物、COD、铬及 Cr^{6+}	24h
未受污染的水样	72h
受污染的水样	24h

附录　火力发电厂化学技术监督相关标准

序号	标准/文件编号	标准/文件名称
1	GB/T 259	《石油产品水溶性酸及碱测定法》
2	GB/T 261	《闪点的测定宾斯基－马丁闭口杯法》
3	GB/T 264	《石油产品酸值测定法》
4	GB/T 265	《石油产品运动黏度测定法和动力黏度计算法》
5	GB/T 267	《石油产品闪点与燃点测定法》（开口杯法）
6	GB/T 507	《绝缘油击穿电压测定法》
7	GB/T 510	《石油产品凝点测定法》
8	GB/T 511	《石油和石油产品及添加剂机械杂质测定法》
9	GB/T 1884	《原油和液体石油产品密度实验室测定法》（密度计法）
10	GB/T 1885	《石油计量表》
11	GB 2536	《电工流体变压器和开关用的未使用过的矿物绝缘油》
12	GB/T 3535	《石油产品倾点测定法》
13	GB/T 3536	《石油产品闪点和燃点的测定克利夫兰开口杯法》
14	GB 50660	《大中型火力发电厂设计规范》
15	GB/T 5654	《液体绝缘材料相对电容率、介质损耗因数和直流电阻率的测量》
16	GB/T 6541	《石油产品油对水界面张力测定法（圆环法）》
17	GB/T 6903	《锅炉用水和冷却水分析方法　通则》
18	GB/T 6907	《锅炉用水和冷却水样分析方法　水样的采集方法》
19	GB/T 7595	《运行中变压器油质量》
20	GB/T 7596	《电厂用运行中汽轮机油质量标准》
21	GB/T 7597	《电力用油（变压器油、汽轮机油）取样方法》
22	GB/T 7598	《运行中变压器油水溶性酸测定法》
23	GB/T 7600	《运行中变压器油和汽轮机油水分含量测定法（库仑法）》
24	GB/T 8905	《六氟化硫电气设备中气体管理和检测导则》
25	GB 11120	《涡轮机油》
26	GB/T 12022	《工业六氟化硫》
27	GB/T 12145	《火力发电机组及蒸汽动力设备水汽质量》
28	GB/T 12579	《润滑油泡沫特性测定法》
29	GB/T 14541	《电厂用矿物油维护管理导则》
30	GB/T 14542	《变压器油维护管理导则》
31	GB/T 17623	《绝缘油中溶解气体组分含量的气相色谱测定法》
32	DL/T 246	《化学监督导则》

续表

序号	标准/文件编号	标准/文件名称
33	DL 285	《矿物绝缘油腐蚀性硫检测法 裹绝缘纸铜扁线法》
34	DL/T 300	《火电厂凝汽器管防腐防垢导则》
35	DL/T 301	《发电厂水汽中痕量阳离子的测定 离子色谱法》
36	DL/T 333.1	《火电厂凝结水精处理系统技术要求 第1部分：湿冷机组》
37	DL/T 333.2	《火电厂凝结水精处理系统技术要求 第2部分：空冷机组》
38	DL/T 336	《石英砂滤料的检测与评价》
39	DL/T 386	《二阶微分火焰光谱痕量钠分析仪检验规程》
40	DL/T 421	《电力用油体积电阻率测定法》
41	DL/T 423	《绝缘油中含气量测定方法 真空压差法》
42	DL/T 432	《电力用油中颗粒污染度测量方法》
43	DL/T 502.1～32	《火力发电厂水汽分析方法》
44	DL/T 506	《六氟化硫电气设备中绝缘气体湿度测量方法》
45	DL/T 519	《发电厂水处理用离子交换树脂验收标准》
46	DL/T 561	《火力发电厂水汽化学监督导则》
47	DL/T 571	《电厂用磷酸酯抗燃油运行与维护导则》
48	DL/T 582	《发电厂水处理用活性炭使用导则》
49	DL/T 595	《六氟化硫电气设备气体监督细则》
50	DL/T 596	《电力设备预防性试验规程》
51	DL/T 651	《氢冷发电机氢气湿度的技术要求》
52	DL/T 665	《水汽集中取样分析装置验收导则》
53	DL/T 677	《发电厂在线化学仪表检验规程》
54	DL/T 703	《绝缘油中含气量的气相色谱测定法》
55	DL/T 712	《发电厂凝汽器及辅机冷却器管选材导则》
56	DL/T 722	《变压器油中溶解气体分析和判断导则》
57	DL/T 794	《火力发电厂锅炉化学清洗导则》
58	DL/T 801	《大型发电机内冷却水质及系统技术要求》
59	DL/T 805.1	《火电厂汽水化学导则 第1部分：锅炉给水加氧处理导则》
60	DL/T 805.2	《火电厂汽水化学导则 第2部分：锅炉炉水磷酸盐处理》
61	DL/T 805.3	《火电厂汽水化学导则 第3部分：汽包锅炉炉水氢氧化钠处理》
62	DL/T 805.4	《火电厂汽水化学导则 第4部分：锅炉给水处理》
63	DL/T 805.5	《火电厂汽水化学导则 第5部分：汽包锅炉炉水全挥发处理》
64	DL/T 855	《电力基本建设火电设备维护保管规程》
65	DL/T 889	《电力基本建设热力设备化学监督导则》
66	DL/T 913	《火电厂水质分析仪器质量验收导则》
67	DL/T 914	《六氟化硫气体湿度测定法（质量法）》

序号	标准/文件编号	标准/文件名称
68	DL/T 915	《六氟化硫气体湿度测定法（电解法）》
69	DL/T 916	《六氟化硫气体酸度测定法》
70	DL/T 917	《六氟化硫气体密度测定法》
71	DL/T 918	《六氟化硫气体中可水解氟化物含量测定法》
72	DL/T 919	《六氟化硫气体中矿物油含量测定法（红外光谱分析法）》
73	DL/T 920	《六氟化硫气体中空气、四氟化碳的气相色谱测定法》
74	DL/T 921	《六氟化硫气体毒性生物试验方法》
75	DL/T 941	《运行中变压器用六氟化硫质量标准》
76	DL/T 951	《火电厂反渗透水处理装置验收导则》
77	DL/T 952	《火力发电厂超滤水处理装置验收导则》
78	DL/T 956	《火力发电厂停（备）用热力设备防锈蚀导则》
79	DL/T 957	《火力发电厂凝汽器化学清洗及成膜导则》
80	DL/T 1032	《电气设备用六氟化硫（SF_6）气体取样方法》
81	DL/T 1095	《变压器油带电度现场测试导则》
82	DL/T 1115	《火力发电厂机组大修化学检查导则》
83	DL/T 5068	《发电厂化学设计规范》
84	DL/T 1151	《火力发电厂垢和腐蚀产物分析方法》
85	SH/T 0193	《润滑油氧化安定性的测定旋转氧化法》
86	SH/T 0308	《润滑油空气释放值测定法》
87	SH/T 0804	《电气绝缘油腐蚀性硫试验银片试验法》
88	DL/T 1337	《火力发电厂水务管理导则》
89	DL/T 1357	《发电厂凝结水精处理用绕线式滤元验收导则》
90	DL/T 1358	《火力发电厂水汽分析方法总有机碳的测定》
91	JJG 119	《实验室 pH（酸度）计检定规程》
92	JJG 376	《电导率仪检定规程》
93	JJG757	《实验室离子计检定规程》
94	JJG1060	《微量溶解氧测定仪检定规程》
95	JJF 1539	《硅酸根分析仪校准规范》
96	JJF 1547	《在线 pH 计校准规范》

参 考 文 献

[1] 周柏青，陈志和，等．热力发电厂水处理（第四版）．北京：中国电力出版社，2009.

[2] 吴文龙，张小霁，张春雷，李献敏．凝汽器腐蚀与结垢控制技术．北京：中国电力出版社，2011.

[3] 曹长武，宋丽莎，罗竹杰．火力发电厂化学技术监督技术．北京：中国电力出版社，2005.

[4] 火电厂水处理和水分析人员资格考核委员会．电力系统水处理培训教材．北京，中国电力出版社，2009.

[5] 火电厂水处理和水分析人员资格考核委员会．电力系统水分析培训教材（第二版）．北京：中国电力出版社，2016.

[6] 操敦奎，许维宗，阮国方．变压器运行维护与故障分析处理．北京：中国电力出版社，2013.

[7] 温念珠．电力用油实用技术．北京：中国水利水电出版社，1998.

[8] 喻亚非．锅炉化学清洗．北京：中国电力出版社，2013.

[9] 电厂化学仪表计量确认审查委员会编．电厂化学仪表与计量考核培训教材．北京：中国电力出版社，2003.

[10] 李培元．火力发电厂水处理及水质控制．北京：中国电力出版社，2017.

[11] 李培元．发电机冷却介质及其监督．北京：中国电力出版社，2008.

[12] 朱志平，李宇春，曾经．火力发电厂锅炉补给水处理设计．北京：中国电力出版社，2009.

[13] 刘智安．电厂水处理技术．北京：中国水利水电出版社，2008.

[14] 李劲松．朗伯－比尔定律实验教学设计研究．大学物理实验，2015，28（06）：55－57.

[15] 苗苗，张坤宇，岳茂增．紫外、可见分光光度计检定或校准结果的测量不确定度评定［J］．中国计量，2018（09）：86－89.

[16] 丰茂英，周建强，付广权，王文，黄长荣．电位滴定法分析聚乙烯亚胺中的伯、仲、叔胺含量［J］．云南化工，2018（10）：122－123.

[17] 张金和．离子色谱法测定饮用水中无机阴离子．云南化工，2018，45（08）：121－123.

[18] 王娟．水质分析中离子色谱法的应用分析．现代盐化工，2018，45（05）：85－86.

[19] 冯伟杰．原子吸收分光光度计检定方法探讨．轻工标准与质量，2018（06）：38－58.

[20] 张美琴．废水水质检测误差分析及数据处理研究．资源节约与环保，2018（08）：137.

[21] 胡志勇．废水水质检测化验误差分析与数据处理．环境与发展，2018，30（06）：174－176.

[22] 沈杰．水质分析结果的技术性校核．云南环境科学，2006（04）：61－64.

[23] 杨巧梅，尤敏霞．水质全分析结果校核的探讨．洛阳农专学报，1994（02）：24 25.

[24] 郑辉，滑中平，胡国章，等．1000MW 超超临界机组在线化学仪表定期开展工作的探讨．电力科技与环保，2016.